U0390711

住房和城乡建设部标准定额研究所   建设工程造价技术资料

通用安装工程消耗量

TY 02-31-2021

第十册 给排水、采暖、燃气安装工程

TONGYONG ANZHUANG GONGCHENG XIAOHAOLIANG

DI-SHI CE JIPAISHUI CAINUAN RANQI ANZHUANG GONGCHENG

中国计划出版社

北 京

版权所有　侵权必究

本书环衬使用中国计划出版社专用防伪纸,封面贴有中国计划出版社
专用防伪标,否则为盗版书。请读者注意鉴别、监督!

侵权举报电话:(010)63906404

如有印装质量问题,请寄本社出版部调换(010)63906420

图书在版编目(CIP)数据

通用安装工程消耗量 : TY02-31-2021. 第十册, 给
排水、采暖、燃气安装工程 / 住房和城乡建设部标准定
额研究所组织编制. -- 北京 : 中国计划出版社, 2022.2
ISBN 978-7-5182-1409-9

Ⅰ. ①通… Ⅱ. ①住… Ⅲ. ①建筑安装-消耗定额-
中国②给排水系统-建筑安装-消耗定额-中国③采暖设
备-建筑安装-消耗定额-中国④燃气设备-建筑安装-
消耗定额-中国 Ⅳ. ①TU723.3

中国版本图书馆CIP数据核字(2022)第002769号

责任编辑:沈　建　　　　封面设计:韩可斌
责任校对:王　巍　李　晗　责任印制:赵文斌　康媛媛

中国计划出版社出版发行
网址:www.jhpress.com
地址:北京市西城区木樨地北里甲 11 号国宏大厦 C 座 3 层
邮政编码:100038　电话:(010)63906433(发行部)
北京市科星印刷有限责任公司印刷

880mm×1230mm　1/16　26.5 印张　808 千字
2022 年 2 月第 1 版　2022 年 2 月第 1 次印刷

定价:186.00 元

前　言

　　工程造价是工程建设管理的重要内容。以人工、材料、机械消耗量分析为基础进行工程计价,是确定和控制工程造价的重要手段之一,也是基于成本的通用计价方法。长期以来,我国建立了以施工阶段为重点,涵盖房屋建筑、市政工程、轨道交通工程等各个专业的计价体系,为确定和控制工程造价、提高我国工程建设的投资效益发挥了重要作用。

　　随着我国工程建设技术的发展,新的工程技术、工艺、材料和设备不断涌现和应用,落后的工艺、材料、设备和施工组织方式不断被淘汰,工程建设中的人材机消耗量也随之发生变化。2020 年我部办公厅发布《工程造价改革工作方案》(建办标〔2020〕38 号),要求加快转变政府职能,优化概算定额、估算指标编制发布和动态管理,取消最高投标限价按定额计价的规定,逐步停止发布预算定额。为做好改革期间的过渡衔接,在住房和城乡建设部标准定额司的指导下,我所根据工程造价改革的精神,协调 2015 年版《房屋建筑与装饰工程消耗量定额》《市政工程消耗量定额》《通用安装工程消耗量定额》的部分主编单位、参编单位以及全国有关造价管理机构和专家,按照简明适用、动态调整的原则,对上述专业的消耗量定额进行了修订,形成了新的《房屋建筑与装饰工程消耗量》《市政工程消耗量》《通用安装工程消耗量》,由我所以技术资料形式印刷出版,供社会参考使用。

　　本次经过修订的各专业消耗量,是完成一定计量单位的分部分项工程人工、材料和机械用量,是一段时间内工程建设生产效率社会平均水平的反映。因每个工程项目情况不同,其设计方案、施工队伍、实际的市场信息、招投标竞争程度等内外条件各不相同,工程造价应当在本地区、企业实际人材机消耗量和市场价格的基础上,结合竞争规则、竞争激烈程度等参考选用与合理调整,不应机械地套用。使用本书消耗量造成的任何造价偏差由当事人自行负责。

　　本次修订中,各主编单位、参编单位、编制人员和审查人员付出了大量心血,在此一并表示感谢。由于水平所限,本书难免有所疏漏,执行中遇到的问题和反馈意见请及时联系主编单位。

住房和城乡建设部标准定额研究所

2021 年 11 月

总　说　明

一、《通用安装工程消耗量》共分十二册,包括:

第一册　机械设备安装工程

第二册　热力设备安装工程

第三册　静置设备与工艺金属结构制作安装工程

第四册　电气设备与线缆安装工程

第五册　建筑智能化工程

第六册　自动化控制仪表安装工程

第七册　通风空调安装工程

第八册　工业管道安装工程

第九册　消防安装工程

第十册　给排水、采暖、燃气安装工程

第十一册　信息通信设备与线缆安装工程

第十二册　防腐蚀、绝热工程

二、本消耗量适用于工业与民用新建、扩建工程项目中的通用安装工程。

三、本消耗量在《通用安装工程消耗量定额》TY 02–31–2015 基础上,以国家和有关行业发布的现行设计规程或规范、施工及验收规范、技术操作规程、质量评定标准、产品标准和安全操作规程、绿色建造规定、通用施工组织与施工技术等为依据编制。同时参考了有关省市、部委、行业、企业定额,以及典型工程设计、施工和其他资料。

四、本消耗量按照正常施工组织和施工条件,国内大多数施工企业采用的施工方法、机械装备水平、合理的劳动组织及工期进行编制。

1. 设备、材料、成品、半成品、构配件完整无损,符合质量标准和设计要求,附有合格证书和检验、试验合格记录。

2. 安装工程和土建工程之间的交叉作业合理、正常。

3. 正常的气候、地理条件和施工环境。

4. 安装地点、建筑物实体、设备基础、预留孔洞、预留埋件等均符合安装设计要求。

五、关于人工:

1. 本消耗量人工以合计工日表示,分别列出普工、一般技工和高级技工的工日消耗量。

2. 人工消耗量包括基本用工、辅助用工和人工幅度差。

3. 人工每工日按照 8 小时工作制计算。

六、关于材料:

1. 本消耗量材料泛指原材料、成品、半成品,包括施工中主要材料、辅助材料、周转材料和其他材料。本消耗量中以“(×××)”表示的材料为主要材料。

2. 材料用量:

(1)本消耗量中材料用量包括净用量和损耗量。

(2)材料损耗量包括从工地仓库运至安装堆放地点或现场加工地点运至安装地点的搬运损耗、安装操作损耗、安装地点堆放损耗。

(3)材料损耗量不包括场外的运输损失、仓库(含露天堆场)地点或现场加工地点保管损耗、由于材料规格和质量不符合要求而报废的数量;不包括规范、设计文件规定的预留量、搭接量、冗余量。

3. 本消耗量中列出的周转性材料用量是按照不同施工方法、考虑不同工程项目类别、选取不同材料规格综合计算出的摊销量。

4.对于用量少、低值易耗的零星材料,列为其他材料。按照消耗性材料费用比例计算。

七、关于机械:

1.本消耗量施工机械是按照常用机械、合理配备考虑,同时结合施工企业的机械化能力与水平等情况综合确定。

2.本消耗量中的施工机械台班消耗量是按照机械正常施工效率并考虑机械施工适当幅度差综合取定。

3.原单位价值在2 000元以内、使用年限在一年以内不构成固定资产的施工机械,不列入机械台班消耗量,其消耗的燃料动力等综合在其他材料费中。

八、关于仪器仪表:

1.本消耗量仪器仪表是按照正常施工组织、施工技术水平考虑,同时结合市场实际情况综合确定。

2.本消耗量中的仪器仪表台班消耗量是按照仪器仪表正常使用率,并考虑必要的检验检测及适当幅度差综合取定。

3.原单位价值在2 000元以内、使用年限在一年以内不构成固定资产的仪器仪表,不列入仪器仪表台班消耗量,其消耗的燃料动力等综合在其他材料费中。

九、关于水平运输和垂直运输:

1.水平运输:

(1)水平运输距离是指自现场仓库或指定堆放地点运至安装地点或垂直运输点的距离。本消耗量设备水平运距按照200m、材料(含成品、半成品)水平运距按照300m综合取定,执行消耗量时不做调整。

(2)消耗量未考虑场外运输和场内二次搬运。工程实际发生时应根据有关规定另行计算。

2.垂直运输:

(1)垂直运输基准面为室外地坪。

(2)本消耗量垂直运输按照建筑物层数6层以下、建筑高度20m以下、地下深度10m以内考虑,工程实际超过时,通过计算建筑物超高(深)增加费处理。

十、关于安装操作高度:

1.安装操作基准面一般是指室外地坪或室内各层楼地面地坪。

2.安装操作高度是指安装操作基准面至安装点的垂直高度。本消耗量除各册另有规定者外,安装操作高度综合取定为6m以内。工程实际超过时,计算安装操作高度增加费。

十一、关于建筑超高(深)增加费:

1.建筑超高(深)增加费是指在建筑物层数6层以上、建筑高度20m以上、地下深度10m以上的建筑施工时,计算由于建筑超高(深)需要增加的安装费。各册另有规定者除外。

2.建筑超高(深)增加费包括人工降效、使用机械(含仪器仪表、工具用具)降效、延长垂直运输时间等费用。

3.建筑超高(深)增加费,以单位工程(群体建筑以车间或单楼设计为准)全部工程量(含地下、地上部分)为基数,按照系数法计算。系数详见各册说明。

4.单位工程(群体建筑以车间或单楼设计为准)满足建筑高度、建筑物层数、地下深度之一者,应计算建筑超高(深)增加费。

十二、关于脚手架搭拆:

1.本消耗量脚手架搭拆是根据施工组织设计、满足安装需要所采取的安装措施。脚手架搭拆除满足自身安全外,不包括工程项目安全、环保、文明等工作内容。

2.脚手架搭拆综合考虑了不同的结构形式、材质、规模、占用时间等要素,执行消耗量时不做调整。

3.在同一个单位工程内有若干专业安装时,凡符合脚手架搭拆计算规定,应分别计取脚手架搭拆费用。

十三、本消耗量没有考虑施工与生产同时进行、在有害身体健康（防腐蚀工程、检测项目除外）条件下施工时的降效,工程实际发生时根据有关规定另行计算。

十四、本消耗量适用于工程项目施工地点在海拔高度 2 000m 以下施工,超过时按照工程项目所在地区的有关规定执行。

十五、本消耗量中注有"××以内"或"××以下"及"小于"者,均包括××本身;注有"××以外"或"××以上"及"大于"者,则不包括××本身。

说明中未注明（或省略）尺寸单位的宽度、厚度、断面等,均以"mm"为单位。

十六、凡本说明未尽事宜,详见各册说明。

册 说 明

一、第十册《给排水、采暖、燃气安装工程》（以下简称本册）适用于工业与民用建筑生活给排水、采暖、室内空调水、燃气管道等安装工程，包括：给排水管道，采暖管道，空调水管道，燃气管道，管道附件，卫生器具，供暖器具，燃气器具及其他，采暖、给排水设备，支架及其他等。

二、本册主要依据的标准规范有：

1.《室外给水设计标准》GB 50013—2018；

2.《室外排水设计标准》GB 50014—2021；

3.《建筑给水排水设计标准》GB 50015—2019；

4.《工业建筑供暖通风与空气调节设计规范》GB 50019—2015；

5.《城镇燃气设计规范》GB 50028—2006（2020 年版）；

6.《给水排水工程基本术语标准》GB/T 50125—2010；

7.《建筑给水排水及采暖工程施工质量验收规范》GB 50242—2002；

8.《通风与空调工程施工质量验收规范》GB 50243—2016；

9.《给水排水管道工程施工及验收规范》GB 50268—2008；

10.《建筑中水设计规范》GB 50336—2018；

11.《民用建筑太阳能热水系统应用技术标准》GB 50364—2018；

12.《民用建筑供暖通风与空气调节设计规范》GB 50736—2012；

13.《城镇燃气技术规范》GB 50494—2009；

14.《太阳能供热采暖工程技术标准》GB 50495—2019；

15.《城镇给水排水技术规范》GB 50788—2012；

16.《城镇供热管网工程施工及验收规范》CJJ 28—2014；

17.《城镇燃气输配工程施工及验收规范》CJJ 33—2005；

18.《城镇供热管网设计规范》CJJ 34—2010；

19.《聚乙烯燃气管道工程技术标准》CJJ 63—2018；

20.《城镇供热直埋热水管道技术规程》CJJ/T 81—2013；

21.《城镇燃气室内工程施工与质量验收规范》CJJ 94—2009；

22.《建筑给水塑料管道工程技术规程》CJJ/T 98—2014；

23.《建筑给水排水薄壁不锈钢管连接技术规程》CECS 277：2010；

24.《通用安装工程消耗量定额》TY 02-31-2015；

25. 现行国家建筑设计标准图集、协会标准、产品标准等其他资料。

三、管道分界：

1. 给水、采暖管道与市政管道以入口处计量表或阀门（碰头点）分界。

2. 室外排水（包括分流制废水、合流制废水）与市政管道以厂区（小区）围墙外排放井（碰头井）分界。

3. 燃气管道与市政管道以入口处计量表或阀门（碰头点）分界。

四、本册除各章另有说明外，均包括下列工作内容：施工准备，材料及工机具场内运输，管道、器具、设备安装，管件调平找正、固定，临时移动水源与电源，配合检查验收等。

五、本册不包括下列内容：

1. 随设备成套供货本体管道、附件安装。

2. 系统试运所需的水、电、蒸汽、燃气等。

3. 防腐蚀、绝热。

4. 工业管道、生产与生活共用管道、消防管道。

5. 管道焊缝热处理、无损检测。

六、执行说明：

1. 在净高小于 1.6m 楼层以及断面小于 5m² 且大于 2.5m² 的管廊、地沟、隧道、洞内、管道间进行施工，人工乘以系数 1.12。

2. 在管井内、竖井内、封闭吊顶天棚内、断面小于或等于 2.5m² 的隧道或洞内或管道间进行施工，人工乘以系数 1.16。

3. 采暖、给排水转动设备（水泵、风机等）安装执行第一册《机械设备安装工程》相应项目。

4. 水暖设备、器具需要电气检查、接线时，执行第四册《电气设备与线缆安装工程》相应项目。

5. 防腐蚀、绝热执行第十二册《防腐蚀、绝热工程》相应项目。

6. 室外地下、地上管道安装土建配套工程执行《房屋建筑与装饰工程消耗量》TY 01-31-2021 相应项目。

七、下列费用可按系数分别计取：

1. 采暖工程系统调试费按照安装工程人工费的 10% 计算。其中：人工费为 40%，材料费为 10%，机械费为 8%，仪器仪表费为 42%。

2. 空调水系统调整费按照安装工程（含冷凝水管）人工费的 10% 计算。其中：人工费占 40%，材料费占 10%，机械费占 8%，仪表费占 42%。

3. 脚手架搭拆按照人工费的 3.5% 计算。其中：人工费为 40%，材料费为 53%，机械费为 7%。室外埋地管道工程不计算脚手架搭拆费。

4. 安装高度超过安装操作基准面 6m 时，安装操作高度增加费按照人工费乘以下表系数计算。其中：人工费为 70%，材料费为 18%，机械费为 12%。

安装操作高度增加费系数

安装高度距离安装操作基准面（m）	≤ 10	≤ 30	≤ 50
系数	0.10	0.20	0.50

5. 建筑超高、超深增加费按照下表计算。其中：人工费为 36.5%，机械与仪器仪表费为 63.5%。

建筑超高、超深增加费

建筑物高度（m 以内）	40	60	80	100	120	140	160	180	200
建筑物层数（层以内）	12	18	24	30	36	42	48	54	60
地下深度（m 以内）	20	30	40	—	—	—	—	—	—
按照人工费计算（%）	2.4	4.0	5.8	7.4	9.1	10.9	12.6	14.3	16.0

注：建筑物层数大于 60 层时，以 60 层为基础，每增加 1 层增加 0.3%。

八、本册中安装所用螺栓、工艺垫片等是按照厂家配套供应考虑，不包括其费用。如果工程实际由施工单位采购配置安装所用螺栓、垫片时，根据实际安装所用螺栓、垫片用量加 3% 损耗率计算费用。

目　录

第一章　给排水管道

说明 ………………………………………（ 3 ）
工程量计算规则 …………………………（ 4 ）
一、镀锌钢管 ………………………………（ 5 ）
　　1. 室外镀锌钢管（螺纹连接）………（ 5 ）
　　2. 室内镀锌钢管（螺纹连接）………（ 7 ）
二、钢管 ……………………………………（ 9 ）
　　1. 室外钢管（焊接）…………………（ 9 ）
　　2. 室内钢管（焊接）…………………（ 12 ）
　　3. 室内钢管（沟槽连接）……………（ 15 ）
　　4. 室内雨水钢管（焊接）……………（ 17 ）
　　5. 室内雨水钢管（沟槽连接）………（ 19 ）
三、不锈钢管 ………………………………（ 21 ）
　　1. 室内薄壁不锈钢管（卡压、卡套连接）…（ 21 ）
　　2. 室内薄壁不锈钢管（承插氩弧焊）…（ 23 ）
四、铜管 ……………………………………（ 25 ）
　　1. 室内铜管（卡压、卡套连接）……（ 25 ）
　　2. 室内铜管（氧乙炔焊）……………（ 27 ）
　　3. 室内铜管（钎焊）…………………（ 29 ）
五、铸铁管 …………………………………（ 31 ）
　　1. 室外铸铁给水管（胶圈接口）……（ 31 ）
　　2. 室内柔性铸铁排水管（机械接口）…（ 33 ）
　　3. 室内无承口柔性铸铁排水管
　　　（卡箍连接）………………………（ 34 ）
　　4. 室内柔性铸铁雨水管（机械接口）…（ 35 ）
六、塑料管 …………………………………（ 36 ）
　　1. 室外塑料给水管（热熔连接）……（ 36 ）
　　2. 室外塑料给水管（电熔连接）……（ 38 ）
　　3. 室外塑料给水管（粘接）…………（ 40 ）
　　4. 室外塑料排水管（热熔连接）……（ 42 ）
　　5. 室外塑料排水管（电熔连接）……（ 44 ）
　　6. 室外塑料排水管（粘接）…………（ 46 ）
　　7. 室外塑料排水管（胶圈接口）……（ 48 ）
　　8. 室内塑料给水管（热熔连接）……（ 49 ）
　　9. 室内直埋塑料给水管（热熔连接）…（ 51 ）
　　10. 室内塑料给水管（电熔连接）……（ 52 ）
　　11. 室内塑料给水管（粘接）…………（ 54 ）
　　12. 室内铝塑复合管（卡压、卡套连接）…（ 56 ）

　　13. 室内塑料排水管（热熔连接）………（ 57 ）
　　14. 室内塑料排水管（粘接）…………（ 58 ）
　　15. 室内塑料排水管（沟槽连接）……（ 59 ）
　　16. 室内塑料排水管（法兰式连接）…（ 60 ）
　　17. 室内塑料排水管（螺母密封圈连接）…（ 61 ）
　　18. 室内塑料雨水管（粘接）…………（ 62 ）
　　19. 室内塑料雨水管（热熔连接）……（ 63 ）
七、室外管道碰头 …………………………（ 64 ）
　　1. 钢管碰头（焊接）…………………（ 64 ）
　　2. 铸铁管碰头（石棉水泥接口）……（ 67 ）
　　3. 铸铁管碰头（胶圈接口）…………（ 69 ）

第二章　采暖管道

说明 ………………………………………（ 73 ）
工程量计算规则 …………………………（ 74 ）
一、镀锌钢管 ………………………………（ 75 ）
　　1. 室外镀锌钢管（螺纹连接）………（ 75 ）
　　2. 室内镀锌钢管（螺纹连接）………（ 77 ）
二、钢管 ……………………………………（ 79 ）
　　1. 室外钢管（电弧焊）………………（ 79 ）
　　2. 室内钢管（电弧焊）………………（ 82 ）
三、塑料管 …………………………………（ 84 ）
　　1. 室内塑料管（热熔连接）…………（ 84 ）
　　2. 室内塑料管（电熔连接）…………（ 86 ）
　　3. 室内直埋塑料管（热熔管件连接）…（ 88 ）
　　4. 室内直埋塑料管（无接口敷设）…（ 89 ）
四、直埋式预制保温管 ……………………（ 90 ）
　　1. 室外预制直埋保温管（电弧焊）…（ 90 ）
　　2. 室外预制直埋保温管（氩电联焊）…（ 93 ）
　　3. 室外预制直埋保温管热缩套补口 …（ 96 ）
　　4. 室外预制直埋保温管电热熔套补口 …（ 99 ）
五、室外管道碰头 …………………………（100）
　　1. 钢管碰头（电弧焊）不带介质 ……（100）
　　2. 钢管碰头（电弧焊）带介质 ………（102）

第三章　空调水管道

说明 ………………………………………（107）
工程量计算规则 …………………………（108）
一、镀锌钢管 ………………………………（109）

    1. 空调冷热水镀锌钢管（螺纹连接）………（109）
    2. 空调凝结水镀锌钢管（螺纹连接）………（111）
二、钢管 ………………………………………（112）
    1. 空调冷热水钢管（电弧焊）………………（112）
    2. 空调冷热水钢管（沟槽连接）……………（115）
三、塑料管 ……………………………………（117）
    1. 空调冷热水塑料管（热熔连接）…………（117）
    2. 空调冷热水塑料管（电熔连接）…………（119）
    3. 空调凝结水塑料管（热熔连接）…………（121）
    4. 空调凝结水塑料管（粘接）………………（122）

第四章　燃气管道

说明 …………………………………………（125）
工程量计算规则 ………………………………（126）
一、镀锌钢管 …………………………………（127）
    1. 室外镀锌钢管（螺纹连接）………………（127）
    2. 室内镀锌钢管（螺纹连接）………………（128）
二、钢管 ………………………………………（130）
    1. 室外钢管（电弧焊）………………………（130）
    2. 室外钢管（氩电联焊）……………………（133）
    3. 室内钢管（电弧焊）………………………（136）
    4. 室内钢管（氩电联焊）……………………（138）
三、不锈钢管 …………………………………（140）
    1. 室内薄壁不锈钢管（承插氩弧焊）………（140）
    2. 室内不锈钢管（卡压、卡套连接）………（141）
四、铜管 ………………………………………（142）
五、铸铁管 ……………………………………（143）
六、塑料管 ……………………………………（144）
    1. 室外塑料管（热熔连接）…………………（144）
    2. 室外塑料管（电熔连接）…………………（146）
七、复合管 ……………………………………（147）
八、室外管道碰头 ……………………………（148）
    1. 钢管碰头（不带介质）……………………（148）
    2. 钢管碰头（带介质）………………………（150）
    3. 铸铁管碰头（不带介质）…………………（152）
    4. 铸铁管碰头（带介质）……………………（153）
    5. 塑料管碰头（不带介质）…………………（154）
    6. 塑料管碰头（带介质）……………………（155）
九、氮气置换 …………………………………（156）
十、警示带、示踪线、地面警示标志桩
    安装 ……………………………………（158）

第五章　管道附件

说明 …………………………………………（161）
工程量计算规则 ………………………………（162）
一、螺纹阀门 …………………………………（163）
    1. 螺纹阀门安装 ……………………………（163）
    2. 螺纹电磁阀安装 …………………………（165）
    3. 螺纹浮球阀安装 …………………………（166）
    4. 自动排气阀安装 …………………………（168）
    5. 散热器温控阀安装 ………………………（169）
二、法兰阀门 …………………………………（170）
    1. 法兰阀门安装 ……………………………（170）
    2. 法兰电磁阀安装 …………………………（173）
    3. 对夹式蝶阀安装 …………………………（176）
    4. 法兰浮球阀安装 …………………………（179）
    5. 法兰液压式水位控制阀安装 ……………（180）
三、塑料阀门 …………………………………（181）
    1. 塑料阀门安装（熔接）……………………（181）
    2. 塑料阀门安装（粘接）……………………（182）
四、沟槽阀门 …………………………………（183）
五、法兰 ………………………………………（186）
    1. 螺纹法兰安装 ……………………………（186）
    2. 碳钢平焊法兰安装 ………………………（188）
    3. 塑料法兰（带短管）安装（热熔连接）……（191）
    4. 塑料法兰（带短管）安装（电熔连接）……（194）
    5. 塑料法兰（带短管）安装（粘接）…………（197）
    6. 沟槽法兰安装 ……………………………（200）
六、减压器 ……………………………………（203）
    1. 减压器组成安装（螺纹连接）……………（203）
    2. 减压器组成安装（法兰连接）……………（205）
七、疏水器 ……………………………………（207）
    1. 疏水器组成安装（螺纹连接）……………（207）
    2. 疏水器组成安装（法兰连接）……………（209）
八、除污器 ……………………………………（211）
九、水表 ………………………………………（214）
    1. 螺纹水表安装 ……………………………（214）
    2. 螺纹水表组成安装 ………………………（215）
    3. 法兰水表组成安装（无旁通管）…………（216）
    4. 法兰水表组成安装（带旁通管）…………（218）
十、热量表 ……………………………………（220）
    1. 热水采暖入口热量表组成安装
    （螺纹连接）………………………………（220）
    2. 热水采暖入口热量表组成安装
    （法兰连接）………………………………（221）
    3. 户用热量表组成安装（螺纹连接）………（222）
十一、倒流防止器 ……………………………（223）
    1. 倒流防止器组成安装（螺纹连接

不带水表）…………………………（223）

   2.倒流防止器组成安装（螺纹连接

带水表）…………………………（224）

   3.倒流防止器组成安装（法兰连接不带

水表）……………………………（225）

   4.倒流防止器组成安装（法兰连接

带水表）…………………………（227）

十二、水锤消除器 ……………………（229）

   1.水锤消除器安装（螺纹连接）……（229）

   2.水锤消除器安装（法兰连接）……（230）

十三、补偿器 …………………………（232）

   1.方形补偿器制作（弯头组成）……（232）

   2.方形补偿器制作（机械煨制）……（235）

   3.方形补偿器安装 …………………（236）

   4.焊接式成品补偿器安装 …………（239）

   5.法兰式成品补偿器安装 …………（242）

十四、软接头（软管）…………………（245）

   1.法兰式软接头安装 ………………（245）

   2.螺纹式软接头安装 ………………（247）

   3.卡紧式软管安装 …………………（248）

十五、浮标液面计 ……………………（248）

十六、浮漂水位标尺 …………………（249）

第六章 卫 生 器 具

说明 …………………………………（253）

工程量计算规则 ……………………（254）

一、浴盆 ………………………………（255）

二、净身盆 ……………………………（256）

三、洗脸盆 ……………………………（257）

四、洗涤盆 ……………………………（259）

五、化验盆 ……………………………（260）

六、大便器 ……………………………（261）

   1.蹲式大便器安装 …………………（261）

   2.坐式大便器安装 …………………（262）

七、小便器 ……………………………（263）

八、拖布池 ……………………………（264）

九、淋浴器 ……………………………（265）

   1.组成淋浴器 ………………………（265）

   2.成套淋浴器 ………………………（266）

十、淋浴间 ……………………………（267）

十一、大、小便槽自动冲洗水箱 ……（268）

   1.大、小便槽自动冲洗水箱安装 …（268）

   2.大、小便槽自动冲洗水箱制作 …（269）

十二、给排水附件 ……………………（270）

   1.水龙头安装 ………………………（270）

   2.排水栓安装 ………………………（270）

   3.地漏安装 …………………………（271）

   4.地面扫除口安装 …………………（271）

十三、小便槽冲洗管制作与安装 ……（272）

   1.镀锌钢管（螺纹连接）……………（272）

   2.塑料管（粘接）……………………（273）

十四、蒸汽－水加热器 ………………（274）

十五、冷热水混合器 …………………（274）

十六、饮水器 …………………………（275）

十七、隔油器 …………………………（275）

第七章 供 暖 器 具

说明 …………………………………（279）

工程量计算规则 ……………………（280）

一、铸铁散热器 ………………………（281）

   1.成组铸铁散热器挂式安装 ………（281）

   2.成组铸铁散热器落地安装 ………（282）

二、钢制散热器 ………………………（282）

   1.柱式散热器安装 …………………（282）

   2.板式散热器安装 …………………（284）

   3.翅片管散热器安装 ………………（284）

三、光排管散热器制作与安装 ………（286）

   1.A型光排管散热器制作 …………（286）

   2.B型光排管散热器制作 …………（289）

   3.光排管散热器安装 ………………（292）

四、辐射供暖供冷装置 ………………（294）

   1.一体化预制辐射供暖（冷）板 …（294）

   2.毛细管席 …………………………（295）

   3.预制沟槽保温板 …………………（295）

   4.保温隔热层敷设 …………………（296）

   5.辐射供暖供冷管 …………………（297）

   6.加热电缆敷设 ……………………（300）

五、分/集水器安装 …………………（300）

   1.不带箱分/集水器安装 …………（300）

   2.带箱分/集水器安装 ……………（301）

第八章 燃气器具及其他

说明 …………………………………（305）

工程量计算规则 ……………………（306）

一、燃气开水炉安装 …………………（307）

二、燃气采暖炉安装 …………………（307）

三、燃气沸水器、消毒器 ……………（308）

四、燃气快速热水器安装 ……………（308）

五、燃气表 ……………………………………（309）
　　1. 膜式燃气表安装 …………………………（309）
　　2. 燃气流量计安装 …………………………（310）
　　3. 流量计控制器安装 ………………………（312）
六、燃气灶具 …………………………………（313）
七、气嘴 ………………………………………（314）
八、调压器安装 ………………………………（315）
九、调压箱、调压装置 ………………………（316）
　　1. 壁挂式调压箱 ……………………………（316）
　　2. 落地式调压箱（柜）……………………（316）
十、燃气管道调长器安装 ……………………（317）
十一、引入口保护罩安装 ……………………（318）

第九章　采暖、给排水设备

说明 …………………………………………（321）
工程量计算规则 ………………………………（322）
一、给水设备 …………………………………（323）
二、气压罐 ……………………………………（324）
三、太阳能集热器 ……………………………（325）
四、地源（水源、气源）热泵机组 …………（326）
　　1. 地源（水源、气源）热泵机组 ………（326）
　　2. 地埋管 …………………………………（327）
　　3. 地源热泵用塑料集（分）水器 ………（331）
五、除砂器 ……………………………………（332）
六、水处理器 …………………………………（333）
　　1. 水处理器安装（螺纹连接）…………（333）
　　2. 水处理器安装（法兰连接）…………（334）
七、水箱自洁器 ………………………………（336）
八、水质净化器 ………………………………（337）
九、紫外线杀菌设备 …………………………（338）
十、热水器、开水炉 …………………………（340）
　　1. 蒸汽间断式开水炉安装 ………………（340）
　　2. 电热水器安装 …………………………（341）
　　3. 立式电开水炉安装 ……………………（342）
　　4. 容积式热交换器安装 …………………（343）
十一、消毒器、消毒锅 ………………………（345）
　　1. 消毒器安装 ……………………………（345）
　　2. 消毒锅安装 ……………………………（346）
十二、直饮水设备 ……………………………（347）
十三、组装水箱 ………………………………（348）

第十章　支架及其他

说明 …………………………………………（351）
工程量计算规则 ………………………………（352）
一、管道支架 …………………………………（353）
　　1. 管道支架制作 …………………………（353）
　　2. 管道支架安装 …………………………（354）
　　3. 装配式抗震支架安装 …………………（354）
　　4. 成品管卡安装 …………………………（355）
二、设备支架 …………………………………（356）
　　1. 设备支架制作 …………………………（356）
　　2. 设备支架安装 …………………………（357）
三、套管 ………………………………………（358）
　　1. 一般钢套管制作与安装 ………………（358）
　　2. 一般塑料套管制作与安装 ……………（361）
　　3. 柔性防水套管制作 ……………………（363）
　　4. 柔性防水套管安装 ……………………（365）
　　5. 刚性防水套管制作 ……………………（367）
　　6. 刚性防水套管安装 ……………………（369）
　　7. 成品防火套管安装 ……………………（370）
　　8. 碳钢管道保护管制作与安装 …………（371）
　　9. 塑料管道保护管制作与安装 …………（373）
　　10. 阻火圈安装 ……………………………（373）
　　11. 防水接漏器（止水节）安装 ………（374）
四、管道水压试验 ……………………………（375）
五、管道消毒、冲洗 …………………………（378）
六、其他 ………………………………………（379）
　　1. 成品表箱安装 …………………………（379）
　　2. 剔堵、预留槽、沟 ……………………（380）
　　3. 机械钻孔 ………………………………（381）
　　4. 预留孔洞 ………………………………（382）
　　5. 堵洞 ……………………………………（384）

附　录

一、主要材料损耗率表 ………………………（389）
二、塑料管、铜管公称直径与外径对照表 ……（390）
三、管道管件数量取定表 ……………………（390）
四、室内钢管、铸铁管道支架用量参考表 ……（407）
五、成品管卡用量参考表 ……………………（408）
六、综合机械组成表 …………………………（409）

第一章　给排水管道

说　明

一、本章适用于室内外生活用给排水管道的安装,包括镀锌钢管、钢管、不锈钢管、铜管、铸铁管、塑料管等不同材质的管道安装及室外管道碰头等项目。

二、管道的界线划分:

1. 室内外给水管道以建筑物外墙皮 1.5m 为界,建筑物入口处设阀门者以阀门为界。

2. 室内外排水管道以出户第一个排水检查井为界。

3. 与工业管道界线以与工业管道碰头点为界。

4. 与建筑物内的水泵房(间)管道界线以泵房(间)外墙皮为界。

三、室外管道安装不分地上与地下,均执行同一子目。

四、管道的适用范围:

1. 给水管道适用于生活饮用水、热水、中水及压力排水等管道的安装。

2. 塑料管安装适用于 UPVC、PVC、PP-C、PP-R、PE、PB 管等塑料管安装。

3. 镀锌钢管(螺纹连接)项目适用于室内外焊接钢管、钢塑复合管、不锈钢管的螺纹连接。

4. 钢管沟槽连接适用于镀锌钢管、焊接钢管及无缝钢管等沟槽连接的管道安装。不锈钢管、铜管、复合管的沟槽连接可参照执行。

五、有关说明:

1. 管道安装项目中,均包括相应管件安装、水压试验及水冲洗工作内容。各种管件数量系综合取定,本册管件含量中不含与螺纹阀门配套的活接、对丝,其用量含在螺纹阀门安装项目中。

2. 钢管焊接安装项目中均综合考虑了成品管件和现场煨制弯管、摔制大小头、挖眼三通。

3. 管道安装项目中,除室内直埋塑料给水管项目中已包括管卡安装外,均不包括管道支架、管卡、托钩等制作与安装以及管道穿墙、楼板套管制作与安装、预留孔洞、堵洞、打洞、凿槽等工作内容,发生时,应按第十章"支架及其他"相应项目另行计算。

4. 管道安装项目中,包括水压试验及水冲洗内容,管道的消毒冲洗应按第十章相应项目另行计算。排(雨)水管道包括灌水(闭水)及通球试验工作内容;排水管道不包括止水环、透气帽、消声器本体材料,发生时按实际数量另计材料费。

5. 室内柔性铸铁排水管(机械接口)按带法兰承口的承插式管材考虑。

6. 塑铝稳态管、钢骨架塑料复合管执行塑料管安装相应项目,人工乘以系数 1.15。

7. 室内直埋塑料管道是指敷设于室内地坪下或墙内的塑料给水管段,包括充压隐蔽、水压试验、水冲洗以及地面划线标示等工作内容。

8. 安装带保温层的管道时,可执行相应材质及连接形式的管道安装项目,其人工乘以系数 1.10;管道接头保温执行第十二册《防腐蚀、绝热工程》,其人工、机械乘以系数 2.00。

9. 室外管道碰头项目适用于新建管道与已有水源管道的碰头连接,如已有水源管道已做预留接口,则不执行相应安装项目。

工程量计算规则

一、各类管道安装按室内外、材质、连接形式、规格分别列项，以"10m"为计量单位。铜管、塑料管按公称外径表示，其他管道均按公称直径表示。

二、各类管道安装工程量均按设计管道中心线长度以"10m"为计量单位，不扣除阀门、管件、附件（包括器具组成）及井类所占长度。

三、室内给排水管道与卫生器具连接的分界线：

1.给水管道工程量计算至卫生器具（含附件）前与管道系统连接的第一个连接件（角阀、三通、弯头、管箍等）止。

2.排水管道工程量自卫生器具出口处的地面或墙面的设计尺寸算起；与地漏连接的排水管道自地面设计尺寸算起，不扣除地漏所占长度。

一、镀 锌 钢 管

1. 室外镀锌钢管（螺纹连接）

工作内容：调直、切管、套丝、组对、连接，管道及管件安装，水压试验及水冲洗等。　　　　计量单位：10m

编　号		10-1-1	10-1-2	10-1-3	10-1-4	10-1-5	10-1-6
项　目		公称直径（mm 以内）					
		15	20	25	32	40	50
名　称	单位	消　耗　量					
人工 合计工日	工日	0.615	0.627	0.682	0.700	0.719	0.809
其中 普工	工日	0.153	0.157	0.171	0.175	0.180	0.202
一般技工	工日	0.400	0.407	0.443	0.455	0.467	0.526
高级技工	工日	0.062	0.063	0.068	0.070	0.072	0.081
材料 镀锌钢管	m	(10.200)	(10.200)	(10.200)	(10.200)	(10.200)	(10.200)
给水室外镀锌钢管螺纹管件	个	(2.800)	(2.960)	(2.830)	(2.140)	(2.120)	(2.050)
尼龙砂轮片 φ400	片	0.010	0.012	0.013	0.018	0.021	0.026
机油	kg	0.024	0.030	0.032	0.037	0.041	0.057
聚四氟乙烯生料带 宽20	m	2.240	2.930	3.180	3.570	3.730	4.470
镀锌铁丝 φ2.8~4.0	kg	0.040	0.045	0.068	0.075	0.079	0.083
碎布	kg	0.080	0.090	0.150	0.167	0.187	0.213
热轧厚钢板 δ8.0~15.0	kg	0.030	0.032	0.034	0.037	0.039	0.042
氧气	m³	0.003	0.003	0.003	0.006	0.006	0.006
乙炔气	kg	0.001	0.001	0.001	0.002	0.002	0.002
低碳钢焊条 J427 φ3.2	kg	0.002	0.002	0.002	0.002	0.002	0.002
水	m³	0.008	0.014	0.023	0.040	0.053	0.088
橡胶板 δ1~3	kg	0.007	0.008	0.008	0.009	0.010	0.010
螺纹阀门 DN20	个	0.004	0.004	0.004	0.005	0.005	0.005
焊接钢管 DN20	m	0.013	0.014	0.015	0.016	0.016	0.017
橡胶软管 DN20	m	0.006	0.007	0.007	0.007	0.008	0.008
弹簧压力表 Y-100 0~1.6MPa	块	0.002	0.002	0.002	0.002	0.002	0.003
压力表弯管 DN15	个	0.002	0.002	0.002	0.002	0.002	0.003
其他材料费	%	1.00	1.00	1.00	1.00	1.00	1.00
机械 载货汽车–普通货车 5t	台班	—	—	—	—	—	0.003
汽车式起重机 8t	台班	—	—	—	—	—	0.003
砂轮切割机 φ400	台班	0.002	0.004	0.004	0.005	0.006	0.006
管子切断套丝机 159mm	台班	0.034	0.048	0.058	0.060	0.068	0.080
电焊机（综合）	台班	0.001	0.001	0.001	0.001	0.002	0.002
试压泵 3MPa	台班	0.001	0.001	0.001	0.002	0.002	0.002
电动单级离心清水泵 100mm	台班	0.001	0.001	0.001	0.001	0.001	0.001

计量单位：10m

编　　号				10-1-7	10-1-8	10-1-9	10-1-10	10-1-11
项　　目				公称直径（mm 以内）				
				65	80	100	125	150
名　　称			单位	消　耗　量				
人工	合计工日		工日	0.892	0.998	1.179	1.368	1.473
	其中	普工	工日	0.223	0.249	0.295	0.342	0.368
		一般技工	工日	0.580	0.649	0.766	0.889	0.958
		高级技工	工日	0.089	0.100	0.118	0.137	0.147
材料	镀锌钢管		m	（10.130）	（10.130）	（10.130）	（10.130）	（10.130）
	给水室外镀锌钢管螺纹管件		个	（2.030）	（1.920）	（1.820）	（1.820）	（1.820）
	尼龙砂轮片 φ400		片	0.033	0.038	0.046	—	—
	机油		kg	0.076	0.078	0.091	0.106	0.121
	聚四氟乙烯生料带 宽20		m	7.500	7.950	10.060	12.350	14.560
	镀锌铁丝 φ2.8~4.0		kg	0.085	0.089	0.101	0.107	0.112
	碎布		kg	0.238	0.255	0.298	0.323	0.340
	热轧厚钢板 δ8.0~15.0		kg	0.044	0.047	0.049	0.073	0.110
	氧气		m³	0.006	0.006	0.006	0.006	0.006
	乙炔气		kg	0.002	0.002	0.002	0.002	0.002
	低碳钢焊条 J427 φ3.2		kg	0.002	0.003	0.003	0.003	0.003
	水		m³	0.145	0.204	0.353	0.547	0.764
	橡胶板 δ1~3		kg	0.011	0.011	0.012	0.014	0.016
	螺纹阀门 DN20		个	0.005	0.006	0.006	0.006	0.006
	焊接钢管 DN20		m	0.019	0.020	0.021	0.022	0.023
	橡胶软管 DN20		m	0.008	0.008	0.009	0.009	0.010
	弹簧压力表 Y-100 0~1.6MPa		块	0.003	0.003	0.003	0.003	0.003
	压力表弯管 DN15		个	0.003	0.003	0.003	0.003	0.003
	其他材料费		%	1.00	1.00	1.00	1.00	1.00
机械	载货汽车－普通货车 5t		台班	0.004	0.006	0.013	0.016	0.022
	汽车式起重机 8t		台班	0.004	0.006	0.077	0.083	0.099
	砂轮切割机 φ400		台班	0.007	0.008	0.009	—	—
	管子切断机 150mm		台班	—	—	—	0.018	0.022
	管子切断套丝机 159mm		台班	0.105	0.118	0.143	0.170	0.201
	电焊机（综合）		台班	0.002	0.002	0.002	0.002	0.002
	试压泵 3MPa		台班	0.002	0.002	0.002	0.003	0.003
	电动单级离心清水泵 100mm		台班	0.001	0.002	0.002	0.003	0.005

2. 室内镀锌钢管（螺纹连接）

工作内容： 调直、切管、套丝、组对、连接，管道及管件安装，水压试验及水冲洗等。　　　　计量单位：10m

编　号			10-1-12	10-1-13	10-1-14	10-1-15	10-1-16	10-1-17
项　目			公称直径（mm 以内）					
			15	20	25	32	40	50
名　称		单位	消　耗　量					
人工	合计工日	工日	1.579	1.614	2.028	2.193	2.239	2.454
	其中 普工	工日	0.395	0.404	0.507	0.548	0.560	0.614
	一般技工	工日	1.026	1.049	1.318	1.426	1.455	1.595
	高级技工	工日	0.158	0.161	0.203	0.219	0.224	0.245
材料	镀锌钢管	m	（9.910）	（9.910）	（9.910）	（9.910）	（10.020）	（10.020）
	给水室内镀锌钢管螺纹管件	个	（14.490）	（12.100）	（11.400）	（9.830）	（7.860）	（6.610）
	尼龙砂轮片 φ400	片	0.066	0.070	0.108	0.146	0.150	0.156
	机油	kg	0.158	0.170	0.203	0.206	0.209	0.213
	聚四氟乙烯生料带 宽20	m	10.980	13.040	15.500	16.020	16.190	16.580
	镀锌铁丝 φ2.8~4.0	kg	0.040	0.045	0.068	0.075	0.079	0.083
	碎布	kg	0.080	0.090	0.150	0.167	0.187	0.213
	热轧厚钢板 δ8.0~15.0	kg	0.030	0.032	0.034	0.037	0.039	0.042
	氧气	m³	0.003	0.003	0.003	0.006	0.006	0.006
	乙炔气	kg	0.001	0.001	0.001	0.002	0.002	0.002
	低碳钢焊条 J427 φ3.2	kg	0.002	0.002	0.002	0.002	0.002	0.002
	水	m³	0.008	0.014	0.023	0.040	0.053	0.088
	橡胶板 δ1~3	kg	0.007	0.008	0.008	0.009	0.010	0.010
	螺纹阀门 DN20	个	0.004	0.004	0.005	0.005	0.005	0.005
	焊接钢管 DN20	m	0.013	0.014	0.015	0.016	0.016	0.017
	橡胶软管 DN20	m	0.006	0.006	0.007	0.007	0.007	0.008
	弹簧压力表 Y-100 0~1.6MPa	块	0.002	0.002	0.002	0.002	0.002	0.003
	压力表弯管 DN15	个	0.002	0.002	0.002	0.002	0.002	0.003
	其他材料费	%	1.00	1.00	1.00	1.00	1.00	1.00
机械	载货汽车 - 普通货车 5t	台班	—	—	—	—	—	0.003
	吊装机械（综合）	台班	0.002	0.002	0.003	0.004	0.005	0.007
	砂轮切割机 φ400	台班	0.016	0.020	0.028	0.033	0.035	0.038
	管子切断套丝机 159mm	台班	0.134	0.158	0.245	0.261	0.284	0.293
	电焊机（综合）	台班	0.001	0.001	0.001	0.001	0.002	0.002
	试压泵 3MPa	台班	0.001	0.001	0.001	0.002	0.002	0.002
	电动单级离心清水泵 100mm	台班	0.001	0.001	0.001	0.001	0.001	0.001

计量单位：10m

编　号			10-1-18	10-1-19	10-1-20	10-1-21	10-1-22
项　目			公称直径（mm 以内）				
			65	80	100	125	150
名　称		单位	消　耗　量				
人工	合计工日		工日	2.613	2.736	3.126	3.467	3.857
	其中	普工	工日	0.653	0.684	0.781	0.866	0.964
		一般技工	工日	1.699	1.778	2.032	2.254	2.507
		高级技工	工日	0.261	0.274	0.313	0.347	0.386
材料	镀锌钢管		m	（10.020）	（10.020）	（10.020）	（10.020）	（10.020）
	给水室内镀锌钢管螺纹管件		个	（5.260）	（4.630）	（4.150）	（3.520）	（3.410）
	尼龙砂轮片 φ400		片	0.141	0.146	0.158	—	—
	机油		kg	0.215	0.219	0.225	0.241	0.269
	聚四氟乙烯生料带 宽20		m	17.950	19.310	20.880	21.020	21.240
	镀锌铁丝 φ2.8~4.0		kg	0.085	0.089	0.101	0.107	0.112
	碎布		kg	0.238	0.255	0.298	0.323	0.340
	热轧厚钢板 δ8.0~15.0		kg	0.044	0.047	0.049	0.073	0.110
	氧气		m³	0.006	0.006	0.006	0.006	0.006
	乙炔气		kg	0.002	0.002	0.002	0.002	0.002
	低碳钢焊条 J427 φ3.2		kg	0.002	0.003	0.003	0.003	0.003
	水		m³	0.145	0.204	0.353	0.547	0.764
	橡胶板 δ1~3		kg	0.011	0.011	0.012	0.014	0.016
	螺纹阀门 DN20		个	0.005	0.006	0.006	0.006	0.006
	焊接钢管 DN20		m	0.019	0.020	0.021	0.022	0.023
	橡胶软管 DN20		m	0.008	0.008	0.009	0.009	0.010
	弹簧压力表 Y-100 0~1.6MPa		块	0.003	0.003	0.003	0.003	0.003
	压力表弯管 DN15		个	0.003	0.003	0.003	0.003	0.003
	其他材料费		%	1.00	1.00	1.00	1.00	1.00
机械	载货汽车－普通货车 5t		台班	0.004	0.006	0.013	0.016	0.022
	吊装机械（综合）		台班	0.009	0.012	0.084	0.117	0.123
	砂轮切割机 φ400		台班	0.031	0.032	0.034	—	—
	管子切断机 150mm		台班	—	—	—	0.065	0.074
	管子切断套丝机 159mm		台班	0.294	0.317	0.320	0.384	0.449
	电焊机（综合）		台班	0.002	0.002	0.002	0.002	0.002
	试压泵 3MPa		台班	0.002	0.002	0.002	0.003	0.003
	电动单级离心清水泵 100mm		台班	0.001	0.002	0.002	0.003	0.005

二、钢　　管

1. 室外钢管（焊接）

工作内容：调直、切管、坡口、煨弯、挖眼接管、异径管制作、组对、焊接，管道及管件安装，水压试验及水冲洗等。

计量单位：10m

<table>
<tr><td colspan="3">编　号</td><td>10-1-23</td><td>10-1-24</td><td>10-1-25</td><td>10-1-26</td><td>10-1-27</td></tr>
<tr><td colspan="3" rowspan="2">项　目</td><td colspan="5">公称直径（mm 以内）</td></tr>
<tr><td>32</td><td>40</td><td>50</td><td>65</td><td>80</td></tr>
<tr><td colspan="2">名　称</td><td>单位</td><td colspan="5">消　耗　量</td></tr>
<tr><td rowspan="4">人工</td><td colspan="2">合计工日</td><td>工日</td><td>0.665</td><td>0.760</td><td>0.864</td><td>1.054</td><td>1.282</td></tr>
<tr><td rowspan="3">其中</td><td>普工</td><td>工日</td><td>0.166</td><td>0.190</td><td>0.216</td><td>0.263</td><td>0.320</td></tr>
<tr><td>一般技工</td><td>工日</td><td>0.432</td><td>0.494</td><td>0.562</td><td>0.686</td><td>0.834</td></tr>
<tr><td>高级技工</td><td>工日</td><td>0.067</td><td>0.076</td><td>0.086</td><td>0.105</td><td>0.128</td></tr>
<tr><td rowspan="20">材料</td><td colspan="2">钢管</td><td>m</td><td>(10.180)</td><td>(10.180)</td><td>(10.180)</td><td>(10.150)</td><td>(10.150)</td></tr>
<tr><td colspan="2">给水室外钢管焊接管件</td><td>个</td><td>(0.290)</td><td>(0.280)</td><td>(0.410)</td><td>(0.410)</td><td>(0.350)</td></tr>
<tr><td colspan="2">尼龙砂轮片 φ100</td><td>片</td><td>0.011</td><td>0.018</td><td>0.324</td><td>0.328</td><td>0.373</td></tr>
<tr><td colspan="2">尼龙砂轮片 φ400</td><td>片</td><td>0.024</td><td>0.028</td><td>0.029</td><td>0.030</td><td>0.031</td></tr>
<tr><td colspan="2">氧气</td><td>m³</td><td>0.024</td><td>0.033</td><td>0.036</td><td>0.078</td><td>0.420</td></tr>
<tr><td colspan="2">乙炔气</td><td>kg</td><td>0.009</td><td>0.013</td><td>0.014</td><td>0.030</td><td>0.162</td></tr>
<tr><td colspan="2">低碳钢焊条 J427 φ3.2</td><td>kg</td><td>0.096</td><td>0.142</td><td>0.246</td><td>0.323</td><td>0.335</td></tr>
<tr><td colspan="2">镀锌铁丝 φ2.8~4.0</td><td>kg</td><td>0.075</td><td>0.079</td><td>0.083</td><td>0.085</td><td>0.089</td></tr>
<tr><td colspan="2">碎布</td><td>kg</td><td>0.167</td><td>0.187</td><td>0.213</td><td>0.238</td><td>0.255</td></tr>
<tr><td colspan="2">机油</td><td>kg</td><td>0.040</td><td>0.050</td><td>0.060</td><td>0.080</td><td>0.090</td></tr>
<tr><td colspan="2">热轧厚钢板 δ8.0~15.0</td><td>kg</td><td>0.037</td><td>0.039</td><td>0.042</td><td>0.044</td><td>0.047</td></tr>
<tr><td colspan="2">水</td><td>m³</td><td>0.040</td><td>0.053</td><td>0.088</td><td>0.145</td><td>0.204</td></tr>
<tr><td colspan="2">橡胶板 δ1~3</td><td>kg</td><td>0.009</td><td>0.010</td><td>0.010</td><td>0.011</td><td>0.011</td></tr>
<tr><td colspan="2">螺纹阀门 DN20</td><td>个</td><td>0.005</td><td>0.005</td><td>0.005</td><td>0.005</td><td>0.006</td></tr>
<tr><td colspan="2">焊接钢管 DN20</td><td>m</td><td>0.016</td><td>0.016</td><td>0.017</td><td>0.019</td><td>0.020</td></tr>
<tr><td colspan="2">橡胶软管 DN20</td><td>m</td><td>0.007</td><td>0.007</td><td>0.008</td><td>0.008</td><td>0.008</td></tr>
<tr><td colspan="2">弹簧压力表 Y-100 0~1.6MPa</td><td>块</td><td>0.002</td><td>0.002</td><td>0.003</td><td>0.003</td><td>0.003</td></tr>
<tr><td colspan="2">压力表弯管 DN15</td><td>个</td><td>0.002</td><td>0.002</td><td>0.003</td><td>0.003</td><td>0.003</td></tr>
<tr><td colspan="2">其他材料费</td><td>%</td><td>1.00</td><td>1.00</td><td>1.00</td><td>1.00</td><td>1.00</td></tr>
<tr><td rowspan="10">机械</td><td colspan="2">载货汽车 - 普通货车 5t</td><td>台班</td><td>—</td><td>—</td><td>0.003</td><td>0.004</td><td>0.006</td></tr>
<tr><td colspan="2">汽车式起重机 8t</td><td>台班</td><td>—</td><td>—</td><td>0.003</td><td>0.004</td><td>0.006</td></tr>
<tr><td colspan="2">砂轮切割机 φ400</td><td>台班</td><td>0.007</td><td>0.008</td><td>0.009</td><td>0.010</td><td>0.010</td></tr>
<tr><td colspan="2">电焊机（综合）</td><td>台班</td><td>0.060</td><td>0.089</td><td>0.147</td><td>0.191</td><td>0.193</td></tr>
<tr><td colspan="2">电焊条烘干箱 60×50×75（cm³）</td><td>台班</td><td>0.006</td><td>0.009</td><td>0.015</td><td>0.019</td><td>0.019</td></tr>
<tr><td colspan="2">电焊条恒温箱</td><td>台班</td><td>0.006</td><td>0.009</td><td>0.015</td><td>0.019</td><td>0.019</td></tr>
<tr><td colspan="2">电动弯管机 108mm</td><td>台班</td><td>0.012</td><td>0.013</td><td>0.014</td><td>0.014</td><td>0.015</td></tr>
<tr><td colspan="2">试压泵 3MPa</td><td>台班</td><td>0.002</td><td>0.002</td><td>0.002</td><td>0.002</td><td>0.002</td></tr>
<tr><td colspan="2">电动单级离心清水泵 100mm</td><td>台班</td><td>0.001</td><td>0.001</td><td>0.001</td><td>0.001</td><td>0.002</td></tr>
</table>

计量单位：10m

编　号			10-1-28	10-1-29	10-1-30	10-1-31	10-1-32
项　目			公称直径（mm 以内）				
			100	125	150	200	250
名　称		单位	消　耗　量				
人工	合计工日	工日	1.425	1.652	1.862	2.213	2.489
	其中 普工	工日	0.356	0.413	0.466	0.553	0.622
	一般技工	工日	0.926	1.074	1.210	1.439	1.618
	高级技工	工日	0.143	0.165	0.186	0.221	0.249
材料	钢管	m	（10.150）	（10.000）	（10.000）	（10.000）	（9.850）
	给水室外钢管焊接管件	个	（0.350）	（0.670）	（0.670）	（0.670）	（0.630）
	角钢（综合）	kg	—	—	—	0.192	0.197
	尼龙砂轮片 φ100	片	0.483	0.590	0.890	1.227	2.018
	尼龙砂轮片 φ400	片	0.032	—	—	—	—
	镀锌铁丝 φ2.8~4.0	kg	0.101	0.107	0.112	0.131	0.140
	碎布	kg	0.298	0.323	0.340	0.408	0.451
	机油	kg	0.090	0.110	0.150	0.200	0.200
	氧气	m³	0.543	0.684	0.996	1.248	1.815
	乙炔气	kg	0.209	0.263	0.383	0.480	0.698
	低碳钢焊条 J427 φ3.2	kg	0.445	0.763	1.213	1.763	3.044
	水	m³	0.353	0.547	0.764	1.346	2.139
	热轧厚钢板 δ8.0~15.0	kg	0.049	0.073	0.110	0.148	0.231
	橡胶板 δ1~3	kg	0.012	0.014	0.016	0.018	0.021
	螺纹阀门 DN20	个	0.006	0.006	0.006	0.007	0.007
	焊接钢管 DN20	m	0.021	0.022	0.023	0.024	0.025
	橡胶软管 DN20	m	0.009	0.009	0.010	0.010	0.011
	弹簧压力表 Y-100 0~1.6MPa	块	0.003	0.003	0.003	0.003	0.003
	压力表弯管 DN15	个	0.003	0.003	0.003	0.003	0.003
	其他材料费	%	1.00	1.00	1.00	1.00	1.00
机械	载货汽车 – 普通货车 5t	台班	0.013	0.016	0.022	0.040	0.058
	汽车式起重机 8t	台班	0.077	0.083	0.099	0.138	—
	汽车式起重机 16t	台班	—	—	—	—	0.184
	砂轮切割机 φ400	台班	0.011	—	—	—	—
	电动弯管机 108mm	台班	0.015	—	—	—	—
	电焊机（综合）	台班	0.261	0.352	0.442	0.592	0.902
	电焊条烘干箱 60×50×75（cm³）	台班	0.026	0.035	0.044	0.059	0.090
	电焊条恒温箱	台班	0.026	0.035	0.044	0.059	0.090
	试压泵 3MPa	台班	0.002	0.003	0.003	0.003	0.004
	电动单级离心清水泵 100mm	台班	0.002	0.003	0.005	0.007	0.009

计量单位：10m

编　号			10-1-33	10-1-34	10-1-35	10-1-36	10-1-37
项　目			公称直径（mm以内）				
			300	350	400	450	500
名　称		单位	消　耗　量				
人工	合计工日		工日	3.087	3.516	3.781	5.657	6.389
	其中	普工	工日	0.771	0.879	0.945	1.414	1.597
		一般技工	工日	2.007	2.285	2.458	3.677	4.153
		高级技工	工日	0.309	0.352	0.378	0.566	0.639
材料	钢管		m	（9.850）	（9.750）	（9.750）	（9.750）	（9.750）
	给水室外钢管焊接管件		个	（0.630）	（0.630）	（0.580）	（0.580）	（0.580）
	角钢（综合）		kg	0.232	0.238	0.256	0.273	0.298
	尼龙砂轮片 $\phi100$		片	2.335	3.312	3.682	3.726	3.841
	镀锌铁丝 $\phi2.8\sim4.0$		kg	0.144	0.148	0.153	0.185	0.163
	碎布		kg	0.468	0.493	0.510	0.527	0.544
	机油		kg	0.200	0.200	0.200	0.200	0.200
	橡胶板 $\delta1\sim3$		kg	0.024	0.038	0.042	0.051	0.060
	氧气		m³	2.259	3.191	3.612	6.381	7.233
	乙炔气		kg	0.869	1.227	1.389	2.454	2.782
	低碳钢焊条 J427 $\phi3.2$		kg	3.594	5.794	6.764	8.284	9.155
	水		m³	3.037	4.047	5.227	6.359	7.850
	热轧厚钢板 $\delta8.0\sim15.0$		kg	0.333	0.800	0.426	0.593	0.666
	螺纹阀门 DN20		个	0.007	0.008	0.008	0.008	0.008
	焊接钢管 DN20		m	0.026	0.027	0.028	0.029	0.030
	橡胶软管 DN20		m	0.011	0.011	0.012	0.012	0.012
	弹簧压力表 Y-100 0~1.6MPa		块	0.004	0.004	0.004	0.004	0.004
	压力表弯管 DN15		个	0.004	0.004	0.004	0.004	0.004
	其他材料费		%	1.00	1.00	1.00	1.00	1.00
机械	载货汽车 – 普通货车 5t		台班	0.076	0.101	0.103	0.105	0.108
	汽车式起重机 16t		台班	0.223	0.255	0.269	0.276	0.284
	电焊机（综合）		台班	1.052	1.472	1.632	1.862	1.992
	电焊条烘干箱 60×50×75（cm³）		台班	0.105	0.147	0.163	0.186	0.199
	电焊条恒温箱		台班	0.105	0.147	0.163	0.186	0.199
	试压泵 3MPa		台班	0.004	0.005	0.006	0.006	0.007
	电动单级离心清水泵 100mm		台班	0.012	0.014	0.016	0.018	0.020

2. 室内钢管（焊接）

工作内容： 调直、切管、坡口、煨弯、挖眼接管、异径管制作、组对、焊接，管道及管件
安装，水压试验及水冲洗等。　　　　　　　　　　　　　　　　　计量单位：10m

编　号			10-1-38	10-1-39	10-1-40	10-1-41	10-1-42
项　目			公称直径（mm 以内）				
			32	40	50	65	80
名　称		单位	消　耗　量				
人工	合计工日	工日	1.624	1.862	2.194	2.471	2.717
	其中 普工	工日	0.406	0.466	0.548	0.618	0.679
	一般技工	工日	1.056	1.210	1.427	1.606	1.766
	高级技工	工日	0.162	0.186	0.219	0.247	0.272
材料	钢管	m	（10.250）	（10.250）	（10.120）	（10.120）	（10.100）
	给水室内钢管焊接管件	个	（1.050）	（1.070）	（1.560）	（1.170）	（1.110）
	尼龙砂轮片 φ100	片	0.176	0.234	0.643	0.766	0.782
	尼龙砂轮片 φ400	片	0.065	0.079	0.082	0.089	0.106
	氧气	m³	0.171	0.282	0.407	0.639	0.810
	乙炔气	kg	0.066	0.108	0.157	0.246	0.312
	低碳钢焊条 J427 φ3.2	kg	0.238	0.319	0.568	0.727	0.817
	镀锌铁丝 φ2.8~4.0	kg	0.075	0.079	0.083	0.085	0.089
	碎布	kg	0.167	0.187	0.213	0.238	0.255
	机油	kg	0.040	0.050	0.060	0.080	0.100
	热轧厚钢板 δ8.0~15.0	kg	0.037	0.039	0.042	0.044	0.047
	水	m³	0.040	0.053	0.088	0.145	0.204
	橡胶板 δ1~3	kg	0.009	0.010	0.010	0.011	0.011
	螺纹阀门 DN20	个	0.005	0.005	0.005	0.005	0.006
	焊接钢管 DN20	m	0.016	0.016	0.017	0.019	0.020
	橡胶软管 DN20	m	0.007	0.007	0.008	0.008	0.008
	弹簧压力表 Y-100 0~1.6MPa	块	0.002	0.002	0.003	0.003	0.003
	压力表弯管 DN15	个	0.002	0.002	0.003	0.003	0.003
	其他材料费	%	1.00	1.00	1.00	1.00	1.00
机械	载货汽车-普通货车 5t	台班	—	—	0.003	0.004	0.006
	吊装机械（综合）	台班	0.004	0.005	0.007	0.009	0.012
	砂轮切割机 φ400	台班	0.021	0.022	0.023	0.023	0.024
	电动弯管机 108mm	台班	0.033	0.035	0.036	0.038	0.039
	电焊机（综合）	台班	0.142	0.198	0.341	0.428	0.478
	电焊条烘干箱 60×50×75（cm³）	台班	0.014	0.020	0.034	0.043	0.048
	电焊条恒温箱	台班	0.014	0.020	0.034	0.043	0.048
	试压泵 3MPa	台班	0.002	0.002	0.002	0.002	0.002
	电动单级离心清水泵 100mm	台班	0.001	0.001	0.001	0.001	0.002

计量单位：10m

编　号			10-1-43	10-1-44	10-1-45	10-1-46
项　目			公称直径（mm 以内）			
			100	125	150	200
名　称		单位	消　耗　量			
人工	合计工日	工日	3.136	3.249	3.601	4.389
	其中 普工	工日	0.784	0.812	0.900	1.097
	一般技工	工日	2.038	2.112	2.341	2.853
	高级技工	工日	0.314	0.325	0.360	0.439
材料	钢管	m	（10.100）	（9.870）	（9.870）	（9.870）
	给水室内钢管焊接管件	个	（1.020）	（1.410）	（1.120）	（1.030）
	尼龙砂轮片 φ100	片	0.857	0.836	1.076	1.413
	尼龙砂轮片 φ400	片	0.122	—	—	—
	氧气	m³	0.960	1.035	1.269	1.536
	乙炔气	kg	0.369	0.398	0.488	0.591
	低碳钢焊条 J427 φ3.2	kg	0.978	1.217	1.573	2.005
	镀锌铁丝 φ2.8~4.0	kg	0.101	0.107	0.112	0.131
	碎布	kg	0.298	0.323	0.340	0.408
	机油	kg	0.100	0.150	0.150	0.170
	热轧厚钢板 δ8.0~15.0	kg	0.049	0.073	0.110	0.148
	水	m³	0.353	0.547	0.764	1.346
	橡胶板 δ1~3	kg	0.012	0.014	0.016	0.018
	螺纹阀门 DN20	个	0.006	0.006	0.006	0.007
	焊接钢管 DN20	m	0.021	0.022	0.023	0.024
	橡胶软管 DN20	m	0.009	0.009	0.010	0.010
	弹簧压力表 Y-100 0~1.6MPa	块	0.003	0.003	0.003	0.003
	压力表弯管 DN15	个	0.003	0.003	0.003	0.003
	其他材料费	%	1.00	1.00	1.00	1.00
机械	载货汽车－普通货车 5t	台班	0.013	0.016	0.022	0.040
	吊装机械（综合）	台班	0.084	0.117	0.123	0.169
	砂轮切割机 φ400	台班	0.025	—	—	—
	电动弯管机 108mm	台班	0.041	—	—	—
	电焊机（综合）	台班	0.529	0.576	0.606	0.779
	电焊条烘干箱 60×50×75（cm³）	台班	0.053	0.058	0.061	0.078
	电焊条恒温箱	台班	0.053	0.058	0.061	0.078
	试压泵 3MPa	台班	0.002	0.003	0.003	0.003
	电动单级离心清水泵 100mm	台班	0.002	0.003	0.005	0.007

计量单位：10m

编　号			10-1-47	10-1-48	10-1-49	10-1-50
项　目			公称直径（mm以内）			
			250	300	350	400
名　称		单位	消　耗　量			
人工	合计工日	工日	5.054	6.013	6.441	6.879
	其中 普工	工日	1.264	1.503	1.610	1.720
	一般技工	工日	3.285	3.909	4.187	4.471
	高级技工	工日	0.505	0.601	0.644	0.688
材料	钢管	m	（9.700）	（9.700）	（9.500）	（9.500）
	给水室内钢管焊接管件	个	（1.000）	（1.000）	（0.970）	（0.970）
	尼龙砂轮片 $\phi100$	片	2.230	2.889	3.307	3.778
	氧气	m³	2.127	2.520	2.697	2.886
	乙炔气	kg	0.818	0.969	1.037	1.110
	低碳钢焊条 J427 $\phi3.2$	kg	3.734	4.534	6.251	7.191
	镀锌铁丝 $\phi2.8\sim4.0$	kg	0.140	0.144	0.148	0.153
	碎布	kg	0.451	0.468	0.493	0.510
	机油	kg	0.200	0.200	0.200	0.200
	热轧厚钢板 $\delta8.0\sim15.0$	kg	0.231	0.333	0.380	0.426
	水	m³	2.139	3.037	4.047	5.227
	橡胶板 $\delta1\sim3$	kg	0.021	0.024	0.038	0.042
	螺纹阀门 DN20	个	0.007	0.007	0.008	0.008
	焊接钢管 DN20	m	0.025	0.026	0.027	0.028
	橡胶软管 DN20	m	0.011	0.011	0.011	0.012
	弹簧压力表 Y-100 0~1.6MPa	块	0.003	0.004	0.004	0.004
	压力表弯管 DN15	个	0.003	0.004	0.004	0.004
	其他材料费	%	1.00	1.00	1.00	1.00
机械	载货汽车－普通货车 5t	台班	0.058	0.076	0.093	0.103
	吊装机械（综合）	台班	0.239	0.271	0.298	0.327
	电焊机（综合）	台班	1.037	1.260	1.548	1.743
	电焊条烘干箱 60×50×75（cm³）	台班	0.104	0.126	0.155	0.174
	电焊条恒温箱	台班	0.104	0.126	0.155	0.174
	试压泵 3MPa	台班	0.004	0.004	0.005	0.006
	电动单级离心清水泵 100mm	台班	0.009	0.012	0.014	0.016

3. 室内钢管（沟槽连接）

工作内容: 调直、切管、压槽、对口、涂润滑剂、上胶圈、安装卡箍件,管道及管件安装,水压试验及水冲洗等。

计量单位:10m

编　号			10-1-51	10-1-52	10-1-53	10-1-54	10-1-55
项　目			公称直径（mm 以内）				
			65	80	100	125	150
名　称		单位	消　耗　量				
人工	合计工日	工日	2.159	2.400	2.684	3.232	3.308
	其中 普工	工日	0.540	0.599	0.671	0.808	0.827
	一般技工	工日	1.403	1.561	1.744	2.101	2.150
	高级技工	工日	0.216	0.240	0.269	0.323	0.331
材料	钢管	m	（9.680）	（9.680）	（9.680）	（9.780）	（9.780）
	给水室内钢管沟槽管件	个	（4.260）	（4.140）	（3.600）	（2.400）	（1.880）
	卡箍连接件（含胶圈）	套	（10.038）	（9.810）	（8.656）	（6.056）	（4.904）
	镀锌铁丝 φ2.8~4.0	kg	0.085	0.089	0.101	0.107	0.107
	碎布	kg	0.238	0.255	0.298	0.323	0.340
	润滑剂	kg	0.044	0.047	0.050	0.054	0.059
	热轧厚钢板 δ8.0~15.0	kg	0.044	0.047	0.049	0.073	0.110
	氧气	m³	0.006	0.006	0.006	0.006	0.006
	乙炔气	kg	0.002	0.002	0.002	0.002	0.002
	低碳钢焊条 J427 φ3.2	kg	0.002	0.003	0.003	0.003	0.003
	水	m³	0.145	0.204	0.353	0.547	0.764
	橡胶板 δ1~3	kg	0.011	0.011	0.012	0.014	0.016
	螺纹阀门 DN20	个	0.005	0.006	0.006	0.006	0.006
	焊接钢管 DN20	m	0.019	0.020	0.021	0.022	0.023
	橡胶软管 DN20	m	0.008	0.008	0.009	0.009	0.010
	弹簧压力表 Y-100 0~1.6MPa	块	0.003	0.003	0.003	0.003	0.003
	压力表弯管 DN15	个	0.003	0.003	0.003	0.003	0.003
	其他材料费	%	1.00	1.00	1.00	1.00	1.00
机械	载货汽车–普通货车 5t	台班	0.004	0.006	0.013	0.016	0.022
	吊装机械（综合）	台班	0.009	0.012	0.084	0.117	0.123
	管子切断机 150mm	台班	0.036	0.040	0.046	0.052	0.060
	开孔机 200mm（安装用）	台班	0.007	0.008	0.009	0.010	0.011
	滚槽机	台班	0.221	0.238	0.259	0.284	0.317
	电焊机（综合）	台班	0.002	0.002	0.002	0.002	0.002
	试压泵 3MPa	台班	0.002	0.002	0.002	0.003	0.003
	电动单级离心清水泵 100mm	台班	0.001	0.002	0.002	0.003	0.005

计量单位：10m

编　号			10-1-56	10-1-57	10-1-58	10-1-59	10-1-60
项　目			公称直径（mm 以内）				
			200	250	300	350	400
名　称		单位	消　耗　量				
人工	合计工日	工日	3.703	4.938	5.409	6.111	6.662
	其中　普工	工日	0.925	1.234	1.353	1.528	1.666
	一般技工	工日	2.407	3.210	3.515	3.972	4.330
	高级技工	工日	0.371	0.494	0.541	0.611	0.666
材料	钢管	m	（9.780）	（9.780）	（9.780）	（9.450）	（9.450）
	给水室内钢管沟槽管件	个	（1.670）	（1.610）	（1.610）	（1.610）	（1.610）
	卡箍连接件（含胶圈）	套	（4.438）	（4.258）	（4.258）	（4.258）	（4.258）
	镀锌铁丝 $\phi2.8\sim4.0$	kg	0.112	0.140	0.144	0.148	0.153
	碎布	kg	0.408	0.451	0.468	0.493	0.510
	润滑剂	kg	0.064	0.069	0.074	0.079	0.085
	热轧厚钢板 $\delta8.0\sim15.0$	kg	0.148	0.232	0.232	0.284	0.284
	氧气	m³	0.009	0.009	0.009	0.012	0.012
	乙炔气	kg	0.003	0.003	0.003	0.005	0.005
	低碳钢焊条 J427 $\phi3.2$	kg	0.003	0.004	0.004	0.004	0.004
	水	m³	1.346	2.139	3.037	4.047	5.227
	橡胶板 $\delta1\sim3$	kg	0.018	0.021	0.024	0.038	0.042
	螺纹阀门 DN20	个	0.007	0.007	0.007	0.008	0.008
	焊接钢管 DN20	m	0.024	0.025	0.026	0.027	0.028
	橡胶软管 DN20	m	0.010	0.011	0.011	0.011	0.012
	弹簧压力表 Y-100 0~1.6MPa	块	0.003	0.003	0.004	0.004	0.004
	压力表弯管 DN15	个	0.003	0.003	0.004	0.004	0.004
	其他材料费	%	1.00	1.00	1.00	1.00	1.00
机械	载货汽车 - 普通货车 5t	台班	0.040	0.058	0.076	0.101	0.103
	吊装机械（综合）	台班	0.169	0.239	0.271	0.298	0.327
	管子切断机 250mm	台班	0.066	—	—	—	—
	管道切割坡口机 ISD-300	台班	—	0.072	0.081	—	—
	管道切割坡口机 ISD-450	台班	—	—	—	0.092	0.103
	开孔机 200mm（安装用）	台班	0.012	—	—	—	—
	开孔机 400mm（安装用）	台班	—	0.006	0.006	0.006	0.006
	滚槽机	台班	0.334	0.349	0.376	0.395	0.415
	电焊机（综合）	台班	0.002	0.002	0.002	0.002	0.002
	试压泵 3MPa	台班	0.003	0.004	0.004	0.005	0.006
	电动单级离心清水泵 100mm	台班	0.007	0.009	0.012	0.014	0.016

4.室内雨水钢管(焊接)

工作内容:调直、切管、坡口、挖眼接管、异径管制作,组对、焊接,管道及管件安装,
灌水试验等。

计量单位:10m

编　号				10-1-61	10-1-62	10-1-63	10-1-64
项　目				公称直径(mm 以内)			
				80	100	125	150
名　称			单位	消　耗　量			
人工	合计工日		工日	2.163	2.743	2.761	2.925
	其中	普工	工日	0.541	0.685	0.690	0.731
		一般技工	工日	1.405	1.783	1.795	1.901
		高级技工	工日	0.217	0.275	0.276	0.293
材料	钢管		m	(10.150)	(10.150)	(10.150)	(9.830)
	雨水室内钢管焊接管件		个	(0.740)	(0.950)	(1.380)	(2.050)
	尼龙砂轮片 $\phi100$		片	0.712	0.734	0.749	1.015
	尼龙砂轮片 $\phi400$		片	0.093	0.108	—	—
	氧气		m^3	1.209	1.407	1.614	2.061
	乙炔气		kg	0.465	0.541	0.621	0.793
	低碳钢焊条 J427 $\phi3.2$		kg	0.772	0.922	1.149	1.487
	机油		kg	0.100	0.100	0.150	0.150
	水		m^3	0.076	0.132	0.205	0.287
	镀锌铁丝 $\phi2.8\sim4.0$		kg	0.089	0.101	0.107	0.112
	碎布		kg	0.255	0.298	0.323	0.340
	其他材料费		%	2.00	2.00	2.00	2.00
机械	载货汽车-普通货车 5t		台班	0.006	0.013	0.016	0.022
	吊装机械(综合)		台班	0.012	0.084	0.117	0.123
	砂轮切割机 $\phi400$		台班	0.024	0.025	—	—
	电焊机(综合)		台班	0.455	0.509	0.545	0.572
	电焊条烘干箱 $60\times50\times75$(cm^3)		台班	0.045	0.051	0.055	0.057
	电焊条恒温箱		台班	0.045	0.051	0.055	0.057
	电动单级离心清水泵 100mm		台班	0.001	0.002	0.003	0.005

计量单位：10m

编　号			10-1-65	10-1-66	10-1-67
项　目			公称直径（mm 以内）		
			200	250	300
名　称		单位	消　耗　量		
人工	合计工日	工日	4.230	4.908	5.723
	其中　普工	工日	1.058	1.226	1.431
	其中　一般技工	工日	2.749	3.191	3.720
	其中　高级技工	工日	0.423	0.491	0.572
材料	钢管	m	（9.830）	（9.830）	（9.830）
	雨水室内钢管焊接管件	个	（1.230）	（1.230）	（1.230）
	尼龙砂轮片 $\phi100$	片	1.413	2.228	2.689
	氧气	m³	1.533	2.127	2.520
	乙炔气	kg	0.590	0.818	0.969
	低碳钢焊条 J427 $\phi3.2$	kg	2.003	3.734	4.535
	机油	kg	0.170	0.200	0.200
	水	m³	0.505	0.802	1.139
	镀锌铁丝 $\phi2.8\sim4.0$	kg	0.131	0.140	0.144
	碎布	kg	0.408	0.451	0.468
	其他材料费	%	2.00	2.00	2.00
机械	载货汽车－普通货车 5t	台班	0.040	0.058	0.076
	吊装机械（综合）	台班	0.169	0.239	0.271
	电焊机（综合）	台班	0.772	1.037	1.258
	电焊条烘干箱 60×50×75（cm³）	台班	0.077	0.104	0.126
	电焊条恒温箱	台班	0.077	0.104	0.126
	电动单级离心清水泵 100mm	台班	0.006	0.009	0.011

5. 室内雨水钢管（沟槽连接）

工作内容： 调直、切管、压槽、对口、涂润滑剂、上胶圈、安装卡箍件，管道及管件安装，灌水试验等。

计量单位：10m

编 号				10-1-68	10-1-69	10-1-70	10-1-71
项 目				公称直径（mm 以内）			
				80	100	125	150
名 称			单位	消 耗 量			
人工	合计工日		工日	1.931	2.363	2.557	2.708
	其中	普工	工日	0.483	0.591	0.639	0.677
		一般技工	工日	1.255	1.535	1.662	1.760
		高级技工	工日	0.193	0.237	0.256	0.271
材料	钢管		m	（10.150）	（10.150）	（10.150）	（9.830）
	雨水室内钢管沟槽管件		个	（1.230）	（1.600）	（2.060）	（2.650）
	卡箍连接件（含胶圈）		套	（4.040）	（4.700）	（5.440）	（6.370）
	镀锌铁丝 ϕ2.8~4.0		kg	0.089	0.101	0.107	0.112
	碎布		kg	0.255	0.298	0.323	0.340
	润滑剂		kg	0.014	0.022	0.046	0.083
	水		m³	0.076	0.132	0.205	0.287
	其他材料费		%	2.00	2.00	2.00	2.00
机械	载货汽车 – 普通货车 5t		台班	0.006	0.013	0.016	0.022
	吊装机械（综合）		台班	0.012	0.084	0.117	0.123
	管子切断机 150mm		台班	0.014	0.023	0.046	0.087
	开孔机 200mm（安装用）		台班	—	0.002	0.007	0.012
	滚槽机		台班	0.128	0.173	0.284	0.414
	电动单级离心清水泵 100mm		台班	0.001	0.002	0.003	0.005

计量单位：10m

编号				10-1-72	10-1-73	10-1-74
项目				公称直径（mm 以内）		
				200	250	300
名称			单位	消耗量		
人工	合计工日		工日	3.585	4.591	5.156
	其中	普工	工日	0.897	1.148	1.289
		一般技工	工日	2.330	2.984	3.351
		高级技工	工日	0.358	0.459	0.516
材料	钢管		m	（9.830）	（9.830）	（9.830）
	雨水室内钢管沟槽管件		个	（2.610）	（2.530）	（2.530）
	卡箍连接件（含胶圈）		套	（6.210）	（6.120）	（6.120）
	镀锌铁丝 ϕ2.8~4.0		kg	0.131	0.140	0.144
	碎布		kg	0.408	0.451	0.468
	润滑剂		kg	0.100	0.108	0.116
	水		m^3	0.505	0.802	1.139
	其他材料费		%	2.00	2.00	2.00
机械	载货汽车－普通货车 5t		台班	0.040	0.058	0.076
	吊装机械（综合）		台班	0.169	0.239	0.271
	管子切断机 250mm		台班	0.095	—	—
	管道切割坡口机 ISD-300		台班	—	0.072	0.081
	开孔机 200mm（安装用）		台班	0.013	0.014	0.014
	滚槽机		台班	0.448	0.458	0.496
	电动单级离心清水泵 100mm		台班	0.006	0.009	0.011

三、不 锈 钢 管

1. 室内薄壁不锈钢管（卡压、卡套连接）

工作内容：调直、切管，管道及管件安装，水压试验及水冲洗等。 计量单位：10m

编 号				10-1-75	10-1-76	10-1-77	10-1-78	10-1-79
项 目				公称直径（mm 以内）				
				15	20	25	32	40
名 称			单位	消 耗 量				
人工	合计工日		工日	1.058	1.108	1.210	1.317	1.416
	其中	普工	工日	0.265	0.276	0.303	0.329	0.353
		一般技工	工日	0.688	0.721	0.786	0.856	0.921
		高级技工	工日	0.105	0.111	0.121	0.132	0.142
材料	薄壁不锈钢管		m	（9.860）	（9.860）	（9.860）	（9.860）	（9.940）
	给水室内不锈钢管卡套管件		个	（13.410）	（11.160）	（10.750）	（9.370）	（7.520）
	树脂砂轮切割片 $\phi400$		片	0.038	0.045	0.075	0.089	0.101
	镀锌铁丝 $\phi2.8\sim4.0$		kg	0.040	0.045	0.068	0.075	0.079
	碎布		kg	0.080	0.090	0.150	0.167	0.187
	热轧厚钢板 $\delta8.0\sim15.0$		kg	0.030	0.032	0.034	0.037	0.039
	氧气		m³	0.003	0.003	0.003	0.006	0.006
	乙炔气		kg	0.001	0.001	0.001	0.002	0.002
	低碳钢焊条 J427 $\phi3.2$		kg	0.002	0.002	0.002	0.002	0.002
	水		m³	0.008	0.014	0.023	0.040	0.053
	橡胶板 $\delta1\sim3$		kg	0.007	0.008	0.008	0.009	0.010
	螺纹阀门 DN20		个	0.004	0.004	0.004	0.005	0.005
	焊接钢管 DN20		m	0.013	0.014	0.015	0.016	0.016
	橡胶软管 DN20		m	0.006	0.006	0.007	0.007	0.007
	弹簧压力表 Y-100 0~1.6MPa		块	0.002	0.002	0.002	0.002	0.002
	压力表弯管 DN15		个	0.002	0.002	0.002	0.002	0.002
	其他材料费		%	1.00	1.00	1.00	1.00	1.00
机械	吊装机械（综合）		台班	0.002	0.002	0.003	0.005	0.005
	砂轮切割机 $\phi400$		台班	0.017	0.018	0.021	0.024	0.026
	电焊机（综合）		台班	0.001	0.001	0.001	0.001	0.002
	试压泵 3MPa		台班	0.001	0.001	0.001	0.002	0.002
	电动单级离心清水泵 100mm		台班	0.001	0.001	0.001	0.001	0.001

计量单位：10m

编　号			10-1-80	10-1-81	10-1-82	10-1-83
项　目			公称直径（mm 以内）			
			50	65	80	100
名　称		单位	消　耗　量			
人工	合计工日		工日	1.569	1.618	1.665	1.942
	其中	普工	工日	0.392	0.405	0.417	0.485
		一般技工	工日	1.020	1.051	1.082	1.263
		高级技工	工日	0.157	0.162	0.166	0.194
材料	薄壁不锈钢管		m	（9.870）	（9.870）	（9.870）	（9.870）
	给水室内不锈钢管卡套管件		个	（6.330）	（5.260）	（4.630）	（4.150）
	树脂砂轮切割片 φ400		片	0.120	0.137	0.145	0.158
	镀锌铁丝 φ2.8~4.0		kg	0.083	0.085	0.089	0.101
	碎布		kg	0.213	0.238	0.255	0.298
	热轧厚钢板 δ8.0~15.0		kg	0.042	0.044	0.047	0.049
	氧气		m³	0.006	0.006	0.006	0.006
	乙炔气		kg	0.002	0.002	0.002	0.002
	低碳钢焊条 J427 φ3.2		kg	0.002	0.002	0.003	0.003
	水		m³	0.088	0.145	0.204	0.353
	橡胶板 δ1~3		kg	0.010	0.011	0.011	0.012
	螺纹阀门 DN20		个	0.005	0.005	0.006	0.006
	焊接钢管 DN20		m	0.017	0.019	0.020	0.021
	橡胶软管 DN20		m	0.008	0.008	0.008	0.009
	弹簧压力表 Y-100 0~1.6MPa		块	0.003	0.003	0.003	0.003
	压力表弯管 DN15		个	0.003	0.003	0.003	0.003
	其他材料费		%	1.00	1.00	1.00	1.00
机械	载货汽车 – 普通货车 5t		台班	0.003	0.004	0.006	0.009
	吊装机械（综合）		台班	0.007	0.009	0.012	0.020
	砂轮切割机 φ400		台班	0.030	0.030	0.032	0.034
	电焊机（综合）		台班	0.002	0.002	0.002	0.002
	试压泵 3MPa		台班	0.002	0.002	0.002	0.002
	电动单级离心清水泵 100mm		台班	0.001	0.001	0.002	0.002

2. 室内薄壁不锈钢管（承插氩弧焊）

工作内容：调直、切管、组对、焊接，管道及管件安装，水压试验及水冲洗等。　　　　　　　　　　**计量单位：**10m

编　号				10-1-84	10-1-85	10-1-86	10-1-87	10-1-88
项　目				公称直径（mm 以内）				
				15	20	25	32	40
名　称			单位	消　耗　量				
人工	合计工日		工日	1.105	1.206	1.355	1.435	1.669
	其中	普工	工日	0.276	0.301	0.338	0.359	0.417
		一般技工	工日	0.719	0.784	0.881	0.933	1.085
		高级技工	工日	0.110	0.121	0.136	0.143	0.167
材料	薄壁不锈钢管		m	（9.860）	（9.860）	（9.860）	（9.860）	（9.940）
	给水室内薄壁不锈钢管承插氩弧焊管件		个	（13.410）	（11.160）	（10.750）	（9.370）	（7.520）
	树脂砂轮切割片 ϕ400		片	0.072	0.073	0.075	0.089	0.101
	尼龙砂轮片 ϕ100		片	0.188	0.263	0.283	0.315	0.334
	氩气		m³	0.165	0.230	0.243	0.251	0.258
	铈钨棒		g	0.330	0.460	0.486	0.502	0.516
	镀锌铁丝 ϕ2.8~4.0		kg	0.040	0.045	0.068	0.075	0.079
	碎布		kg	0.080	0.090	0.150	0.167	0.187
	丙酮		kg	0.108	0.129	0.157	0.188	0.218
	热轧厚钢板 δ8.0~15.0		kg	0.030	0.032	0.034	0.037	0.039
	氧气		m³	0.003	0.003	0.003	0.006	0.006
	乙炔气		kg	0.001	0.001	0.001	0.002	0.002
	低碳钢焊条 J427 ϕ3.2		kg	0.002	0.002	0.002	0.002	0.002
	水		m³	0.008	0.014	0.023	0.040	0.053
	橡胶板 δ1~3		kg	0.007	0.008	0.008	0.009	0.010
	螺纹阀门 DN20		个	0.004	0.004	0.004	0.005	0.005
	焊接钢管 DN20		m	0.013	0.014	0.015	0.016	0.016
	橡胶软管 DN20		m	0.006	0.006	0.007	0.007	0.007
	弹簧压力表 Y-100 0~1.6MPa		块	0.002	0.002	0.002	0.002	0.002
	压力表弯管 DN15		个	0.002	0.002	0.002	0.002	0.002
	其他材料费		%	1.00	1.00	1.00	1.00	1.00
机械	吊装机械（综合）		台班	0.002	0.002	0.003	0.004	0.005
	砂轮切割机 ϕ400		台班	0.017	0.018	0.021	0.024	0.026
	氩弧焊机 500A		台班	0.159	0.211	0.227	0.235	0.241
	电焊机（综合）		台班	0.011	0.011	0.011	0.011	0.012
	试压泵 3MPa		台班	0.001	0.001	0.001	0.002	0.002
	电动单级离心清水泵 100mm		台班	0.001	0.001	0.001	0.001	0.001

计量单位：10m

编　号				10-1-89	10-1-90	10-1-91	10-1-92
项　目				公称直径（mm 以内）			
				50	65	80	100
名　称			单位	消　耗　量			
人工	合计工日		工日	1.763	1.827	1.973	2.195
	其中	普工	工日	0.440	0.457	0.493	0.549
		一般技工	工日	1.146	1.188	1.282	1.427
		高级技工	工日	0.177	0.182	0.198	0.219
材料	薄壁不锈钢管		m	（9.870）	（9.870）	（9.870）	（9.870）
	给水室内薄壁不锈钢管承插氩弧焊管件		个	（6.330）	（5.260）	（4.630）	（4.150）
	树脂砂轮切割片 φ400		片	0.120	0.131	0.138	0.144
	尼龙砂轮片 φ100		片	0.375	0.437	0.462	0.495
	氩气		m³	0.262	0.284	0.315	0.338
	铈钨棒		g	0.524	0.568	0.630	0.676
	镀锌铁丝 φ2.8~4.0		kg	0.083	0.085	0.089	0.101
	碎布		kg	0.213	0.238	0.255	0.298
	丙酮		kg	0.241	0.285	0.318	0.377
	热轧厚钢板 δ8.0~15.0		kg	0.042	0.044	0.047	0.049
	氧气		m³	0.006	0.006	0.006	0.006
	乙炔气		kg	0.002	0.002	0.002	0.002
	低碳钢焊条 J427 φ3.2		kg	0.002	0.002	0.003	0.003
	水		m³	0.088	0.145	0.204	0.353
	橡胶板 δ1~3		kg	0.010	0.011	0.011	0.012
	螺纹阀门 DN20		个	0.005	0.005	0.006	0.006
	焊接钢管 DN20		m	0.017	0.019	0.020	0.021
	橡胶软管 DN20		m	0.008	0.008	0.008	0.009
	弹簧压力表 Y-100 0~1.6MPa		块	0.003	0.003	0.003	0.003
	压力表弯管 DN15		个	0.003	0.003	0.003	0.003
	其他材料费		%	1.00	1.00	1.00	1.00
机械	载货汽车-普通货车 5t		台班	0.003	0.004	0.006	0.013
	吊装机械（综合）		台班	0.007	0.009	0.012	0.020
	砂轮切割机 φ400		台班	0.030	0.030	0.032	0.034
	氩弧焊机 500A		台班	0.262	0.284	0.316	0.330
	电焊机（综合）		台班	0.012	0.020	0.020	0.020
	试压泵 3MPa		台班	0.002	0.002	0.002	0.002
	电动单级离心清水泵 100mm		台班	0.001	0.001	0.002	0.002

四、铜　　管

1.室内铜管（卡压、卡套连接）

工作内容：调直、切管，管道及管件安装，水压试验及水冲洗等。　　　　　　　　　　计量单位：10m

编　号				10-1-93	10-1-94	10-1-95	10-1-96	10-1-97
项　目				公称外径（mm 以内）				
				18	22	28	35	42
名　称			单位	消　耗　量				
人工	合计工日		工日	1.018	1.098	1.180	1.227	1.274
	其中	普工	工日	0.255	0.275	0.295	0.307	0.319
		一般技工	工日	0.661	0.713	0.767	0.797	0.828
		高级技工	工日	0.102	0.110	0.118	0.123	0.127
材料	铜管		m	（9.860）	（9.860）	（9.860）	（9.860）	（9.940）
	给水室内铜管卡压管件		个	（13.410）	（11.160）	（10.750）	（9.370）	（7.520）
	割管刀片		片	0.500	0.450	0.400	0.350	0.350
	镀锌铁丝 $\phi 2.8\sim 4.0$		kg	0.040	0.045	0.068	0.075	0.079
	碎布		kg	0.080	0.090	0.150	0.167	0.187
	热轧厚钢板 $\delta 8.0\sim 15.0$		kg	0.030	0.032	0.034	0.037	0.039
	氧气		m³	0.003	0.003	0.003	0.006	0.006
	乙炔气		kg	0.001	0.001	0.001	0.002	0.002
	低碳钢焊条 J427 $\phi 3.2$		kg	0.002	0.002	0.002	0.002	0.002
	水		m³	0.008	0.014	0.023	0.040	0.053
	橡胶板 $\delta 1\sim 3$		kg	0.007	0.008	0.008	0.009	0.010
	螺纹阀门 DN20		个	0.004	0.004	0.004	0.005	0.005
	焊接钢管 DN20		m	0.013	0.014	0.015	0.016	0.016
	橡胶软管 DN20		m	0.006	0.006	0.007	0.007	0.007
	弹簧压力表 Y-100 0~1.6MPa		块	0.002	0.002	0.002	0.002	0.002
	压力表弯管 DN15		个	0.002	0.002	0.002	0.002	0.002
	其他材料费		%	1.00	1.00	1.00	1.00	1.00
机械	吊装机械（综合）		台班	0.002	0.002	0.003	0.004	0.005
	电焊机（综合）		台班	0.001	0.001	0.001	0.001	0.002
	试压泵 3MPa		台班	0.001	0.001	0.001	0.002	0.002
	电动单级离心清水泵 100mm		台班	0.001	0.001	0.001	0.001	0.001

计量单位：10m

编 号				10-1-98	10-1-99	10-1-100	10-1-101
项 目				公称外径（mm 以内）			
				54	76	89	108
名 称			单位	消 耗 量			
人工	合计工日		工日	1.331	1.410	1.483	1.726
	其中	普工	工日	0.333	0.352	0.371	0.431
		一般技工	工日	0.865	0.917	0.964	1.122
		高级技工	工日	0.133	0.141	0.148	0.173
材料	铜管		m	（9.870）	（9.870）	（9.870）	（9.870）
	给水室内铜管卡压管件		个	（6.330）	（5.260）	（4.630）	（4.150）
	割管刀片		片	0.300	0.320	0.350	0.380
	镀锌铁丝 ϕ2.8~4.0		kg	0.083	0.085	0.089	0.101
	碎布		kg	0.213	0.238	0.255	0.298
	热轧厚钢板 δ8.0~15.0		kg	0.042	0.044	0.047	0.049
	氧气		m³	0.006	0.006	0.006	0.006
	乙炔气		kg	0.002	0.002	0.002	0.002
	低碳钢焊条 J427 ϕ3.2		kg	0.002	0.002	0.003	0.003
	水		m³	0.088	0.145	0.204	0.353
	橡胶板 δ1~3		kg	0.010	0.011	0.011	0.012
	螺纹阀门 DN20		个	0.005	0.005	0.006	0.006
	焊接钢管 DN20		m	0.017	0.019	0.020	0.021
	橡胶软管 DN20		m	0.008	0.008	0.008	0.009
	弹簧压力表 Y-100 0~1.6MPa		块	0.003	0.003	0.003	0.003
	压力表弯管 DN15		个	0.003	0.003	0.003	0.003
	其他材料费		%	1.00	1.00	1.00	1.00
机械	载货汽车-普通货车 5t		台班	0.003	0.004	0.006	0.013
	吊装机械（综合）		台班	0.007	0.009	0.012	0.020
	电焊机（综合）		台班	0.002	0.002	0.002	0.002
	试压泵 3MPa		台班	0.002	0.002	0.002	0.002
	电动单级离心清水泵 100mm		台班	0.001	0.001	0.002	0.002

2. 室内铜管（氧乙炔焊）

工作内容：调直、切管、坡口、焊接，管道及管件安装，水压试验及水冲洗等。　　　　　　　计量单位：10m

编　号			10-1-102	10-1-103	10-1-104	10-1-105	10-1-106
项　目			公称外径（mm 以内）				
			18	22	28	35	42
名　称		单位	消　耗　量				
人工	合计工日	工日	1.628	1.751	1.829	2.162	2.458
	其中 普工	工日	0.408	0.438	0.457	0.540	0.614
	一般技工	工日	1.058	1.138	1.189	1.405	1.598
	高级技工	工日	0.162	0.175	0.183	0.217	0.246
材料	铜管	m	（9.500）	（9.500）	（9.500）	（9.500）	（9.650）
	给水室内铜管焊接管件	个	（12.340）	（10.070）	（9.730）	（8.340）	（6.240）
	锯条（各种规格）	根	0.082	0.126	0.145	0.164	0.192
	尼龙砂轮片 φ100	片	0.019	0.024	0.024	0.025	0.038
	尼龙砂轮片 φ400	片	0.020	0.023	0.023	0.035	0.040
	铜焊粉	kg	0.030	0.040	0.050	0.060	0.080
	铜气焊丝	kg	0.174	0.192	0.226	0.250	0.288
	镀锌铁丝 φ2.8~4.0	kg	0.040	0.045	0.068	0.075	0.079
	碎布	kg	0.080	0.090	0.150	0.167	0.187
	热轧厚钢板 δ8.0~15.0	kg	0.030	0.032	0.034	0.037	0.039
	氧气	m³	0.464	0.544	0.684	0.935	1.314
	乙炔气	kg	0.172	0.191	0.243	0.332	0.465
	低碳钢焊条 J427 φ3.2	kg	0.002	0.002	0.002	0.002	0.002
	水	m³	0.008	0.014	0.023	0.040	0.053
	橡胶板 δ1~3	kg	0.007	0.008	0.008	0.009	0.010
	螺纹阀门 DN20	个	0.004	0.004	0.004	0.005	0.005
	焊接钢管 DN20	m	0.013	0.014	0.015	0.016	0.016
	橡胶软管 DN20	m	0.006	0.006	0.007	0.007	0.007
	弹簧压力表 Y-100 0~1.6MPa	块	0.002	0.002	0.002	0.002	0.002
	压力表弯管 DN15	个	0.002	0.002	0.002	0.002	0.002
	其他材料费	%	1.00	1.00	1.00	1.00	1.00
机械	吊装机械（综合）	台班	0.002	0.002	0.003	0.004	0.005
	电焊机（综合）	台班	0.001	0.001	0.001	0.001	0.002
	砂轮切割机 φ400	台班	0.004	0.004	0.004	0.008	0.010	0.012
	试压泵 3MPa	台班	0.001	0.001	0.001	0.002	0.002
	电动单级离心清水泵 100mm	台班	0.001	0.001	0.001	0.001	0.001

2. 室内铜管（氧乙炔焊）

计量单位：10m

编　号			10-1-107	10-1-108	10-1-109	10-1-110
项　目			公称外径（mm 以内）			
			54	76	89	108
名　称		单位	消　耗　量			
人工	合计工日	工日	2.710	3.016	3.314	3.489
	其中 普工	工日	0.678	0.753	0.828	0.872
	一般技工	工日	1.761	1.961	2.154	2.268
	高级技工	工日	0.271	0.302	0.332	0.349
材料	铜管	m	（9.650）	（9.650）	（9.650）	（9.650）
	给水室内铜管焊接管件	个	（5.180）	（4.000）	（3.390）	（2.990）
	锯条（各种规格）	根	0.198	—	—	—
	尼龙砂轮片 φ100	片	0.046	0.096	0.102	0.115
	尼龙砂轮片 φ400	片	0.048	0.123	0.128	0.140
	铜焊粉	kg	0.085	0.097	0.110	0.130
	铜气焊丝	kg	0.380	0.520	0.680	0.840
	镀锌铁丝 φ2.8~4.0	kg	0.083	0.085	0.089	0.101
	碎布	kg	0.213	0.238	0.255	0.298
	热轧厚钢板 δ8.0~15.0	kg	0.042	0.044	0.047	0.049
	氧气	m³	1.414	1.763	2.316	2.620
	乙炔气	kg	0.515	0.678	0.840	0.960
	水	m³	0.088	0.145	0.204	0.353
	低碳钢焊条 J427 φ3.2	kg	0.002	0.002	0.003	0.003
	橡胶板 δ1~3	kg	0.010	0.011	0.011	0.012
	螺纹阀门 DN20	个	0.005	0.005	0.006	0.006
	焊接钢管 DN20	m	0.017	0.019	0.020	0.021
	橡胶软管 DN20	m	0.008	0.008	0.008	0.009
	弹簧压力表 Y-100 0~1.6MPa	块	0.003	0.003	0.003	0.003
	压力表弯管 DN15	个	0.003	0.003	0.003	0.003
	其他材料费	%	1.00	1.00	1.00	1.00
机械	载货汽车－普通货车 5t	台班	0.003	0.004	0.006	0.013
	吊装机械（综合）	台班	0.007	0.009	0.012	0.020
	电焊机（综合）	台班	0.002	0.002	0.002	0.002
	砂轮切割机 φ400	台班	0.016	0.028	0.029	0.031
	试压泵 3MPa	台班	0.002	0.002	0.002	0.002
	电动单级离心清水泵 100mm	台班	0.001	0.001	0.002	0.002

3. 室内铜管（钎焊）

工作内容：调直、切管、焊接，管道及管件安装，水压试验及水冲洗等。　　　　　　　　　计量单位：10m

编　号			10-1-111	10-1-112	10-1-113	10-1-114	10-1-115
项　目			公称外径（mm 以内）				
			18	22	28	35	42
名　称		单位	消　耗　量				
人工	合计工日	工日	1.119	1.209	1.297	1.350	1.403
	其中 普工	工日	0.279	0.302	0.324	0.337	0.351
	一般技工	工日	0.728	0.786	0.843	0.878	0.911
	高级技工	工日	0.112	0.121	0.130	0.135	0.141
材料	铜管	m	（9.860）	（9.860）	（9.860）	（9.860）	（9.940）
	给水室内铜管钎焊管件	个	（13.410）	（11.160）	（10.750）	（9.370）	（7.520）
	低银铜磷钎料（BCu91PAg）	kg	0.024	0.026	0.039	0.056	0.077
	尼龙砂轮片 $\phi100$	片	0.019	0.024	0.024	0.025	0.038
	尼龙砂轮片 $\phi400$	片	0.020	0.023	0.023	0.035	0.040
	镀锌铁丝 $\phi2.8\sim4.0$	kg	0.004	0.045	0.068	0.075	0.079
	碎布	kg	0.080	0.090	0.150	0.168	0.187
	铁砂布	张	0.116	0.118	0.125	0.143	0.236
	热轧厚钢板 $\delta8.0\sim15.0$	kg	0.030	0.032	0.034	0.037	0.039
	氧气	m^3	0.421	0.459	0.467	0.515	0.635
	乙炔气	kg	0.162	0.171	0.179	0.198	0.244
	低碳钢焊条 J427 $\phi3.2$	kg	0.002	0.002	0.002	0.002	0.002
	水	m^3	0.008	0.014	0.023	0.040	0.053
	橡胶板 $\delta1\sim3$	kg	0.007	0.008	0.008	0.009	0.010
	螺纹阀门 DN20	个	0.004	0.004	0.004	0.005	0.005
	焊接钢管 DN20	m	0.013	0.014	0.015	0.016	0.016
	橡胶软管 DN20	m	0.006	0.006	0.007	0.007	0.007
	弹簧压力表 Y-100 0~1.6MPa	块	0.002	0.002	0.002	0.002	0.002
	压力表弯管 DN15	个	0.002	0.002	0.002	0.002	0.002
	其他材料费	%	1.00	1.00	1.00	1.00	1.00
机械	吊装机械（综合）	台班	0.002	0.002	0.003	0.004	0.005
	砂轮切割机 $\phi400$	台班	0.040	0.040	0.008	0.010	0.012
	电焊机（综合）	台班	0.001	0.001	0.001	0.001	0.002
	试压泵 3MPa	台班	0.001	0.001	0.001	0.002	0.002
	电动单级离心清水泵 100mm	台班	0.001	0.001	0.001	0.001	0.001

计量单位：10m

编　号				10-1-116	10-1-117	10-1-118	10-1-119
项　目				公称外径（mm以内）			
				54	76	89	108
名　称			单位	消　耗　量			
人工	合计工日		工日	1.465	1.551	1.631	1.898
	其中	普工	工日	0.367	0.388	0.408	0.474
		一般技工	工日	0.952	1.008	1.060	1.234
		高级技工	工日	0.146	0.155	0.163	0.190
材料	铜管		m	（9.870）	（9.870）	（9.870）	（9.870）
	给水室内铜管钎焊管件		个	（6.330）	（5.260）	（4.630）	（4.150）
	低银铜磷钎料（BCu91PAg）		kg	0.104	0.131	0.185	0.212
	尼龙砂轮片 ϕ100		片	0.046	0.096	0.102	0.115
	尼龙砂轮片 ϕ400		片	0.048	0.123	0.128	0.140
	镀锌铁丝 ϕ2.8~4.0		kg	0.083	0.085	0.089	0.101
	碎布		kg	0.213	0.238	0.255	0.298
	铁砂布		张	0.274	0.312	0.350	0.388
	热轧厚钢板 δ8.0~15.0		kg	0.042	0.044	0.047	0.049
	氧气		m³	0.723	1.019	1.156	1.313
	乙炔气		kg	0.274	0.340	0.388	0.439
	低碳钢焊条 J427 ϕ3.2		kg	0.002	0.002	0.003	0.003
	水		m³	0.088	0.145	0.204	0.353
	橡胶板 δ1~3		kg	0.010	0.011	0.011	0.012
	螺纹阀门 DN20		个	0.005	0.005	0.006	0.006
	焊接钢管 DN20		m	0.017	0.019	0.020	0.021
	橡胶软管 DN20		m	0.008	0.008	0.008	0.009
	弹簧压力表 Y-100 0~1.6MPa		块	0.003	0.003	0.003	0.003
	压力表弯管 DN15		个	0.003	0.003	0.003	0.003
	其他材料费		%	1.00	1.00	1.00	1.00
机械	载货汽车 – 普通货车 5t		台班	0.003	0.004	0.006	0.013
	吊装机械（综合）		台班	0.007	0.009	0.012	0.020
	砂轮切割机 ϕ400		台班	0.016	0.028	0.029	0.031
	电焊机（综合）		台班	0.002	0.002	0.002	0.002
	试压泵 3MPa		台班	0.002	0.002	0.002	0.002
	电动单级离心清水泵 100mm		台班	0.001	0.001	0.002	0.002

五、铸　铁　管

1.室外铸铁给水管（胶圈接口）

工作内容：切管、上胶圈、接口，管道及管件安装，水压试验及水冲洗等。　　　　　　　　　　　计量单位：10m

编　号			10-1-120	10-1-121	10-1-122	10-1-123	10-1-124
项　目			公称直径（mm 以内）				
			100	150	200	250	300
名　称		单位	消　耗　量				
人工	合计工日	工日	1.305	1.605	1.872	2.045	2.124
	其中 普工	工日	0.327	0.401	0.468	0.512	0.531
	一般技工	工日	0.848	1.043	1.217	1.329	1.380
	高级技工	工日	0.130	0.161	0.187	0.204	0.213
材料	承插铸铁给水管	m	（10.100）	（10.050）	（10.050）	（9.900）	（9.900）
	室外承插铸铁给水管件	个	（1.070）	（1.010）	（0.980）	（0.920）	（0.880）
	橡胶圈（给水）DN100	个	2.445	—	—	—	—
	橡胶圈（给水）DN150	个	—	2.305	—	—	—
	橡胶圈（给水）DN200	个	—	—	2.245	—	—
	橡胶圈（给水）DN250	个	—	—	—	2.122	—
	橡胶圈（给水）DN300	个	—	—	—	—	2.033
	镀锌铁丝 φ2.8~4.0	kg	0.101	0.112	0.131	0.140	0.144
	碎布	kg	0.298	0.340	0.408	0.451	0.468
	热轧厚钢板 δ8.0~15.0	kg	0.049	0.110	0.148	0.231	0.333
	氧气	m³	0.006	0.006	0.009	0.009	0.009
	乙炔气	kg	0.002	0.002	0.003	0.003	0.003
	低碳钢焊条 J427 φ3.2	kg	0.003	0.003	0.003	0.004	0.004
	水	m³	0.353	0.764	1.346	2.139	3.037
	橡胶板 δ1~3	kg	0.012	0.016	0.018	0.021	0.024
	螺纹阀门 DN20	个	0.006	0.006	0.007	0.007	0.007
	焊接钢管 DN20	m	0.021	0.023	0.024	0.025	0.026
	橡胶软管 DN20	m	0.009	0.010	0.010	0.011	0.011
	弹簧压力表 Y-100 0~1.6MPa	块	0.003	0.003	0.003	0.003	0.004
	压力表弯管 DN15	个	0.003	0.003	0.003	0.003	0.004
	其他材料费	%	1.00	1.00	1.00	1.00	1.00
机械	载货汽车-普通货车 5t	台班	0.012	0.020	0.040	0.058	0.076
	汽车式起重机 8t	台班	0.073	0.094	0.131	—	—
	汽车式起重机 16t	台班	—	—	—	0.193	0.234
	液压断管机 直径 500mm	台班	0.011	0.013	0.019	0.023	0.028
	电焊机（综合）	台班	0.002	0.002	0.002	0.002	0.002
	试压泵 3MPa	台班	0.002	0.003	0.003	0.004	0.004
	电动单级离心清水泵 100mm	台班	0.002	0.005	0.007	0.009	0.012

计量单位：10m

编　号				10-1-125	10-1-126	10-1-127	10-1-128
项　目				公称直径（mm 以内）			
				350	400	450	500
名　称			单位	消　耗　量			
人工	合计工日		工日	2.281	2.534	2.989	3.272
	其中	普工	工日	0.570	0.633	0.747	0.818
		一般技工	工日	1.483	1.647	1.943	2.127
		高级技工	工日	0.228	0.254	0.299	0.327
材料	承插铸铁给水管		m	（9.900）	（9.900）	（9.850）	（9.850）
	室外承插铸铁给水管件		个	（0.830）	（0.810）	（0.770）	（0.760）
	橡胶圈（给水）DN350		个	1.922	—	—	—
	橡胶圈（给水）DN400		个	—	1.881	—	—
	橡胶圈（给水）DN450		个	—	—	1.798	—
	橡胶圈（给水）DN500		个	—	—	—	1.770
	镀锌铁丝 ϕ2.8~4.0		kg	0.148	0.153	0.158	0.163
	碎布		kg	0.493	0.510	0.527	0.544
	热轧厚钢板 δ8.0~15.0		kg	0.380	0.426	0.472	0.472
	氧气		m³	0.012	0.012	0.012	0.012
	乙炔气		kg	0.005	0.005	0.005	0.005
	低碳钢焊条 J427 ϕ3.2		kg	0.004	0.004	0.004	0.004
	水		m³	4.047	5.227	6.359	7.850
	橡胶板 δ1~3		kg	0.038	0.042	0.051	0.060
	螺纹阀门 DN20		个	0.008	0.008	0.008	0.008
	焊接钢管 DN20		m	0.027	0.028	0.029	0.030
	橡胶软管 DN20		m	0.011	0.012	0.012	0.012
	弹簧压力表 Y-100 0~1.6MPa		块	0.004	0.004	0.004	0.004
	压力表弯管 DN15		个	0.004	0.004	0.004	0.004
	其他材料费		%	1.00	1.00	1.00	1.00
机械	载货汽车 - 普通货车 5t		台班	0.101	0.103	0.105	0.108
	汽车式起重机 16t		台班	0.268	0.282	0.290	0.298
	液压断管机 直径 500mm		台班	0.029	0.032	0.038	0.046
	电焊机（综合）		台班	0.002	0.002	0.002	0.002
	试压泵 3MPa		台班	0.005	0.006	0.006	0.007
	电动单级离心清水泵 100mm		台班	0.014	0.016	0.018	0.020

2. 室内柔性铸铁排水管（机械接口）

工作内容：切管、上胶圈，管道及管件安装，紧固螺栓，灌水试验，通球试验等。　　　　　　计量单位：10m

编　　号				10-1-129	10-1-130	10-1-131	10-1-132	10-1-133	10-1-134
项　　目				公称直径（mm 以内）					
				50	75	100	150	200	250
名　　称			单位	消　耗　量					
人工	合计工日		工日	1.809	2.165	2.793	2.964	3.137	3.440
	其中	普工	工日	0.452	0.541	0.698	0.741	0.784	0.860
		一般技工	工日	1.176	1.407	1.816	1.927	2.039	2.236
		高级技工	工日	0.181	0.217	0.279	0.296	0.314	0.344
材料	柔性铸铁排水管		m	(9.780)	(9.550)	(9.050)	(9.450)	(9.450)	(9.790)
	室内柔性排水铸铁管管件（机械接口）		个	(6.640)	(6.780)	(9.640)	(4.460)	(4.190)	(2.350)
	橡胶密封圈（排水）		个	(14.370)	(15.260)	(21.690)	(10.670)	(9.830)	(4.920)
	法兰压盖		个	(14.370)	(15.260)	(21.690)	(10.670)	(9.830)	(4.920)
	镀锌铁丝 ϕ2.8~4.0		kg	0.083	0.089	0.101	0.112	0.131	0.140
	碎布		kg	0.213	0.255	0.298	0.340	0.408	0.451
	水		m³	0.033	0.054	0.132	0.287	0.505	0.802
	其他材料费		%	2.00	2.00	2.00	2.00	2.00	2.00
机械	载货汽车－普通货车 5t		台班	0.004	0.009	0.011	0.018	0.040	0.058
	吊装机械（综合）		台班	0.004	0.009	0.076	0.123	0.169	0.239
	液压断管机　直径 500mm		台班	0.033	0.047	0.096	0.058	0.079	0.059
	电动单级离心清水泵 100mm		台班	0.001	0.001	0.002	0.005	0.006	0.009

3. 室内无承口柔性铸铁排水管（卡箍连接）

工作内容: 切管,管道及管件安装,紧卡箍,灌水试验,通球试验等。　　　　　　　　　　　　计量单位:10m

编　号			10-1-135	10-1-136	10-1-137	10-1-138	10-1-139	10-1-140
项　目			公称直径（mm 以内）					
			50	75	100	150	200	250
名　称		单位	消　耗　量					
人工	合计工日	工日	1.737	2.099	2.710	2.872	3.048	3.336
	其中 普工	工日	0.434	0.524	0.678	0.718	0.762	0.834
	一般技工	工日	1.129	1.365	1.761	1.867	1.981	2.169
	高级技工	工日	0.174	0.210	0.271	0.287	0.305	0.333
材料	无承口柔性排水铸铁管	m	(9.780)	(9.550)	(9.050)	(9.450)	(9.450)	(9.790)
	室内无承口柔性排水铸铁管管件（卡箍连接）	个	(6.570)	(6.620)	(9.510)	(4.350)	(4.110)	(2.300)
	不锈钢卡箍（含胶圈）	个	(14.300)	(15.100)	(21.690)	(10.560)	(9.750)	(4.870)
	镀锌铁丝 ϕ2.8~4.0	kg	0.083	0.089	0.101	0.112	0.131	0.140
	碎布	kg	0.213	0.255	0.298	0.340	0.408	0.451
	铁砂布	张	0.280	0.280	0.310	0.380	0.470	0.570
	水	m³	0.033	0.054	0.132	0.287	0.505	0.802
	其他材料费	%	2.00	2.00	2.00	2.00	2.00	2.00
机械	载货汽车 – 普通货车 5t	台班	0.004	0.009	0.011	0.018	0.040	0.058
	吊装机械（综合）	台班	0.004	0.009	0.076	0.123	0.169	0.239
	液压断管机 直径 500mm	台班	0.033	0.047	0.096	0.058	0.079	0.059
	电动单级离心清水泵 100mm	台班	0.001	0.001	0.002	0.005	0.006	0.009

4. 室内柔性铸铁雨水管（机械接口）

工作内容：切管、上胶圈，管道及管件安装，紧固螺栓，灌水试验等。 计量单位：10m

编 号				10-1-141	10-1-142	10-1-143	10-1-144	10-1-145	10-1-146
项 目				公称直径（mm以内）					
				75	100	150	200	250	300
名 称			单位	消 耗 量					
人工	合计工日		工日	0.959	1.378	1.643	1.996	2.394	2.650
	其中	普工	工日	0.239	0.344	0.410	0.499	0.599	0.662
		一般技工	工日	0.624	0.896	1.069	1.297	1.556	1.723
		高级技工	工日	0.096	0.138	0.164	0.200	0.239	0.265
材料	柔性铸铁雨水管		m	(10.130)	(10.030)	(9.850)	(9.750)	(9.750)	(9.630)
	室内柔性铸铁雨水管管件（机械接口）		个	(1.300)	(1.670)	(2.730)	(2.690)	(2.610)	(2.610)
	橡胶密封圈（排水）		个	(2.850)	(3.568)	(6.408)	(6.692)	(6.468)	(6.468)
	法兰压盖		个	(2.850)	(3.568)	(6.408)	(6.692)	(6.468)	(6.468)
	镀锌铁丝 $\phi2.8{\sim}4.0$		kg	0.089	0.101	0.112	0.131	0.140	0.144
	碎布		kg	0.255	0.298	0.340	0.408	0.451	0.468
	水		m³	0.054	0.132	0.287	0.505	0.802	1.139
	其他材料费		%	2.00	2.00	2.00	2.00	2.00	2.00
机械	载货汽车-普通货车 5t		台班	0.009	0.014	0.018	0.040	0.058	0.076
	吊装机械（综合）		台班	0.009	0.076	0.123	0.169	0.239	0.271
	液压断管机 直径 500mm		台班	0.013	0.017	0.035	0.051	0.065	0.084
	电动单级离心清水泵 100mm		台班	0.001	0.002	0.005	0.006	0.009	0.011

六、塑 料 管

1. 室外塑料给水管（热熔连接）

工作内容：切管、组对、预热、熔接，管道及管件安装，水压试验及水冲洗等。　　　　　　　　　　　　**计量单位：**10m

编　号				10-1-147	10-1-148	10-1-149	10-1-150	10-1-151	10-1-152
项　目				外径（mm 以内）					
				32	40	50	63	75	90
名　称			单位	消　耗　量					
人工	合计工日		工日	0.549	0.605	0.659	0.723	0.753	0.804
	其中	普工	工日	0.137	0.151	0.165	0.181	0.189	0.200
		一般技工	工日	0.357	0.393	0.428	0.470	0.489	0.523
		高级技工	工日	0.055	0.061	0.066	0.072	0.075	0.081
材料	塑料给水管		m	（10.200）	（10.200）	（10.200）	（10.200）	（10.150）	（10.150）
	室外塑料给水管热熔管件		个	（2.830）	（2.960）	（2.860）	（2.810）	（2.810）	（2.730）
	铁砂布		张	0.027	0.038	0.050	0.057	0.070	0.075
	热轧厚钢板 $\delta 8.0\sim15.0$		kg	0.034	0.037	0.039	0.042	0.044	0.047
	氧气		m^3	0.003	0.006	0.006	0.006	0.006	0.006
	乙炔气		kg	0.001	0.002	0.002	0.002	0.002	0.002
	低碳钢焊条 J427 $\phi 3.2$		kg	0.002	0.002	0.002	0.002	0.002	0.003
	水		m^3	0.023	0.040	0.053	0.088	0.145	0.204
	橡胶板 $\delta 1\sim3$		kg	0.008	0.009	0.010	0.010	0.011	0.011
	螺纹阀门 DN20		个	0.004	0.005	0.005	0.005	0.005	0.006
	焊接钢管 DN20		m	0.015	0.016	0.016	0.017	0.019	0.020
	橡胶软管 DN20		m	0.007	0.007	0.007	0.008	0.008	0.008
	弹簧压力表 Y-100 0~1.6MPa		块	0.002	0.002	0.002	0.003	0.003	0.003
	压力表弯管 DN15		个	0.002	0.002	0.002	0.003	0.003	0.003
	其他材料费		%	1.00	1.00	1.00	1.00	1.00	1.00
机械	电焊机（综合）		台班	0.001	0.001	0.002	0.002	0.002	0.002
	试压泵 3MPa		台班	0.001	0.002	0.002	0.002	0.002	0.002
	电动单级离心清水泵 100mm		台班	0.001	0.001	0.001	0.001	0.002	0.002

计量单位：10m

编　号			10-1-153	10-1-154	10-1-155	10-1-156	10-1-157	10-1-158
项　目			外径（mm 以内）					
			110	125	160	200	250	315
名　称		单位	消　耗　量					
人工	合计工日	工日	0.905	1.010	1.034	1.278	1.536	1.743
	其中 普工	工日	0.227	0.253	0.258	0.319	0.384	0.435
	一般技工	工日	0.588	0.656	0.672	0.831	0.998	1.133
	高级技工	工日	0.090	0.101	0.104	0.128	0.154	0.175
材料	塑料给水管	m	（10.150）	（10.150）	（10.150）	（10.220）	（10.220）	（10.220）
	室外塑料给水管热熔管件	个	（2.730）	（0.810）	（0.790）	（0.740）	（0.720）	（0.720）
	铁砂布	张	0.076	0.079	0.081	0.086	0.093	0.098
	热轧厚钢板 δ8.0~15.0	kg	0.049	0.073	0.110	0.148	0.231	0.330
	氧气	m³	0.006	0.006	0.006	0.009	0.009	0.009
	乙炔气	kg	0.002	0.002	0.002	0.003	0.003	0.003
	低碳钢焊条 J427 ϕ3.2	kg	0.003	0.003	0.003	0.003	0.003	0.004
	水	m³	0.353	0.547	0.764	1.346	2.139	3.037
	橡胶板 δ1~3	kg	0.012	0.014	0.016	0.018	0.021	0.024
	螺纹阀门 DN20	个	0.006	0.006	0.006	0.007	0.007	0.007
	焊接钢管 DN20	m	0.021	0.022	0.023	0.024	0.025	0.026
	橡胶软管 DN20	m	0.009	0.009	0.010	0.010	0.011	0.011
	弹簧压力表 Y-100 0~1.6MPa	块	0.003	0.003	0.003	0.003	0.003	0.004
	压力表弯管 DN15	个	0.003	0.003	0.003	0.003	0.003	0.004
	其他材料费	%	1.00	1.00	1.00	1.00	1.00	1.00
机械	载货汽车-普通货车 5t	台班	—	0.004	0.005	0.012	0.021	0.027
	汽车式起重机 8t	台班	—	0.049	0.051	0.057	0.085	0.102
	热熔对接焊机 160mm	台班	—	0.120	0.150	—	—	—
	热熔对接焊机 250mm	台班	—	—	—	0.260	0.320	—
	热熔对接焊机 630mm	台班	—	—	—	—	—	0.400
	木工圆锯机 500mm	台班	—	0.010	0.011	0.014	0.016	0.018
	电焊机（综合）	台班	0.002	0.002	0.002	0.002	0.002	0.002
	试压泵 3MPa	台班	0.002	0.003	0.003	0.003	0.004	0.004
	电动单级离心清水泵 100mm	台班	0.002	0.003	0.005	0.007	0.009	0.012

2. 室外塑料给水管（电熔连接）

工作内容: 切管、组对、熔接,管道及管件安装,水压试验及水冲洗等。　　　　　　　　　　　　　　　计量单位: 10m

编　号			10-1-159	10-1-160	10-1-161	10-1-162	10-1-163	10-1-164
项　目			外径（mm 以内）					
			32	40	50	63	75	90
名　称		单位	消　耗　量					
人工	合计工日	工日	0.574	0.635	0.690	0.758	0.782	0.840
	其中　普工	工日	0.143	0.159	0.172	0.189	0.196	0.210
	一般技工	工日	0.373	0.412	0.449	0.493	0.508	0.546
	高级技工	工日	0.058	0.064	0.069	0.076	0.078	0.084
材料	塑料给水管	m	(10.200)	(10.200)	(10.200)	(10.200)	(10.150)	(10.150)
	室外塑料给水管电熔管件	个	(2.830)	(2.960)	(2.860)	(2.810)	(2.810)	(2.730)
	铁砂布	张	0.027	0.038	0.050	0.057	0.070	0.075
	热轧厚钢板 $\delta 8.0\sim15.0$	kg	0.034	0.037	0.039	0.042	0.044	0.047
	氧气	m³	0.003	0.006	0.006	0.006	0.006	0.006
	乙炔气	kg	0.001	0.002	0.002	0.002	0.002	0.002
	低碳钢焊条 J427 $\phi 3.2$	kg	0.002	0.002	0.002	0.002	0.002	0.003
	水	m³	0.023	0.040	0.053	0.088	0.145	0.204
	橡胶板 $\delta 1\sim3$	kg	0.008	0.009	0.010	0.010	0.011	0.011
	螺纹阀门 DN20	个	0.004	0.005	0.005	0.005	0.005	0.006
	焊接钢管 DN20	m	0.015	0.016	0.016	0.017	0.019	0.020
	橡胶软管 DN20	m	0.007	0.007	0.007	0.008	0.008	0.008
	弹簧压力表 Y-100 0~1.6MPa	块	0.002	0.002	0.002	0.003	0.003	0.003
	压力表弯管 DN15	个	0.002	0.002	0.002	0.003	0.003	0.003
	其他材料费	%	1.00	1.00	1.00	1.00	1.00	1.00
机械	电焊机（综合）	台班	0.001	0.001	0.002	0.002	0.002	0.002
	电熔焊接机 3.5kW	台班	0.056	0.074	0.080	0.087	0.098	0.106
	试压泵 3MPa	台班	0.001	0.002	0.002	0.002	0.002	0.002
	电动单级离心清水泵 100mm	台班	0.001	0.001	0.001	0.001	0.001	0.002

计量单位：10m

编 号			10-1-165	10-1-166	10-1-167	10-1-168	10-1-169	10-1-170
项 目			外径（mm 以内）					
			110	125	160	200	250	315
名 称		单位	消 耗 量					
人工	合计工日	工日	0.935	1.057	1.084	1.342	1.632	1.830
	其中 普工	工日	0.234	0.265	0.271	0.336	0.408	0.457
	一般技工	工日	0.608	0.687	0.705	0.872	1.061	1.190
	高级技工	工日	0.093	0.105	0.108	0.134	0.163	0.183
材料	塑料给水管	m	（10.150）	（10.150）	（10.150）	（10.170）	（10.170）	（10.170）
	室外塑料给水管电熔管件	个	（2.730）	（1.860）	（1.740）	（1.710）	（1.690）	（1.690）
	铁砂布	张	0.075	0.079	0.081	0.086	0.093	0.098
	热轧厚钢板 δ8.0~15.0	kg	0.049	0.073	0.110	0.148	0.231	0.333
	氧气	m³	0.006	0.006	0.006	0.009	0.009	0.009
	乙炔气	kg	0.002	0.002	0.002	0.003	0.003	0.003
	低碳钢焊条 J427 ϕ3.2	kg	0.003	0.003	0.003	0.003	0.004	0.004
	水	m³	0.353	0.547	0.764	1.346	2.139	3.037
	橡胶板 δ1~3	kg	0.012	0.014	0.016	0.018	0.021	0.024
	螺纹阀门 DN20	个	0.006	0.006	0.006	0.007	0.007	0.007
	焊接钢管 DN20	m	0.021	0.022	0.023	0.024	0.025	0.026
	橡胶软管 DN20	m	0.009	0.009	0.010	0.010	0.011	0.011
	弹簧压力表 Y-100 0~1.6MPa	块	0.003	0.003	0.003	0.003	0.003	0.004
	压力表弯管 DN15	个	0.003	0.003	0.003	0.003	0.010	0.004
	其他材料费	%	1.00	1.00	1.00	1.00	1.00	1.00
机械	载货汽车－普通货车 5t	台班	—	0.004	0.005	0.012	0.021	0.027
	汽车式起重机 8t	台班	—	0.049	0.051	0.057	0.085	0.102
	木工圆锯机 500mm	台班	—	0.010	0.011	0.014	0.016	0.018
	电焊机（综合）	台班	0.002	0.002	0.002	0.002	0.002	0.002
	电熔焊接机 3.5kW	台班	0.110	0.120	0.150	0.260	0.320	0.400
	试压泵 3MPa	台班	0.002	0.003	0.003	0.003	0.004	0.004
	电动单级离心清水泵 100mm	台班	0.002	0.003	0.005	0.007	0.009	0.012

3. 室外塑料给水管（粘接）

工作内容：切管、组对、粘接，管道及管件安装，水压试验及水冲洗等。　　　　　　　　　　计量单位：10m

编　号			10-1-171	10-1-172	10-1-173	10-1-174	10-1-175	10-1-176
项　目			外径（mm 以内）					
			32	40	50	63	75	90
名　称		单位	消　耗　量					
人工	合计工日	工日	0.510	0.562	0.660	0.669	0.702	0.747
	其中 普工	工日	0.127	0.141	0.164	0.167	0.176	0.186
	一般技工	工日	0.332	0.365	0.429	0.435	0.456	0.486
	高级技工	工日	0.051	0.056	0.067	0.067	0.070	0.075
材料	塑料给水管	m	(10.200)	(10.200)	(10.200)	(10.200)	(10.150)	(10.150)
	室外塑料给水管粘接管件	个	(2.830)	(2.960)	(2.860)	(2.810)	(2.810)	(2.730)
	粘接剂	kg	0.067	0.070	0.075	0.077	0.079	0.086
	铁砂布	张	0.027	0.038	0.050	0.057	0.070	0.075
	丙酮	kg	0.026	0.029	0.030	0.033	0.036	0.039
	热轧厚钢板 δ8.0~15.0	kg	0.034	0.037	0.039	0.042	0.044	0.047
	氧气	m³	0.003	0.006	0.006	0.006	0.006	0.006
	乙炔气	kg	0.001	0.002	0.002	0.002	0.002	0.002
	低碳钢焊条 J427 φ3.2	kg	0.002	0.002	0.002	0.002	0.003	0.002
	水	m³	0.023	0.040	0.053	0.088	0.145	0.207
	橡胶板 δ1~3	kg	0.008	0.009	0.010	0.010	0.011	0.011
	螺纹阀门 DN20	个	0.004	0.005	0.005	0.005	0.005	0.006
	焊接钢管 DN20	m	0.015	0.016	0.016	0.017	0.019	0.020
	橡胶软管 DN20	m	0.007	0.007	0.007	0.008	0.008	0.008
	弹簧压力表 Y-100 0~1.6MPa	块	0.002	0.002	0.002	0.003	0.003	0.003
	压力表弯管 DN15	个	0.002	0.002	0.002	0.003	0.003	0.003
	其他材料费	%	1.00	1.00	1.00	1.00	1.00	1.00
机械	电焊机（综合）	台班	0.001	0.001	0.002	0.002	0.002	0.002
	试压泵 3MPa	台班	0.001	0.002	0.002	0.002	0.002	0.002
	电动单级离心清水泵 100mm	台班	0.001	0.001	0.001	0.001	0.001	0.002

计量单位：10m

编　号			10-1-177	10-1-178	10-1-179	10-1-180	10-1-181	10-1-182
项　目			外径（mm 以内）					
			110	125	160	200	250	315
名　称		单位	消　耗　量					
人工	合计工日	工日	0.838	0.934	0.966	1.186	1.406	1.614
	其中 普工	工日	0.210	0.234	0.241	0.296	0.352	0.403
	一般技工	工日	0.544	0.607	0.628	0.771	0.913	1.049
	高级技工	工日	0.084	0.093	0.097	0.119	0.141	0.162
材料	塑料给水管	m	(10.150)	(10.150)	(10.150)	(10.170)	(10.170)	(10.170)
	室外塑料给水管粘接管件	个	(2.730)	(1.860)	(1.740)	(1.710)	(1.690)	(1.690)
	铁砂布	张	0.076	0.078	0.081	0.086	0.093	0.098
	粘接剂	kg	0.115	0.137	0.158	0.159	0.162	0.166
	丙酮	kg	0.045	0.051	0.056	0.059	0.067	0.075
	热轧厚钢板 $\delta 8.0 \sim 15.0$	kg	0.049	0.073	0.110	0.148	0.231	0.333
	氧气	m³	0.006	0.006	0.006	0.009	0.009	0.009
	乙炔气	kg	0.002	0.002	0.002	0.003	0.003	0.003
	低碳钢焊条 J427 $\phi 3.2$	kg	0.003	0.003	0.003	0.003	0.004	0.004
	水	m³	0.353	0.547	0.764	1.346	2.139	3.037
	橡胶板 $\delta 1 \sim 3$	kg	0.012	0.014	0.016	0.018	0.021	0.024
	螺纹阀门 DN20	个	0.006	0.006	0.006	0.007	0.007	0.007
	橡胶软管 DN20	m	0.009	0.009	0.010	0.010	0.011	0.011
	焊接钢管 DN20	m	0.021	0.022	0.023	0.024	0.025	0.026
	弹簧压力表 Y-100 0~1.6MPa	块	0.003	0.003	0.003	0.003	0.003	0.004
	压力表弯管 DN15	个	0.003	0.003	0.003	0.003	0.003	0.004
	其他材料费	%	1.00	1.00	1.00	1.00	1.00	1.00
机械	载货汽车 - 普通货车 5t	台班	—	0.004	0.005	0.012	0.021	0.027
	汽车式起重机 8t	台班	—	0.049	0.051	0.057	0.085	0.102
	木工圆锯机 500mm	台班	—	0.010	0.011	0.014	0.016	0.018
	电焊机（综合）	台班	0.002	0.002	0.002	0.002	0.002	0.002
	试压泵 3MPa	台班	0.002	0.003	0.003	0.003	0.004	0.004
	电动单级离心清水泵 100mm	台班	0.002	0.003	0.005	0.007	0.009	0.012

4. 室外塑料排水管（热熔连接）

工作内容：切管、组对、预热、熔接，管道及管件安装，灌水试验等。　　　　　　　　　　　　计量单位：10m

编　号			10-1-183	10-1-184	10-1-185	10-1-186	10-1-187
项　目			外径（mm 以内）				
			50	75	110	160	200
名　称		单位	消　耗　量				
人工	合计工日	工日	0.608	0.696	0.809	1.014	1.222
	其中 普工	工日	0.152	0.175	0.202	0.253	0.305
	一般技工	工日	0.395	0.452	0.526	0.659	0.794
	高级技工	工日	0.061	0.069	0.081	0.102	0.123
材料	塑料排水管	m	（9.930）	（9.930）	（9.930）	（9.930）	（9.930）
	塑料排水管热熔直接	个	（2.680）	（2.650）	（2.580）	—	—
	铁砂布	张	0.050	0.075	0.076	0.081	0.086
	水	m³	0.033	0.054	0.132	0.287	0.505
	其他材料费	%	2.00	2.00	2.00	2.00	2.00
机械	载货汽车-普通货车 5t	台班	—	—	—	0.005	0.012
	汽车式起重机 8t	台班	—	—	—	0.051	0.057
	木工圆锯机 500mm	台班	—	—	—	0.011	0.014
	热熔对接焊机 160mm	台班	—	—	—	0.150	—
	热熔对接焊机 250mm	台班	—	—	—	—	0.260
	电动单级离心清水泵 100mm	台班	0.001	0.001	0.002	0.005	0.006

计量单位：10m

编　号			10-1-188	10-1-189	10-1-190
项　目			外径（mm 以内）		
			250	315	400
名　称		单位	消　耗　量		
人工	合计工日	工日	1.536	1.648	1.991
	其中 普工	工日	0.384	0.411	0.497
	其中 一般技工	工日	0.998	1.072	1.294
	其中 高级技工	工日	0.154	0.165	0.200
材料	塑料排水管	m	（9.930）	（9.930）	（9.930）
	铁砂布	张	0.235	0.254	0.287
	水	m³	0.802	1.139	1.960
	其他材料费	%	2.00	2.00	2.00
机械	载货汽车 – 普通货车 5t	台班	0.021	0.027	0.036
	汽车式起重机 8t	台班	0.085	0.102	0.114
	木工圆锯机 500mm	台班	0.016	0.018	0.022
	热熔对接焊机 250mm	台班	0.320	—	—
	热熔对接焊机 630mm	台班	—	0.400	0.450
	电动单级离心清水泵 100mm	台班	0.009	0.011	0.014

5. 室外塑料排水管（电熔连接）

工作内容：切管、组对、熔接，管道及管件安装，灌水试验等。 计量单位：10m

编 号				10-1-191	10-1-192	10-1-193	10-1-194	10-1-195
项 目				外径（mm 以内）				
				50	75	110	160	200
名 称			单位	消 耗 量				
人工	合计工日		工日	0.647	0.732	0.850	1.066	1.285
	其中	普工	工日	0.162	0.183	0.213	0.267	0.322
		一般技工	工日	0.420	0.476	0.552	0.693	0.835
		高级技工	工日	0.065	0.073	0.085	0.106	0.128
材料	塑料排水管		m	（9.930）	（9.930）	（9.930）	（9.930）	（9.930）
	塑料排水管电熔直接		个	（2.680）	（2.650）	（2.580）	（1.730）	（1.680）
	铁砂布		张	0.050	0.075	0.076	0.081	0.086
	水		m³	0.033	0.054	0.132	0.287	0.505
	其他材料费		%	2.00	2.00	2.00	2.00	2.00
机械	载货汽车 – 普通货车 5t		台班	—	—	—	0.005	0.012
	汽车式起重机 8t		台班	—	—	—	0.051	0.057
	木工圆锯机 500mm		台班	—	—	—	0.011	0.014
	电熔焊接机 3.5kW		台班	0.080	0.106	0.110	0.150	0.260
	电动单级离心清水泵 100mm		台班	0.001	0.001	0.002	0.005	0.006

计量单位：10m

编 号			10-1-196	10-1-197	10-1-198
项 目			外径（mm 以内）		
			250	315	400
名 称		单位	消 耗 量		
人工	合计工日	工日	1.689	1.802	2.150
	其中 普工	工日	0.422	0.450	0.538
	一般技工	工日	1.098	1.171	1.397
	高级技工	工日	0.169	0.181	0.215
材料	塑料排水管	m	（9.930）	（9.930）	（9.930）
	塑料排水管电熔直接	个	（1.550）	（1.550）	（1.450）
	铁砂布	张	0.235	0.254	0.287
	水	m³	0.802	1.139	1.960
	其他材料费	%	2.00	2.00	2.00
机械	载货汽车－普通货车 5t	台班	0.021	0.027	0.036
	汽车式起重机 8t	台班	0.085	0.102	0.114
	木工圆锯机 500mm	台班	0.016	0.018	0.022
	电熔焊接机 3.5kW	台班	0.320	0.400	0.450
	电动单级离心清水泵 100mm	台班	0.009	0.011	0.014

6. 室外塑料排水管（粘接）

工作内容：切管、组对、粘接，管道及管件安装，灌水试验等。　　　　　　　　　　　　　　　　　　　计量单位：10m

编　号				10-1-199	10-1-200	10-1-201	10-1-202	10-1-203
项　目				外径（mm 以内）				
				50	75	110	160	200
名　称			单位	消　耗　量				
人工	合计工日		工日	0.579	0.647	0.779	0.979	1.111
	其中	普工	工日	0.144	0.162	0.195	0.244	0.277
		一般技工	工日	0.377	0.420	0.506	0.637	0.723
		高级技工	工日	0.058	0.065	0.078	0.098	0.111
材料	塑料排水管		m	（9.930）	（9.930）	（9.930）	（9.930）	（9.930）
	硬聚氯乙烯塑料管箍		个	（0.680）	（0.650）	（0.580）	（0.530）	（0.480）
	铁砂布		张	0.113	0.135	0.157	0.174	0.188
	粘接剂		kg	0.045	0.057	0.073	0.099	0.132
	丙酮		kg	0.068	0.089	0.110	0.149	0.198
	水		m³	0.033	0.054	0.132	0.287	0.505
	其他材料费		%	2.00	2.00	2.00	2.00	2.00
机械	载货汽车–普通货车 5t		台班	—	—	—	0.005	0.012
	汽车式起重机 8t		台班	—	—	—	0.051	0.057
	木工圆锯机 500mm		台班	—	—	—	0.011	0.014
	电动单级离心清水泵 100mm		台班	0.001	0.001	0.002	0.005	0.006

计量单位：10m

编　　号				10-1-204	10-1-205	10-1-206	10-1-207
项　　目				外径（mm 以内）			
				250	315	350	400
名　　称			单位	消　耗　量			
人工	合计工日		工日	1.321	1.421	1.576	1.895
	其中	普工	工日	0.330	0.355	0.394	0.473
		一般技工	工日	0.859	0.923	1.024	1.232
		高级技工	工日	0.132	0.143	0.158	0.190
材料	塑料排水管		m	（9.930）	（9.930）	（9.930）	（9.930）
	硬聚氯乙烯塑料管箍		个	（0.460）	（0.440）	（0.440）	（1.680）
	铁砂布		张	0.197	0.235	0.254	0.287
	粘接剂		kg	0.163	0.198	0.680	0.750
	丙酮		kg	0.245	0.207	0.341	0.395
	水		m³	0.802	1.139	1.518	1.960
	其他材料费		%	2.00	2.00	2.00	2.00
机械	载货汽车 – 普通货车 5t		台班	0.021	0.027	0.031	0.036
	汽车式起重机 8t		台班	0.085	0.102	0.110	0.114
	木工圆锯机 500mm		台班	0.016	0.018	0.020	0.022
	电动单级离心清水泵 100mm		台班	0.009	0.011	0.013	0.014

7.室外塑料排水管（胶圈接口）

工作内容：切管、组对、上胶圈，管道及管件安装，灌水试验等。　　　　　　　　计量单位：10m

编　号			10-1-208	10-1-209	10-1-210	10-1-211	10-1-212
项　目			外径（mm 以内）				
			200	250	315	400	500
名　称		单位	消　耗　量				
人工	合计工日	工日	1.051	1.252	1.352	1.767	2.225
	其中 普工	工日	0.262	0.313	0.338	0.442	0.557
	一般技工	工日	0.684	0.814	0.879	1.148	1.446
	高级技工	工日	0.105	0.125	0.135	0.177	0.222
材料	塑料排水管	m	（9.930）	（9.930）	（9.930）	（9.930）	（9.930）
	橡胶密封圈（排水）DN200	个	1.680	—	—	—	—
	橡胶密封圈（排水）DN250	个	—	1.680	—	—	—
	橡胶密封圈（排水）DN300	个	—	—	1.680	—	—
	橡胶密封圈（排水）DN400	个	—	—	—	1.680	—
	橡胶密封圈（排水）DN500	个	—	—	—	—	1.680
	润滑剂	kg	0.260	0.300	0.320	0.390	0.470
	水	m³	0.505	0.802	1.139	1.960	2.826
	其他材料费	%	2.00	2.00	2.00	2.00	2.00
机械	载货汽车－普通货车 5t	台班	0.012	0.021	0.027	0.036	0.042
	汽车式起重机 8t	台班	0.057	0.085	0.102	0.114	0.116
	木工圆锯机 500mm	台班	0.014	0.016	0.018	0.022	0.027
	电动单级离心清水泵 100mm	台班	0.006	0.009	0.011	0.014	0.017

8. 室内塑料给水管（热熔连接）

工作内容：切管、组对、预热、熔接、管道及管件安装，水压试验及水冲洗等。 计量单位：10m

编　号			10-1-213	10-1-214	10-1-215	10-1-216	10-1-217	10-1-218
项　目			外径（mm 以内）					
			20	25	32	40	50	63
名　称		单位	消　耗　量					
人工	合计工日	工日	1.015	1.127	1.217	1.368	1.592	1.740
	其中 普工	工日	0.254	0.281	0.304	0.342	0.397	0.435
	一般技工	工日	0.659	0.733	0.791	0.889	1.035	1.131
	高级技工	工日	0.102	0.113	0.122	0.137	0.160	0.174
材料	塑料给水管	m	(10.160)	(10.160)	(10.160)	(10.160)	(10.160)	(10.160)
	室内塑料给水管热熔管件	个	(15.200)	(12.250)	(10.810)	(8.870)	(7.420)	(6.590)
	热轧厚钢板 $\delta 8.0 \sim 15.0$	kg	0.030	0.032	0.034	0.037	0.039	0.042
	低碳钢焊条 J427 $\phi 3.2$	kg	0.002	0.002	0.002	0.002	0.002	0.002
	氧气	m^3	0.003	0.003	0.003	0.006	0.006	0.006
	乙炔气	kg	0.001	0.001	0.001	0.002	0.002	0.002
	铁砂布	张	0.053	0.066	0.070	0.116	0.151	0.203
	橡胶板 $\delta 1 \sim 3$	kg	0.007	0.008	0.008	0.010	0.010	0.010
	螺纹阀门 DN20	个	0.004	0.004	0.004	0.005	0.005	0.005
	焊接钢管 DN20	m	0.013	0.014	0.015	0.016	0.016	0.017
	橡胶软管 DN20	m	0.006	0.006	0.007	0.007	0.007	0.008
	弹簧压力表 Y-100 0~1.6MPa	块	0.002	0.002	0.002	0.002	0.002	0.003
	压力表弯管 DN15	个	0.002	0.002	0.002	0.002	0.003	0.003
	水	m^3	0.008	0.014	0.023	0.040	0.053	0.088
	其他材料费	%	1.00	1.00	1.00	1.00	1.00	1.00
机械	电焊机（综合）	台班	0.001	0.001	0.001	0.001	0.002	0.002
	试压泵 3MPa	台班	0.001	0.001	0.001	0.002	0.002	0.002
	电动单级离心清水泵 100mm	台班	0.001	0.001	0.001	0.001	0.001	0.001

计量单位：10m

编　号			10-1-219	10-1-220	10-1-221	10-1-222	10-1-223
项　目			外径（mm 以内）				
			75	90	110	125	160
名　称		单位	消　耗　量				
人工	合计工日		工日	1.788	1.951	2.035	2.159	2.274
	其中	普工	工日	0.447	0.488	0.509	0.540	0.569
		一般技工	工日	1.162	1.268	1.323	1.403	1.478
		高级技工	工日	0.179	0.195	0.203	0.216	0.227
材料	塑料给水管		m	（10.160）	（10.160）	（10.160）	（10.160）	（10.160）
	室内塑料给水管热熔管件		个	（6.030）	（3.950）	（3.080）	（1.580）	（1.340）
	热轧厚钢板 δ8.0~15.0		kg	0.044	0.047	0.049	0.073	0.110
	低碳钢焊条 J427 φ3.2		kg	0.002	0.003	0.003	0.003	0.003
	氧气		m³	0.006	0.006	0.006	0.006	0.006
	乙炔气		kg	0.002	0.002	0.002	0.002	0.002
	铁砂布		张	0.210	0.226	0.229	0.240	0.254
	橡胶板 δ1~3		kg	0.011	0.011	0.012	0.014	0.016
	螺纹阀门 DN20		个	0.005	0.006	0.006	0.006	0.006
	焊接钢管 DN20		m	0.019	0.020	0.021	0.022	0.023
	橡胶软管 DN20		m	0.008	0.008	0.009	0.009	0.010
	弹簧压力表 Y-100 0~1.6MPa		块	0.003	0.003	0.003	0.003	0.003
	压力表弯管 DN15		个	0.003	0.003	0.003	0.003	0.003
	水		m³	0.145	0.204	0.353	0.547	0.764
	其他材料费		%	1.00	1.00	1.00	1.00	1.00
机械	载货汽车 - 普通货车 5t		台班	—	—	—	0.004	0.005
	吊装机械（综合）		台班	—	—	—	0.012	0.017
	木工圆锯机 500mm		台班	—	—	—	0.028	0.031
	电焊机（综合）		台班	0.002	0.002	0.002	0.002	0.002
	热熔对接焊机 160mm		台班	—	—	—	0.279	0.283
	试压泵 3MPa		台班	0.002	0.002	0.002	0.003	0.003
	电动单级离心清水泵 100mm		台班	0.001	0.002	0.002	0.003	0.005

9. 室内直埋塑料给水管（热熔连接）

工作内容: 切管、组对、预热、熔接,管道及管件安装,管卡固定、临时封堵、配合隐
蔽、水压试验及水冲洗、划线标示等。 计量单位:10m

编　号			10-1-224	10-1-225	10-1-226
项　目			外径（mm 以内）		
			20	25	32
名　称		单位	消　耗　量		
人工	合计工日		工日	1.232	1.353	1.419
	其中	普工	工日	0.308	0.338	0.355
		一般技工	工日	0.800	0.880	0.922
		高级技工	工日	0.124	0.135	0.142
材料	塑料给水管		m	（10.160）	（10.160）	（10.160）
	室内直埋塑料给水管热熔管件		个	（10.890）	（11.760）	（9.820）
	塑料丝堵 DN15		个	0.100	—	—
	塑料丝堵 DN20		个	—	0.100	—
	塑料丝堵 DN25		个	—	—	0.100
	塑料管卡子 20		个	16.837	—	—
	塑料管卡子 25		个	—	14.433	—
	塑料管卡子 32		个	—	—	12.625
	塑料布		m^2	0.010	0.010	0.010
	铁砂布		张	0.068	0.085	0.088
	热熔标线涂料		kg	0.079	0.079	0.079
	热轧厚钢板 δ8.0~15.0		kg	0.030	0.032	0.034
	氧气		m^3	0.003	0.003	0.003
	乙炔气		kg	0.001	0.001	0.001
	低碳钢焊条 J427 φ3.2		kg	0.002	0.002	0.002
	水		m^3	0.008	0.014	0.023
	橡胶板 δ1~3		kg	0.007	0.008	0.008
	螺纹阀门 DN20		个	0.004	0.004	0.004
	焊接钢管 DN20		m	0.013	0.014	0.015
	橡胶软管 DN20		m	0.006	0.006	0.007
	弹簧压力表 Y-100 0~1.6MPa		块	0.002	0.002	0.002
	压力表弯管 DN15		个	0.002	0.002	0.002
	其他材料费		%	1.00	1.00	1.00
机械	电焊机（综合）		台班	0.001	0.001	0.001
	试压泵 3MPa		台班	0.001	0.001	0.001
	电动单级离心清水泵 100mm		台班	0.001	0.001	0.001

10. 室内塑料给水管（电熔连接）

工作内容: 切管、组对、熔接,管道及管件安装,水压试验及水冲洗等。　　　　　　　　　　计量单位: 10m

编　号			10-1-227	10-1-228	10-1-229	10-1-230	10-1-231	10-1-232
项　目			外径（mm 以内）					
			20	25	32	40	50	63
名　称		单位	消　耗　量					
人工	合计工日	工日	1.071	1.183	1.280	1.493	1.657	1.843
	其中 普工	工日	0.268	0.295	0.320	0.373	0.414	0.461
	一般技工	工日	0.696	0.769	0.832	0.971	1.077	1.198
	高级技工	工日	0.107	0.119	0.128	0.149	0.166	0.184
材料	塑料给水管	m	（10.160）	（10.160）	（10.160）	（10.160）	（10.160）	（10.160）
	室内塑料给水管电熔管件	个	（15.200）	（12.250）	（10.810）	（8.870）	（7.420）	（6.590）
	铁砂布	张	0.053	0.066	0.070	0.116	0.151	0.203
	热轧厚钢板 $\delta 8.0\sim15.0$	kg	0.030	0.032	0.034	0.037	0.039	0.042
	氧气	m³	0.003	0.003	0.003	0.006	0.006	0.006
	乙炔气	kg	0.001	0.001	0.001	0.002	0.002	0.002
	低碳钢焊条 J427 $\phi 3.2$	kg	0.002	0.002	0.002	0.002	0.002	0.002
	水	m³	0.008	0.014	0.023	0.040	0.053	0.088
	橡胶板 $\delta 1\sim3$	kg	0.007	0.008	0.008	0.009	0.010	0.010
	螺纹阀门 DN20	个	0.004	0.004	0.004	0.005	0.005	0.005
	焊接钢管 DN20	m	0.013	0.014	0.015	0.016	0.016	0.017
	橡胶软管 DN20	m	0.006	0.006	0.007	0.007	0.007	0.008
	弹簧压力表 Y-100 0~1.6MPa	块	0.002	0.002	0.002	0.002	0.002	0.003
	压力表弯管 DN15	个	0.002	0.002	0.002	0.002	0.002	0.003
	其他材料费	%	1.00	1.00	1.00	1.00	1.00	1.00
机械	电焊机（综合）	台班	0.001	0.001	0.001	0.001	0.002	0.002
	电熔焊接机 3.5kW	台班	0.133	0.185	0.224	0.249	0.257	0.261
	试压泵 3MPa	台班	0.001	0.001	0.001	0.002	0.002	0.002
	电动单级离心清水泵 100mm	台班	0.001	0.001	0.001	0.001	0.001	0.001

计量单位：10m

编 号			10-1-233	10-1-234	10-1-235	10-1-236	10-1-237
项 目			外径（mm 以内）				
			75	90	110	125	160
名 称		单位	消 耗 量				
人工	合计工日	工日	1.893	2.061	2.155	2.290	2.411
	其中 普工	工日	0.474	0.515	0.539	0.572	0.602
	一般技工	工日	1.230	1.340	1.400	1.489	1.568
	高级技工	工日	0.189	0.206	0.216	0.229	0.241
材料	塑料给水管	m	（10.160）	（10.160）	（10.160）	（10.160）	（10.160）
	室内塑料给水管电熔管件	个	（6.030）	（3.950）	（3.080）	（2.680）	（2.320）
	铁砂布	张	0.210	0.226	0.229	0.240	0.254
	热轧厚钢板 $\delta 8.0 \sim 15.0$	kg	0.044	0.047	0.049	0.073	0.110
	氧气	m^3	0.006	0.006	0.006	0.006	0.006
	乙炔气	kg	0.002	0.002	0.002	0.002	0.002
	低碳钢焊条 J427 $\phi 3.2$	kg	0.002	0.003	0.003	0.003	0.003
	水	m^3	0.145	0.204	0.353	0.547	0.764
	橡胶板 $\delta 1 \sim 3$	kg	0.011	0.011	0.012	0.014	0.016
	螺纹阀门 DN20	个	0.005	0.006	0.006	0.006	0.006
	焊接钢管 DN20	m	0.019	0.020	0.021	0.022	0.023
	橡胶软管 DN20	m	0.008	0.008	0.009	0.009	0.010
	弹簧压力表 Y-100 0~1.6MPa	块	0.003	0.003	0.003	0.003	0.003
	压力表弯管 DN15	个	0.003	0.003	0.003	0.003	0.003
	其他材料费	%	1.00	1.00	1.00	1.00	1.00
机械	载货汽车 - 普通货车 5t	台班	—	—	—	0.004	0.005
	吊装机械（综合）	台班	—	—	—	0.012	0.017
	木工圆锯机 500mm	台班	—	—	—	0.028	0.031
	电熔焊接机 3.5kW	台班	0.265	0.271	0.274	0.279	0.283
	电焊机（综合）	台班	0.002	0.002	0.002	0.002	0.002
	试压泵 3MPa	台班	0.002	0.002	0.002	0.003	0.003
	电动单级离心清水泵 100mm	台班	0.001	0.002	0.002	0.003	0.005

11. 室内塑料给水管（粘接）

工作内容: 切管、组对、粘接,管道及管件安装,水压试验及水冲洗等。　　　　　　　　　　计量单位:10m

编　号			10-1-238	10-1-239	10-1-240	10-1-241	10-1-242	10-1-243
项　目			外径（mm 以内）					
			20	25	32	40	50	63
名　称		单位	消　耗　量					
人工	合计工日	工日	0.912	0.969	1.036	1.093	1.236	1.349
	其中 普工	工日	0.228	0.242	0.258	0.273	0.309	0.337
	一般技工	工日	0.593	0.630	0.674	0.711	0.803	0.877
	高级技工	工日	0.091	0.097	0.104	0.109	0.124	0.135
材料	塑料给水管	m	(10.160)	(10.160)	(10.160)	(10.160)	(10.160)	(10.160)
	室内塑料给水管粘接管件	个	(15.200)	(12.250)	(10.810)	(8.870)	(7.420)	(6.590)
	铁砂布	张	0.053	0.066	0.070	0.116	0.151	0.203
	粘接剂	kg	0.043	0.046	0.049	0.055	0.063	0.066
	丙酮	kg	0.065	0.069	0.074	0.083	0.095	0.099
	热轧厚钢板 $\delta 8.0\sim15.0$	kg	0.030	0.032	0.034	0.037	0.039	0.042
	氧气	m³	0.003	0.003	0.003	0.006	0.006	0.006
	乙炔气	kg	0.001	0.001	0.001	0.002	0.002	0.002
	低碳钢焊条 J427 $\phi 3.2$	kg	0.002	0.002	0.002	0.002	0.002	0.002
	水	m³	0.008	0.014	0.023	0.040	0.053	0.088
	橡胶板 $\delta 1\sim3$	kg	0.007	0.008	0.008	0.009	0.010	0.010
	螺纹阀门 DN20	个	0.004	0.004	0.004	0.005	0.005	0.005
	焊接钢管 DN20	m	0.013	0.014	0.015	0.016	0.016	0.017
	橡胶软管 DN20	m	0.006	0.006	0.007	0.007	0.007	0.008
	弹簧压力表 Y-100 0~1.6MPa	块	0.002	0.002	0.002	0.002	0.002	0.003
	压力表弯管 DN15	个	0.002	0.002	0.002	0.002	0.002	0.003
	其他材料费	%	1.00	1.00	1.00	1.00	1.00	1.00
机械	电焊机（综合）	台班	0.001	0.001	0.001	0.001	0.002	0.002
	试压泵 3MPa	台班	0.001	0.001	0.001	0.002	0.002	0.002
	电动单级离心清水泵 100mm	台班	0.001	0.001	0.001	0.001	0.001	0.001

计量单位：10m

编　　号			10-1-244	10-1-245	10-1-246	10-1-247	10-1-248
项　　目			外径（mm 以内）				
			75	90	110	125	160
名　　称		单位	消　耗　量				
人工	合计工日	工日	1.501	1.657	1.814	1.886	1.976
	其中 普工	工日	0.375	0.414	0.453	0.471	0.494
	一般技工	工日	0.976	1.077	1.180	1.226	1.284
	高级技工	工日	0.150	0.166	0.181	0.189	0.198
材料	塑料给水管	m	（10.160）	（10.160）	（10.160）	（10.160）	（10.160）
	室内塑料给水管粘接管件	个	（6.030）	（3.950）	（3.080）	（2.680）	（2.320）
	铁砂布	张	0.210	0.226	0.229	0.240	0.254
	粘接剂	kg	0.069	0.077	0.100	0.109	0.122
	丙酮	kg	0.104	0.116	0.150	0.162	0.183
	热轧厚钢板 $\delta 8.0 \sim 15.0$	kg	0.044	0.047	0.049	0.073	0.110
	氧气	m^3	0.006	0.006	0.006	0.006	0.006
	乙炔气	kg	0.002	0.002	0.002	0.002	0.002
	低碳钢焊条 J427 $\phi 3.2$	kg	0.002	0.003	0.003	0.003	0.003
	水	m^3	0.145	0.204	0.353	0.547	0.764
	橡胶板 $\delta 1 \sim 3$	kg	0.011	0.011	0.012	0.014	0.016
	螺纹阀门 DN20	个	0.005	0.006	0.006	0.006	0.006
	焊接钢管 DN20	m	0.019	0.020	0.021	0.022	0.023
	橡胶软管 DN20	m	0.008	0.008	0.009	0.009	0.010
	弹簧压力表 Y-100 0~1.6MPa	块	0.003	0.003	0.003	0.003	0.003
	压力表弯管 DN15	个	0.003	0.003	0.003	0.003	0.003
	其他材料费	%	1.00	1.00	1.00	1.00	1.00
机械	载货汽车 - 普通货车 5t	台班	—	—	—	0.004	0.005
	吊装机械（综合）	台班	—	—	—	0.012	0.017
	木工圆锯机 500mm	台班	—	—	—	0.028	0.031
	电焊机（综合）	台班	0.002	0.002	0.002	0.002	0.002
	试压泵 3MPa	台班	0.002	0.002	0.002	0.003	0.003
	电动单级离心清水泵 100mm	台班	0.001	0.002	0.002	0.005	0.005

12.室内铝塑复合管（卡压、卡套连接）

工作内容: 调直、切管、对口、紧丝口,管道及管件连接,水压试验及水冲洗等。　　　　　　　　计量单位: 10m

编　号			10-1-249	10-1-250	10-1-251	10-1-252	10-1-253	10-1-254
项　目			公称外径（mm 以内）					
			20	25	32	40	50	63
名　称		单位	消　耗　量					
人工	合计工日	工日	0.780	0.880	0.994	1.099	1.199	1.376
	其中 普工	工日	0.195	0.219	0.248	0.275	0.300	0.344
	一般技工	工日	0.507	0.573	0.646	0.714	0.779	0.894
	高级技工	工日	0.078	0.088	0.100	0.110	0.120	0.138
材料	复合管	m	（9.960）	（9.960）	（9.960）	（9.960）	（9.960）	（9.960）
	给水室内铝塑复合管卡套管件	个	（14.710）	（12.250）	（10.810）	（8.870）	（7.420）	（6.590）
	热轧厚钢板 δ8.0~15.0	kg	0.030	0.032	0.034	0.037	0.039	0.042
	氧气	m³	0.003	0.003	0.003	0.006	0.006	0.006
	乙炔气	kg	0.001	0.001	0.001	0.002	0.002	0.002
	低碳钢焊条 J427 φ3.2	kg	0.002	0.002	0.002	0.002	0.002	0.002
	水	m³	0.008	0.014	0.023	0.040	0.053	0.088
	橡胶板 δ1~3	kg	0.007	0.008	0.008	0.009	0.010	0.010
	螺纹阀门 DN20	个	0.004	0.004	0.004	0.005	0.005	0.005
	焊接钢管 DN20	m	0.013	0.014	0.015	0.016	0.016	0.017
	橡胶软管 DN20	m	0.006	0.006	0.007	0.007	0.007	0.008
	弹簧压力表 Y-100 0~1.6MPa	块	0.002	0.002	0.002	0.002	0.002	0.003
	压力表弯管 DN15	个	0.002	0.002	0.002	0.002	0.002	0.003
	其他材料费	%	1.00	1.00	1.00	1.00	1.00	1.00
机械	电焊机（综合）	台班	0.001	0.001	0.001	0.001	0.002	0.002
	试压泵 3MPa	台班	0.001	0.001	0.001	0.002	0.002	0.002
	电动单级离心清水泵 100mm	台班	0.001	0.001	0.001	0.001	0.001	0.001

13. 室内塑料排水管（热熔连接）

工作内容：切管、组对、预热、熔接，管道及管件安装，灌水试验、通球试验等。　　　　　　计量单位：10m

编　号			10-1-255	10-1-256	10-1-257	10-1-258	10-1-259	10-1-260
项　目			外径（mm 以内）					
			50	75	110	160	200	250
名　称		单位	消　耗　量					
人工	合计工日	工日	1.376	1.842	2.068	2.888	3.961	4.367
	其中 普工	工日	0.344	0.461	0.517	0.722	0.990	1.092
	一般技工	工日	0.894	1.197	1.344	1.877	2.575	2.838
	高级技工	工日	0.138	0.184	0.207	0.289	0.396	0.437
材料	塑料排水管	m	(10.120)	(9.800)	(9.500)	(9.500)	(9.500)	(10.050)
	室内塑料排水管热熔管件	个	(6.900)	(8.850)	(11.560)	(5.950)	(5.110)	(2.350)
	铁砂布	张	0.145	0.208	0.227	0.242	0.267	0.288
	水	m³	0.033	0.054	0.132	0.587	0.505	0.802
	其他材料费	%	1.00	1.00	1.00	1.00	1.00	1.00
机械	载货汽车 - 普通货车 5t	台班	—	—	—	0.005	0.012	0.021
	吊装机械（综合）	台班	—	—	—	0.017	0.026	0.044
	木工圆锯机 500mm	台班	—	—	—	0.040	0.047	0.052
	热熔对接焊机 160mm	台班	—	—	—	0.313	—	—
	热熔对接焊机 250mm	台班	—	—	—	—	0.337	0.341
	电动单级离心清水泵 100mm	台班	0.001	0.001	0.002	0.005	0.006	0.009

14. 室内塑料排水管（粘接）

工作内容: 切管、组对、粘接,管道及管件安装,灌水试验、通球试验等。

计量单位: 10m

编　号			10-1-261	10-1-262	10-1-263	10-1-264	10-1-265	10-1-266
项　目			外径（mm 以内）					
			50	75	110	160	200	250
名　称		单位	消　耗　量					
人工	合计工日	工日	1.253	1.678	1.870	2.637	3.695	4.050
	其中 普工	工日	0.314	0.419	0.467	0.659	0.923	1.013
	其中 一般技工	工日	0.814	1.091	1.216	1.714	2.402	2.632
	其中 高级技工	工日	0.125	0.168	0.187	0.264	0.370	0.405
材料	塑料排水管	m	（10.120）	（9.800）	（9.500）	（9.500）	（9.500）	（10.050）
	室内塑料排水管粘接管件	个	（6.900）	（8.850）	（11.560）	（5.950）	（5.110）	（2.350）
	铁砂布	张	0.145	0.208	0.227	0.242	0.267	0.288
	粘接剂	kg	0.084	0.149	0.209	0.233	0.242	0.256
	丙酮	kg	0.126	0.224	0.318	0.352	0.371	0.393
	水	m³	0.033	0.054	0.132	0.587	0.505	0.802
	其他材料费	%	2.00	2.00	2.00	2.00	2.00	2.00
机械	载货汽车 – 普通货车 5t	台班	—	—	—	0.005	0.012	0.021
	吊装机械（综合）	台班	—	—	—	0.017	0.026	0.044
	木工圆锯机 500mm	台班	—	—	—	0.040	0.047	0.052
	电动单级离心清水泵 100mm	台班	0.001	0.001	0.002	0.005	0.006	0.009

15. 室内塑料排水管（沟槽连接）

工作内容：切管、切沟槽、对口、涂润滑剂、上胶圈、安装卡箍件，管道及管件安装，灌水试验、通球试验等。

计量单位：10m

编　号				10-1-267	10-1-268	10-1-269	10-1-270	10-1-271	10-1-272
项　目				外径（mm 以内）					
				50	75	110	160	200	250
名　称			单位	消　耗　量					
人工	合计工日		工日	1.302	1.645	1.861	2.393	2.533	2.788
	其中	普工	工日	0.326	0.411	0.465	0.598	0.633	0.697
		一般技工	工日	0.846	1.069	1.210	1.556	1.647	1.812
		高级技工	工日	0.130	0.165	0.186	0.239	0.253	0.279
材料	塑料排水管		m	（10.120）	（9.800）	（9.500）	（9.500）	（9.500）	（10.050）
	室内塑料排水管沟槽连接管件		个	（6.900）	（8.850）	（11.560）	（5.950）	（5.110）	（2.350）
	铁砂布		张	0.145	0.208	0.227	0.242	0.267	0.288
	水		m³	0.033	0.054	0.132	0.587	0.505	0.802
	其他材料费		%	2.00	2.00	2.00	2.00	2.00	2.00
机械	载货汽车－普通货车 5t		台班	—	—	—	0.005	0.012	0.021
	吊装机械（综合）		台班	—	—	—	0.017	0.026	0.044
	木工圆锯机 500mm		台班	—	—	—	0.040	0.047	0.052
	电动单级离心清水泵 100mm		台班	0.001	0.001	0.002	0.005	0.006	0.009

16. 室内塑料排水管（法兰式连接）

工作内容: 切管、上胶圈,管道及管件安装,紧固螺栓、灌水试验、通球试验等。　　　　　　　　　计量单位: 10m

编　号			10-1-273	10-1-274	10-1-275	10-1-276	10-1-277	10-1-278
项　目			外径（mm 以内）					
			50	75	110	160	200	250
名　称		单位	消　耗　量					
人工	合计工日	工日	1.445	1.732	2.234	2.520	2.666	2.924
	其中 普工	工日	0.361	0.433	0.559	0.630	0.667	0.731
	一般技工	工日	0.939	1.126	1.452	1.638	1.732	1.901
	高级技工	工日	0.145	0.173	0.223	0.252	0.267	0.292
材料	塑料排水管	m	（9.780）	（9.610）	（9.180）	（9.650）	（9.780）	（9.780）
	室内塑料排水管法兰式连接管件	个	（6.640）	（6.780）	（9.640）	（4.460）	（4.190）	（2.350）
	橡胶密封圈（排水）	个	（14.370）	（15.260）	（21.690）	（10.670）	（9.830）	（4.920）
	塑料法兰压盖	个	（14.370）	（15.260）	（21.690）	（10.670）	（9.830）	（4.920）
	铁砂布	张	0.145	0.208	0.227	0.242	0.267	0.288
	水	m³	0.033	0.054	0.132	0.287	0.505	0.802
	其他材料费	%	2.00	2.00	2.00	2.00	2.00	2.00
机械	载货汽车 – 普通货车 5t	台班	—	—	—	0.005	0.012	0.021
	吊装机械（综合）	台班	—	—	—	0.017	0.026	0.044
	木工圆锯机 500mm	台班	—	—	—	0.040	0.047	0.052
	电动单级离心清水泵 100mm	台班	0.001	0.001	0.002	0.005	0.006	0.009

17. 室内塑料排水管（螺母密封圈连接）

工作内容：切管、组对、紧密封圈，管道及管件安装，灌水试验、通球试验等。 计量单位：10m

编 号				10-1-279	10-1-280	10-1-281	10-1-282	10-1-283	10-1-284
项 目				外径（mm 以内）					
				50	75	110	160	200	250
名 称			单位	消 耗 量					
人工	合计工日		工日	1.187	1.591	1.779	2.500	3.259	3.857
	其中	普工	工日	0.296	0.398	0.445	0.625	0.814	0.964
		一般技工	工日	0.772	1.034	1.156	1.625	2.119	2.507
		高级技工	工日	0.119	0.159	0.178	0.250	0.326	0.386
材料	硬聚氯乙烯螺旋排水管		m	（10.120）	（9.800）	（9.500）	（9.500）	（9.500）	（10.050）
	室内塑料排水管（螺母密封圈连接）管件		个	（6.640）	（6.780）	（9.640）	（4.460）	（4.190）	（2.350）
	橡胶密封圈（排水）		个	（14.370）	（15.260）	（21.690）	（10.670）	（9.830）	（4.920）
	铁砂布		张	0.145	0.208	0.227	0.242	0.267	0.288
	水		m³	0.033	0.054	0.132	0.287	0.505	0.802
	其他材料费		%	2.00	2.00	2.00	2.00	2.00	2.00
机械	载货汽车 – 普通货车 5t		台班	—	—	—	0.005	0.012	0.021
	吊装机械（综合）		台班	—	—	—	0.017	0.026	0.044
	木工圆锯机 500mm		台班	—	—	—	0.040	0.047	0.052
	电动单级离心清水泵 100mm		台班	0.001	0.001	0.002	0.005	0.006	0.009

18. 室内塑料雨水管（粘接）

工作内容: 切管、组对、粘接,管道及管件安装,灌水试验等。　　　　　　　　　　计量单位: 10m

	编　号		10-1-285	10-1-286	10-1-287	10-1-288	10-1-289
	项　目		外径（mm 以内）				
			75	110	160	200	250
	名　称	单位	消　耗　量				
人工	合计工日	工日	1.549	1.736	2.555	3.234	4.119
	其中　普工	工日	0.387	0.433	0.638	0.808	1.030
	一般技工	工日	1.007	1.129	1.661	2.102	2.677
	高级技工	工日	0.155	0.174	0.256	0.324	0.412
材料	塑料排水管	m	（10.070）	（9.940）	（9.760）	（9.660）	（9.470）
	室内塑料雨水管粘接管件	个	（3.790）	（4.160）	（4.850）	（4.310）	（4.180）
	铁砂布	张	0.160	0.223	0.235	0.256	0.279
	粘接剂	kg	0.108	0.173	0.226	0.236	0.362
	丙酮	kg	0.172	0.260	0.338	0.359	0.488
	水	m³	0.054	0.132	0.287	0.505	0.802
	其他材料费	%	2.00	2.00	2.00	2.00	2.00
机械	载货汽车 - 普通货车 5t	台班	—	—	0.005	0.012	0.021
	吊装机械（综合）	台班	—	—	0.017	0.026	0.044
	木工圆锯机 500mm	台班	—	—	0.032	0.038	0.043
	电动单级离心清水泵 100mm	台班	0.001	0.002	0.005	0.006	0.009

19. 室内塑料雨水管（热熔连接）

工作内容：切管、对口、熔接、冷却，管道及管件安装，灌水试验等。　　　　　　　　计量单位：10m

编　号			10-1-290	10-1-291	10-1-292	10-1-293	10-1-294
项　目			外径（mm 以内）				
			75	110	160	200	250
名　称		单位	消　耗　量				
人工	合计工日	工日	1.634	1.831	2.715	3.369	4.353
	其中 普工	工日	0.409	0.458	0.678	0.842	1.089
	一般技工	工日	1.062	1.190	1.765	2.190	2.829
	高级技工	工日	0.163	0.183	0.272	0.337	0.435
材料	塑料排水管	m	（10.070）	（9.940）	（9.760）	（9.660）	（9.470）
	室内塑料雨水管热熔管件	个	（3.790）	（4.160）	（4.020）	（3.870）	（3.680）
	铁砂布	张	0.160	0.223	0.235	0.256	0.279
	水	m³	0.054	0.132	0.287	0.505	0.802
	其他材料费	%	2.00	2.00	2.00	2.00	2.00
机械	载货汽车 - 普通货车 5t	台班	—	—	0.005	0.012	0.021
	吊装机械（综合）	台班	—	—	0.017	0.026	0.044
	木工圆锯机 500mm	台班	—	—	0.032	0.038	0.043
	热熔对接焊机 160mm	台班	—	—	0.265	—	—
	热熔对接焊机 250mm	台班	—	—	—	0.286	0.352
	电动单级离心清水泵 100mm	台班	0.001	0.002	0.005	0.006	0.009

七、室外管道碰头

1. 钢管碰头（焊接）

工作内容：定位、排水、挖眼、接管、通水检查等。   计量单位：处

编　号			10-1-295	10-1-296	10-1-297	10-1-298	10-1-299
项　目			支管公称直径（mm 以内）				
			50	65	80	100	125
名　称		单位	消　耗　量				
人工	合计工日		工日	1.250	1.355	1.468	1.597	1.903
	其中	普工	工日	0.313	0.338	0.367	0.399	0.476
		一般技工	工日	0.812	0.881	0.954	1.038	1.237
		高级技工	工日	0.125	0.136	0.147	0.160	0.190
材料	低碳钢焊条 J427 ϕ3.2		kg	0.107	0.138	0.161	0.361	0.398
	氧气		m³	0.132	0.180	0.468	0.717	0.867
	乙炔气		kg	0.051	0.069	0.180	0.276	0.334
	尼龙砂轮片 ϕ100		片	0.205	0.274	0.189	0.475	0.512
	钢丝刷子		把	0.002	0.003	0.004	0.005	0.006
	其他材料费		%	1.00	1.00	1.00	1.00	1.00
机械	载货汽车 – 普通货车 5t		台班	0.002	0.003	0.004	0.005	0.006
	汽车式起重机 8t		台班	0.002	0.003	0.004	0.009	0.012
	电焊机（综合）		台班	0.063	0.081	0.095	0.160	0.190
	电焊条烘干箱 60×50×75（cm³）		台班	0.006	0.008	0.009	0.016	0.019
	电焊条恒温箱		台班	0.006	0.008	0.009	0.016	0.019

计量单位：处

编　　号			10-1-300	10-1-301	10-1-302	10-1-303
项　　目			支管公称直径（mm 以内）			
			150	200	250	300
名　　称		单位	消　耗　量			
人工	合计工日	工日	2.099	2.337	2.628	3.019
	其中 普工	工日	0.524	0.584	0.656	0.754
	一般技工	工日	1.365	1.519	1.709	1.963
	高级技工	工日	0.210	0.234	0.263	0.302
材料	低碳钢焊条 J427 ϕ3.2	kg	0.547	0.757	1.238	1.587
	氧气	m^3	0.989	1.560	1.865	2.181
	乙炔气	kg	0.381	0.600	0.718	0.839
	尼龙砂轮片 ϕ100	片	0.681	1.219	1.711	2.074
	角钢（综合）	kg	—	0.037	0.053	0.066
	钢丝刷子	把	0.007	0.007	0.008	0.008
	其他材料费	%	1.00	1.00	1.00	1.00
机械	载货汽车 - 普通货车 5t	台班	0.019	0.024	0.039	0.046
	汽车式起重机 8t	台班	0.019	0.083	—	—
	汽车式起重机 16t	台班	—	—	0.109	0.134
	电焊机（综合）	台班	0.210	0.291	0.344	0.441
	电焊条烘干箱 $60\times50\times75$（cm^3）	台班	0.021	0.029	0.034	0.044
	电焊条恒温箱	台班	0.021	0.029	0.034	0.044

计量单位：处

编　号			10-1-304	10-1-305	10-1-306	10-1-307
项　目			支管公称直径（mm 以内）			
			350	400	450	500
名　称		单位	消　耗　量			
人工	合计工日	工日	3.315	3.463	3.719	3.981
	其中 普工	工日	0.828	0.865	0.929	0.995
	一般技工	工日	2.155	2.251	2.418	2.588
	高级技工	工日	0.332	0.347	0.372	0.398
材料	低碳钢焊条 J427 ϕ3.2	kg	2.061	2.333	3.606	5.243
	氧气	m³	2.748	3.029	3.433	4.056
	乙炔气	kg	1.057	1.166	1.321	1.560
	尼龙砂轮片 ϕ100	片	2.845	3.092	3.624	4.616
	角钢（综合）	kg	0.100	0.100	0.100	0.100
	钢丝刷子	把	0.009	0.009	0.010	0.010
	其他材料费	%	1.00	1.00	1.00	1.00
机械	载货汽车 – 普通货车 5t	台班	0.058	0.064	0.071	0.088
	汽车式起重机 16t	台班	0.154	0.168	0.199	0.229
	电焊机（综合）	台班	0.573	0.648	0.784	0.904
	电焊条烘干箱 60×50×75（cm³）	台班	0.057	0.065	0.078	0.090
	电焊条恒温箱	台班	0.057	0.065	0.078	0.090

2.铸铁管碰头（石棉水泥接口）

工作内容：刷管口、断管、调制接口材料、管道及管件连接、接口养护、通水检查等。 **计量单位：**处

编　号			10-1-308	10-1-309	10-1-310	10-1-311	10-1-312
项　目			公称直径（mm 以内）				
			100	150	200	250	300
名　称		单位	消　耗　量				
人工	合计工日	工日	1.801	2.668	2.903	3.218	3.689
	其中 普工	工日	0.450	0.667	0.725	0.804	0.922
	一般技工	工日	1.170	1.734	1.887	2.092	2.398
	高级技工	工日	0.181	0.267	0.291	0.322	0.369
材料	承插铸铁给水管	m	（0.500）	（0.500）	（0.500）	（0.500）	（0.500）
	铸铁套管	个	（1.000）	（1.000）	（1.000）	（1.000）	（1.000）
	铸铁三通	个	（1.000）	（1.000）	（1.000）	（1.000）	（1.000）
	水泥 P·O 32.5	kg	2.203	3.264	4.195	5.986	7.070
	油麻	kg	0.576	0.816	1.056	1.440	1.728
	物流无石棉绒	kg	0.590	0.874	1.123	1.603	1.896
	氧气	m³	0.165	0.276	0.444	0.555	0.666
	乙炔气	kg	0.064	0.106	0.171	0.213	0.256
	钢丝刷子	把	0.010	0.012	0.030	0.080	0.090
	其他材料费	%	1.00	1.00	1.00	1.00	1.00
机械	载货汽车 – 普通货车 5t	台班	0.002	0.002	0.003	0.004	0.005
	汽车式起重机 8t	台班	0.015	0.026	—	—	—
	汽车式起重机 16t	台班	—	—	0.031	0.063	0.063

计量单位:处

编　号			10-1-313	10-1-314	10-1-315	10-1-316
项　目			公称直径（mm 以内）			
			350	400	450	500
名　称		单位	消　耗　量			
人工	合计工日	工日	4.038	5.351	5.792	6.137
	其中 普工	工日	1.009	1.338	1.448	1.534
	一般技工	工日	2.625	3.478	3.764	3.989
	高级技工	工日	0.404	0.535	0.580	0.614
材料	承插铸铁给水管	m	（0.500）	（0.500）	（0.500）	（0.500）
	铸铁套管	个	（1.000）	（1.000）	（1.000）	（1.000）
	铸铁三通	个	（1.000）	（1.000）	（1.000）	（1.000）
	水泥 P·O 32.5	kg	9.339	9.734	11.174	13.790
	油麻	kg	2.112	2.352	2.784	3.360
	物流无石棉绒	kg	2.501	2.563	3.058	3.696
	氧气	m³	0.978	1.275	1.440	1.551
	乙炔气	kg	0.326	0.490	0.554	0.597
	钢丝刷子	把	0.110	0.120	0.140	0.160
	其他材料费	%	1.00	1.00	1.00	1.00
机械	载货汽车－普通货车 5t	台班	0.007	0.008	0.011	0.014
	汽车式起重机 16t	台班	0.075	0.075	0.090	0.090

3. 铸铁管碰头（胶圈接口）

工作内容：刷管口、断管、上胶圈、管道及管件连接、通水检查等。　　　　　　　　　　　计量单位：处

编　号			10-1-317	10-1-318	10-1-319	10-1-320	10-1-321
项　目			公称直径（mm 以内）				
			100	150	200	250	300
名　称		单位	消　耗　量				
人工	合计工日	工日	1.684	2.258	2.427	2.821	3.199
	其中 普工	工日	0.422	0.564	0.606	0.705	0.799
	一般技工	工日	1.094	1.468	1.578	1.834	2.080
	高级技工	工日	0.168	0.226	0.243	0.282	0.320
材料	承插铸铁给水管	m	（0.500）	（0.500）	（0.500）	（0.500）	（0.500）
	铸铁套管	个	（1.000）	（1.000）	（1.000）	（1.000）	（1.000）
	铸铁三通	个	（1.000）	（1.000）	（1.000）	（1.000）	（1.000）
	橡胶圈（给水）DN100	个	4.944	—	—	—	—
	橡胶圈（给水）DN150	个	—	4.944	—	—	—
	橡胶圈（给水）DN200	个	—	—	4.944	—	—
	橡胶圈（给水）DN250	个	—	—	—	4.944	—
	橡胶圈（给水）DN300	个	—	—	—	—	4.944
	钢丝刷子	把	0.010	0.012	0.030	0.080	0.090
	其他材料费	%	1.00	1.00	1.00	1.00	1.00
机械	载货汽车 – 普通货车 5t	台班	0.001	0.001	0.002	0.002	0.005
	汽车式起重机 8t	台班	0.001	0.001	—	—	—
	汽车式起重机 16t	台班	—	—	0.031	0.063	0.063

计量单位：处

编　号			10-1-322	10-1-323	10-1-324	10-1-325
项　目			公称直径（mm 以内）			
			350	400	450	500
名　称		单位	消　耗　量			
人工	合计工日	工日	3.453	3.701	4.311	5.044
	其中 普工	工日	0.864	0.925	1.077	1.261
	一般技工	工日	2.244	2.405	2.803	3.279
	高级技工	工日	0.345	0.371	0.431	0.504
材料	承插铸铁给水管	m	（0.500）	（0.500）	（0.500）	（0.500）
	铸铁套管	个	（1.000）	（1.000）	（1.000）	（1.000）
	铸铁三通	个	（1.000）	（1.000）	（1.000）	（1.000）
	橡胶圈（给水）$DN350$	个	4.944	—	—	—
	橡胶圈（给水）$DN400$	个	—	4.944	—	—
	橡胶圈（给水）$DN450$	个	—	—	4.944	—
	橡胶圈（给水）$DN500$	个	—	—	—	4.944
	钢丝刷子	把	0.110	0.120	0.140	0.160
	其他材料费	%	1.00	1.00	1.00	1.00
机械	载货汽车 - 普通货车 5t	台班	0.007	0.008	0.011	0.014
	汽车式起重机 16t	台班	0.075	0.075	0.090	0.090

第二章 采暖管道

说　明

一、本章适用于室内外采暖管道的安装,包括镀锌钢管、钢管、塑料管、直埋式预制保温管安装以及室外管道碰头等项目。

二、管道的界线划分:

1. 室内外管道以建筑物外墙皮 1.5m 为界;建筑物入口处设阀门者以阀门为界,室外设有采暖入口装置者以入口装置循环管三通为界。

2. 与工业管道界线以锅炉房或热力站外墙皮 1.5m 为界。

3. 与建筑物内的换热站管道界线以站房外墙皮为界。

三、室外管道安装不分地上与地下,均执行同一子目。

四、有关说明:

1. 管道安装项目中,均包括相应管件安装、水压试验及水冲洗工作内容。各种管件数量系综合取定,管件含量中不含与螺纹阀门配套的活接、对丝,其用量含在螺纹阀门安装项目中。

2. 钢管焊接安装项目中均综合考虑了成品管件和现场煨制弯管、摔制大小头、挖眼三通。

3. 管道安装项目中,除室内直埋塑料管道中已包括管卡安装外,其他管道项目均不包括管道支架、管卡、托钩等制作与安装以及管道穿墙、楼板套管制作与安装、预留孔洞、堵洞、打洞、凿槽等工作内容,发生时,应按第十章相应项目另行计算。

4. 镀锌钢管(螺纹连接)项目适用于室内外焊接钢管的螺纹连接。

5. 采暖室内直埋塑料管道是指敷设于室内地坪下或墙内的由采暖分集水器连接散热器及管井内立管的塑料采暖管段。直埋塑料管分别设置了热熔管件连接和无接口敷设两项项目,不适用于地板辐射采暖系统管道。地板辐射采暖系统管道执行第七章"卫生器具"相应项目。

6. 室内直埋塑料管包括充压隐蔽、水压试验、水冲洗以及地面划线标示工作内容。

7. 室内外采暖管道在过路口或跨绕梁、柱等障碍时,如发生类似于方形补偿器的管道安装形式,执行方形补偿器制作与安装项目。

8. 采暖塑铝稳态复合管道安装按相应塑料管道安装项目人工乘以系数 1.10,其他不变。

9. 塑套钢预制直埋保温管安装项目是按照行业标准《高密度聚乙烯外护管聚氨酯预制直埋保温管》CJ 114—2000 要求供应的成品保温管道、管件编制的,如实际材质规格与该标准规定不同时,不做调整。

10. 塑套钢预制直埋保温管安装项目中已包括管件安装,但不包括接口保温,发生时应另行套用接口保温安装项目。

11. 安装带保温层的管道时,可执行相应材质及连接形式的管道安装项目,其人工乘以系数 1.10;管道接头保温执行第十二册《防腐蚀、绝热工程》,其人工、机械乘以系数 2.00。

12. 室外管道碰头项目适用于新建管道与已有热源管道的碰头连接,如已有热源管道已做预留接口,则不执行相应安装项目。

13. 与原有管道碰头安装项目不包括与供热部门的配合协调工作以及通水试验的用水量,发生时应另行计算。

工程量计算规则

一、各类管道安装按室内外、材质、连接形式、规格分别列项,以"10m"为计量单位。塑料管按公称外径表示,其他管道均按公称直径表示。

二、各类管道安装工程量均按设计管道中心线长度以"10m"为计量单位,不扣除阀门、管件、附件所占长度。

三、方形补偿器所占长度计入管道安装工程量。方形补偿器制作与安装应执行第五章"管道附件"相应项目。

四、与分集水器进出口连接的管道工程量,应计算至分集水器中心线位置。

五、直埋保温管保温层补口分管径以"个"为计量单位。

六、与原有采暖热源钢管碰头,区分带介质、不带介质两种情况,按新接支管公称管径列项,以"处"为计量单位。每处含有供、回水两条管道碰头连接。

一、镀锌钢管

1. 室外镀锌钢管 (螺纹连接)

工作内容：调直、切管、套丝、组对、连接，管道及管件安装，水压试验及水冲洗等。　　　　　计量单位：10m

编　号			10-2-1	10-2-2	10-2-3	10-2-4	10-2-5
项　目			公称直径 (mm)				
			15	20	25	32	40
名　称		单位	消　耗　量				
人工	合计工日	工日	0.564	0.576	0.601	0.612	0.663
	其中 普工	工日	0.141	0.144	0.150	0.153	0.166
	一般技工	工日	0.367	0.374	0.391	0.398	0.431
	高级技工	工日	0.056	0.058	0.060	0.061	0.066
材料	镀锌钢管	m	(10.060)	(10.060)	(10.060)	(10.180)	(10.180)
	采暖室外镀锌钢管螺纹管件	个	(2.790)	(2.900)	(2.780)	(2.010)	(2.080)
	尼龙砂轮片 $\phi400$	片	0.010	0.012	0.015	0.018	0.020
	机油	kg	0.035	0.042	0.046	0.049	0.051
	铅油 (厚漆)	kg	0.022	0.029	0.034	0.038	0.040
	线麻	kg	0.002	0.003	0.003	0.003	0.004
	镀锌铁丝 $\phi2.8\sim4.0$	kg	0.040	0.045	0.068	0.075	0.079
	碎布	kg	0.080	0.090	0.150	0.167	0.187
	热轧厚钢板 $\delta8.0\sim15.0$	kg	0.030	0.032	0.034	0.037	0.039
	氧气	m³	0.003	0.003	0.003	0.006	0.006
	乙炔气	kg	0.001	0.001	0.001	0.002	0.002
	低碳钢焊条 J427 $\phi3.2$	kg	0.002	0.002	0.002	0.002	0.002
	水	m³	0.008	0.014	0.023	0.040	0.053
	橡胶板 $\delta1\sim3$	kg	0.007	0.008	0.008	0.009	0.010
	螺纹阀门 DN20	个	0.004	0.004	0.004	0.005	0.005
	焊接钢管 DN20	m	0.013	0.014	0.015	0.016	0.016
	橡胶软管 DN20	m	0.006	0.006	0.007	0.007	0.007
	弹簧压力表 Y-100 0~1.6MPa	块	0.002	0.002	0.002	0.002	0.002
	压力表弯管 DN15	个	0.002	0.002	0.002	0.002	0.002
	其他材料费	%	1.00	1.00	1.00	1.00	1.00
机械	砂轮切割机 $\phi400$	台班	0.002	0.004	0.004	0.005	0.006
	管子切断套丝机 159mm	台班	0.034	0.048	0.058	0.060	0.068
	电焊机 (综合)	台班	0.001	0.001	0.001	0.001	0.002
	试压泵 3MPa	台班	0.001	0.001	0.001	0.002	0.002
	电动单级离心清水泵 100mm	台班	0.001	0.001	0.001	0.001	0.001

计量单位：10m

编　号			10-2-6	10-2-7	10-2-8	10-2-9	10-2-10	10-2-11
项　目			公称直径（mm）					
			50	65	80	100	125	150
名　称		单位	消　耗　量					
人工	合计工日	工日	0.750	0.836	0.918	1.064	1.282	1.346
	其中　普工	工日	0.188	0.209	0.229	0.266	0.320	0.336
	一般技工	工日	0.487	0.543	0.597	0.692	0.834	0.875
	高级技工	工日	0.075	0.084	0.092	0.106	0.128	0.135
材料	镀锌钢管	m	（10.180）	（10.120）	（10.120）	（10.120）	（10.120）	（10.120）
	采暖室外镀锌钢管螺纹管件	个	（1.980）	（1.970）	（1.780）	（1.750）	（1.700）	（1.700）
	尼龙砂轮片 ϕ400	片	0.021	0.033	0.038	0.046	—	—
	机油	kg	0.057	0.076	0.078	0.091	0.106	0.121
	铅油（厚漆）	kg	0.040	0.048	0.050	0.064	0.083	0.114
	线麻	kg	0.005	0.006	0.007	0.011	0.014	0.017
	镀锌铁丝 ϕ2.8~4.0	kg	0.083	0.085	0.089	0.101	0.107	0.112
	碎布	kg	0.213	0.238	0.255	0.298	0.323	0.340
	热轧厚钢板 δ8.0~15.0	kg	0.042	0.044	0.047	0.049	0.073	0.110
	氧气	m³	0.006	0.006	0.006	0.006	0.006	0.006
	乙炔气	kg	0.002	0.002	0.002	0.002	0.002	0.002
	低碳钢焊条 J427 ϕ3.2	kg	0.002	0.002	0.003	0.003	0.003	0.003
	水	m³	0.088	0.145	0.204	0.353	0.547	0.764
	橡胶板 δ1~3	kg	0.010	0.011	0.011	0.012	0.014	0.016
	螺纹阀门 DN20	个	0.005	0.005	0.006	0.006	0.006	0.006
	焊接钢管 DN20	m	0.017	0.019	0.020	0.021	0.022	0.023
	橡胶软管 DN20	m	0.008	0.008	0.008	0.009	0.009	0.010
	弹簧压力表 Y-100 0~1.6MPa	块	0.003	0.003	0.003	0.003	0.003	0.003
	压力表弯管 DN15	个	0.003	0.003	0.003	0.003	0.003	0.003
	其他材料费	%	1.00	1.00	1.00	1.00	1.00	1.00
机械	载货汽车-普通货车 5t	台班	0.003	0.004	0.006	0.013	0.016	0.022
	汽车式起重机 8t	台班	0.003	0.004	0.006	0.077	0.083	0.099
	砂轮切割机 ϕ400	台班	0.005	0.007	0.007	0.009	—	—
	管子切断机 150mm	台班	—	—	—	—	0.010	0.011
	管子切断套丝机 159mm	台班	0.080	0.104	0.114	0.139	0.169	0.201
	电焊机（综合）	台班	0.002	0.002	0.002	0.002	0.002	0.002
	试压泵 3MPa	台班	0.002	0.002	0.002	0.002	0.003	0.003
	电动单级离心清水泵 100mm	台班	0.001	0.001	0.002	0.002	0.003	0.005

2. 室内镀锌钢管（螺纹连接）

工作内容： 调直、切管、套丝、组对、连接，管道及管件安装,水压试验及水冲洗等。　　　　　计量单位：10m

编　　号			单位	10-2-12	10-2-13	10-2-14	10-2-15	10-2-16
项　　目				公称直径（mm）				
				15	20	25	32	40
名　　称			单位	消　耗　量				
人工	合计工日		工日	1.599	1.642	2.010	2.128	2.203
	其中	普工	工日	0.400	0.411	0.503	0.532	0.551
		一般技工	工日	1.039	1.067	1.306	1.383	1.432
		高级技工	工日	0.160	0.164	0.201	0.213	0.220
材料	镀锌钢管		m	（9.700）	（9.700）	（9.700）	（9.970）	（9.970）
	采暖室内镀锌钢管螺纹管件		个	（12.880）	（12.540）	（12.310）	（10.930）	（6.670）
	尼龙砂轮片 ϕ400		片	0.062	0.066	0.105	0.143	0.145
	机油		kg	0.137	0.163	0.201	0.204	0.206
	铅油（厚漆）		kg	0.091	0.125	0.151	0.162	0.130
	线麻		kg	0.009	0.011	0.015	0.019	0.013
	镀锌铁丝 ϕ2.8~4.0		kg	0.040	0.045	0.068	0.075	0.079
	碎布		kg	0.080	0.090	0.150	0.167	0.187
	热轧厚钢板 δ8.0~15.0		kg	0.030	0.032	0.034	0.037	0.039
	氧气		m³	0.003	0.003	0.003	0.006	0.006
	乙炔气		kg	0.001	0.001	0.001	0.002	0.002
	低碳钢焊条 J427 ϕ3.2		kg	0.002	0.002	0.002	0.002	0.002
	水		m³	0.008	0.014	0.023	0.040	0.053
	橡胶板 δ1~3		kg	0.007	0.008	0.008	0.009	0.010
	螺纹阀门 DN20		个	0.004	0.004	0.004	0.005	0.005
	焊接钢管 DN20		m	0.013	0.014	0.015	0.016	0.016
	橡胶软管 DN20		m	0.006	0.006	0.007	0.007	0.007
	弹簧压力表 Y-100 0~1.6MPa		块	0.002	0.002	0.002	0.002	0.002
	压力表弯管 DN15		个	0.002	0.002	0.002	0.002	0.002
	其他材料费		%	1.00	1.00	1.00	1.00	1.00
机械	吊装机械（综合）		台班	0.002	0.002	0.003	0.004	0.005
	砂轮切割机 ϕ400		台班	0.016	0.016	0.028	0.033	0.035
	管子切断套丝机 159mm		台班	0.130	0.152	0.245	0.279	0.282
	电焊机（综合）		台班	0.001	0.001	0.001	0.001	0.002
	试压泵 3MPa		台班	0.001	0.001	0.001	0.002	0.002
	电动单级离心清水泵 100mm		台班	0.001	0.001	0.001	0.001	0.001

计量单位: 10m

编　号			10-2-17	10-2-18	10-2-19	10-2-20	10-2-21	10-2-22
项　目			公称直径（mm）					
			50	65	80	100	125	150
名　称		单位	消　耗　量					
人工	合计工日	工日	2.278	2.471	2.660	3.087	3.201	3.634
	其中　普工	工日	0.570	0.618	0.665	0.771	0.800	0.908
	一般技工	工日	1.480	1.606	1.729	2.007	2.081	2.362
	高级技工	工日	0.228	0.247	0.266	0.309	0.320	0.364
材料	镀锌钢管	m	（9.970）	（10.020）	（10.020）	（10.020）	（10.020）	（10.020）
	采暖室内镀锌钢管螺纹管件	个	（5.680）	（4.930）	（4.370）	（3.570）	（3.510）	（3.440）
	尼龙砂轮片 ϕ400	片	0.151	0.137	0.142	0.155	—	—
	机油	kg	0.209	0.211	0.218	0.225	0.239	0.269
	铅油（厚漆）	kg	0.131	0.132	0.138	0.143	0.187	0.252
	线麻	kg	0.012	0.016	0.020	0.024	0.031	0.038
	镀锌铁丝 ϕ2.8~4.0	kg	0.083	0.085	0.089	0.101	0.107	0.112
	碎布	kg	0.213	0.238	0.255	0.298	0.323	0.340
	热轧厚钢板 δ8.0~15.0	kg	0.042	0.044	0.047	0.049	0.073	0.110
	氧气	m³	0.006	0.006	0.006	0.006	0.006	0.006
	乙炔气	kg	0.002	0.002	0.002	0.002	0.002	0.002
	低碳钢焊条 J427 ϕ3.2	kg	0.002	0.002	0.003	0.003	0.003	0.003
	水	m³	0.088	0.145	0.204	0.353	0.547	0.764
	橡胶板 δ1~3	kg	0.010	0.011	0.011	0.012	0.014	0.016
	螺纹阀门 DN20	个	0.005	0.005	0.006	0.006	0.006	0.006
	焊接钢管 DN20	m	0.017	0.019	0.020	0.021	0.022	0.023
	橡胶软管 DN20	m	0.008	0.008	0.008	0.009	0.009	0.010
	弹簧压力表 Y-100 0~1.6MPa	块	0.003	0.003	0.003	0.003	0.003	0.003
	压力表弯管 DN15	个	0.003	0.003	0.003	0.003	0.003	0.003
	其他材料费	%	1.00	1.00	1.00	1.00	1.00	1.00
机械	载货汽车－普通货车 5t	台班	0.003	0.004	0.006	0.013	0.016	0.022
	吊装机械（综合）	台班	0.007	0.009	0.012	0.084	0.117	0.123
	砂轮切割机 ϕ400	台班	0.029	0.031	0.032	0.034	—	—
	管子切断机 150mm	台班	—	—	—	—	0.035	0.037
	管子切断套丝机 159mm	台班	0.286	0.293	0.314	0.316	0.382	0.446
	电焊机（综合）	台班	0.002	0.002	0.002	0.002	0.002	0.002
	试压泵 3MPa	台班	0.002	0.002	0.002	0.002	0.003	0.003
	电动单级离心清水泵 100mm	台班	0.001	0.001	0.002	0.002	0.003	0.005

二、钢　　管

1. 室外钢管（电弧焊）

工作内容：调直、切管、坡口,煨弯、挖眼接管、异径管制作,组对、焊接,管道及管件安装,水压试验及水冲洗等。

计量单位：10m

编　号				10-2-23	10-2-24	10-2-25	10-2-26	10-2-27
项　　目				公称直径（mm 以内）				
				32	40	50	65	80
名　　称			单位	消　耗　量				
人工	合计工日		工日	0.647	0.684	0.770	0.912	1.150
	其中	普工	工日	0.162	0.171	0.192	0.228	0.287
		一般技工	工日	0.420	0.445	0.501	0.593	0.748
		高级技工	工日	0.065	0.068	0.077	0.091	0.115
材料	钢管		m	（10.200）	（10.200）	（10.200）	（10.140）	（10.140）
	采暖室外钢管焊接管件		个	（0.270）	（0.300）	（0.400）	（0.400）	（0.300）
	尼龙砂轮片 ϕ100		片	0.010	0.016	0.321	0.324	0.368
	尼龙砂轮片 ϕ400		片	0.023	0.027	0.028	0.029	0.031
	氧气		m³	0.024	0.033	0.036	0.075	0.414
	乙炔气		kg	0.009	0.013	0.014	0.029	0.159
	低碳钢焊条 J427 ϕ3.2		kg	0.096	0.142	0.242	0.317	0.325
	镀锌铁丝 ϕ2.8~4.0		kg	0.075	0.079	0.083	0.085	0.089
	碎布		kg	0.167	0.187	0.213	0.238	0.255
	机油		kg	0.050	0.050	0.060	0.080	0.090
	热轧厚钢板 δ8.0~15.0		kg	0.037	0.039	0.042	0.044	0.047
	水		m³	0.040	0.053	0.088	0.145	0.204
	橡胶板 δ1~3		kg	0.009	0.010	0.010	0.011	0.011
	螺纹阀门 DN20		个	0.005	0.005	0.005	0.005	0.006
	焊接钢管 DN20		m	0.016	0.016	0.017	0.019	0.020
	橡胶软管 DN20		m	0.007	0.007	0.008	0.008	0.008
	压力表弯管 DN15		个	0.002	0.002	0.003	0.003	0.003
	弹簧压力表 Y-100 0~1.6MPa		块	0.002	0.002	0.003	0.003	0.003
	其他材料费		%	1.00	1.00	1.00	1.00	1.00
机械	载货汽车 - 普通货车 5t		台班	—	—	0.003	0.004	0.006
	汽车式起重机 8t		台班	—	—	0.003	0.004	0.006
	砂轮切割机 ϕ400		台班	0.007	0.008	0.009	0.009	0.010
	电焊机（综合）		台班	0.060	0.089	0.144	0.187	0.192
	电焊条烘干箱 60×50×75（cm³）		台班	0.006	0.009	0.014	0.019	0.019
	电焊条恒温箱		台班	0.006	0.009	0.014	0.019	0.019
	电动弯管机 108mm		台班	0.012	0.013	0.014	0.014	0.015
	试压泵 3MPa		台班	0.002	0.002	0.002	0.002	0.002
	电动单级离心清水泵 100mm		台班	0.001	0.001	0.001	0.001	0.002

计量单位：10m

编　号				10-2-28	10-2-29	10-2-30	10-2-31
项　目				公称直径（mm 以内）			
				100	125	150	200
名　称			单位	消　耗　量			
人工	合计工日		工日	1.236	1.482	1.652	1.890
	其中	普工	工日	0.309	0.371	0.413	0.472
		一般技工	工日	0.803	0.963	1.074	1.229
		高级技工	工日	0.124	0.148	0.165	0.189
材料	钢管		m	（10.140）	（10.000）	（10.000）	（10.000）
	采暖室外钢管焊接管件		个	（0.340）	（0.610）	（0.600）	（0.580）
	尼龙砂轮片 $\phi100$		片	0.483	0.587	0.870	1.224
	尼龙砂轮片 $\phi400$		片	0.041	—	—	—
	氧气		m^3	0.528	0.624	0.888	1.140
	乙炔气		kg	0.203	0.240	0.342	0.439
	低碳钢焊条 J427 $\phi3.2$		kg	0.436	0.715	1.112	1.530
	角钢（综合）		kg	—	—	—	0.180
	镀锌铁丝 $\phi2.8{\sim}4.0$		kg	0.101	0.107	0.112	0.131
	碎布		kg	0.298	0.323	0.340	0.408
	机油		kg	0.090	0.110	0.150	0.200
	热轧厚钢板 $\delta8.0{\sim}15.0$		kg	0.049	0.073	0.110	0.148
	水		m^3	0.353	0.547	0.764	1.346
	橡胶板 $\delta1{\sim}3$		kg	0.012	0.014	0.016	0.018
	螺纹阀门 DN20		个	0.006	0.006	0.006	0.007
	焊接钢管 DN20		m	0.021	0.022	0.023	0.024
	橡胶软管 DN20		m	0.009	0.009	0.010	0.010
	弹簧压力表 Y-100 0~1.6MPa		块	0.003	0.003	0.003	0.003
	压力表弯管 DN15		个	0.003	0.003	0.003	0.003
	其他材料费		%	1.00	1.00	1.00	1.00
机械	载货汽车 – 普通货车 5t		台班	0.013	0.016	0.022	0.040
	汽车式起重机 8t		台班	0.077	0.083	0.099	0.138
	砂轮切割机 $\phi400$		台班	0.011	—	—	—
	电焊机（综合）		台班	0.253	0.341	0.429	0.589
	电焊条烘干箱 $60\times50\times75$（cm^3）		台班	0.025	0.034	0.043	0.059
	电焊条恒温箱		台班	0.025	0.034	0.043	0.059
	电动弯管机 108mm		台班	0.015	—	—	—
	试压泵 3MPa		台班	0.002	0.003	0.003	0.003
	电动单级离心清水泵 100mm		台班	0.002	0.003	0.005	0.007

计量单位：10m

编　号			10-2-32	10-2-33	10-2-34	10-2-35
项　目			公称直径（mm 以内）			
			250	300	350	400
名　称		单位	消　耗　量			
人工	合计工日	工日	2.376	2.689	3.163	3.516
	其中 普工	工日	0.594	0.672	0.790	0.879
	一般技工	工日	1.544	1.748	2.057	2.285
	高级技工	工日	0.238	0.269	0.316	0.352
材料	钢管	m	（9.850）	（9.850）	（9.780）	（9.780）
	采暖室外钢管焊接管件	个	（0.570）	（0.510）	（0.490）	（0.470）
	尼龙砂轮片 $\phi100$	片	2.014	2.327	3.293	3.678
	氧气	m^3	1.653	1.923	2.496	2.757
	乙炔气	kg	0.636	0.740	0.960	1.061
	低碳钢焊条 J427 $\phi3.2$	kg	2.965	3.477	4.017	4.481
	角钢（综合）	kg	0.185	0.212	0.228	0.244
	镀锌铁丝 $\phi2.8{\sim}4.0$	kg	0.140	0.144	0.148	0.153
	碎布	kg	0.451	0.468	0.493	0.510
	机油	kg	0.200	0.200	0.200	0.200
	热轧厚钢板 $\delta8.0{\sim}15.0$	kg	0.231	0.333	0.380	0.426
	水	m^3	2.139	3.037	4.047	5.227
	橡胶板 $\delta1{\sim}3$	kg	0.021	0.024	0.033	0.042
	螺纹阀门 DN20	个	0.007	0.007	0.008	0.008
	焊接钢管 DN20	m	0.025	0.026	0.027	0.028
	橡胶软管 DN20	m	0.011	0.011	0.011	0.012
	弹簧压力表 Y-100 0~1.6MPa	块	0.003	0.004	0.004	0.004
	压力表弯管 DN15	个	0.003	0.004	0.004	0.004
	其他材料费	%	1.00	1.00	1.00	1.00
机械	载货汽车 – 普通货车 5t	台班	0.058	0.076	0.101	0.103
	汽车式起重机 16t	台班	0.184	0.223	0.255	0.269
	电焊机（综合）	台班	0.824	0.967	1.117	1.246
	电焊条烘干箱 $60\times50\times75$（cm^3）	台班	0.082	0.097	0.112	0.125
	电焊条恒温箱	台班	0.082	0.097	0.112	0.125
	试压泵 3MPa	台班	0.004	0.004	0.005	0.006
	电动单级离心清水泵 100mm	台班	0.009	0.012	0.014	0.016

2. 室内钢管（电弧焊）

工作内容：调直、切管、坡口、煨弯、挖眼接管、异径管制作,组对、焊接,管道及管件
安装,水压试验及水冲洗等。

计量单位:10m

编　号			10-2-36	10-2-37	10-2-38	10-2-39	10-2-40	10-2-41
项　目			公称直径（mm 以内）					
			32	40	50	65	80	100
名　称		单位	消　耗　量					
人工	合计工日	工日	1.530	1.787	2.091	2.356	2.584	2.983
	其中	普工	工日	0.382	0.447	0.523	0.589	0.646	0.746
		一般技工	工日	0.995	1.161	1.359	1.531	1.680	1.939
		高级技工	工日	0.153	0.179	0.209	0.236	0.258	0.298
材料	钢管	m	(10.150)	(10.150)	10.060	(10.060)	(10.060)	(10.060)
	采暖室内钢管焊接管件	个	(0.840)	(0.850)	(1.300)	(1.110)	(1.100)	(0.980)
	尼龙砂轮片 φ100	片	0.164	0.230	0.638	0.759	0.765	0.777
	尼龙砂轮片 φ400	片	0.062	0.074	0.076	0.084	0.096	0.114
	氧气	m³	0.163	0.264	0.388	0.609	1.158	1.180
	乙炔气	kg	0.065	0.106	0.150	0.234	0.445	0.409
	低碳钢焊条 J427 φ3.2	kg	0.230	0.311	0.541	0.692	0.778	0.931
	镀锌铁丝 φ2.8~4.0	kg	0.075	0.079	0.083	0.085	0.089	0.101
	碎布	kg	0.167	0.187	0.213	0.238	0.255	0.298
	机油	kg	0.050	0.050	0.060	0.080	0.090	0.090
	热轧厚钢板 δ8.0~15.0	kg	0.037	0.039	0.042	0.044	0.047	0.049
	水	m³	0.040	0.053	0.088	0.145	0.204	0.353
	橡胶板 δ1~3	kg	0.009	0.010	0.010	0.011	0.011	0.012
	螺纹阀门 DN20	个	0.005	0.005	0.005	0.005	0.006	0.006
	焊接钢管 DN20	m	0.016	0.016	0.017	0.019	0.020	0.021
	橡胶软管 DN20	m	0.007	0.007	0.008	0.008	0.008	0.009
	弹簧压力表 Y-100 0~1.6MPa	块	0.002	0.002	0.003	0.003	0.003	0.003
	压力表弯管 DN15	个	0.002	0.002	0.003	0.003	0.003	0.003
	其他材料费	%	1.00	1.00	1.00	1.00	1.00	1.00
机械	载货汽车-普通货车 5t	台班	—	—	0.003	0.004	0.006	0.013
	吊装机械（综合）	台班	0.004	0.005	0.007	0.009	0.012	0.084
	砂轮切割机 φ400	台班	0.021	0.022	0.023	0.023	0.024	0.025
	电焊机（综合）	台班	0.140	0.194	0.324	0.407	0.458	0.514
	电焊条烘干箱 60×50×75（cm³）	台班	0.014	0.019	0.032	0.041	0.045	0.051
	电焊条恒温箱	台班	0.014	0.019	0.032	0.041	0.045	0.051
	电动弯管机 108mm	台班	0.031	0.032	0.033	0.035	0.037	0.039
	试压泵 3MPa	台班	0.002	0.002	0.002	0.002	0.002	0.002
	电动单级离心清水泵 100mm	台班	0.001	0.001	0.001	0.001	0.001	0.002

计量单位：10m

编 号				10-2-42	10-2-43	10-2-44	10-2-45	10-2-46
项 目				公称直径（mm 以内）				
				125	150	200	250	300
名 称			单位	消 耗 量				
人工	合计工日		工日	3.097	3.430	4.180	4.817	5.729
	其中	普工	工日	0.774	0.857	1.045	1.204	1.432
		一般技工	工日	2.013	2.230	2.717	3.131	3.724
		高级技工	工日	0.310	0.343	0.418	0.482	0.573
材料	钢管		m	（9.850）	（9.850）	（9.850）	（9.800）	（9.800）
	采暖室内钢管焊接管件		个	（1.410）	（1.250）	（1.090）	（1.030）	（1.030）
	尼龙砂轮片 φ100		片	0.796	1.025	1.346	2.118	2.561
	氧气		m³	1.200	1.209	1.464	2.025	2.400
	乙炔气		kg	0.462	0.465	0.563	0.779	0.923
	低碳钢焊条 J427 φ3.2		kg	1.159	1.498	1.909	3.556	4.318
	角钢（综合）		kg	—	—	0.262	0.252	0.331
	镀锌铁丝 φ2.8~4.0		kg	0.107	0.112	0.131	0.140	0.144
	碎布		kg	0.323	0.340	0.408	0.451	0.468
	机油		kg	0.110	0.150	0.200	0.200	0.200
	热轧厚钢板 δ8.0~15.0		kg	0.073	0.110	0.148	0.231	0.333
	水		m³	0.547	0.764	1.346	2.139	3.037
	橡胶板 δ1~3		kg	0.014	0.016	0.018	0.021	0.024
	螺纹阀门 DN20		个	0.006	0.006	0.007	0.007	0.007
	焊接钢管 DN20		m	0.022	0.023	0.024	0.025	0.026
	橡胶软管 DN20		m	0.009	0.010	0.010	0.011	0.011
	弹簧压力表 Y-100 0~1.6MPa		块	0.003	0.003	0.003	0.003	0.004
	压力表弯管 DN15		个	0.003	0.003	0.003	0.003	0.004
	其他材料费		%	1.00	1.00	1.00	1.00	1.00
机械	载货汽车-普通货车 5t		台班	0.016	0.022	0.040	0.058	0.076
	吊装机械（综合）		台班	0.117	0.123	0.169	0.239	0.271
	电焊机（综合）		台班	0.549	0.577	0.735	0.988	1.200
	电焊条烘干箱 60×50×75（cm³）		台班	0.055	0.058	0.073	0.099	0.120
	电焊条恒温箱		台班	0.055	0.058	0.073	0.099	0.120
	试压泵 3MPa		台班	0.003	0.003	0.003	0.004	0.004
	电动单级离心清水泵 100mm		台班	0.003	0.005	0.007	0.009	0.012

三、塑　料　管

1. 室内塑料管（热熔连接）

工作内容：切管、预热、组对、熔接，管道及管件安装，水压试验及水冲洗等。　　　　　　**计量单位：**10m

编　　号				10-2-47	10-2-48	10-2-49	10-2-50	10-2-51
项　　目				公称外径（mm 以内）				
				20	25	32	40	50
名　　称			单位	消　耗　量				
人工	合计工日		工日	0.973	1.080	1.172	1.302	1.524
	其中	普工	工日	0.243	0.270	0.294	0.326	0.381
		一般技工	工日	0.633	0.702	0.761	0.846	0.991
		高级技工	工日	0.097	0.108	0.117	0.130	0.152
材料	塑料管		m	（9.860）	（9.860）	（9.860）	（10.120）	（10.120）
	采暖室内塑料管热熔管件		个	（8.170）	（8.350）	（7.730）	（7.070）	（7.050）
	铁砂布		张	0.053	0.066	0.070	0.116	0.151
	热轧厚钢板 δ8.0~15.0		kg	0.030	0.032	0.034	0.037	0.039
	氧气		m³	0.003	0.003	0.003	0.006	0.006
	乙炔气		kg	0.001	0.001	0.001	0.002	0.002
	低碳钢焊条 J427 φ3.2		kg	0.002	0.002	0.002	0.002	0.002
	水		m³	0.008	0.014	0.023	0.040	0.053
	橡胶板 δ1~3		kg	0.007	0.008	0.008	0.009	0.010
	螺纹阀门 DN20		个	0.004	0.004	0.004	0.005	0.005
	焊接钢管 DN20		m	0.013	0.014	0.015	0.016	0.016
	橡胶软管 DN20		m	0.006	0.006	0.007	0.007	0.007
	弹簧压力表 Y-100 0~1.6MPa		块	0.002	0.002	0.002	0.002	0.002
	压力表弯管 DN15		个	0.002	0.002	0.002	0.002	0.002
	其他材料费		%	1.00	1.00	1.00	1.00	1.00
机械	电焊机（综合）		台班	0.001	0.001	0.001	0.001	0.002
	试压泵 3MPa		台班	0.001	0.001	0.001	0.002	0.002
	电动单级离心清水泵 100mm		台班	0.001	0.001	0.001	0.001	0.001

计量单位：10m

编　号			10-2-52	10-2-53	10-2-54	10-2-55
项　目			公称外径（mm 以内）			
			63	75	90	110
名　称		单位	消　耗　量			
人工	合计工日	工日	1.663	1.711	1.889	1.982
	其中 普工	工日	0.416	0.428	0.472	0.495
	一般技工	工日	1.081	1.112	1.228	1.288
	高级技工	工日	0.166	0.171	0.189	0.199
材料	塑料管	m	（10.120）	（10.080）	（10.080）	（10.080）
	采暖室内塑料管热熔管件	个	（6.840）	（5.370）	（4.840）	（3.570）
	铁砂布	张	0.170	0.210	0.226	0.229
	热轧厚钢板 $\delta 8.0\sim15.0$	kg	0.042	0.044	0.047	0.049
	氧气	m³	0.006	0.006	0.006	0.006
	乙炔气	kg	0.002	0.002	0.002	0.002
	低碳钢焊条 J427 $\phi 3.2$	kg	0.002	0.002	0.003	0.003
	水	m³	0.088	0.145	0.204	0.353
	橡胶板 $\delta 1\sim3$	kg	0.010	0.011	0.011	0.012
	螺纹阀门 DN20	个	0.005	0.005	0.006	0.006
	焊接钢管 DN20	m	0.017	0.019	0.020	0.021
	橡胶软管 DN20	m	0.008	0.008	0.008	0.009
	弹簧压力表 Y-100 0~1.6MPa	块	0.003	0.003	0.003	0.003
	压力表弯管 DN15	个	0.003	0.003	0.003	0.003
	其他材料费	%	1.00	1.00	1.00	1.00
机械	电焊机（综合）	台班	0.002	0.002	0.002	0.002
	试压泵 3MPa	台班	0.002	0.002	0.002	0.002
	电动单级离心清水泵 100mm	台班	0.001	0.001	0.002	0.002

2. 室内塑料管（电熔连接）

工作内容：切管、组对、熔接，管道及管件安装，水压试验及水冲洗等。　　　　　计量单位：10m

编　号			10-2-56	10-2-57	10-2-58	10-2-59	10-2-60
项　目			公称外径（mm 以内）				
			20	25	32	40	50
名　称		单位	消　耗　量				
人工	合计工日	工日	1.022	1.134	1.231	1.368	1.600
	其中 普工	工日	0.255	0.284	0.307	0.342	0.400
	一般技工	工日	0.664	0.737	0.800	0.889	1.040
	高级技工	工日	0.103	0.113	0.124	0.137	0.160
材料	塑料管	m	（9.860）	（9.860）	（9.860）	（10.120）	（10.120）
	采暖室内塑料管电熔管件	个	（8.170）	（8.350）	（7.730）	（7.070）	（7.050）
	铁砂布	张	0.053	0.066	0.070	0.116	0.151
	热轧厚钢板 $\delta8.0\sim15.0$	kg	0.030	0.032	0.034	0.037	0.039
	氧气	m³	0.003	0.003	0.003	0.006	0.006
	乙炔气	kg	0.001	0.001	0.001	0.002	0.002
	低碳钢焊条 J427 $\phi3.2$	kg	0.002	0.002	0.002	0.002	0.002
	水	m³	0.008	0.014	0.023	0.040	0.053
	橡胶板 $\delta1\sim3$	kg	0.007	0.008	0.008	0.009	0.010
	螺纹阀门 DN20	个	0.004	0.004	0.004	0.005	0.005
	焊接钢管 DN20	m	0.013	0.014	0.015	0.016	0.016
	橡胶软管 DN20	m	0.006	0.006	0.007	0.007	0.007
	弹簧压力表 Y-100 0~1.6MPa	块	0.002	0.002	0.002	0.002	0.002
	压力表弯管 DN15	个	0.002	0.002	0.002	0.002	0.002
	其他材料费	%	1.00	1.00	1.00	1.00	1.00
机械	电熔焊接机 3.5kW	台班	0.108	0.143	0.168	0.223	0.272
	电焊机（综合）	台班	0.001	0.001	0.001	0.001	0.002
	试压泵 3MPa	台班	0.001	0.001	0.001	0.002	0.002
	电动单级离心清水泵 100mm	台班	0.001	0.001	0.001	0.001	0.001

计量单位：10m

编　号		10-2-61	10-2-62	10-2-63	10-2-64
项　目		公称外径（mm 以内）			
		63	75	90	110
名　称	单位	消　耗　量			
人工 合计工日	工日	1.747	1.798	1.984	2.081
其中 普工	工日	0.437	0.449	0.496	0.520
一般技工	工日	1.135	1.169	1.289	1.353
高级技工	工日	0.175	0.180	0.199	0.208
材料 塑料管	m	（10.120）	（10.080）	（10.080）	（10.080）
采暖室内塑料管电熔管件	个	（6.840）	（5.370）	（4.840）	（3.570）
铁砂布	张	0.203	0.210	0.226	0.229
热轧厚钢板 $\delta 8.0\sim15.0$	kg	0.042	0.044	0.047	0.049
氧气	m³	0.006	0.006	0.006	0.006
乙炔气	kg	0.002	0.002	0.002	0.002
低碳钢焊条 J427 ϕ3.2	kg	0.002	0.002	0.003	0.003
水	m³	0.088	0.145	0.204	0.353
橡胶板 $\delta 1\sim3$	kg	0.010	0.011	0.011	0.012
螺纹阀门 DN20	个	0.005	0.005	0.006	0.006
焊接钢管 DN20	m	0.017	0.019	0.020	0.021
橡胶软管 DN20	m	0.008	0.008	0.008	0.009
弹簧压力表 Y-100 0~1.6MPa	块	0.003	0.003	0.003	0.003
压力表弯管 DN15	个	0.003	0.003	0.003	0.003
其他材料费	%	1.00	1.00	1.00	1.00
机械 电熔焊接机 3.5kW	台班	0.295	0.266	0.318	0.260
电焊机（综合）	台班	0.002	0.002	0.002	0.002
试压泵 3MPa	台班	0.002	0.002	0.002	0.002
电动单级离心清水泵 100mm	台班	0.001	0.002	0.002	0.002

3. 室内直埋塑料管（热熔管件连接）

工作内容： 切管、预热、组对、熔接，管道敷设，管件及固定件安装、临时封堵、配合隐蔽、水压试验及水冲洗、划线标示等。

计量单位：10m

编　号			10-2-65	10-2-66	10-2-67
项　目			公称外径（mm 以内）		
			20	25	32
名　称		单位	消　耗　量		
人工	合计工日	工日	1.173	1.291	1.376
	其中 普工	工日	0.294	0.322	0.344
	一般技工	工日	0.762	0.840	0.894
	高级技工	工日	0.117	0.129	0.138
材料	塑料管	m	（10.140）	（10.140）	（10.140）
	采暖室内直埋塑料管热熔管件	个	（9.120）	（9.780）	（9.290）
	塑料丝堵 DN15	个	0.100	—	—
	塑料丝堵 DN20	个	—	0.100	—
	塑料丝堵 DN25	个	—	—	0.100
	塑料管卡子 20	个	16.837	—	—
	塑料管卡子 25	个	—	14.433	—
	塑料管卡子 32	个	—	—	12.625
	塑料布	m^2	0.010	0.010	0.010
	铁砂布	张	0.058	0.075	0.080
	热熔标线涂料	kg	0.079	0.079	0.079
	热轧厚钢板 δ8.0~15.0	kg	0.030	0.032	0.034
	氧气	m^3	0.003	0.003	0.003
	乙炔气	kg	0.001	0.001	0.001
	低碳钢焊条 J427 φ3.2	kg	0.002	0.002	0.002
	水	m^3	0.008	0.014	0.023
	橡胶板 δ1~3	kg	0.007	0.008	0.008
	螺纹阀门 DN20	个	0.004	0.004	0.004
	焊接钢管 DN20	m	0.013	0.014	0.015
	橡胶软管 DN20	m	0.006	0.006	0.007
	弹簧压力表 Y-100 0~1.6MPa	块	0.002	0.002	0.002
	压力表弯管 DN15	个	0.002	0.002	0.002
	其他材料费	%	1.00	1.00	1.00
机械	电焊机（综合）	台班	0.001	0.001	0.001
	试压泵 3MPa	台班	0.001	0.001	0.001
	电动单级离心清水泵 100mm	台班	0.001	0.001	0.001

4. 室内直埋塑料管（无接口敷设）

工作内容：切管、管道敷设、转换管件及固定件安装、临时封堵、配合隐蔽、水压试
验及水冲洗、划线标示等。 计量单位：10m

编　号			10-2-68	10-2-69	10-2-70
项　目			公称外径（mm 以内）		
			20	25	32
名　称		单位	消　耗　量		
人工	合计工日		工日	0.736	0.776	0.824
	其中	普工	工日	0.184	0.194	0.206
		一般技工	工日	0.478	0.504	0.536
		高级技工	工日	0.074	0.078	0.082
材料	塑料管	m	（10.360）	（10.360）	（10.360）
	过渡转换管件	个	（2.560）	（2.670）	（2.780）
	塑料丝堵 DN15	个	0.100	—	—
	塑料丝堵 DN20	个	—	0.100	—
	塑料丝堵 DN25	个	—	—	0.100
	塑料管卡子 20	个	16.837	—	—
	塑料管卡子 25	个	—	14.433	—
	塑料管卡子 32	个	—	—	12.625
	塑料布	m²	0.010	0.010	0.010
	丙酮	kg	0.018	0.021	0.031
	铁砂布 0#~2#	张	0.009	0.011	0.013
	热熔标线涂料	kg	0.079	0.079	0.079
	热轧厚钢板 δ8.0~15.0	kg	0.030	0.032	0.034
	氧气	m³	0.003	0.003	0.003
	乙炔气	kg	0.001	0.001	0.001
	低碳钢焊条 J427 φ3.2	kg	0.002	0.002	0.002
	水	m³	0.008	0.014	0.023
	橡胶板 δ1~3	kg	0.007	0.008	0.008
	螺纹阀门 DN20	个	0.004	0.004	0.004
	焊接钢管 DN20	m	0.013	0.014	0.015
	橡胶软管 DN20	m	0.006	0.006	0.007
	弹簧压力表 Y-100 0~1.6MPa	块	0.002	0.002	0.002
	压力表弯管 DN15	个	0.002	0.002	0.002
	其他材料费	%	1.00	1.00	1.00
机械	电焊机（综合）	台班	0.001	0.001	0.001
	试压泵 3MPa	台班	0.001	0.001	0.001
	电动单级离心清水泵 100mm	台班	0.001	0.001	0.001

四、直埋式预制保温管

1. 室外预制直埋保温管（电弧焊）

工作内容： 切割外护管及拆除保温材料，介质管切割、坡口，管道及管件安装，管口
组对、焊接，水压试验及水冲洗等。　　　　　　　　　　　　　　计量单位：10m

编　号			10-2-71	10-2-72	10-2-73	10-2-74	10-2-75
项　　目			介质管道公称直径（mm 以内）				
			32	40	50	65	80
名　　称		单位	消　耗　量				
人工	合计工日	工日	0.699	0.783	0.911	1.037	1.098
	其中 普工	工日	0.175	0.196	0.228	0.259	0.275
	一般技工	工日	0.454	0.509	0.592	0.674	0.713
	高级技工	工日	0.070	0.078	0.091	0.104	0.110
材料	预制直埋保温管	m	(10.180)	(10.180)	(10.180)	(10.120)	(10.120)
	采暖室外预制直埋保温焊接管件	个	(0.890)	(0.980)	(0.960)	(0.990)	(0.740)
	尼龙砂轮片 ϕ100	片	0.010	0.017	0.315	0.426	0.471
	尼龙砂轮片 ϕ400	片	0.013	0.016	0.020	0.023	0.026
	氧气	m³	0.045	0.060	0.105	0.222	0.357
	乙炔气	kg	0.017	0.023	0.040	0.085	0.137
	低碳钢焊条 J427 ϕ3.2	kg	0.098	0.148	0.266	0.350	0.352
	镀锌铁丝 ϕ2.8~4.0	kg	0.075	0.079	0.083	0.085	0.089
	碎布	kg	0.205	0.209	0.237	0.266	0.282
	机油	kg	0.050	0.050	0.060	0.080	0.090
	柔性吊装带	kg	0.003	0.004	0.005	0.007	0.011
	热轧厚钢板 δ8.0~15.0	kg	0.037	0.039	0.042	0.044	0.047
	水	m³	0.040	0.053	0.088	0.145	0.204
	橡胶板 δ1~3	kg	0.009	0.010	0.010	0.011	0.011
	螺纹阀门 DN20	个	0.005	0.005	0.005	0.005	0.006
	焊接钢管 DN20	m	0.016	0.016	0.017	0.019	0.020
	橡胶软管 DN20	m	0.007	0.007	0.008	0.008	0.008
	弹簧压力表 Y-100 0~1.6MPa	块	0.002	0.002	0.003	0.003	0.003
	压力表弯管 DN15	个	0.002	0.002	0.003	0.003	0.003
	其他材料费	%	1.00	1.00	1.00	1.00	1.00
机械	汽车式起重机 8t	台班	—	—	0.005	0.006	0.007
	载货汽车-普通货车 5t	台班	—	—	0.005	0.006	0.007
	砂轮切割机 ϕ400	台班	0.004	0.005	0.005	0.006	0.006
	电焊机（综合）	台班	0.061	0.093	0.157	0.206	0.220
	电焊条烘干箱 60×50×75（cm³）	台班	0.006	0.009	0.016	0.020	0.022
	电焊条恒温箱	台班	0.006	0.009	0.016	0.020	0.022
	试压泵 3MPa	台班	0.002	0.002	0.002	0.002	0.002
	电动单级离心清水泵 100mm	台班	0.001	0.002	0.001	0.001	0.002

计量单位：10m

编 号				10-2-76	10-2-77	10-2-78	10-2-79
项 目				介质管道公称直径（mm 以内）			
				100	125	150	200
名 称			单位	消 耗 量			
人工	合计工日		工日	1.228	1.402	1.663	2.014
	其中	普工	工日	0.307	0.350	0.416	0.504
		一般技工	工日	0.798	0.911	1.081	1.309
		高级技工	工日	0.123	0.141	0.166	0.201
材料	预制直埋保温管		m	（10.120）	（9.980）	（9.980）	（9.980）
	采暖室外预制直埋保温焊接管件		个	（0.820）	（0.770）	（0.760）	（0.760）
	尼龙砂轮片 φ100		片	0.482	0.647	0.959	1.376
	尼龙砂轮片 φ400		片	0.030	—	—	—
	氧气		m³	0.441	0.873	0.867	1.113
	乙炔气		kg	0.170	0.336	0.334	0.428
	低碳钢焊条 J427 φ3.2		kg	0.460	0.773	1.207	1.678
	角钢（综合）		kg	—	—	—	0.220
	镀锌铁丝 φ2.8~4.0		kg	0.101	0.107	0.112	0.131
	碎布		kg	0.327	0.352	0.370	0.444
	机油		kg	0.090	0.110	0.150	0.200
	柔性吊装带		kg	0.016	0.032	0.043	0.062
	热轧厚钢板 δ8.0~15.0		kg	0.049	0.073	0.110	0.148
	水		m³	0.353	0.547	0.764	1.346
	橡胶板 δ1~3		kg	0.012	0.014	0.016	0.018
	螺纹阀门 DN20		个	0.006	0.006	0.006	0.007
	焊接钢管 DN20		m	0.021	0.022	0.023	0.024
	橡胶软管 DN20		m	0.009	0.009	0.010	0.010
	弹簧压力表 Y-100 0~1.6MPa		块	0.003	0.003	0.003	0.003
	压力表弯管 DN15		个	0.003	0.003	0.003	0.003
	其他材料费		%	1.00	1.00	1.00	1.00
机械	汽车式起重机 8t		台班	0.083	0.110	0.130	0.149
	载货汽车 - 普通货车 5t		台班	0.019	0.033	0.043	0.051
	砂轮切割机 φ400		台班	0.007	0.008	—	—
	电焊机（综合）		台班	0.271	0.369	0.465	0.646
	电焊条烘干箱 60×50×75（cm³）		台班	0.027	0.037	0.046	0.064
	电焊条恒温箱		台班	0.027	0.037	0.046	0.064
	试压泵 3MPa		台班	0.002	0.003	0.003	0.003
	电动单级离心清水泵 100mm		台班	0.002	0.003	0.005	0.007

计量单位：10m

编　号			10-2-80	10-2-81	10-2-82	10-2-83
项　目			介质管道公称直径（mm 以内）			
			250	300	350	400
名　称		单位	消　耗　量			
人工	合计工日	工日	2.599	2.958	3.431	3.818
	其中　普工	工日	0.650	0.740	0.858	0.955
	一般技工	工日	1.689	1.923	2.230	2.481
	高级技工	工日	0.260	0.295	0.343	0.382
材料	预制直埋保温管	m	（9.850）	（9.850）	（9.780）	（9.780）
	采暖室外预制直埋保温焊接管件	个	（0.750）	（0.730）	（0.730）	（0.710）
	尼龙砂轮片 φ100	片	2.254	2.950	3.887	3.918
	氧气	m³	1.611	1.869	2.445	2.652
	乙炔气	kg	0.620	0.719	0.941	1.020
	低碳钢焊条 J427 φ3.2	kg	3.269	3.899	4.556	5.090
	角钢（综合）	kg	0.237	0.256	0.288	0.292
	镀锌铁丝 φ2.8~4.0	kg	0.140	0.144	0.148	0.153
	碎布	kg	0.490	0.508	0.535	0.553
	机油	kg	0.200	0.200	0.200	0.200
	柔性吊装带	kg	0.073	0.088	0.093	0.104
	热轧厚钢板 δ8.0~15.0	kg	0.231	0.333	0.380	0.426
	水	m³	2.139	3.037	4.047	5.227
	橡胶板 δ1~3	kg	0.021	0.024	0.033	0.042
	螺纹阀门 DN20	个	0.007	0.007	0.008	0.008
	焊接钢管 DN20	m	0.025	0.026	0.027	0.028
	橡胶软管 DN20	m	0.011	0.011	0.011	0.012
	弹簧压力表 Y-100 0~1.6MPa	块	0.003	0.004	0.004	0.004
	压力表弯管 DN15	个	0.003	0.004	0.004	0.004
	其他材料费	%	1.00	1.00	1.00	1.00
机械	汽车式起重机 16t	台班	0.206	0.236	0.285	0.299
	载货汽车 – 普通货车 5t	台班	0.079	0.099	0.113	0.133
	电焊机（综合）	台班	0.909	1.084	1.266	1.415
	电焊条烘干箱 60×50×75（cm³）	台班	0.091	0.108	0.126	0.141
	电焊条恒温箱	台班	0.091	0.108	0.126	0.141
	试压泵 3MPa	台班	0.004	0.004	0.005	0.006
	电动单级离心清水泵 100mm	台班	0.009	0.012	0.014	0.016

2.室外预制直埋保温管（氩电联焊）

工作内容：切割外护管及拆除保温材料，介质管切割、坡口，管道及管件安装，管口组对、焊接，水压试验及水冲洗等。

计量单位：10m

编　号			10-2-84	10-2-85	10-2-86	10-2-87	10-2-88
项　目			介质管道公称直径（mm 以内）				
			32	40	50	65	80
名　称		单位	消　耗　量				
人工	合计工日	工日	0.797	0.895	1.079	1.184	1.267
	其中 普工	工日	0.199	0.224	0.270	0.296	0.317
	一般技工	工日	0.518	0.581	0.701	0.770	0.823
	高级技工	工日	0.080	0.090	0.108	0.118	0.127
材料	预制直埋保温管	m	（10.180）	（10.180）	（10.180）	（10.120）	（10.120）
	采暖室外预制直埋保温焊接管件	个	（0.890）	（0.980）	（0.960）	（0.990）	（0.740）
	尼龙砂轮片 φ100	片	0.010	0.017	0.315	0.426	0.471
	尼龙砂轮片 φ400	片	0.013	0.016	0.020	0.023	0.026
	磨头	个	0.052	0.066	0.084	0.109	0.114
	氧气	m³	0.045	0.060	0.105	0.222	0.357
	乙炔气	kg	0.017	0.023	0.040	0.085	0.137
	碳钢焊丝	kg	0.067	0.081	0.051	0.069	0.068
	氩气	m³	0.188	0.227	0.144	0.192	0.190
	铈钨棒	g	0.375	0.454	0.286	0.386	0.381
	低碳钢焊条 J427 φ3.2	kg	0.004	0.005	0.137	0.265	0.341
	镀锌铁丝 φ2.8~4.0	kg	0.075	0.079	0.083	0.085	0.089
	碎布	kg	0.205	0.209	0.237	0.266	0.282
	机油	kg	0.050	0.050	0.060	0.080	0.090
	柔性吊装带	kg	0.003	0.004	0.005	0.007	0.011
	热轧厚钢板 δ8.0~15.0	kg	0.037	0.039	0.042	0.044	0.047
	水	m³	0.040	0.053	0.088	0.145	0.204
	橡胶板 δ1~3	kg	0.009	0.010	0.010	0.011	0.011
	螺纹阀门 DN20	个	0.005	0.005	0.005	0.005	0.006
	焊接钢管 DN20	m	0.016	0.016	0.017	0.019	0.020
	橡胶软管 DN20	m	0.007	0.007	0.008	0.008	0.008
	弹簧压力表 Y-100 0~1.6MPa	块	0.002	0.002	0.003	0.003	0.003
	压力表弯管 DN15	个	0.002	0.002	0.003	0.003	0.003
	其他材料费	%	1.00	1.00	1.00	1.00	1.00
机械	汽车式起重机 8t	台班	—	—	0.005	0.006	0.007
	载货汽车 - 普通货车 5t	台班	—	—	0.005	0.006	0.007
	砂轮切割机 φ400	台班	0.004	0.005	0.005	0.006	0.006
	氩弧焊机 500A	台班	0.103	0.123	0.128	0.137	0.139
	电焊机（综合）	台班	0.016	0.021	0.124	0.148	0.149
	电焊条烘干箱 60×50×75（cm³）	台班	0.002	0.002	0.012	0.015	0.015
	电焊条恒温箱	台班	0.002	0.002	0.012	0.015	0.015
	试压泵 3MPa	台班	0.002	0.002	0.002	0.002	0.002
	电动单级离心清水泵 100mm	台班	0.001	0.002	0.001	0.001	0.002

计量单位：10m

编　　号			10-2-89	10-2-90	10-2-91	10-2-92
项　　目			介质管道公称直径（mm 以内）			
			100	125	150	200
名　　称		单位	消　　耗　　量			
人工	合计工日	工日	1.404	1.603	1.782	2.157
	其中　普工	工日	0.351	0.401	0.446	0.539
	一般技工	工日	0.913	1.042	1.158	1.402
	高级技工	工日	0.140	0.160	0.178	0.216
材料	预制直埋保温管	m	（10.120）	（9.980）	（9.980）	（9.980）
	采暖室外预制直埋保温焊接管件	个	（0.820）	（0.770）	（0.760）	（0.760）
	尼龙砂轮片 φ100	片	0.482	0.647	0.959	1.376
	尼龙砂轮片 φ400	片	0.030	—	—	—
	磨头	个	0.153	—	—	—
	氧气	m³	0.441	0.873	0.867	1.113
	乙炔气	kg	0.170	0.336	0.334	0.428
	碳钢焊丝	kg	0.094	0.107	0.127	0.177
	氩气	m³	0.262	0.299	0.355	0.494
	铈钨棒	g	0.526	0.599	0.711	0.991
	低碳钢焊条 J427 φ3.2	kg	0.381	0.723	0.917	1.274
	角钢（综合）	kg	—	—	—	0.220
	镀锌铁丝 φ2.8~4.0	kg	0.101	0.107	0.112	0.131
	碎布	kg	0.327	0.352	0.370	0.444
	机油	kg	0.090	0.110	0.150	0.200
	柔性吊装带	kg	0.016	0.032	0.043	0.062
	热轧厚钢板 δ8.0~15.0	kg	0.049	0.073	0.110	0.148
	水	m³	0.353	0.547	0.764	1.346
	橡胶板 δ1~3	kg	0.012	0.014	0.016	0.018
	螺纹阀门 DN20	个	0.006	0.006	0.006	0.007
	焊接钢管 DN20	m	0.021	0.022	0.023	0.024
	橡胶软管 DN20	m	0.009	0.009	0.010	0.010
	弹簧压力表 Y-100 0~1.6MPa	块	0.003	0.003	0.003	0.003
	压力表弯管 DN15	个	0.003	0.003	0.003	0.003
	其他材料费	%	1.00	1.00	1.00	1.00
机械	汽车式起重机 8t	台班	0.083	0.110	0.130	0.149
	载货汽车–普通货车 5t	台班	0.019	0.033	0.043	0.051
	砂轮切割机 φ400	台班	0.007	0.008	—	—
	氩弧焊机 500A	台班	0.193	0.242	0.287	0.404
	电焊机（综合）	台班	0.208	0.335	0.394	0.487
	电焊条烘干箱 60×50×75（cm³）	台班	0.021	0.034	0.039	0.049
	电焊条恒温箱	台班	0.021	0.034	0.039	0.049
	试压泵 3MPa	台班	0.002	0.003	0.003	0.003
	电动单级离心清水泵 100mm	台班	0.002	0.003	0.005	0.007

计量单位：10m

编 号				10-2-93	10-2-94	10-2-95	10-2-96
项 目				介质管道公称直径（mm 以内）			
				250	300	350	400
名 称			单位	消 耗 量			
人工	合计工日		工日	2.785	3.195	3.733	4.070
	其中	普工	工日	0.696	0.799	0.933	1.018
		一般技工	工日	1.810	2.076	2.427	2.645
		高级技工	工日	0.279	0.320	0.373	0.407
材料	预制直埋保温管		m	（9.850）	（9.850）	（9.780）	（9.780）
	采暖室外预制直埋保温焊接管件		个	（0.750）	（0.730）	（0.730）	（0.710）
	尼龙砂轮片 φ100		片	2.254	2.950	3.887	3.918
	氧气		m³	1.611	1.869	2.445	2.652
	乙炔气		kg	0.620	0.719	0.941	1.020
	碳钢焊丝		kg	0.215	0.258	0.299	0.333
	氩气		m³	0.605	0.721	0.837	0.932
	铈钨棒		g	1.200	1.445	1.674	1.865
	低碳钢焊条 J427 φ3.2		kg	2.759	3.292	3.846	4.296
	角钢（综合）		kg	0.237	0.256	0.288	0.292
	镀锌铁丝 φ2.8~4.0		kg	0.140	0.144	0.148	0.153
	碎布		kg	0.490	0.508	0.535	0.553
	机油		kg	0.200	0.200	0.200	0.200
	柔性吊装带		kg	0.073	0.088	0.093	0.104
	热轧厚钢板 δ8.0~15.0		kg	0.231	0.333	0.380	0.426
	水		m³	2.139	3.037	4.047	5.227
	橡胶板 δ1~3		kg	0.021	0.024	0.033	0.042
	螺纹阀门 DN20		个	0.007	0.007	0.008	0.008
	焊接钢管 DN20		m	0.025	0.026	0.027	0.028
	橡胶软管 DN20		m	0.011	0.011	0.011	0.012
	弹簧压力表 Y-100 0~1.6MPa		块	0.003	0.004	0.004	0.004
	压力表弯管 DN15		个	0.003	0.004	0.004	0.004
	其他材料费		%	1.00	1.00	1.00	1.00
机械	汽车式起重机 16t		台班	0.206	0.236	0.285	0.299
	载货汽车 - 普通货车 5t		台班	0.079	0.099	0.113	0.133
	氩弧焊机 500A		台班	0.427	0.504	0.518	0.576
	电焊机（综合）		台班	0.770	0.967	0.991	1.016
	电焊条烘干箱 60×50×75（cm³）		台班	0.077	0.097	0.099	0.102
	电焊条恒温箱		台班	0.077	0.097	0.099	0.102
	试压泵 3MPa		台班	0.004	0.004	0.005	0.006
	电动单级离心清水泵 100mm		台班	0.009	0.012	0.014	0.016

3. 室外预制直埋保温管热缩套袖补口

工作内容: 管端除锈、清理、烘干,连接套管就位、固定、塑料焊接、钻孔、气密试验,
收缩带热熔粘贴,注料发泡、封堵标识等。

计量单位:个

	编　号		10-2-97	10-2-98	10-2-99	10-2-100	10-2-101
	项　目		介质管道公称直径(mm)				
			32	40	50	65	80
	名　称	单位	消　耗　量				
人工	合计工日	工日	0.243	0.275	0.286	0.306	0.378
	其中 普工	工日	0.060	0.068	0.071	0.077	0.094
	一般技工	工日	0.158	0.179	0.186	0.199	0.246
	高级技工	工日	0.025	0.028	0.029	0.030	0.038
材料	高密度聚乙烯连接套管 φ100×3	m	(0.653)	—	—	—	—
	高密度聚乙烯连接套管 φ120×3	m	—	(0.653)	—	—	—
	高密度聚乙烯连接套管 φ136×3	m	—	—	(0.653)	—	—
	高密度聚乙烯连接套管 φ151×3	m	—	—	—	(0.653)	—
	高密度聚乙烯连接套管 φ172×3	m	—	—	—	—	(0.653)
	收缩带	m²	0.136	0.167	0.206	0.229	0.261
	聚氯乙烯焊条 φ3.2	kg	0.009	0.010	0.011	0.012	0.014
	组合聚醚(白料)	kg	0.062	0.093	0.154	0.185	0.247
	异氰酸酯(黑料)	kg	0.068	0.102	0.170	0.204	0.272
	钢丝刷子	把	0.001	0.001	0.001	0.001	0.001
	丙酮	kg	0.028	0.039	0.046	0.056	0.072
	肥皂	条	0.021	0.021	0.021	0.021	0.032
	汽油 70#~90#	kg	0.890	1.070	1.210	2.080	2.240
	PE 封堵塞	个	2.000	2.000	2.000	2.000	2.000
	其他材料费	%	1.00	1.00	1.00	1.00	1.00
机械	电动空气压缩机 0.6m³/min	台班	0.002	0.002	0.002	0.003	0.003

计量单位:个

编　　号			10-2-102	10-2-103	10-2-104	10-2-105
项　　目			介质管道公称直径（mm）			
			100	125	150	200
名　　称		单位	消　耗　量			
人工	合计工日	工日	0.387	0.428	0.457	0.500
	其中 普工	工日	0.096	0.107	0.114	0.124
	一般技工	工日	0.252	0.278	0.297	0.326
	高级技工	工日	0.039	0.043	0.046	0.050
材料	高密度聚乙烯连接套管 $\phi212\times3$	m	（0.653）	—	—	—
	高密度聚乙烯连接套管 $\phi237\times3$	m	—	（0.653）	—	—
	高密度聚乙烯连接套管 $\phi263\times4$	m	—	—	（0.653）	—
	高密度聚乙烯连接套管 $\phi330\times5$	m	—	—	—	（0.653）
	收缩带	m²	0.322	0.341	0.379	0.478
	聚氯乙烯焊条 $\phi3.2$	kg	0.016	0.027	0.032	0.045
	组合聚醚（白料）	kg	0.309	0.370	0.432	0.555
	异氰酸酯（黑料）	kg	0.339	0.407	0.475	0.611
	钢丝刷子	把	0.001	0.001	0.001	0.002
	丙酮	kg	0.082	0.140	0.158	0.201
	肥皂	条	0.032	0.033	0.033	0.041
	汽油 70#~90#	kg	2.720	2.970	3.200	4.000
	PE 封堵塞	个	2.000	2.000	2.000	2.000
	其他材料费	%	1.00	1.00	1.00	1.00
机械	载货汽车 – 普通货车 2t	台班	—	—	0.029	0.035
	电动空气压缩机 0.6m³/min	台班	0.004	0.008	0.009	0.011

计量单位：个

编　号			10-2-106	10-2-107	10-2-108	10-2-109
项　目			介质管道公称直径（mm）			
			250	300	350	400
名　称		单位	消　耗　量			
人工	合计工日	工日	0.648	0.718	0.765	0.830
	其中　普工	工日	0.162	0.180	0.191	0.208
	其中　一般技工	工日	0.421	0.466	0.497	0.539
	其中　高级技工	工日	0.065	0.072	0.077	0.083
材料	高密度聚乙烯连接套管 $\phi418\times6$	m	（0.653）	—	—	—
	高密度聚乙烯连接套管 $\phi471\times6$	m	—	（0.653）	—	—
	高密度聚乙烯连接套管 $\phi525\times8$	m	—	—	（0.653）	—
	高密度聚乙烯连接套管 $\phi586\times8$	m	—	—	—	（0.653）
	收缩带	m²	0.607	0.682	0.758	0.889
	塑料焊条 $\phi6$	kg	0.068	0.111	0.134	0.149
	组合聚醚（白料）	kg	0.926	1.049	1.141	1.728
	异氰酸酯（黑料）	kg	1.018	1.154	1.256	1.697
	丙酮	kg	0.241	0.275	0.313	0.356
	钢丝刷子	把	0.002	0.002	0.003	0.003
	汽油 70#~90#	kg	6.200	7.920	8.400	9.840
	肥皂	条	0.042	0.042	0.062	0.063
	PE 封堵塞	个	2.000	2.000	2.000	2.000
	其他材料费	%	1.00	1.00	1.00	1.00
机械	载货汽车 – 普通货车 2t	台班	0.045	0.051	0.058	0.064
	电动空气压缩机 0.6m³/min	台班	0.014	0.016	0.018	0.020

4.室外预制直埋保温管电热熔套补口

工作内容: 管端除锈、清理、烘干,电热熔套就位、固定、钻孔、气密试验,卡紧热熔接缝、通电焊接,注料发泡、封堵标识等。

计量单位:个

编　号			10-2-110	10-2-111	10-2-112	10-2-113	10-2-114	10-2-115
项　目			介质管道公称直径(mm)					
			150	200	250	300	350	400
名　称		单位	消　耗　量					
人工	合计工日	工日	0.457	0.500	0.713	0.804	0.858	0.929
	其中 普工	工日	0.114	0.124	0.178	0.200	0.215	0.232
	一般技工	工日	0.297	0.326	0.464	0.523	0.557	0.604
	高级技工	工日	0.046	0.050	0.071	0.081	0.086	0.093
材料	电热熔套	个	(1.000)	(1.000)	(1.000)	(1.000)	(1.000)	(1.000)
	电热熔套卡具	套	0.020	0.020	0.020	0.020	0.020	0.020
	组合聚醚(白料)	kg	0.432	0.555	0.926	1.049	1.141	1.728
	异氰酸酯(黑料)	kg	0.475	0.611	1.018	1.154	1.256	1.697
	汽油 70#~90#	kg	0.160	0.200	0.360	0.396	0.420	0.492
	丙酮	kg	0.158	0.201	0.241	0.275	0.313	0.356
	钢丝刷子	把	0.001	0.002	0.002	0.002	0.003	0.003
	肥皂	条	0.033	0.041	0.042	0.042	0.062	0.063
	PE 封堵塞	个	2.000	2.000	2.000	2.000	2.000	2.000
	其他材料费	%	1.00	1.00	1.00	1.00	1.00	1.00
机械	载货汽车 – 普通货车 2t	台班	0.029	0.035	0.045	0.051	0.058	0.064
	电动空气压缩机 6m³/min	台班	0.009	0.011	0.014	0.016	0.018	0.020
	电熔焊接机 3.5kW	台班	0.698	0.834	1.010	1.172	1.262	1.347

五、室外管道碰头

1. 钢管碰头（电弧焊）不带介质

工作内容： 碰头处保温层拆除、清理，关断水源，原管道切割、放水、排水，焊接短管，
　　　　　热源管除锈刷油、保温层修复等。

计量单位：处

编　　号				10-2-116	10-2-117	10-2-118	10-2-119	10-2-120	10-2-121
项　　目				支管公称直径（mm 以内）					
				50	65	80	100	125	150
名　　称			单位	消　耗　量					
人工	合计工日		工日	2.044	2.631	2.860	3.261	3.647	4.118
	其中	普工	工日	0.511	0.657	0.715	0.816	0.912	1.029
		一般技工	工日	1.329	1.711	1.859	2.119	2.370	2.677
		高级技工	工日	0.204	0.263	0.286	0.326	0.365	0.412
材料	泡沫塑料瓦块		m³	0.016	0.035	0.038	0.042	0.053	0.058
	玻璃丝布		m²	1.917	2.781	2.916	3.105	3.429	3.699
	酚醛防锈漆		kg	0.085	0.235	0.319	0.422	0.550	0.698
	钢丝刷子		把	0.002	0.003	0.004	0.004	0.005	0.005
	镀锌铁丝 φ2.8~4.0		kg	0.069	0.100	0.108	0.120	0.149	0.174
	黏结剂（保温材料专用）		kg	0.415	0.829	0.902	1.000	1.049	1.109
	TO 固化剂		kg	0.041	0.059	0.062	0.066	0.073	0.078
	树脂面漆 TO		kg	1.040	1.509	1.582	1.685	1.861	2.007
	汽油 70#~90#		kg	0.024	0.048	0.052	0.056	0.060	0.066
	氧气		m³	0.768	1.080	1.233	1.731	2.112	2.628
	乙炔气		kg	0.295	0.415	0.474	0.666	0.812	1.011
	低碳钢焊条 J427 φ3.2		kg	0.574	0.838	0.985	1.406	1.890	2.516
	尼龙砂轮片 φ100		片	0.115	0.158	0.194	0.238	0.330	0.446
	其他材料费		%	1.00	1.00	1.00	1.00	1.00	1.00
机械	载货汽车 – 普通货车 5t		台班	0.360	0.478	0.560	0.680	0.712	0.852
	汽车式起重机 8t		台班	0.360	0.478	0.560	0.680	0.712	0.856
	电焊机（综合）		台班	0.370	0.530	0.620	0.799	0.958	1.141
	电焊条烘干箱 60×50×75（cm³）		台班	0.037	0.053	0.062	0.080	0.096	0.114
	电焊条恒温箱		台班	0.037	0.053	0.062	0.080	0.096	0.114
	卷板机 20mm×2 500mm（安装用）		台班	0.011	0.014	0.017	0.020	0.024	0.030

计量单位：处

编 号			10-2-122	10-2-123	10-2-124	10-2-125	10-2-126
项 目			支管公称直径（mm 以内）				
			200	250	300	350	400
名 称		单位	消 耗 量				
人工	合计工日	工日	5.643	6.330	7.329	8.079	9.054
	其中 普工	工日	1.411	1.583	1.832	2.020	2.264
	一般技工	工日	3.668	4.114	4.764	5.251	5.885
	高级技工	工日	0.564	0.633	0.733	0.808	0.905
材料	泡沫塑料瓦块	m³	0.072	0.094	0.110	0.125	0.139
	玻璃丝布	m²	4.401	5.076	5.751	6.426	7.101
	酚醛防锈漆	kg	0.972	1.286	1.659	2.076	2.548
	钢丝刷子	把	0.006	0.007	0.008	0.009	0.010
	镀锌铁丝 $\phi 2.8\sim 4.0$	kg	0.218	0.283	0.333	0.392	0.437
	黏结剂（保温材料专用）	kg	1.386	1.802	2.119	2.341	2.612
	TO 固化剂	kg	0.092	0.108	0.122	0.136	0.151
	树脂面漆 TO	kg	2.388	2.754	3.120	3.487	3.853
	汽油 70#~90#	kg	0.082	0.098	0.114	0.130	0.146
	氧气	m³	3.563	5.108	6.064	7.588	8.991
	乙炔气	kg	1.371	1.965	2.332	2.918	3.457
	低碳钢焊条 J427 $\phi 3.2$	kg	3.743	4.751	8.414	11.941	13.392
	尼龙砂轮片 $\phi 100$	片	1.093	1.500	1.880	2.295	2.590
	其他材料费	%	1.00	1.00	1.00	1.00	1.00
机械	载货汽车 – 普通货车 5t	台班	0.910	1.728	1.745	1.850	1.880
	汽车式起重机 8t	台班	0.910	—	—	—	—
	汽车式起重机 16t	台班	—	1.728	1.745	1.850	1.880
	电焊机（综合）	台班	1.604	1.943	2.434	2.711	3.104
	电焊条烘干箱 60×50×75（cm³）	台班	0.160	0.194	0.243	0.271	0.310
	电焊条恒温箱	台班	0.160	0.194	0.243	0.271	0.310
	卷板机 20mm×2 500mm（安装用）	台班	0.040	0.045	0.048	0.052	0.056

2. 钢管碰头（电弧焊）带介质

工作内容：碰头处保温层拆除、清理，焊接短管、法兰，连接阀门，开孔机安拆、开孔，

通水检查，热源管除锈刷油、保温层修复等。　　　　　　　　　　　　　　**计量单位：**处

编　号				10-2-127	10-2-128	10-2-129	10-2-130	10-2-131
项　　目				支管公称直径（mm 以内）				
				50	65	80	100	125
名　　称			单位	消　耗　量				
人工	合计工日		工日	2.302	3.312	3.557	4.502	5.278
	其中	普工	工日	0.576	0.827	0.889	1.126	1.320
		一般技工	工日	1.496	2.153	2.312	2.926	3.430
		高级技工	工日	0.230	0.332	0.356	0.450	0.528
材料	法兰闸阀 Z45T-10 DN50		个	(2.000)	—	—	—	—
	法兰闸阀 Z45T-10 DN65		个	—	(2.000)	—	—	—
	法兰闸阀 Z45T-10 DN80		个	—	—	(2.000)	—	—
	法兰闸阀 Z45T-10 DN100		个	—	—	—	(2.000)	—
	法兰闸阀 Z45T-10 DN125		个	—	—	—	—	(2.000)
	碳钢平焊法兰 1.6MPa DN50		片	2.000	—	—	—	—
	碳钢平焊法兰 1.6MPa DN65		片	—	2.000	—	—	—
	碳钢平焊法兰 1.6MPa DN80		片	—	—	2.000	—	—
	碳钢平焊法兰 1.6MPa DN100		片	—	—	—	2.000	—
	碳钢平焊法兰 1.6MPa DN125		片	—	—	—	—	2.000
	泡沫塑料瓦块		m³	0.016	0.035	0.038	0.042	0.053
	玻璃丝布		m²	1.909	2.781	2.916	3.105	3.429
	酚醛防锈漆		kg	0.085	0.235	0.319	0.422	0.550
	钢丝刷子		把	0.002	0.003	0.004	0.004	0.005
	镀锌铁丝 φ2.8~4.0		kg	0.069	0.094	0.108	0.120	0.149
	黏结剂（保温材料专用）		kg	0.415	0.829	0.902	1.000	1.049
	TO 固化剂		kg	0.040	0.059	0.062	0.066	0.072
	树脂面漆 TO		kg	1.036	1.509	1.582	1.685	1.861
	汽油 70#~90#		kg	0.024	0.048	0.052	0.056	0.060
	氧气		m³	0.567	0.813	0.918	1.353	1.590
	乙炔气		kg	0.219	0.312	0.353	0.520	0.612
	低碳钢焊条 J427 φ3.2		kg	0.578	0.903	1.060	1.513	2.012
	尼龙砂轮片 φ100		片	0.266	0.359	0.430	0.524	0.695
	橡胶板		kg	0.350	0.450	0.650	0.850	1.150
	其他材料费		%	1.00	1.00	1.00	1.00	1.00
机械	载货汽车 - 普通货车 5t		台班	0.360	0.478	0.560	0.680	0.712
	汽车式起重机 8t		台班	0.360	0.478	0.560	0.680	0.712
	电焊机（综合）		台班	0.427	0.597	0.703	0.905	1.074
	电焊条烘干箱 60×50×75（cm³）		台班	0.043	0.060	0.070	0.091	0.107
	电焊条恒温箱		台班	0.043	0.060	0.070	0.091	0.107
	卷板机 20mm×2 500mm（安装用）		台班	0.011	0.014	0.017	0.020	0.030
	开孔机 200mm（安装用）		台班	0.360	0.478	0.560	0.680	0.712

计量单位：处

编　号			10-2-132	10-2-133	10-2-134	10-2-135
项　目			支管公称直径（mm 以内）			
			150	200	250	300
名　称		单位	消　耗　量			
人工	合计工日	工日	5.736	8.056	10.117	11.606
	其中 普工	工日	1.434	2.014	2.529	2.901
	一般技工	工日	3.728	5.236	6.576	7.544
	高级技工	工日	0.574	0.806	1.012	1.161
材料	法兰闸阀　Z45T-10 DN150	个	（2.000）	—	—	—
	法兰闸阀　Z45T-10 DN200	个	—	（2.000）	—	—
	法兰闸阀　Z45T-10 DN250	个	—	—	（2.000）	—
	法兰闸阀　Z45T-10 DN300	个	—	—	—	（2.000）
	碳钢平焊法兰　1.6MPa DN150	片	2.000	—	—	—
	碳钢平焊法兰　1.6MPa DN200	片	—	2.000	—	—
	碳钢平焊法兰　1.6MPa DN250	片	—	—	2.000	—
	碳钢平焊法兰　1.6MPa DN300	片	—	—	—	2.000
	泡沫塑料瓦块	m³	0.058	0.072	0.094	0.110
	玻璃丝布	m²	3.699	4.401	5.076	5.751
	酚醛防锈漆	kg	0.698	0.972	1.286	1.659
	钢丝刷子	把	0.005	0.006	0.007	0.008
	镀锌铁丝　φ2.8~4.0	kg	0.174	0.218	0.283	0.333
	黏结剂（保温材料专用）	kg	1.109	1.386	1.802	2.119
	TO 固化剂	kg	0.078	0.093	0.107	0.122
	树脂面漆 TO	kg	2.007	2.388	2.754	3.120
	汽油　70#~90#	kg	0.066	0.082	0.098	0.114
	氧气	m³	2.628	3.564	5.109	6.063
	乙炔气	kg	1.011	1.371	1.965	2.332
	低碳钢焊条　J427 φ3.2	kg	0.494	1.111	2.300	2.855
	尼龙砂轮片　φ100	片	0.902	1.289	1.761	2.118
	橡胶板	kg	1.400	1.650	1.850	2.000
	其他材料费	%	1.00	1.00	1.00	1.00
机械	载货汽车 - 普通货车 5t	台班	0.852	0.910	1.728	1.745
	汽车式起重机 8t	台班	0.852	0.910	—	—
	汽车式起重机 16t	台班	—	—	1.728	1.745
	电焊机（综合）	台班	1.443	2.285	2.914	3.639
	电焊条烘干箱　60×50×75（cm³）	台班	0.144	0.228	0.291	0.364
	电焊条恒温箱	台班	0.144	0.228	0.291	0.364
	卷板机　20mm×2 500mm（安装用）	台班	0.030	0.040	0.045	0.050
	开孔机　200mm（安装用）	台班	0.852	0.910	—	—
	开孔机　400mm（安装用）	台班	—	—	0.924	0.940

第三章　空调水管道

说　　明

一、本章适用于室内空调水管道安装,包括镀锌钢管、钢管、塑料管安装等项目。

二、管道的界线划分:

1. 室内外管道以建筑物外墙皮 1.5m 为界,建筑物入口处设阀门者以阀门为界。

2. 与建筑物内的空调机房管道界线以机房外墙皮为界。

三、室外管道执行第二章"采暖管道"相应项目。

四、有关说明:

1. 管道安装项目中,均包括相应管件安装、水压试验及水冲洗工作内容。各种管件数量系综合取定,管件含量中不含与螺纹阀门配套的活接、对丝,其用量含在螺纹阀门安装项目中。

2. 钢管焊接安装项目中均综合考虑了成品管件和现场煨制弯管、摔制大小头、挖眼三通。

3. 管道安装项目中,均不包括管道支架、管卡、托钩等制作与安装以及管道穿墙、楼板套管制作与安装、预留孔洞、堵洞、打洞、凿槽等工作内容,发生时,应按第十章"支架及其他"相应项目另行计算。

4. 镀锌钢管(螺纹连接)安装项目适用于空调水系统中采用螺纹连接的焊接钢管、钢塑复合管的安装项目。

5. 室内空调机房与空调冷却塔之间的冷却水管道执行空调冷热水管道。冷却水管道管径大于 $DN400$ 时,执行第八册《工业管道安装工程》相应项目。

6. 空调凝结水管道安装项目是按集中空调系统编制的,并适用于户用单体空调设备的凝结水管道系统的安装。

7. 室内空调水管道在过路口或跨绕梁、柱等障碍时,如发生类似于方形补偿器的管道安装形式,执行方形补偿器制作与安装项目。

8. 安装带保温层的管道时,可执行相应材质及连接形式的管道安装项目,其人工乘以系数 1.10;管道接头保温执行第十二册《防腐蚀、绝热工程》,其人工、机械乘以系数 2.00。

工程量计算规则

一、各类管道安装按室内外、材质、连接形式、规格分别列项，以"10m"为计量单位。除塑料管按公称外径表示，其他管道均按公称直径表示。

二、各类管道安装工程量均按设计管道中心线长度以"10m"为计量单位，不扣除阀门、管件、附件所占长度。

三、方形补偿器所占长度计入管道安装工程量。方形补偿器制作与安装应执行第五章"管道附件"相应项目。

一、镀 锌 钢 管

1. 空调冷热水镀锌钢管（螺纹连接）

工作内容：调直、切管、套丝、组对、连接，管道及管件安装，水压试验及水冲洗等。　　　　计量单位：10m

编　号			10-3-1	10-3-2	10-3-3	10-3-4	10-3-5
项　目			公称直径（mm）				
			15	20	25	32	40
名　称		单位	消　耗　量				
人工		合计工日	工日	1.313	1.604	1.834	1.965	2.049
	其中	普工	工日	0.328	0.401	0.459	0.491	0.512
		一般技工	工日	0.854	1.043	1.192	1.277	1.332
		高级技工	工日	0.131	0.160	0.183	0.197	0.205
材料	镀锌钢管		m	（9.800）	（9.800）	（9.800）	（9.980）	（9.980）
	空调冷热水室内镀锌钢管螺纹管件		个	（8.130）	（9.390）	（9.590）	（9.090）	（7.160）
	尼龙砂轮片 φ400		片	0.042	0.054	0.076	0.101	0.104
	机油		kg	0.102	0.141	0.157	0.175	0.182
	铅油（厚漆）		kg	0.065	0.098	0.117	0.130	0.145
	线麻		kg	0.006	0.010	0.012	0.013	0.014
	镀锌铁丝 φ2.8~4.0		kg	0.040	0.045	0.068	0.075	0.079
	碎布		kg	0.080	0.090	0.150	0.167	0.187
	热轧厚钢板 δ8.0~15.0		kg	0.030	0.032	0.034	0.037	0.039
	氧气		m³	0.003	0.003	0.003	0.006	0.006
	乙炔气		kg	0.001	0.001	0.001	0.002	0.002
	低碳钢焊条 J427 φ3.2		kg	0.002	0.002	0.002	0.002	0.002
	水		m³	0.008	0.014	0.023	0.040	0.053
	橡胶板 δ1~3		kg	0.007	0.008	0.008	0.009	0.010
	螺纹阀门 DN20		个	0.004	0.004	0.004	0.005	0.005
	焊接钢管 DN20		m	0.013	0.014	0.015	0.016	0.016
	橡胶软管 DN20		m	0.006	0.006	0.007	0.007	0.007
	弹簧压力表 Y-100 0~1.6MPa		块	0.002	0.002	0.002	0.002	0.002
	压力表表弯 DN15		个	0.002	0.002	0.002	0.002	0.002
	其他材料费		%	1.00	1.00	1.00	1.00	1.00
机械	吊装机械（综合）		台班	0.002	0.002	0.003	0.004	0.005
	砂轮切割机 φ400		台班	0.010	0.016	0.020	0.031	0.035
	管子切断套丝机 159mm		台班	0.100	0.156	0.193	0.234	0.238
	电焊机（综合）		台班	0.001	0.001	0.001	0.001	0.002
	试压泵 3MPa		台班	0.001	0.001	0.001	0.002	0.002
	电动单级离心清水泵 100mm		台班	0.001	0.001	0.001	0.001	0.001

计量单位：10m

编　号			10-3-6	10-3-7	10-3-8	10-3-9	10-3-10	10-3-11
项　目			公称直径（mm）					
			50	65	80	100	125	150
名　称		单位	消　耗　量					
人工	合计工日	工日	2.213	2.391	2.654	2.931	3.054	3.309
	其中 普工	工日	0.553	0.598	0.664	0.732	0.764	0.827
	一般技工	工日	1.439	1.554	1.725	1.905	1.985	2.151
	高级技工	工日	0.221	0.239	0.265	0.294	0.305	0.331
材料	镀锌钢管	m	（10.020）	（10.020）	（10.020）	（10.020）	（10.020）	（10.020）
	空调冷热水室内镀锌钢管螺纹管件	个	（6.520）	（5.650）	（5.400）	（5.060）	（3.210）	（2.800）
	尼龙砂轮片 φ400	片	0.116	0.134	0.174	0.212	—	—
	机油	kg	0.195	0.232	0.247	0.283	0.034	0.037
	铅油（厚漆）	kg	0.140	0.148	0.167	0.201	0.166	0.172
	线麻	kg	0.014	0.019	0.024	0.027	0.031	0.035
	镀锌铁丝 φ2.8~4.0	kg	0.083	0.085	0.089	0.101	0.107	0.112
	碎布	kg	0.213	0.238	0.255	0.298	0.323	0.340
	热轧厚钢板 δ8.0~15.0	kg	0.042	0.044	0.047	0.049	0.073	0.110
	氧气	m³	0.006	0.006	0.006	0.006	0.006	0.006
	乙炔气	kg	0.002	0.002	0.002	0.002	0.002	0.002
	低碳钢焊条 J427 φ3.2	kg	0.002	0.002	0.003	0.003	0.003	0.003
	水	m³	0.088	0.145	0.204	0.353	0.547	0.764
	橡胶板 δ1~3	kg	0.010	0.011	0.011	0.012	0.014	0.016
	螺纹阀门 DN20	个	0.005	0.005	0.006	0.006	0.006	0.006
	焊接钢管 DN20	m	0.017	0.019	0.020	0.021	0.022	0.023
	橡胶软管 DN20	m	0.008	0.008	0.008	0.009	0.009	0.010
	弹簧压力表 Y-100 0~1.6MPa	块	0.003	0.003	0.003	0.003	0.003	0.003
	压力表表弯 DN15	个	0.003	0.003	0.003	0.003	0.003	0.003
	其他材料费	%	1.00	1.00	1.00	1.00	1.00	1.00
机械	载货汽车–普通货车 5t	台班	0.003	0.004	0.006	0.013	0.016	0.022
	吊装机械（综合）	台班	0.007	0.009	0.012	0.084	0.117	0.123
	砂轮切割机 φ400	台班	0.038	0.033	0.036	0.040	—	—
	管子切断套丝机 159mm	台班	0.272	0.380	0.472	0.502	0.554	0.589
	管子切断机 150mm	台班	—	—	—	—	0.043	0.046
	电焊机（综合）	台班	0.002	0.002	0.002	0.002	0.002	0.002
	试压泵 3MPa	台班	0.002	0.002	0.002	0.002	0.003	0.003
	电动单级离心清水泵 100mm	台班	0.001	0.001	0.002	0.002	0.003	0.005

2. 空调凝结水镀锌钢管（螺纹连接）

工作内容：调直、切管、套丝、组对、连接，管道及管件安装，注水试验等。　　　　　　　计量单位：10m

编　号			10-3-12	10-3-13	10-3-14	10-3-15	10-3-16	10-3-17
项　目			公称直径（mm）					
			15	20	25	32	40	50
名　称		单位	消　耗　量					
人工	合计工日	工日	1.013	1.106	1.348	1.377	1.407	1.467
	其中 普工	工日	0.253	0.277	0.337	0.344	0.352	0.367
	一般技工	工日	0.659	0.718	0.876	0.895	0.914	0.953
	高级技工	工日	0.101	0.111	0.135	0.138	0.141	0.147
材料	镀锌钢管	m	（10.180）	（10.180）	（10.150）	（10.150）	（10.150）	（10.200）
	空调凝结水室内镀锌钢管螺纹管件	个	（6.520）	（5.900）	（7.110）	（5.800）	（5.080）	（4.240）
	尼龙砂轮片 φ400	片	0.046	0.052	0.076	0.081	0.089	0.095
	机油	kg	0.064	0.073	0.118	0.129	0.138	0.167
	铅油（厚漆）	kg	0.056	0.063	0.093	0.097	0.107	0.112
	线麻	kg	0.006	0.006	0.007	0.008	0.009	0.010
	镀锌铁丝 φ2.8~4.0	kg	0.040	0.045	0.068	0.075	0.079	0.083
	碎布	kg	0.080	0.090	0.150	0.167	0.187	0.213
	水	m³	0.003	0.005	0.009	0.015	0.020	0.033
	其他材料费	%	2.00	2.00	2.00	2.00	2.00	2.00
机械	载货汽车 – 普通货车 5t	台班	—	—	—	—	—	0.003
	吊装机械（综合）	台班	0.002	0.002	0.003	0.004	0.005	0.007
	砂轮切割机 φ400	台班	0.012	0.012	0.020	0.024	0.029	0.033
	管子切断套丝机 159mm	台班	0.086	0.104	0.163	0.176	0.181	0.194
	电动单级离心清水泵 100mm	台班	0.001	0.001	0.001	0.001	0.001	0.001

二、钢　管

1. 空调冷热水钢管（电弧焊）

工作内容：调直、切管、煨弯、挖眼接管、异径管制作，管道及管件安装，水压试验及
水冲洗等。

计量单位：10m

编　号			10-3-18	10-3-19	10-3-20	10-3-21	10-3-22
项　目			公称直径（mm 以内）				
			32	40	50	65	80
名　称		单位	消　耗　量				
人工	合计工日	工日	1.496	1.683	2.078	2.292	2.508
	其中 普工	工日	0.373	0.421	0.519	0.573	0.627
	一般技工	工日	0.973	1.094	1.351	1.490	1.630
	高级技工	工日	0.150	0.168	0.208	0.229	0.251
材料	钢管	m	（10.270）	（10.270）	（10.150）	（10.150）	（10.100）
	空调冷热水室内钢管焊接管件	个	（1.130）	（0.890）	（1.240）	（1.000）	（0.930）
	尼龙砂轮片 $\phi100$	片	0.244	0.308	0.701	0.820	0.825
	尼龙砂轮片 $\phi400$	片	0.080	0.082	0.084	0.087	0.091
	氧气	m³	0.207	0.306	0.927	0.993	1.138
	乙炔气	kg	0.080	0.118	0.357	0.382	0.437
	低碳钢焊条 J427 $\phi3.2$	kg	0.343	0.383	0.568	0.711	0.803
	镀锌铁丝 $\phi2.8\sim4.0$	kg	0.075	0.079	0.083	0.085	0.089
	碎布	kg	0.167	0.187	0.213	0.238	0.255
	机油	kg	0.050	0.050	0.060	0.080	0.090
	热轧厚钢板 $\delta8.0\sim15.0$	kg	0.037	0.039	0.042	0.044	0.047
	水	m³	0.040	0.053	0.088	0.145	0.204
	橡胶板 $\delta1\sim3$	kg	0.009	0.010	0.010	0.011	0.011
	螺纹阀门 DN20	个	0.005	0.005	0.005	0.005	0.006
	焊接钢管 DN20	m	0.016	0.016	0.017	0.019	0.020
	橡胶软管 DN20	m	0.007	0.007	0.008	0.008	0.008
	弹簧压力表 Y-100 0~1.6MPa	块	0.002	0.002	0.003	0.003	0.003
	压力表表弯 DN15	个	0.002	0.002	0.003	0.003	0.003
	其他材料费	%	1.00	1.00	1.00	1.00	1.00
机械	载货汽车-普通货车 5t	台班	—	—	0.003	0.004	0.006
	吊装机械（综合）	台班	0.004	0.005	0.007	0.009	0.012
	砂轮切割机 $\phi400$	台班	0.025	0.027	0.029	0.031	0.032
	电动弯管机 108mm	台班	0.037	0.039	0.042	0.043	0.045
	电焊机（综合）	台班	0.214	0.238	0.339	0.420	0.474
	电焊条烘干箱 60×50×75（cm³）	台班	0.021	0.024	0.034	0.042	0.047
	电焊条恒温箱	台班	0.021	0.024	0.034	0.042	0.047
	试压泵 3MPa	台班	0.001	0.002	0.002	0.002	0.002
	电动单级离心清水泵 100mm	台班	0.001	0.001	0.001	0.001	0.002

计量单位:10m

编　号			10-3-23	10-3-24	10-3-25	10-3-26
项　目			公称直径（mm 以内）			
			100	125	150	200
名　称		单位	消　耗　量			
人工	合计工日		工日	2.722	3.024	3.278	3.858
	其中	普工	工日	0.680	0.756	0.819	0.964
		一般技工	工日	1.769	1.966	2.131	2.508
		高级技工	工日	0.273	0.302	0.328	0.386
材料	钢管		m	（10.100）	（9.800）	（9.800）	（9.800）
	空调冷热水室内钢管焊接管件		个	（0.840）	（1.360）	（1.300）	（1.180）
	尼龙砂轮片 $\phi100$		片	0.935	0.971	1.354	1.827
	尼龙砂轮片 $\phi400$		片	0.101	—	—	—
	氧气		m³	1.235	1.185	1.494	1.758
	乙炔气		kg	0.475	0.456	0.575	0.676
	低碳钢焊条 J427 $\phi3.2$		kg	1.092	1.239	1.743	2.228
	角钢（综合）		kg	—	—	—	0.335
	镀锌铁丝 $\phi2.8{\sim}4.0$		kg	0.101	0.107	0.112	0.131
	碎布		kg	0.298	0.323	0.340	0.408
	机油		kg	0.090	0.110	0.150	0.200
	热轧厚钢板 $\delta8.0{\sim}15.0$		kg	0.049	0.073	0.110	0.148
	水		m³	0.353	0.547	0.764	1.346
	橡胶板 $\delta1{\sim}3$		kg	0.012	0.014	0.016	0.018
	螺纹阀门 DN20		个	0.006	0.006	0.006	0.007
	焊接钢管 DN20		m	0.021	0.022	0.023	0.024
	橡胶软管 DN20		m	0.009	0.009	0.010	0.010
	弹簧压力表 Y-100 0~1.6MPa		块	0.003	0.003	0.003	0.003
	压力表表弯 DN15		个	0.003	0.003	0.003	0.003
	其他材料费		%	1.00	1.00	1.00	1.00
机械	载货汽车 – 普通货车 5t		台班	0.013	0.016	0.022	0.040
	吊装机械（综合）		台班	0.084	0.117	0.123	0.169
	砂轮切割机 $\phi400$		台班	0.022	—	—	—
	电动弯管机 108mm		台班	0.049	—	—	—
	电焊机（综合）		台班	0.585	0.587	0.670	0.856
	电焊条烘干箱 60×50×75（cm³）		台班	0.059	0.059	0.067	0.086
	电焊条恒温箱		台班	0.059	0.059	0.067	0.086
	试压泵 3MPa		台班	0.002	0.003	0.003	0.003
	电动单级离心清水泵 100mm		台班	0.002	0.003	0.005	0.007

计量单位：10m

编 号				10-3-27	10-3-28	10-3-29	10-3-30
项 目				公称直径（mm 以内）			
				250	300	350	400
名 称			单位	消 耗 量			
人工	合计工日		工日	4.530	4.954	5.663	6.212
	其中	普工	工日	1.132	1.239	1.416	1.553
		一般技工	工日	2.945	3.220	3.681	4.038
		高级技工	工日	0.453	0.495	0.566	0.621
材料	钢管		m	（10.360）	（10.360）	（10.360）	（10.360）
	空调冷热水室内钢管焊接管件		个	（1.120）	（1.000）	（1.000）	（0.890）
	尼龙砂轮片 ϕ100		片	2.130	2.433	3.642	3.913
	尼龙砂轮片 ϕ400		片	0.743	0.782	0.915	0.975
	氧气		m³	2.298	2.379	3.012	3.234
	乙炔气		kg	0.884	0.915	1.159	1.244
	低碳钢焊条 J427 ϕ3.2		kg	3.529	4.382	5.090	5.414
	角钢（综合）		kg	0.314	0.340	0.370	0.378
	镀锌铁丝 ϕ2.8~4.0		kg	0.140	0.144	0.148	0.153
	碎布		kg	0.451	0.468	0.493	0.510
	机油		kg	0.200	0.200	0.200	0.200
	热轧厚钢板 δ8.0~15.0		kg	0.231	0.333	0.380	0.426
	水		m³	2.139	3.037	4.047	5.227
	橡胶板 δ1~3		kg	0.021	0.024	0.033	0.042
	螺纹阀门 DN20		个	0.007	0.007	0.008	0.008
	焊接钢管 DN20		m	0.025	0.026	0.027	0.028
	橡胶软管 DN20		m	0.011	0.011	0.011	0.012
	弹簧压力表 Y-100 0~1.6MPa		块	0.003	0.004	0.004	0.004
	压力表表弯 DN15		个	0.003	0.004	0.004	0.004
	其他材料费		%	1.00	1.00	1.00	1.00
机械	载货汽车 – 普通货车 5t		台班	0.058	0.076	0.101	0.103
	吊装机械（综合）		台班	0.239	0.271	0.298	0.327
	电焊机（综合）		台班	1.122	1.318	1.415	1.505
	电焊条烘干箱 60×50×75（cm³）		台班	0.112	0.132	0.141	0.150
	电焊条恒温箱		台班	0.112	0.132	0.141	0.150
	试压泵 3MPa		台班	0.004	0.004	0.005	0.006
	电动单级离心清水泵 100mm		台班	0.009	0.012	0.014	0.016

2. 空调冷热水钢管（沟槽连接）

工作内容：调直、切管、压槽、组对、连接，管道及管件安装，水压试验及水冲洗等。　　　　　计量单位：10m

编　号			10-3-31	10-3-32	10-3-33	10-3-34	10-3-35
项　目			公称直径（mm）				
			65	80	100	125	150
名　称		单位	消　耗　量				
人工	合计工日	工日	1.868	2.079	2.324	2.799	2.863
	其中 普工	工日	0.466	0.520	0.580	0.699	0.716
	一般技工	工日	1.215	1.351	1.511	1.820	1.861
	高级技工	工日	0.187	0.208	0.233	0.280	0.286
材料	钢管	m	（9.970）	（9.970）	（9.970）	（9.780）	（9.780）
	空调冷热水室内钢管沟槽管件	个	（4.370）	（4.200）	（3.910）	（2.420）	（2.050）
	卡箍连接件（含胶圈）	套	（10.020）	（9.630）	（9.010）	（5.800）	（4.950）
	润滑剂	kg	0.044	0.047	0.050	0.054	0.059
	镀锌铁丝 ϕ2.8~4.0	kg	0.085	0.089	0.101	0.107	0.112
	碎布	kg	0.238	0.255	0.298	0.323	0.340
	热轧厚钢板 δ8.0~15.0	kg	0.044	0.047	0.049	0.073	0.110
	氧气	m³	0.006	0.006	0.006	0.006	0.006
	乙炔气	kg	0.002	0.002	0.002	0.002	0.002
	低碳钢焊条 J427 ϕ3.2	kg	0.002	0.003	0.003	0.003	0.003
	水	m³	0.145	0.204	0.353	0.547	0.764
	橡胶板 δ1~3	kg	0.011	0.011	0.012	0.014	0.016
	螺纹阀门 DN20	个	0.005	0.006	0.006	0.006	0.006
	焊接钢管 DN20	m	0.019	0.020	0.021	0.022	0.023
	橡胶软管 DN20	m	0.008	0.008	0.009	0.009	0.010
	弹簧压力表 Y-100 0~1.6MPa	块	0.003	0.003	0.003	0.003	0.003
	压力表表弯 DN15	个	0.003	0.003	0.003	0.003	0.003
	其他材料费	%	1.00	1.00	1.00	1.00	1.00
机械	载货汽车－普通货车 5t	台班	0.004	0.006	0.013	0.016	0.022
	吊装机械（综合）	台班	0.009	0.012	0.084	0.117	0.123
	管子切断机 150mm	台班	0.036	0.040	0.046	0.052	0.060
	开孔机 200mm（安装用）	台班	0.007	0.008	0.009	0.010	0.011
	滚槽机	台班	0.216	0.231	0.252	0.276	0.308
	电焊机（综合）	台班	0.002	0.002	0.002	0.002	0.002
	试压泵 3MPa	台班	0.002	0.002	0.002	0.003	0.003
	电动单级离心清水泵 100mm	台班	0.001	0.002	0.002	0.003	0.005

计量单位：10m

编　号			10-3-36	10-3-37	10-3-38
项　目			公称直径（mm 以内）		
			200	250	300
名　称		单位	消　耗　量		
人工	合计工日	工日	3.206	4.276	4.682
	其中　普工	工日	0.801	1.069	1.170
	一般技工	工日	2.084	2.779	3.044
	高级技工	工日	0.321	0.428	0.468
材料	钢管	m	（9.780）	（9.700）	（9.700）
	空调冷热水室内钢管沟槽管件	个	（1.820）	（1.620）	（1.340）
	卡箍连接件（含胶圈）	套	（4.430）	（3.960）	（3.330）
	润滑剂	kg	0.064	0.069	0.074
	镀锌铁丝 φ2.8~4.0	kg	0.131	0.140	0.144
	碎布	kg	0.408	0.451	0.468
	热轧厚钢板 δ8.0~15.0	kg	0.148	0.231	0.333
	氧气	m³	0.009	0.009	0.009
	乙炔气	kg	0.003	0.003	0.003
	低碳钢焊条 J427 φ3.2	kg	0.003	0.004	0.004
	水	m³	1.345	2.139	3.037
	橡胶板 δ1~3	kg	0.018	0.021	0.024
	螺纹阀门 DN20	个	0.007	0.007	0.007
	焊接钢管 DN20	m	0.024	0.025	0.026
	橡胶软管 DN20	m	0.010	0.011	0.011
	弹簧压力表 Y-100 0~1.6MPa	块	0.003	0.003	0.004
	压力表表弯 DN15	个	0.003	0.003	0.004
	其他材料费	%	1.00	1.00	1.00
机械	载货汽车 - 普通货车 5t	台班	0.040	0.058	0.076
	吊装机械（综合）	台班	0.169	0.239	0.271
	管子切断机 250mm	台班	0.066	—	—
	管道切割坡口机 ISD-300	台班	—	0.072	0.081
	开孔机 200mm（安装用）	台班	0.006	0.005	0.004
	滚槽机	台班	0.324	0.343	0.367
	电焊机（综合）	台班	0.003	0.002	0.002
	试压泵 3MPa	台班	0.003	0.004	0.004
	电动单级离心清水泵 100mm	台班	0.007	0.009	0.012

三、塑　料　管

1. 空调冷热水塑料管（热熔连接）

工作内容：切管、组对、预热、熔接，管道及管件安装，水压试验及水冲洗等。　　　　　计量单位：10m

编　号				10-3-39	10-3-40	10-3-41	10-3-42	10-3-43	10-3-44
项　目				公称外径（mm 以内）					
				20	25	32	40	50	63
名　称			单位	消　耗　量					
人工	合计工日		工日	0.963	1.049	1.167	1.279	1.512	1.650
	其中	普工	工日	0.241	0.262	0.292	0.319	0.378	0.412
		一般技工	工日	0.626	0.682	0.758	0.832	0.983	1.073
		高级技工	工日	0.096	0.105	0.117	0.128	0.151	0.165
材料	塑料管		m	(9.860)	(9.860)	(9.860)	(10.100)	(10.100)	(10.100)
	空调冷热水室内塑料管热熔管件		个	(9.520)	(10.110)	(9.710)	(8.370)	(6.630)	(6.160)
	铁砂布		张	0.062	0.082	0.090	0.134	0.138	0.222
	热轧厚钢板 δ8.0~15.0		kg	0.030	0.032	0.034	0.037	0.039	0.042
	氧气		m³	0.003	0.003	0.003	0.006	0.006	0.006
	乙炔气		kg	0.001	0.001	0.001	0.002	0.002	0.002
	低碳钢焊条 J427 φ3.2		kg	0.002	0.002	0.002	0.002	0.002	0.002
	水		m³	0.008	0.014	0.023	0.040	0.053	0.088
	橡胶板 δ1~3		kg	0.007	0.008	0.008	0.009	0.010	0.010
	螺纹阀门 DN20		个	0.004	0.004	0.004	0.005	0.005	0.005
	焊接钢管 DN20		m	0.013	0.014	0.015	0.016	0.016	0.017
	橡胶软管 DN20		m	0.006	0.006	0.007	0.007	0.007	0.008
	弹簧压力表 Y-100 0~1.6MPa		块	0.002	0.002	0.002	0.002	0.002	0.003
	压力表表弯 DN15		个	0.002	0.002	0.002	0.002	0.002	0.003
	其他材料费		%	1.00	1.00	1.00	1.00	1.00	1.00
机械	电焊机（综合）		台班	0.001	0.001	0.001	0.001	0.002	0.002
	试压泵 3MPa		台班	0.001	0.001	0.001	0.002	0.002	0.002
	电动单级离心清水泵 100mm		台班	0.001	0.001	0.001	0.001	0.001	0.001

计量单位：10m

编　号			10-3-45	10-3-46	10-3-47
项　目			公称外径（mm 以内）		
			75	90	110
名　称		单位	消　耗　量		
人工	合计工日	工日	1.709	1.830	1.936
	其中 普工	工日	0.427	0.457	0.484
	一般技工	工日	1.111	1.190	1.258
	高级技工	工日	0.171	0.183	0.194
材料	塑料管	m	（10.120）	（10.120）	（10.120）
	空调冷热水室内塑料管热熔管件	个	（5.070）	（4.000）	（3.180）
	铁砂布	张	0.194	0.203	0.215
	热轧厚钢板 $\delta 8.0 \sim 15.0$	kg	0.044	0.047	0.049
	氧气	m³	0.006	0.006	0.006
	乙炔气	kg	0.002	0.002	0.002
	低碳钢焊条 J427 $\phi 3.2$	kg	0.002	0.003	0.003
	水	m³	0.145	0.204	0.353
	橡胶板 $\delta 1 \sim 3$	kg	0.011	0.011	0.012
	螺纹阀门 DN20	个	0.005	0.006	0.006
	焊接钢管 DN20	m	0.019	0.020	0.021
	橡胶软管 DN20	m	0.008	0.008	0.009
	弹簧压力表 Y-100 0~1.6MPa	块	0.003	0.003	0.003
	压力表表弯 DN15	个	0.003	0.003	0.003
	其他材料费	%	1.00	1.00	1.00
机械	电焊机（综合）	台班	0.002	0.002	0.002
	试压泵 3MPa	台班	0.002	0.002	0.002
	电动单级离心清水泵 100mm	台班	0.001	0.002	0.002

2. 空调冷热水塑料管（电熔连接）

工作内容：切管、组对、熔接，管道及管件安装，水压试验及水冲洗等。　　　　　　计量单位：10m

编　号			10-3-48	10-3-49	10-3-50	10-3-51	10-3-52	10-3-53
项　目			公称外径（mm 以内）					
			20	25	32	40	50	63
名　称		单位	消　耗　量					
人工	合计工日	工日	1.010	1.102	1.216	1.347	1.594	1.736
	其中　普工	工日	0.253	0.276	0.304	0.336	0.398	0.433
	一般技工	工日	0.656	0.716	0.790	0.876	1.036	1.129
	高级技工	工日	0.101	0.110	0.122	0.135	0.160	0.174
材料	塑料管	m	（9.860）	（9.860）	（9.860）	（10.100）	（10.100）	（10.100）
	空调冷热水室内塑料管电熔管件	个	（9.520）	（10.110）	（9.710）	（8.370）	（6.630）	（6.160）
	铁砂布	张	0.062	0.082	0.090	0.134	0.138	0.222
	热轧厚钢板 $\delta 8.0\sim15.0$	kg	0.030	0.032	0.034	0.037	0.039	0.042
	氧气	m³	0.003	0.003	0.003	0.006	0.006	0.006
	乙炔气	kg	0.001	0.001	0.001	0.002	0.002	0.002
	低碳钢焊条 J427 $\phi3.2$	kg	0.002	0.002	0.002	0.002	0.002	0.002
	水	m³	0.008	0.014	0.023	0.040	0.053	0.088
	橡胶板 $\delta 1\sim3$	kg	0.007	0.008	0.008	0.009	0.010	0.010
	螺纹阀门 DN20	个	0.004	0.004	0.004	0.005	0.005	0.005
	焊接钢管 DN20	m	0.013	0.014	0.015	0.016	0.016	0.017
	橡胶软管 DN20	m	0.006	0.006	0.007	0.007	0.007	0.008
	弹簧压力表 Y-100 0~1.6MPa	块	0.002	0.002	0.002	0.002	0.002	0.003
	压力表表弯 DN15	个	0.002	0.002	0.002	0.002	0.002	0.003
	其他材料费	%	1.00	1.00	1.00	1.00	1.00	1.00
机械	电熔焊接机 3.5kW	台班	0.127	0.178	0.217	0.238	0.248	0.281
	电焊机（综合）	台班	0.001	0.001	0.001	0.001	0.002	0.002
	试压泵 3MPa	台班	0.001	0.001	0.001	0.002	0.002	0.002
	电动单级离心清水泵 100mm	台班	0.001	0.001	0.001	0.001	0.001	0.001

计量单位：10m

编　号			10-3-54	10-3-55	10-3-56
项　目			公称外径（mm 以内）		
			75	90	110
名　称		单位	消　耗　量		
人工	合计工日	工日	1.794	1.926	2.030
	其中 普工	工日	0.448	0.481	0.507
	一般技工	工日	1.166	1.252	1.320
	高级技工	工日	0.180	0.193	0.203
材料	塑料管	m	（10.120）	（10.120）	（10.120）
	空调冷热水室内塑料管电熔管件	个	（5.070）	（4.000）	（3.180）
	铁砂布	张	0.194	0.203	0.215
	热轧厚钢板 $\delta 8.0 \sim 15.0$	kg	0.044	0.047	0.049
	氧气	m³	0.006	0.006	0.006
	乙炔气	kg	0.002	0.002	0.002
	低碳钢焊条 J427 $\phi 3.2$	kg	0.002	0.003	0.003
	水	m³	0.145	0.204	0.353
	橡胶板 $\delta 1 \sim 3$	kg	0.011	0.011	0.012
	螺纹阀门 DN20	个	0.005	0.006	0.006
	焊接钢管 DN20	m	0.019	0.020	0.021
	橡胶软管 DN20	m	0.008	0.008	0.009
	弹簧压力表 Y-100 0~1.6MPa	块	0.003	0.003	0.003
	压力表表弯 DN15	个	0.003	0.003	0.003
	其他材料费	%	1.00	1.00	1.00
机械	电熔焊接机 3.5kW	台班	0.256	0.258	0.260
	电焊机（综合）	台班	0.002	0.002	0.002
	试压泵 3MPa	台班	0.002	0.002	0.002
	电动单级离心清水泵 100mm	台班	0.001	0.002	0.002

3. 空调凝结水塑料管（热熔连接）

工作内容：切管、组对、预热、熔接，管道及管件安装，注水试验等。　　　　　　　　　计量单位：10m

编　号			10-3-57	10-3-58	10-3-59	10-3-60	10-3-61	10-3-62
项　目			公称外径（mm 以内）					
			20	25	32	40	50	63
名　称		单位	消　耗　量					
人工	合计工日	工日	0.681	0.717	0.855	0.935	1.043	1.213
	其中 普工	工日	0.170	0.180	0.214	0.235	0.260	0.303
	一般技工	工日	0.443	0.466	0.555	0.607	0.678	0.788
	高级技工	工日	0.068	0.071	0.086	0.093	0.105	0.122
材料	塑料管	m	（10.220）	（10.220）	（10.200）	（10.200）	（10.200）	（10.200）
	空调凝结水室内塑料管热熔管件	个	（6.520）	（5.800）	（6.800）	（5.530）	（4.520）	（4.020）
	水	m³	0.003	0.005	0.009	0.015	0.020	0.033
	铁砂布	张	0.049	0.051	0.070	0.098	0.106	0.152
	其他材料费	%	2.00	2.00	2.00	2.00	2.00	2.00
机械	电动单级离心清水泵 100mm	台班	0.001	0.001	0.001	0.001	0.001	0.001

4. 空调凝结水塑料管（粘接）

工作内容: 切管、组对、粘接,管道及管件安装,注水试验等。　　　　　　　　　　　　　计量单位: 10m

编　　号			10-3-63	10-3-64	10-3-65	10-3-66	10-3-67	10-3-68
项　　目			公称外径（mm 以内）					
			20	25	32	40	50	63
名　　称		单位	消　　耗　　量					
人工	合计工日	工日	0.658	0.692	0.818	0.891	1.002	1.139
	其中 普工	工日	0.164	0.173	0.205	0.222	0.251	0.284
	其中 一般技工	工日	0.428	0.450	0.531	0.580	0.651	0.741
	高级技工	工日	0.066	0.069	0.082	0.089	0.100	0.114
材料	塑料管	m	（10.220）	（10.220）	（10.200）	（10.200）	（10.200）	（10.200）
	空调凝结水室内塑料管粘接管件	个	（6.520）	（5.800）	（6.800）	（5.530）	（4.520）	（4.020）
	水	m³	0.003	0.005	0.009	0.015	0.020	0.033
	丙酮	kg	0.043	0.045	0.066	0.076	0.077	0.082
	粘接剂	kg	0.020	0.021	0.034	0.037	0.039	0.041
	铁砂布	张	0.049	0.051	0.070	0.098	0.106	0.120
	其他材料费	%	2.00	2.00	2.00	2.00	2.00	2.00
机械	电动单级离心清水泵 100mm	台班	0.001	0.001	0.001	0.001	0.001	0.001

第四章 燃 气 管 道

说　　明

一、本章适用于室内外燃气管道的安装,包括镀锌钢管、钢管、不锈钢管、铜管、铸铁管、塑料管、复合管等管道安装,室外管道碰头,氮气置换,警示带、示踪线、地面警示标志桩安装等项目。

二、管道的界线划分:

1.地下引入室内的管道以室内第一个阀门为界。

2.地上引入室内的管道以墙外三通为界。

三、燃气管道安装项目适用于工作压力小于或等于0.4MPa(中压A)的燃气系统。如铸铁管道工作压力大于0.2MPa时,安装人工乘以系数1.30。

四、室外管道安装不分地上与地下,均执行同一子目。

五、有关说明:

1.管道安装项目中,均包括管道及管件安装、强度试验、严密性试验、空气吹扫等内容。各种管件均按成品管件安装考虑,其数量系综合取定。管件含量中不含与螺纹阀门配套的活接、对丝,其用量含在螺纹阀门安装项目中。

2.管道安装项目中,均不包括管道支架、管卡、托钩等制作与安装以及管道穿墙、楼板套管制作与安装、预留孔洞、堵洞、打洞、凿槽等工作内容,发生时,应按第十章"支架及其他"相应项目另行计算。

3.燃气检漏管安装执行相应材质的管道安装项目。

4.成品防腐管道需做电火花检测的,可另行计算。

5.室外管道碰头项目适用于新建管道与已有气源管道的碰头连接,如已有气源管道已做预留接口,则不执行相应安装项目。

与已有管道碰头项目中,不包含氮气置换、连接后的单独试压以及带气施工措施费,应根据施工方案另行计算。

工程量计算规则

一、各类管道安装按室内外、材质、连接形式、规格分别列项，以"10m"为计量单位。铜管、塑料管、复合管按公称外径表示，其他管道均按公称直径表示。

二、各类管道安装工程量均按设计管道中心线长度以"10m"为计量单位，不扣除阀门、管件、附件及井类所占长度。

三、与已有管道碰头项目除钢管带介质碰头、塑料管带介质碰头以支管管径外，其他项目均按主管管径，以"处"为计量单位。

四、氮气置换区分管径以"100m"为计量单位。

五、警示带、示踪线安装以"100m"为计量单位。

六、地面警示标志桩安装以"10个"为计量单位。

一、镀 锌 钢 管

1.室外镀锌钢管（螺纹连接）

工作内容: 调直、切管、套丝、组对连接,管道及管件安装,气压试验、空气吹扫等。　　　　　　计量单位:10m

编　号			单位	10-4-1	10-4-2	10-4-3	10-4-4
项　目				公称直径（mm 以内）			
				25	32	40	50
名　称			单位	消　耗　量			
人工	合计工日		工日	0.865	0.949	1.022	1.119
	其中	普工	工日	0.216	0.237	0.256	0.280
		一般技工	工日	0.562	0.617	0.664	0.727
		高级技工	工日	0.087	0.095	0.102	0.112
材料	镀锌钢管		m	(10.080)	(10.080)	(10.120)	(10.120)
	燃气室外镀锌钢管螺纹管件		个	(5.340)	(4.890)	(3.500)	(3.180)
	聚四氟乙烯生料带 宽20		m	2.422	2.551	2.659	2.779
	机油		kg	0.090	0.091	0.093	0.096
	尼龙砂轮片 ϕ400		片	0.050	0.055	0.056	0.056
	镀锌铁丝 ϕ2.8~4.0		kg	0.048	0.050	0.069	0.075
	碎布		kg	0.100	0.110	0.120	0.140
	洗衣粉		kg	0.013	0.014	0.015	0.016
	螺纹阀门 DN20		个	0.005	0.005	0.007	0.007
	焊接钢管 DN20		m	0.033	0.033	0.041	0.041
	橡胶软管 DN20		m	0.015	0.015	0.019	0.019
	弹簧压力表 Y-100 0~1.6MPa		块	0.005	0.005	0.007	0.007
	压力表弯管 DN15		个	0.005	0.005	0.007	0.007
	热轧厚钢板 δ8.0~15.0		kg	0.086	0.092	0.099	0.104
	橡胶板		kg	0.023	0.023	0.024	0.026
	氧气		m³	0.012	0.012	0.012	0.015
	乙炔气		kg	0.004	0.004	0.004	0.005
	低碳钢焊条 J427 ϕ3.2		kg	0.005	0.005	0.007	0.007
	其他材料费		%	1.00	1.00	1.00	1.00
机械	载货汽车-普通货车 5t		台班	—	—	—	0.003
	汽车式起重机 8t		台班	—	—	—	0.003
	电动空气压缩机 6m³/min		台班	0.012	0.012	0.013	0.014
	砂轮切割机 ϕ400		台班	0.014	0.015	0.016	0.016
	电焊机（综合）		台班	0.004	0.004	0.004	0.004
	管子切断套丝机 159mm		台班	0.110	0.129	0.131	0.133

2. 室内镀锌钢管（螺纹连接）

工作内容：调直、切管、套丝、组对连接，管道及管件安装，气压试验、空气吹扫等。　　　计量单位：10m

	编　号		10-4-5	10-4-6	10-4-7	10-4-8	10-4-9
	项　目		公称直径（mm 以内）				
			15	20	25	32	40
	名　称	单位	消　耗　量				
人工	合计工日	工日	1.588	1.661	1.954	1.988	2.368
	其中 普工	工日	0.397	0.415	0.489	0.497	0.592
	一般技工	工日	1.032	1.080	1.270	1.292	1.539
	高级技工	工日	0.159	0.166	0.195	0.199	0.237
材料	镀锌钢管	m	（9.950）	（9.950）	（10.000）	（10.000）	（10.000）
	燃气室内镀锌钢管螺纹管件	个	（12.990）	（10.060）	（9.460）	（9.370）	（8.980）
	聚四氟乙烯生料带 宽20	m	3.218	3.242	4.134	5.011	5.560
	机油	kg	0.143	0.144	0.152	0.176	0.219
	尼龙砂轮片 ϕ400	片	0.076	0.082	0.086	0.098	0.126
	镀锌铁丝 ϕ2.8~4.0	kg	0.040	0.045	0.048	0.050	0.069
	碎布	kg	0.080	0.090	0.100	0.110	0.120
	洗衣粉	kg	0.011	0.012	0.013	0.014	0.015
	螺纹阀门 DN20	个	0.005	0.005	0.005	0.005	0.007
	焊接钢管 DN20	m	0.033	0.033	0.033	0.033	0.041
	橡胶软管 DN20	m	0.015	0.015	0.015	0.015	0.019
	弹簧压力表 Y-100 0~1.6MPa	块	0.005	0.005	0.005	0.005	0.007
	压力表弯管 DN15	个	0.005	0.005	0.005	0.005	0.007
	热轧厚钢板 δ8.0~15.0	kg	0.074	0.080	0.086	0.092	0.099
	橡胶板	kg	0.018	0.020	0.021	0.023	0.024
	氧气	m³	0.009	0.012	0.012	0.012	0.012
	乙炔气	kg	0.003	0.004	0.004	0.004	0.004
	低碳钢焊条 J427 ϕ3.2	kg	0.005	0.005	0.005	0.005	0.007
	其他材料费	%	1.00	1.00	1.00	1.00	1.00
机械	吊装机械（综合）	台班	0.002	0.002	0.003	0.004	0.005
	砂轮切割机 ϕ400	台班	0.020	0.020	0.023	0.031	0.039
	电焊机（综合）	台班	0.004	0.004	0.004	0.004	0.004
	管子切断套丝机 159mm	台班	0.136	0.146	0.185	0.233	0.281
	电动空气压缩机 6m³/min	台班	0.011	0.011	0.012	0.012	0.013

计量单位: 10m

编　号				10-4-10	10-4-11	10-4-12	10-4-13
项　目				公称直径（mm 以内）			
				50	65	80	100
名　称			单位	消　耗　量			
人工	合计工日		工日	2.521	2.917	3.353	3.952
	其中	普工	工日	0.630	0.729	0.838	0.988
		一般技工	工日	1.639	1.896	2.180	2.569
		高级技工	工日	0.252	0.292	0.335	0.395
材料	镀锌钢管		m	（10.000）	（9.960）	（9.960）	（9.960）
	燃气室内镀锌钢管螺纹管件		个	（8.370）	（6.340）	（5.400）	（4.540）
	聚四氟乙烯生料带 宽20		m	6.783	6.816	7.074	7.551
	机油		kg	0.253	0.270	0.277	0.280
	尼龙砂轮片 ϕ400		片	0.166	0.176	0.194	0.197
	镀锌铁丝 ϕ2.8~4.0		kg	0.075	0.078	0.080	0.083
	碎布		kg	0.140	0.160	0.180	0.210
	洗衣粉		kg	0.016	0.018	0.019	0.021
	螺纹阀门 DN20		个	0.007	0.007	0.008	0.008
	焊接钢管 DN20		m	0.041	0.041	0.049	0.049
	橡胶软管 DN20		m	0.019	0.019	0.023	0.023
	弹簧压力表 Y-100 0~1.6MPa		块	0.007	0.007	0.008	0.008
	压力表弯管 DN15		个	0.007	0.007	0.008	0.008
	热轧厚钢板 δ8.0~15.0		kg	0.104	0.111	0.117	0.123
	橡胶板		kg	0.026	0.027	0.029	0.030
	氧气		m³	0.015	0.015	0.015	0.015
	乙炔气		kg	0.005	0.005	0.005	0.005
	低碳钢焊条 J427 ϕ3.2		kg	0.007	0.007	0.008	0.008
	其他材料费		%	1.00	1.00	1.00	1.00
机械	载货汽车 - 普通货车 5t		台班	0.003	0.004	0.006	0.013
	吊装机械（综合）		台班	0.007	0.009	0.012	0.084
	砂轮切割机 ϕ400		台班	0.034	0.039	0.041	0.043
	电焊机（综合）		台班	0.004	0.004	0.005	0.005
	管子切断套丝机 159mm		台班	0.353	0.359	0.364	0.369
	电动空气压缩机 6m³/min		台班	0.014	0.015	0.016	0.017

二、钢 管

1. 室外钢管（电弧焊）

工作内容：调直、切管、坡口、磨口、组对连接，管道及管件安装，焊接、气压试验、空气吹扫等。

计量单位：10m

	编　号		10-4-14	10-4-15	10-4-16	10-4-17
	项　目		公称直径（mm 以内）			
			25	32	40	50
	名　称	单位	消　耗　量			
人工	合计工日	工日	0.731	0.779	0.892	0.979
	其中　普工	工日	0.182	0.195	0.223	0.244
	一般技工	工日	0.476	0.506	0.580	0.637
	高级技工	工日	0.073	0.078	0.089	0.098
材料	钢管	m	（9.970）	（9.970）	（10.060）	（10.060）
	燃气室外碳钢焊接管件	个	（3.100）	（2.650）	（2.020）	（1.700）
	氧气	m³	0.012	0.012	0.012	0.015
	乙炔气	kg	0.005	0.005	0.005	0.006
	尼龙砂轮片 ϕ100	片	0.120	0.147	0.169	0.350
	尼龙砂轮片 ϕ400	片	0.031	0.033	0.034	0.035
	镀锌铁丝 ϕ2.8~4.0	kg	0.048	0.050	0.069	0.075
	碎布	kg	0.100	0.110	0.120	0.140
	洗衣粉	kg	0.013	0.014	0.015	0.016
	螺纹阀门 DN20	个	0.005	0.005	0.007	0.007
	焊接钢管 DN20	m	0.033	0.033	0.041	0.041
	橡胶软管 DN20	m	0.015	0.015	0.019	0.019
	弹簧压力表 Y-100 0~1.6MPa	块	0.005	0.005	0.007	0.007
	压力表弯管 DN15	个	0.005	0.005	0.007	0.007
	热轧厚钢板 δ8.0~15.0	kg	0.086	0.092	0.099	0.104
	橡胶板	kg	0.021	0.023	0.024	0.026
	低碳钢焊条 J427 ϕ3.2	kg	0.197	0.213	0.230	0.247
	其他材料费	%	1.00	1.00	1.00	1.00
机械	载货汽车 - 普通货车 5t	台班	—	—	—	0.003
	汽车式起重机 8t	台班	—	—	—	0.003
	砂轮切割机 ϕ400	台班	0.008	0.009	0.010	0.011
	电焊机（综合）	台班	0.141	0.144	0.147	0.150
	电焊条烘干箱 60×50×75（cm³）	台班	0.014	0.014	0.015	0.015
	电焊条恒温箱	台班	0.014	0.014	0.015	0.015
	电动空气压缩机 6m³/min	台班	0.012	0.012	0.013	0.014

计量单位：10m

编　号			10-4-18	10-4-19	10-4-20	10-4-21	10-4-22
项　目			公称直径（mm 以内）				
			65	80	100	125	150
名　称		单位	消　耗　量				
人工	合计工日		工日	1.169	1.349	1.501	1.739	1.939
	其中	普工	工日	0.292	0.337	0.375	0.434	0.485
		一般技工	工日	0.760	0.877	0.976	1.131	1.260
		高级技工	工日	0.117	0.135	0.150	0.174	0.194
材料	钢管		m	（10.060）	（9.980）	（9.980）	（9.980）	（9.800）
	燃气室外碳钢焊接管件		个	（1.620）	（1.530）	（1.470）	（1.270）	（1.270）
	氧气		m^3	0.039	0.381	0.615	0.699	0.858
	乙炔气		kg	0.015	0.147	0.237	0.269	0.330
	低碳钢焊条 J427 ϕ3.2		kg	0.405	0.453	0.801	0.888	1.322
	尼龙砂轮片 ϕ100		片	0.493	0.616	0.760	0.852	0.976
	尼龙砂轮片 ϕ400		片	0.043	0.048	0.069	0.073	—
	镀锌铁丝 ϕ2.8~4.0		kg	0.078	0.080	0.083	0.085	0.089
	碎布		kg	0.160	0.180	0.210	0.240	0.270
	洗衣粉		kg	0.018	0.019	0.021	0.022	0.024
	螺纹阀门 DN20		个	0.007	0.008	0.008	0.008	0.009
	焊接钢管 DN20		m	0.041	0.049	0.049	0.049	0.057
	橡胶软管 DN20		m	0.019	0.023	0.023	0.023	0.027
	弹簧压力表 Y–100 0~1.6MPa		块	0.007	0.008	0.008	0.008	0.009
	压力表弯管 DN15		个	0.007	0.008	0.008	0.008	0.009
	热轧厚钢板·δ8.0~15.0		kg	0.111	0.117	0.123	0.182	0.276
	橡胶板		kg	0.027	0.029	0.030	0.035	0.040
	其他材料费		%	1.00	1.00	1.00	1.00	1.00
机械	载货汽车 – 普通货车 5t		台班	0.004	0.006	0.013	0.016	0.022
	汽车式起重机 8t		台班	0.004	0.006	0.077	0.083	0.099
	砂轮切割机 ϕ400		台班	0.012	0.013	0.015	0.016	—
	电焊机（综合）		台班	0.234	0.263	0.369	0.410	0.505
	电焊条烘干箱 60×50×75（cm^3）		台班	0.023	0.026	0.037	0.041	0.050
	电焊条恒温箱		台班	0.023	0.026	0.037	0.041	0.050
	电动空气压缩机 6m^3/min		台班	0.015	0.016	0.017	0.018	0.019

计量单位：10m

编　号			10-4-23	10-4-24	10-4-25	10-4-26	10-4-27
项　目			公称直径（mm 以内）				
			200	250	300	350	400
名　称		单位	消　耗　量				
人工	合计工日	工日	2.290	2.556	3.050	3.382	3.696
	其中 普工	工日	0.572	0.638	0.762	0.846	0.923
	一般技工	工日	1.489	1.662	1.983	2.198	2.403
	高级技工	工日	0.229	0.256	0.305	0.338	0.370
材料	钢管	m	（9.800）	（9.800）	（9.800）	（9.700）	（9.700）
	燃气室外碳钢焊接管件	个	（1.040）	（0.810）	（0.790）	（0.740）	（0.740）
	角钢（综合）	kg	0.237	0.246	0.260	0.268	0.275
	氧气	m³	0.954	1.212	1.371	1.695	1.860
	乙炔气	kg	0.367	0.466	0.527	0.652	0.715
	低碳钢焊条 J427 ϕ3.2	kg	1.583	2.649	3.088	3.421	3.868
	镀锌铁丝 ϕ2.8~4.0	kg	0.096	0.109	0.135	0.144	0.153
	尼龙砂轮片 ϕ100	片	1.214	1.695	1.994	2.666	3.016
	碎布	kg	0.300	0.350	0.400	0.450	0.510
	洗衣粉	kg	0.026	0.028	0.030	0.033	0.035
	螺纹阀门 DN20	个	0.009	0.009	0.010	0.010	0.010
	焊接钢管 DN20	m	0.057	0.057	0.065	0.065	0.065
	橡胶软管 DN20	m	0.027	0.027	0.030	0.030	0.030
	弹簧压力表 Y-100 0~1.6MPa	块	0.009	0.009	0.010	0.010	0.010
	压力表弯管 DN15	个	0.009	0.009	0.010	0.010	0.010
	热轧厚钢板 δ8.0~15.0	kg	0.369	0.577	0.832	0.949	1.066
	橡胶板	kg	0.045	0.053	0.060	0.083	0.105
	其他材料费	%	1.00	1.00	1.00	1.00	1.00
机械	载货汽车 – 普通货车 5t	台班	0.040	0.058	0.076	0.101	0.103
	汽车式起重机 8t	台班	0.138	—	—	—	—
	汽车式起重机 16t	台班	—	0.184	0.223	0.255	0.269
	电焊机（综合）	台班	0.605	0.733	0.855	0.947	1.072
	电焊条烘干箱 60×50×75（cm³）	台班	0.061	0.073	0.086	0.095	0.107
	电焊条恒温箱	台班	0.061	0.073	0.086	0.095	0.107
	电动空气压缩机 6m³/min	台班	0.020	0.021	0.022	0.023	0.025

2. 室外钢管（氩电联焊）

工作内容: 调直、切管、坡口、磨口、组对连接,管道及管件安装,焊接、气压试验、
空气吹扫等。

计量单位:10m

	编　号		10-4-28	10-4-29	10-4-30	10-4-31	10-4-32
	项　目		公称直径（mm 以内）				
			25	32	40	50	65
	名　称	单位	消　耗　量				
人工	合计工日	工日	0.760	0.817	0.931	1.017	1.216
	其中 普工	工日	0.190	0.204	0.233	0.254	0.304
	一般技工	工日	0.494	0.531	0.605	0.661	0.790
	高级技工	工日	0.076	0.082	0.093	0.102	0.122
材料	钢管	m	（9.970）	（9.970）	（10.060）	（10.060）	（10.060）
	燃气室外碳钢焊接管件	个	（3.100）	（2.650）	（2.020）	（1.700）	（1.620）
	氧气	m³	0.012	0.012	0.012	0.015	0.039
	乙炔气	kg	0.005	0.005	0.005	0.006	0.015
	低碳钢焊条 J427 φ3.2	kg	0.216	0.228	0.235	0.240	0.344
	碳钢氩弧焊丝	kg	0.142	0.144	0.149	0.152	0.157
	氩气	m³	0.397	0.403	0.417	0.426	0.439
	铈钨棒	g	0.794	0.806	0.834	0.852	0.878
	尼龙砂轮片 φ100	片	0.120	0.147	0.169	0.350	0.493
	尼龙砂轮片 φ400	片	0.031	0.033	0.034	0.035	0.043
	镀锌铁丝 φ2.8~4.0	kg	0.048	0.065	0.069	0.075	0.078
	碎布	kg	0.100	0.110	0.120	0.140	0.160
	洗衣粉	kg	0.013	0.014	0.015	0.016	0.018
	螺纹阀门 DN20	个	0.005	0.005	0.007	0.007	0.007
	焊接钢管 DN20	m	0.033	0.033	0.041	0.041	0.041
	橡胶软管 DN20	m	0.015	0.015	0.019	0.019	0.019
	弹簧压力表 Y-100 0~1.6MPa	块	0.005	0.005	0.007	0.007	0.007
	压力表弯管 DN15	个	0.005	0.005	0.007	0.007	0.007
	热轧厚钢板 δ8.0~15.0	kg	0.086	0.092	0.099	0.104	0.111
	橡胶板	kg	0.021	0.023	0.024	0.026	0.027
	其他材料费	%	1.00	1.00	1.00	1.00	1.00
机械	载货汽车-普通货车 5t	台班	—	—	—	0.003	0.004
	汽车式起重机 8t	台班	—	—	—	0.003	0.004
	砂轮切割机 φ400	台班	0.008	0.009	0.010	0.011	0.012
	电焊机（综合）	台班	0.132	0.134	0.135	0.137	0.156
	氩弧焊机 500A	台班	0.150	0.153	0.154	0.156	0.177
	电焊条烘干箱 60×50×75（cm³）	台班	0.013	0.013	0.014	0.014	0.016
	电焊条恒温箱	台班	0.013	0.013	0.014	0.014	0.016
	电动空气压缩机 6m³/min	台班	0.012	0.012	0.013	0.014	0.015

计量单位：10m

编　号			10-4-33	10-4-34	10-4-35	10-4-36	10-4-37
项　目			公称直径（mm 以内）				
			80	100	125	150	200
名　称		单位	消　耗　量				
人工	合计工日	工日	1.416	1.567	1.843	2.052	2.422
	其中 普工	工日	0.353	0.391	0.461	0.513	0.605
	一般技工	工日	0.921	1.019	1.198	1.334	1.575
	高级技工	工日	0.142	0.157	0.184	0.205	0.242
材料	钢管	m	（9.980）	（9.980）	（9.980）	（9.800）	（9.800）
	燃气室外碳钢焊接管件	个	（1.530）	（1.470）	（1.270）	（1.270）	（1.040）
	角钢（综合）	kg	—	—	—	—	0.237
	氧气	m³	0.381	0.615	0.699	0.858	0.954
	乙炔气	kg	0.147	0.237	0.269	0.330	0.367
	低碳钢焊条 J427 φ3.2	kg	0.439	0.663	0.837	1.004	1.202
	碳钢氩弧焊丝	kg	0.159	0.163	0.168	0.177	0.202
	氩气	m³	0.445	0.456	0.470	0.496	0.566
	铈钨棒	g	0.890	0.912	0.940	0.992	1.132
	镀锌铁丝 φ2.8~4.0	kg	0.080	0.083	0.085	0.089	0.096
	尼龙砂轮片 φ100	片	0.616	0.660	0.852	0.976	1.214
	尼龙砂轮片 φ400	片	0.048	0.069	0.073	—	—
	碎布	kg	0.180	0.210	0.240	0.270	0.300
	洗衣粉	kg	0.019	0.021	0.022	0.024	0.026
	螺纹阀门 DN20	个	0.008	0.008	0.008	0.009	0.009
	焊接钢管 DN20	m	0.049	0.049	0.049	0.057	0.057
	橡胶软管 DN20	m	0.023	0.023	0.023	0.027	0.027
	弹簧压力表 Y-100 0~1.6MPa	块	0.008	0.008	0.008	0.009	0.009
	压力表弯管 DN15	个	0.008	0.008	0.008	0.009	0.009
	热轧厚钢板 δ8.0~15.0	kg	0.117	0.123	0.182	0.276	0.369
	橡胶板	kg	0.029	0.030	0.035	0.040	0.045
	其他材料费	%	1.00	1.00	1.00	1.00	1.00
机械	载货汽车 – 普通货车 5t	台班	0.006	0.013	0.016	0.022	0.040
	汽车式起重机 8t	台班	0.006	0.077	0.083	0.099	0.138
	砂轮切割机 φ400	台班	0.013	0.015	0.016	—	—
	电焊机（综合）	台班	0.167	0.253	0.319	0.383	0.459
	氩弧焊机 500A	台班	0.178	0.186	0.202	0.245	0.297
	电焊条烘干箱 60×50×75（cm³）	台班	0.017	0.025	0.032	0.038	0.046
	电焊条恒温箱	台班	0.017	0.025	0.032	0.038	0.046
	电动空气压缩机 6m³/min	台班	0.016	0.017	0.018	0.019	0.020

计量单位：10m

编　号			10-4-38	10-4-39	10-4-40	10-4-41
项　目			公称直径（mm 以内）			
			250	300	350	400
名　称		单位	消　耗　量			
人工	合计工日	工日	2.699	3.192	3.601	3.932
	其中 普工	工日	0.675	0.798	0.900	0.983
	一般技工	工日	1.754	2.075	2.341	2.556
	高级技工	工日	0.270	0.319	0.360	0.393
材料	钢管	m	（9.800）	（9.800）	（9.700）	（9.700）
	燃气室外碳钢焊接管件	个	（0.810）	（0.790）	（0.740）	（0.740）
	角钢（综合）	kg	0.246	0.260	0.268	0.275
	氧气	m^3	1.212	1.351	1.695	1.860
	乙炔气	kg	0.466	0.527	0.652	0.715
	低碳钢焊条 J427 ϕ3.2	kg	2.236	2.607	2.888	3.265
	碳钢氩弧焊丝	kg	0.213	0.250	0.278	0.316
	氩气	m^3	0.596	0.700	0.778	0.885
	铈钨棒	g	1.192	1.400	1.556	1.770
	镀锌铁丝 ϕ2.8~4.0	kg	0.109	0.135	0.144	0.153
	尼龙砂轮片 ϕ100	片	1.695	1.994	2.666	3.016
	碎布	kg	0.350	0.400	0.450	0.510
	洗衣粉	kg	0.028	0.030	0.033	0.035
	螺纹阀门 DN20	个	0.009	0.010	0.010	0.010
	焊接钢管 DN20	m	0.057	0.065	0.065	0.065
	橡胶软管 DN20	m	0.027	0.030	0.030	0.030
	弹簧压力表 Y-100 0~1.6MPa	块	0.009	0.010	0.010	0.010
	压力表弯管 DN15	个	0.009	0.010	0.010	0.010
	热轧厚钢板 δ8.0~15.0	kg	0.577	0.852	0.949	1.066
	橡胶板	kg	0.053	0.060	0.083	0.105
	其他材料费	%	1.00	1.00	1.00	1.00
机械	载货汽车 - 普通货车 5t	台班	0.058	0.076	0.101	0.103
	汽车式起重机 16t	台班	0.184	0.223	0.255	0.269
	电焊机（综合）	台班	0.619	0.722	0.799	0.904
	氩弧焊机 500A	台班	0.314	0.368	0.409	0.465
	电焊条烘干箱 60×50×75（cm^3）	台班	0.062	0.072	0.080	0.090
	电焊条恒温箱	台班	0.062	0.072	0.080	0.090
	电动空气压缩机 6m^3/min	台班	0.021	0.022	0.023	0.025

3. 室内钢管（电弧焊）

工作内容： 调直、切管、坡口、磨口、组对连接，管道及管件安装，焊接、气压试验、空气吹扫等。

计量单位：10m

编 号				10-4-42	10-4-43	10-4-44	10-4-45	10-4-46	10-4-47
项 目				公称直径（mm 以内）					
				25	32	40	50	65	80
名 称			单位	消 耗 量					
人工	合计工日		工日	1.530	1.711	1.986	2.261	2.489	2.774
	其中	普工	工日	0.382	0.428	0.496	0.565	0.622	0.694
		一般技工	工日	0.995	1.112	1.291	1.470	1.618	1.803
		高级技工	工日	0.153	0.171	0.199	0.226	0.249	0.277
材料	钢管		m	(9.970)	(9.920)	(9.920)	(9.920)	(9.920)	(9.920)
	燃气室内碳钢焊接管件		个	(4.610)	(4.540)	(4.660)	(4.860)	(4.670)	(3.560)
	氧气		m³	0.012	0.012	0.012	0.030	0.081	0.735
	乙炔气		kg	0.005	0.005	0.005	0.012	0.031	0.283
	低碳钢焊条 J427 φ3.2		kg	0.318	0.383	0.518	0.631	1.050	1.192
	镀锌铁丝 φ2.8~4.0		kg	0.048	0.050	0.069	0.075	0.078	0.080
	锯条（各种规格）		根	0.261	0.305	0.395	0.514	—	—
	尼龙砂轮片 φ100		片	0.229	0.286	0.397	0.821	1.008	1.136
	尼龙砂轮片 φ400		片	0.046	0.057	0.078	0.101	0.124	0.132
	碎布		kg	0.100	0.110	0.120	0.140	0.160	0.180
	洗衣粉		kg	0.013	0.014	0.015	0.016	0.018	0.019
	螺纹阀门 DN20		个	0.005	0.005	0.007	0.007	0.007	0.008
	焊接钢管 DN20		m	0.033	0.033	0.041	0.041	0.041	0.049
	橡胶软管 DN20		m	0.015	0.015	0.019	0.019	0.019	0.023
	弹簧压力表 Y-100 0~1.6MPa		块	0.005	0.005	0.007	0.007	0.007	0.008
	压力表弯管 DN15		个	0.005	0.005	0.007	0.007	0.007	0.008
	热轧厚钢板 δ8.0~15.0		kg	0.086	0.092	0.099	0.104	0.111	0.117
	橡胶板		kg	0.021	0.023	0.024	0.026	0.027	0.029
	其他材料费		%	1.00	1.00	1.00	1.00	1.00	1.00
机械	载货汽车-普通货车 5t		台班	—	—	—	0.003	0.004	0.060
	吊装机械（综合）		台班	0.003	0.004	0.005	0.007	0.009	0.012
	砂轮切割机 φ400		台班	0.012	0.019	0.024	0.026	0.028	0.030
	电焊机（综合）		台班	0.284	0.316	0.330	0.390	0.453	0.561
	电焊条烘干箱 60×50×75（cm³）		台班	0.028	0.032	0.033	0.039	0.045	0.056
	电焊条恒温箱		台班	0.028	0.032	0.033	0.039	0.045	0.056
	电动空气压缩机 6m³/min		台班	0.012	0.012	0.013	0.014	0.015	0.016

计量单位：10m

编 号			10-4-48	10-4-49	10-4-50	10-4-51	10-4-52	10-4-53
项 目			公称直径（mm 以内）					
			100	125	150	200	250	300
名 称		单位	消 耗 量					
人工	合计工日	工日	3.144	3.420	3.753	4.428	5.159	5.757
	其中 普工	工日	0.786	0.855	0.938	1.107	1.289	1.439
	一般技工	工日	2.044	2.223	2.440	2.878	3.354	3.742
	高级技工	工日	0.314	0.342	0.375	0.443	0.516	0.576
材料	钢管	m	(9.920)	(9.920)	(9.660)	(9.660)	(9.660)	(9.660)
	燃气室内碳钢焊接管件	个	(2.500)	(2.130)	(1.660)	(1.600)	(1.300)	(1.300)
	角钢（综合）	kg	—	—	—	0.328	0.337	0.364
	氧气	m³	0.936	1.011	1.020	1.260	1.572	1.824
	乙炔气	kg	0.360	0.389	0.392	0.485	0.605	0.702
	低碳钢焊条 J427 φ3.2	kg	1.273	1.363	1.625	2.189	3.621	4.319
	镀锌铁丝 φ2.8~4.0	kg	0.083	0.085	0.089	0.096	0.109	0.144
	尼龙砂轮片 φ100	片	1.235	1.285	1.379	1.651	2.287	2.753
	尼龙砂轮片 φ400	片	0.134	0.136	—	—	—	—
	碎布	kg	0.210	0.240	0.270	0.300	0.350	0.400
	洗衣粉	kg	0.021	0.022	0.024	0.026	0.028	0.030
	螺纹阀门 DN20	个	0.008	0.008	0.009	0.009	0.009	0.010
	焊接钢管 DN20	m	0.049	0.049	0.057	0.057	0.057	0.065
	橡胶软管 DN20	m	0.023	0.023	0.027	0.027	0.027	0.030
	弹簧压力表 Y-100 0~1.6MPa	块	0.008	0.008	0.009	0.009	0.009	0.010
	压力表弯管 DN15	个	0.008	0.008	0.009	0.009	0.009	0.010
	热轧厚钢板 δ8.0~15.0	kg	0.123	0.182	0.276	0.369	0.577	0.832
	橡胶板	kg	0.030	0.035	0.040	0.045	0.053	0.060
	其他材料费	%	1.00	1.00	1.00	1.00	1.00	1.00
机械	载货汽车-普通货车 5t	台班	0.013	0.016	0.022	0.040	0.058	0.076
	吊装机械（综合）	台班	0.084	0.117	0.123	0.169	0.239	0.271
	砂轮切割机 φ400	台班	0.032	0.037	—	—	—	—
	电焊机（综合）	台班	0.589	0.631	0.653	0.838	1.003	1.197
	电焊条烘干箱 60×50×75（cm³）	台班	0.059	0.063	0.065	0.084	0.100	0.120
	电焊条恒温箱	台班	0.059	0.063	0.065	0.084	0.100	0.120
	电动空气压缩机 6m³/min	台班	0.017	0.018	0.019	0.020	0.021	0.022

4. 室内钢管（氩电联焊）

工作内容： 调直、切管、坡口、磨口、组对连接，管道及管件安装，焊接、气压试验、空气吹扫等。

计量单位：10m

编　号			10-4-54	10-4-55	10-4-56	10-4-57	10-4-58	10-4-59
项　目			公称直径（mm 以内）					
			25	32	40	50	65	80
名　称		单位	消　耗　量					
人工	合计工日	工日	1.680	1.873	2.139	2.465	2.710	2.997
	其中 普工	工日	0.420	0.468	0.535	0.617	0.678	0.750
	一般技工	工日	1.092	1.218	1.390	1.602	1.761	1.948
	高级技工	工日	0.168	0.187	0.214	0.246	0.271	0.299
材料	钢管	m	（9.970）	（9.920）	（9.920）	（9.920）	（9.920）	（9.920）
	燃气室内碳钢焊接管件	个	（4.610）	（4.540）	（4.660）	（4.860）	（4.670）	（3.560）
	氧气	m³	0.012	0.012	0.012	0.030	0.081	0.735
	乙炔气	kg	0.005	0.005	0.005	0.012	0.031	0.283
	低碳钢焊条 J427 φ3.2	kg	0.499	0.538	0.584	0.609	0.651	0.703
	碳钢氩弧焊丝	kg	0.205	0.212	0.218	0.221	0.226	0.231
	氩气	m³	0.574	0.594	0.610	0.619	0.632	0.647
	铈钨棒	g	1.148	1.188	1.220	1.238	1.266	1.294
	尼龙砂轮片 φ100	片	0.229	0.286	0.397	0.821	1.008	1.136
	尼龙砂轮片 φ400	片	0.046	0.057	0.078	0.101	0.124	0.132
	镀锌铁丝 φ2.8~4.0	kg	0.048	0.050	0.690	0.075	0.078	0.080
	碎布	kg	0.100	0.110	0.120	0.140	0.160	0.180
	洗衣粉	kg	0.013	0.014	0.015	0.016	0.018	0.019
	螺纹阀门 DN20	个	0.005	0.005	0.007	0.007	0.007	0.008
	焊接钢管 DN20	m	0.033	0.033	0.041	0.041	0.041	0.049
	橡胶软管 DN20	m	0.015	0.015	0.019	0.019	0.019	0.023
	弹簧压力表 Y-100 0~1.6MPa	块	0.005	0.005	0.007	0.007	0.007	0.008
	压力表弯管 DN15	个	0.005	0.005	0.007	0.007	0.007	0.008
	热轧厚钢板 δ8.0~15.0	kg	0.086	0.092	0.099	0.104	0.111	0.117
	橡胶板	kg	0.021	0.023	0.024	0.026	0.027	0.029
	其他材料费	%	1.00	1.00	1.00	1.00	1.00	1.00
机械	载货汽车 - 普通货车 5t	台班	—	—	—	0.003	0.004	0.006
	吊装机械（综合）	台班	0.003	0.004	0.005	0.007	0.009	0.012
	砂轮切割机 φ400	台班	0.012	0.019	0.024	0.026	0.028	0.028
	电焊机（综合）	台班	0.233	0.239	0.260	0.306	0.321	0.332
	氩弧焊机 500A	台班	0.302	0.313	0.322	0.335	0.350	0.358
	电焊条烘干箱 60×50×75（cm³）	台班	0.023	0.024	0.026	0.031	0.032	0.033
	电焊条恒温箱	台班	0.023	0.024	0.026	0.031	0.032	0.033
	电动空气压缩机 6m³/min	台班	0.012	0.012	0.013	0.014	0.015	0.016

计量单位：10m

编　　号			10-4-60	10-4-61	10-4-62	10-4-63	10-4-64	10-4-65
项　　目			公称直径（mm 以内）					
			100	125	150	200	250	300
名　　称		单位	消　耗　量					
人工	合计工日	工日	3.354	3.597	3.910	4.604	5.379	6.006
	其中 普工	工日	0.839	0.899	0.978	1.150	1.345	1.502
	一般技工	工日	2.180	2.338	2.541	2.993	3.496	3.904
	高级技工	工日	0.335	0.360	0.391	0.461	0.538	0.600
材料	钢管	m	（9.920）	（9.920）	（9.660）	（9.660）	（9.660）	（9.660）
	燃气室内碳钢焊接管件	个	（2.500）	（2.130）	（1.660）	（1.600）	（1.300）	（1.300）
	角钢（综合）	kg	—	—	—	0.328	0.337	0.364
	氧气	m³	0.936	1.011	1.020	1.260	1.572	1.824
	乙炔气	kg	0.360	0.389	0.392	0.485	0.605	0.702
	低碳钢焊条 J427 ϕ3.2	kg	0.755	1.185	1.325	1.661	3.057	3.645
	碳钢氩弧焊丝	kg	0.235	0.247	0.261	0.280	0.292	0.351
	氩气	m³	0.658	0.692	0.731	0.784	0.818	0.981
	铈钨棒	g	1.316	1.384	1.462	1.568	1.636	1.964
	镀锌铁丝 ϕ2.8~4.0	kg	0.083	0.085	0.089	0.096	0.109	0.144
	尼龙砂轮片 ϕ100	片	1.235	1.285	1.379	1.651	2.287	2.753
	尼龙砂轮片 ϕ400	片	0.134	0.136	—	—	—	—
	碎布	kg	0.210	0.240	0.270	0.300	0.350	0.400
	洗衣粉	kg	0.021	0.022	0.024	0.026	0.028	0.030
	螺纹阀门 DN20	个	0.008	0.008	0.009	0.009	0.009	0.010
	焊接钢管 DN20	m	0.049	0.049	0.057	0.057	0.057	0.065
	橡胶软管 DN20	m	0.023	0.023	0.027	0.027	0.027	0.030
	弹簧压力表 Y-100 0~1.6MPa	块	0.008	0.008	0.009	0.009	0.009	0.010
	压力表弯管 DN15	个	0.008	0.008	0.009	0.009	0.009	0.010
	热轧厚钢板 δ8.0~15.0	kg	0.123	0.182	0.276	0.369	0.577	0.832
	橡胶板	kg	0.030	0.035	0.040	0.045	0.053	0.060
	其他材料费	%	1.00	1.00	1.00	1.00	1.00	1.00
机械	载货汽车 – 普通货车 5t	台班	0.013	0.016	0.022	0.040	0.058	0.076
	吊装机械（综合）	台班	0.084	0.117	0.123	0.169	0.239	0.271
	砂轮切割机 ϕ400	台班	0.032	0.037	—	—	—	—
	电焊机（综合）	台班	0.356	0.491	0.531	0.635	0.847	1.010
	氩弧焊机 500A	台班	0.366	0.371	0.382	0.412	0.429	0.515
	电焊条烘干箱 60×50×75（cm³）	台班	0.036	0.049	0.053	0.064	0.085	0.101
	电焊条恒温箱	台班	0.036	0.049	0.053	0.064	0.085	0.101
	电动空气压缩机 6m³/min	台班	0.017	0.018	0.019	0.020	0.021	0.022

三、不锈钢管

1. 室内薄壁不锈钢管（承插氩弧焊）

工作内容：调直、切管、组对连接，管道及管件安装，气压试验、空气吹扫等。 计量单位：10m

编　号			单位	10-4-66	10-4-67	10-4-68	10-4-69	10-4-70	10-4-71	10-4-72
项　目				公称直径（mm 以内）						
				25	32	40	50	65	80	100
名　称			单位	消　耗　量						
人工	合计工日		工日	1.431	1.579	1.819	1.993	2.181	2.410	2.691
	其中	普工	工日	0.357	0.395	0.454	0.498	0.545	0.602	0.673
		一般技工	工日	0.931	1.026	1.183	1.295	1.417	1.567	1.749
		高级技工	工日	0.143	0.158	0.182	0.200	0.219	0.241	0.269
材料	薄壁不锈钢管		m	(10.010)	(10.010)	(10.010)	(9.920)	(9.920)	(9.920)	(9.920)
	燃气室内薄壁不锈钢管承插氩弧焊管件		个	(5.760)	(5.390)	(5.340)	(5.160)	(4.760)	(3.650)	(2.590)
	氩气		m³	0.168	0.218	0.247	0.283	0.360	0.374	0.393
	铈钨棒		g	0.336	0.436	0.494	0.566	0.720	0.748	0.786
	尼龙砂轮片 φ100		片	0.229	0.292	0.332	0.405	0.517	0.523	0.529
	树脂砂轮切割片 φ400		片	0.047	0.064	0.073	0.082	0.098	0.105	0.116
	镀锌铁丝 φ2.8~4.0		kg	0.048	0.050	0.069	0.075	0.078	0.080	0.083
	丙酮		kg	0.132	0.175	0.205	0.260	0.337	0.377	0.409
	碎布		kg	0.100	0.110	0.120	0.140	0.160	0.180	0.210
	洗衣粉		kg	0.013	0.014	0.015	0.016	0.018	0.019	0.021
	螺纹阀门 DN20		个	0.005	0.005	0.007	0.007	0.007	0.008	0.008
	焊接钢管 DN20		m	0.033	0.033	0.041	0.041	0.041	0.049	0.049
	橡胶软管 DN20		m	0.015	0.015	0.019	0.019	0.019	0.023	0.023
	弹簧压力表 Y-100 0~1.6MPa		块	0.005	0.005	0.007	0.007	0.007	0.008	0.008
	压力表弯管 DN15		个	0.005	0.005	0.007	0.007	0.007	0.008	0.008
	热轧厚钢板 δ8.0~15.0		kg	0.086	0.092	0.099	0.104	0.111	0.117	0.123
	橡胶板		kg	0.021	0.023	0.024	0.026	0.027	0.029	0.030
	低碳钢焊条 J427 φ3.2		kg	0.005	0.005	0.007	0.007	0.007	0.008	0.008
	氧气		m³	0.012	0.012	0.012	0.015	0.015	0.015	0.015
	乙炔气		kg	0.005	0.005	0.005	0.006	0.006	0.006	0.006
	其他材料费		%	1.00	1.00	1.00	1.00	1.00	1.00	1.00
机械	载货汽车 - 普通货车 5t		台班	—	—	—	0.003	0.004	0.006	0.013
	吊装机械（综合）		台班	0.003	0.004	0.005	0.007	0.009	0.012	0.020
	砂轮切割机 φ400		台班	0.017	0.023	0.025	0.028	0.041	0.051	0.059
	电焊机（综合）		台班	0.004	0.004	0.004	0.004	0.004	0.005	0.005
	氩弧焊机 500A		台班	0.162	0.210	0.238	0.273	0.357	0.362	0.370
	电动空气压缩机 6m³/min		台班	0.012	0.012	0.013	0.014	0.015	0.016	0.017

2. 室内不锈钢管（卡压、卡套连接）

工作内容：调直、切管、管端处理、组对连接，管道及管件安装，气压试验、空气吹扫等。

计量单位：10m

编　号			10-4-73	10-4-74	10-4-75	10-4-76	10-4-77	10-4-78
项　目			公称直径（mm 以内）					
			15	20	25	32	40	50
名　称		单位	消　耗　量					
人工	合计工日	工日	1.177	1.233	1.343	1.463	1.572	1.744
	其中 普工	工日	0.294	0.308	0.336	0.366	0.392	0.436
	一般技工	工日	0.765	0.801	0.873	0.951	1.022	1.133
	高级技工	工日	0.118	0.124	0.134	0.146	0.158	0.175
材料	薄壁不锈钢管	m	（9.940）	（9.940）	（9.980）	（9.980）	（9.980）	（9.980）
	燃气室内薄壁不锈钢管卡套式管件	个	（11.730）	（9.260）	（8.410）	（7.740）	（7.300）	（7.170）
	镀锌铁丝 φ2.8~4.0	kg	0.040	0.045	0.048	0.050	0.069	0.075
	树脂砂轮切割片 φ400	片	0.072	0.073	0.075	0.089	0.101	0.120
	碎布	kg	0.080	0.090	0.100	0.110	0.120	0.140
	洗衣粉	kg	0.011	0.012	0.013	0.014	0.015	0.016
	螺纹阀门 DN20	个	0.005	0.005	0.005	0.005	0.007	0.007
	焊接钢管 DN20	m	0.033	0.033	0.033	0.033	0.041	0.041
	橡胶软管 DN20	m	0.015	0.015	0.015	0.015	0.019	0.019
	弹簧压力表 Y-100 0~1.6MPa	块	0.005	0.005	0.005	0.005	0.007	0.007
	压力表弯管 DN15	个	0.005	0.005	0.005	0.005	0.007	0.007
	热轧厚钢板 δ8.0~15.0	kg	0.074	0.080	0.086	0.092	0.099	0.104
	橡胶板	kg	0.018	0.020	0.021	0.023	0.024	0.026
	氧气	m³	0.009	0.012	0.012	0.012	0.012	0.015
	乙炔气	kg	0.003	0.005	0.005	0.005	0.005	0.006
	低碳钢焊条 J427 φ3.2	kg	0.005	0.005	0.005	0.005	0.007	0.007
	其他材料费	%	1.00	1.00	1.00	1.00	1.00	1.00
机械	载货汽车-普通货车 5t	台班	—	—	—	—	—	0.003
	吊装机械（综合）	台班	0.002	0.002	0.003	0.004	0.005	0.007
	砂轮切割机 φ400	台班	0.011	0.013	0.017	0.023	0.025	0.028
	电焊机（综合）	台班	0.004	0.004	0.004	0.004	0.004	0.004
	电动空气压缩机 6m³/min	台班	0.011	0.011	0.012	0.012	0.013	0.014

四、铜　管

工作内容：调直、切管、组对连接，管道及管件安装，气压试验、空气吹扫等。　　　　　　　　　　　**计量单位：**10m

编　号			10-4-79	10-4-80	10-4-81	10-4-82	10-4-83	10-4-84
项　目			室内铜管（钎焊）公称外径（mm 以内）					
			18	22	28	35	42	54
名　称		单位	消　耗　量					
人工	合计工日	工日	1.156	1.247	1.337	1.399	1.460	1.528
	其中　普工	工日	0.289	0.313	0.334	0.350	0.365	0.382
	一般技工	工日	0.751	0.810	0.869	0.909	0.949	0.993
	高级技工	工日	0.116	0.124	0.134	0.140	0.146	0.153
材料	无缝紫铜管	m	（9.940）	（9.940）	（9.980）	（9.980）	（9.980）	（9.980）
	燃气室内铜管钎焊式管件	个	（11.610）	（8.560）	（5.760）	（5.390）	（5.340）	（5.160）
	低银铜磷钎料（BCu91PAg）	kg	0.024	0.026	0.039	0.056	0.077	0.104
	氧气	m³	0.426	0.443	0.470	0.515	0.634	0.723
	乙炔气	kg	0.164	0.166	0.180	0.198	0.244	0.278
	低碳钢焊条 J427 φ3.2	kg	0.005	0.005	0.005	0.005	0.007	0.007
	镀锌铁丝 φ2.8~4.0	kg	0.040	0.045	0.048	0.050	0.069	0.075
	尼龙砂轮片 φ100	片	0.019	0.024	0.024	0.025	0.038	0.046
	尼龙砂轮片 φ400	片	0.020	0.023	0.023	0.035	0.040	0.048
	铁砂布	张	0.136	0.148	0.157	0.173	0.236	0.274
	碎布	kg	0.080	0.090	0.100	0.110	0.120	0.140
	洗衣粉	kg	0.011	0.012	0.013	0.014	0.015	0.016
	螺纹阀门 DN20	个	0.005	0.005	0.005	0.005	0.007	0.007
	焊接钢管 DN20	m	0.033	0.033	0.033	0.033	0.041	0.041
	橡胶软管 DN20	m	0.015	0.015	0.015	0.015	0.019	0.019
	弹簧压力表 Y-100 0~1.6MPa	块	0.005	0.005	0.005	0.005	0.007	0.007
	压力表弯管 DN15	个	0.005	0.005	0.005	0.005	0.007	0.007
	热轧厚钢板 δ8.0~15.0	kg	0.074	0.080	0.086	0.092	0.099	0.104
	橡胶板	kg	0.018	0.020	0.021	0.023	0.024	0.026
	其他材料费	%	1.00	1.00	1.00	1.00	1.00	1.00
机械	载货汽车-普通货车 5t	台班	—	—	—	—	—	0.003
	吊装机械（综合）	台班	0.002	0.002	0.003	0.004	0.005	0.007
	砂轮切割机 φ400	台班	0.004	0.004	0.008	0.010	0.012	0.016
	电焊机（综合）	台班	0.004	0.004	0.004	0.004	0.004	0.004
	电动空气压缩机 6m³/min	台班	0.011	0.011	0.012	0.012	0.013	0.014

五、铸 铁 管

工作内容: 切管,管道及管件安装,组对接口、气压试验、空气吹扫等。 计量单位:10m

编　号			10-4-85	10-4-86	10-4-87	10-4-88	10-4-89
项　目			室外铸铁管(柔性机械接口)公称直径(mm 以内)				
			100	150	200	300	400
名　称		单位	消　耗　量				
人工	合计工日		工日	1.349	1.491	1.768	2.270	3.278
	其中	普工	工日	0.337	0.372	0.442	0.567	0.819
		一般技工	工日	0.877	0.970	1.149	1.476	2.131
		高级技工	工日	0.135	0.149	0.177	0.227	0.328
材料	活动法兰铸铁管		m	(9.900)	(9.880)	(9.880)	(9.880)	(9.830)
	燃气室外铸铁管柔性机械接口管件		个	(1.670)	(1.470)	(1.240)	(0.990)	(0.940)
	压兰		片	(3.940)	(3.720)	(3.470)	(3.190)	(3.110)
	橡胶圈		个	(3.979)	(3.757)	(3.505)	(3.222)	(3.141)
	支撑圈		套	(3.979)	(3.757)	(3.505)	(3.222)	(3.141)
	氧气		m³	0.015	0.018	0.018	0.024	0.030
	乙炔气		kg	0.006	0.007	0.007	0.009	0.012
	低碳钢焊条 J427 φ3.2		kg	0.008	0.009	0.009	0.010	0.010
	黄油		kg	0.221	0.268	0.319	0.424	0.560
	镀锌铁丝 φ2.8~4.0		kg	0.083	0.089	0.096	0.144	0.153
	碎布		kg	0.210	0.270	0.300	0.400	0.510
	塑料布		m²	0.240	0.328	0.424	0.664	0.944
	洗衣粉		kg	0.021	0.021	0.028	0.035	0.035
	螺纹阀门 DN20		个	0.008	0.009	0.009	0.010	0.010
	焊接钢管 DN20		m	0.049	0.057	0.057	0.065	0.065
	橡胶软管 DN20		m	0.023	0.027	0.027	0.030	0.030
	弹簧压力表 Y-100 0~1.6MPa		块	0.008	0.009	0.009	0.010	0.010
	压力表弯管 DN15		个	0.008	0.009	0.009	0.010	0.010
	热轧厚钢板 δ8.0~15.0		kg	0.123	0.276	0.369	0.832	1.066
	橡胶板		kg	0.030	0.040	0.045	0.060	0.105
	其他材料费		%	1.00	1.00	1.00	1.00	1.00
机械	载货汽车-普通货车 5t		台班	0.012	0.022	0.040	0.076	0.103
	汽车式起重机 8t		台班	0.073	0.094	0.131	—	—
	汽车式起重机 16t		台班	—	—	—	0.234	0.282
	液压断管机 直径500mm		台班	0.021	0.024	0.030	0.039	0.046
	电焊机(综合)		台班	0.005	0.006	0.006	0.007	0.007
	电动空气压缩机 6m³/min		台班	0.017	0.019	0.020	0.022	0.025

六、塑 料 管

1. 室外塑料管（热熔连接）

工作内容：切管、组对、熔接，管道及管件安装，气压试验、空气吹扫等。　　　　　　　　　计量单位：10m

编　号			10-4-90	10-4-91	10-4-92	10-4-93	10-4-94
项　目			公称外径（mm 以内）				
			50	63	75	90	110
名　称		单位	消　耗　量				
人工	合计工日	工日	0.807	0.880	1.007	1.130	1.254
	其中 普工	工日	0.201	0.219	0.252	0.282	0.314
	一般技工	工日	0.525	0.573	0.654	0.735	0.815
	高级技工	工日	0.081	0.088	0.101	0.113	0.125
材料	聚乙烯管	m	（10.130）	（10.130）	（10.120）	（10.120）	（10.120）
	燃气室外聚乙烯塑料管热熔管件	个	（3.920）	（3.300）	（2.930）	（2.720）	（2.450）
	洗衣粉	kg	0.015	0.016	0.018	0.019	0.021
	螺纹阀门 DN20	个	0.007	0.007	0.007	0.008	0.008
	焊接钢管 DN20	m	0.041	0.041	0.041	0.041	0.049
	橡胶软管 DN20	m	0.019	0.019	0.019	0.023	0.023
	弹簧压力表 Y-100 0~1.6MPa	块	0.007	0.007	0.007	0.008	0.008
	压力表弯管 DN15	个	0.007	0.007	0.007	0.008	0.008
	热轧厚钢板 $\delta 8.0~15.0$	kg	0.099	0.104	0.111	0.117	0.123
	橡胶板	kg	0.024	0.026	0.027	0.029	0.030
	氧气	m³	0.012	0.015	0.015	0.015	0.015
	乙炔气	kg	0.005	0.006	0.006	0.006	0.006
	低碳钢焊条 J427 $\phi 3.2$	kg	0.007	0.007	0.007	0.008	0.008
	其他材料费	%	1.00	1.00	1.00	1.00	1.00
机械	木工圆锯机 500mm	台班	0.012	0.017	0.018	0.024	0.030
	热熔对接焊机 160mm	台班	0.161	0.174	0.195	0.246	0.290
	电焊机（综合）	台班	0.004	0.004	0.004	0.005	0.005
	电动空气压缩机 6m³/min	台班	0.013	0.014	0.015	0.016	0.017

计量单位：10m

编　号			10-4-95	10-4-96	10-4-97	10-4-98	10-4-99
项　目			公称外径（mm以内）				
			160	200	250	315	400
名　称		单位	消　耗　量				
人工	合计工日	工日	1.540	1.750	1.993	2.359	2.827
	其中 普工	工日	0.385	0.438	0.498	0.590	0.707
	一般技工	工日	1.001	1.137	1.295	1.533	1.837
	高级技工	工日	0.154	0.175	0.200	0.236	0.283
材料	聚乙烯管	m	（10.120）	（10.150）	（10.150）	（10.150）	（10.150）
	燃气室外聚乙烯塑料管热熔管件	个	（2.030）	（1.670）	（1.390）	（1.260）	（1.100）
	洗衣粉	kg	0.024	0.026	0.028	0.030	0.035
	螺纹阀门 DN20	个	0.009	0.009	0.009	0.010	0.010
	焊接钢管 DN20	m	0.057	0.057	0.057	0.065	0.065
	橡胶软管 DN20	m	0.027	0.027	0.027	0.030	0.030
	弹簧压力表 Y-100 0~1.6MPa	块	0.009	0.009	0.009	0.010	0.010
	压力表弯管 DN15	个	0.009	0.009	0.009	0.010	0.010
	热轧厚钢板 $\delta 8.0$~15.0	kg	0.276	0.369	0.577	0.832	1.066
	橡胶板	kg	0.040	0.045	0.053	0.060	0.105
	氧气	m^3	0.018	0.018	0.021	0.024	0.030
	乙炔气	kg	0.007	0.007	0.008	0.009	0.012
	低碳钢焊条 J427 ϕ3.2	kg	0.009	0.009	0.009	0.010	0.010
	其他材料费	%	1.00	1.00	1.00	1.00	1.00
机械	载货汽车–普通货车 5t	台班	0.005	0.012	0.021	0.027	0.036
	汽车式起重机 8t	台班	0.051	0.057	0.085	0.102	0.114
	木工圆锯机 500mm	台班	0.040	0.047	0.052	0.059	0.072
	热熔对接焊机 160mm	台班	0.331	—	—	—	—
	热熔对接焊机 250mm	台班	—	0.419	0.517	—	—
	热熔对接焊机 630mm	台班	—	—	—	0.664	0.845
	电焊机（综合）	台班	0.006	0.006	0.006	0.007	0.007
	电动空气压缩机 6m³/min	台班	0.019	0.020	0.021	0.022	0.025

2. 室外塑料管（电熔连接）

工作内容:切管、组对、熔接,管道及管件安装,气压试验、空气吹扫等。 计量单位:10m

编　号			10-4-100	10-4-101	10-4-102	10-4-103	10-4-104	10-4-105	10-4-106
项　目			公称外径（mm 以内）						
			32	40	50	63	75	90	110
名　称		单位	消　耗　量						
人工	合计工日	工日	0.632	0.675	0.763	0.832	0.931	1.029	1.166
	其中 普工	工日	0.158	0.169	0.191	0.207	0.233	0.257	0.291
	一般技工	工日	0.410	0.439	0.496	0.541	0.605	0.669	0.758
	高级技工	工日	0.064	0.067	0.076	0.084	0.093	0.103	0.117
材料	聚乙烯管	m	(10.100)	(10.100)	(10.130)	(10.130)	(10.120)	(10.120)	(10.120)
	燃气室外聚乙烯塑料管电熔管件	个	(5.980)	(5.390)	(3.880)	(3.340)	(3.070)	(2.740)	(2.680)
	三氯乙烯	kg	0.001	0.001	0.001	0.002	0.002	0.002	0.002
	洗衣粉	kg	0.013	0.014	0.015	0.016	0.017	0.019	0.021
	螺纹阀门 DN20	个	0.005	0.005	0.007	0.007	0.007	0.008	0.008
	焊接钢管 DN20	m	0.033	0.033	0.041	0.041	0.041	0.049	0.049
	橡胶软管 DN20	m	0.015	0.015	0.019	0.019	0.019	0.023	0.023
	弹簧压力表 Y-100 0~1.6MPa	块	0.005	0.005	0.007	0.007	0.007	0.008	0.008
	压力表弯管 DN15	个	0.005	0.005	0.007	0.007	0.007	0.008	0.008
	热轧厚钢板 δ8.0~15.0	kg	0.086	0.092	0.099	0.104	0.111	0.117	0.123
	橡胶板	kg	0.021	0.023	0.024	0.026	0.027	0.029	0.030
	氧气	m³	0.012	0.012	0.012	0.015	0.015	0.015	0.015
	乙炔气	kg	0.005	0.005	0.005	0.006	0.006	0.006	0.006
	低碳钢焊条 J427 φ3.2	kg	0.005	0.005	0.007	0.007	0.007	0.008	0.008
	其他材料费	%	1.00	1.00	1.00	1.00	1.00	1.00	1.00
机械	木工圆锯机 500mm	台班	0.010	0.011	0.012	0.017	0.018	0.024	0.030
	电熔焊接机 3.5kW	台班	0.149	0.152	0.158	0.168	0.179	0.193	0.232
	电焊机（综合）	台班	0.004	0.004	0.004	0.004	0.004	0.005	0.005
	电动空气压缩机 6m³/min	台班	0.012	0.012	0.013	0.014	0.015	0.016	0.017

七、复合管

工作内容：调直、切管、组对连接，管道及管件安装，气压试验、空气吹扫等。　　　　　　　　　计量单位：10m

编号			10-4-107	10-4-108	10-4-109	10-4-110	10-4-111	10-4-112
项　目			室内铝塑复合管（卡套连接）公称外径（mm 以内）					
			16	20	25	32	40	50
名　称		单位	消　耗　量					
人工	合计工日	工日	0.804	1.013	1.272	1.341	1.548	1.725
	其中 普工	工日	0.200	0.253	0.318	0.335	0.387	0.431
	一般技工	工日	0.523	0.658	0.827	0.872	1.006	1.121
	高级技工	工日	0.081	0.102	0.127	0.134	0.155	0.173
材料	铝塑复合管	m	（9.960）	（9.960）	（9.960）	（9.960）	（9.960）	（9.960）
	燃气室内铝塑复合管卡套式管件	个	（11.610）	（8.560）	（7.050）	（6.960）	（6.810）	（7.400）
	钢锯条	条	0.165	0.167	0.175	0.186	0.207	0.226
	洗衣粉	kg	0.011	0.012	0.013	0.014	0.015	0.016
	螺纹阀门 DN20	个	0.005	0.005	0.005	0.005	0.007	0.007
	焊接钢管 DN20	m	0.033	0.033	0.033	0.033	0.041	0.041
	橡胶软管 DN20	m	0.015	0.015	0.015	0.015	0.019	0.019
	弹簧压力表 Y-100 0~1.6MPa	块	0.005	0.005	0.005	0.005	0.007	0.007
	压力表弯管 DN15	个	0.005	0.005	0.005	0.005	0.007	0.007
	热轧厚钢板 δ8.0~15.0	kg	0.074	0.080	0.086	0.092	0.099	0.104
	橡胶板	kg	0.018	0.020	0.021	0.023	0.024	0.026
	氧气	m³	0.009	0.012	0.012	0.012	0.012	0.015
	乙炔气	kg	0.003	0.005	0.005	0.005	0.005	0.006
	低碳钢焊条 J427 ϕ3.2	kg	0.005	0.005	0.005	0.005	0.007	0.007
	其他材料费	%	1.00	1.00	1.00	1.00	1.00	1.00
机械	电焊机（综合）	台班	0.004	0.004	0.004	0.004	0.004	0.004
	电动空气压缩机 6m³/min	台班	0.011	0.011	0.012	0.012	0.013	0.014

八、室外管道碰头

1. 钢管碰头（不带介质）

工作内容：关阀门、停气、原管道切割、三通安装,组对、焊接、检查、清理现场等。   计量单位:处

编　号			10-4-113	10-4-114	10-4-115	10-4-116	10-4-117	10-4-118
项　目			公称直径（mm 以内）					
			50	65	80	100	125	150
名　称		单位	消　耗　量					
人工	合计工日	工日	2.624	2.773	2.921	3.118	3.862	4.607
	其中 普工	工日	0.656	0.694	0.731	0.780	0.965	1.151
	一般技工	工日	1.706	1.802	1.898	2.026	2.510	2.995
	高级技工	工日	0.262	0.277	0.292	0.312	0.387	0.461
材料	碳钢三通	个	（1.000）	（1.000）	（1.000）	（1.000）	（1.000）	（1.000）
	氧气	m³	0.084	0.093	0.105	0.153	0.189	0.696
	乙炔气	kg	0.032	0.036	0.040	0.059	0.073	0.268
	低碳钢焊条 J427 φ3.2	kg	0.160	0.275	0.323	0.595	0.734	1.094
	钢丝 φ4.0	kg	0.019	0.019	0.019	0.019	0.019	0.019
	尼龙砂轮片 φ100	片	0.240	0.324	0.389	0.544	0.683	0.976
	尼龙砂轮片 φ400	片	0.062	0.080	0.095	0.148	0.164	—
	碎布	kg	0.077	0.086	0.092	0.107	0.116	0.122
	其他材料费	%	1.00	1.00	1.00	1.00	1.00	1.00
机械	载货汽车－普通货车 5t	台班	0.353	0.425	0.499	0.587	0.655	0.725
	汽车式起重机 8t	台班	0.005	0.006	0.008	0.038	0.045	0.051
	砂轮切割机 φ400	台班	0.016	0.018	0.021	0.031	0.038	—
	电焊机（综合）	台班	0.100	0.162	0.190	0.277	0.342	0.421
	电焊条烘干箱 60×50×75（cm³）	台班	0.010	0.016	0.019	0.028	0.034	0.042
	电焊条恒温箱	台班	0.010	0.016	0.019	0.028	0.034	0.042

计量单位：处

编　号			10-4-119	10-4-120	10-4-121	10-4-122	10-4-123
项　目			公称直径（mm 以内）				
			200	250	300	350	400
名　称		单位	消　耗　量				
人工	合计工日	工日	5.510	5.913	6.857	7.802	8.748
	其中　普工	工日	1.378	1.478	1.714	1.951	2.187
	其中　一般技工	工日	3.581	3.844	4.457	5.071	5.686
	其中　高级技工	工日	0.551	0.591	0.686	0.780	0.875
材料	碳钢三通	个	（1.000）	（1.000）	（1.000）	（1.000）	（1.000）
	氧气	m³	0.885	1.272	1.500	1.857	2.046
	乙炔气	kg	0.340	0.489	0.577	0.714	0.787
	低碳钢焊条 J427 φ3.2	kg	1.514	2.977	3.550	4.126	4.667
	钢丝 φ4.0	kg	0.019	0.019	0.019	0.019	0.019
	尼龙砂轮片 φ100	片	1.400	2.294	2.761	3.870	4.378
	碎布	kg	0.147	0.163	0.169	0.178	0.184
	其他材料费	%	1.00	1.00	1.00	1.00	1.00
机械	载货汽车 – 普通货车 5t	台班	0.944	1.056	1.170	1.199	1.248
	汽车式起重机 8t	台班	0.071	—	—	—	—
	汽车式起重机 16t	台班	—	0.101	0.114	0.138	0.146
	电焊机（综合）	台班	0.582	0.827	0.986	1.146	1.297
	电焊条烘干箱 60×50×75（cm³）	台班	0.058	0.083	0.099	0.115	0.130
	电焊条恒温箱	台班	0.058	0.083	0.099	0.115	0.130

2. 钢管碰头（带介质）

工作内容：原管道清理除锈、焊接式连接器安装、焊接、开孔、检查、清理现场等。　　　　　　　　**计量单位：**处

编　　号			10-4-124	10-4-125	10-4-126	10-4-127
项　　目			支管公称直径（mm 以内）			
			50	80	100	150
名　　称		单位	消　耗　量			
人工	合计工日	工日	2.386	2.655	2.835	4.189
	其中 普工	工日	0.597	0.663	0.709	1.047
	一般技工	工日	1.551	1.726	1.843	2.723
	高级技工	工日	0.238	0.266	0.283	0.419
材料	焊接式连接器	个	（1.000）	（1.000）	（1.000）	（1.000）
	氧气	m³	0.057	0.075	0.108	0.486
	乙炔气	kg	0.022	0.029	0.042	0.187
	低碳钢焊条 J427（综合）	kg	0.112	0.226	0.416	0.766
	尼龙砂轮片 φ100	片	0.046	0.070	0.092	0.130
	钢丝刷子	把	0.009	0.013	0.016	0.024
	碎布	kg	0.009	0.013	0.016	0.024
	铁砂布 0#~2#	张	0.065	0.101	0.122	0.180
	其他材料费	%	1.00	1.00	1.00	1.00
机械	载货汽车－普通货车 5t	台班	0.336	0.475	0.559	0.690
	汽车式起重机 8t	台班	0.005	0.008	0.036	0.049
	开孔机 200mm（安装用）	台班	0.195	0.216	0.230	0.340
	电焊机（综合）	台班	0.070	0.133	0.194	0.295
	电焊条烘干箱 60×50×75（cm³）	台班	0.007	0.013	0.019	0.030
	电焊条恒温箱	台班	0.007	0.013	0.019	0.030

计量单位：处

编　号			10-4-128	10-4-129	10-4-130	10-4-131	10-4-132
项　目			支管公称直径（mm 以内）				
			200	250	300	350	400
名　称		单位	消　耗　量				
人工	合计工日	工日	4.990	5.374	6.234	7.093	7.952
	其中 普工	工日	1.248	1.343	1.559	1.773	1.988
	一般技工	工日	3.243	3.493	4.052	4.610	5.169
	高级技工	工日	0.499	0.538	0.623	0.710	0.795
材料	焊接式连接器	个	（1.000）	（1.000）	（1.000）	（1.000）	（1.000）
	氧气	m³	0.618	0.891	1.050	1.299	1.434
	乙炔气	kg	0.238	0.343	0.404	0.500	0.552
	低碳钢焊条 J427（综合）	kg	1.060	2.084	2.485	2.888	3.267
	尼龙砂轮片 ϕ100	片	0.218	0.305	0.370	0.434	0.495
	钢丝刷子	把	0.033	0.041	0.049	0.056	0.064
	碎布	kg	0.033	0.041	0.049	0.056	0.064
	铁砂布 0#~2#	张	0.248	0.309	0.367	0.426	0.482
	其他材料费	%	1.00	1.00	1.00	1.00	1.00
机械	载货汽车－普通货车 5t	台班	0.899	1.005	1.114	1.142	1.189
	汽车式起重机 8t	台班	0.068	—	—	—	—
	汽车式起重机 16t	台班	—	0.096	0.109	0.131	0.139
	开孔机 200mm（安装用）	台班	0.437	—	—	—	—
	开孔机 400mm（安装用）	台班	—	0.447	0.459	0.470	0.481
	电焊机（综合）	台班	0.407	0.579	0.690	0.802	0.908
	电焊条烘干箱 $60 \times 50 \times 75$（cm³）	台班	0.041	0.058	0.069	0.080	0.091
	电焊条恒温箱	台班	0.041	0.058	0.069	0.080	0.091

3. 铸铁管碰头（不带介质）

工作内容：关阀门、停气、原管道切割、短管与管件安装，检查、清理现场等。　　　　　　　　计量单位：处

编　号			10-4-133	10-4-134	10-4-135	10-4-136	10-4-137
项　目			公称直径（mm 以内）				
			100	150	200	300	400
名　称		单位	消　耗　量				
人工	合计工日	工日	3.571	5.277	6.288	7.855	10.019
	其中 普工	工日	0.893	1.319	1.572	1.964	2.504
	一般技工	工日	2.321	3.430	4.087	5.105	6.513
	高级技工	工日	0.357	0.528	0.629	0.786	1.002
材料	铸铁管	m	（3.090）	（3.090）	（3.090）	（3.090）	（3.090）
	铸铁三通	个	（1.000）	（1.000）	（1.000）	（1.000）	（1.000）
	铸铁套筒	个	（2.000）	（2.000）	（2.000）	（2.000）	（2.000）
	压兰	片	（7.070）	（7.070）	（7.070）	（7.070）	（7.070）
	橡胶圈	个	（7.070）	（7.070）	（7.070）	（7.070）	（7.070）
	支撑圈	套	（7.070）	（7.070）	（7.070）	（7.070）	（7.070）
	黄油	kg	0.392	0.504	0.644	0.931	1.260
	镀锌铁丝 $\phi2.8\sim4.0$	kg	0.057	0.061	0.066	0.079	0.092
	碎布	kg	0.150	0.168	0.204	0.234	0.252
	塑料布	m²	0.144	0.197	0.254	0.398	0.566
	其他材料费	%	1.00	1.00	1.00	1.00	1.00
机械	载货汽车 - 普通货车 5t	台班	0.717	0.887	1.155	1.431	1.526
	汽车式起重机 8t	台班	0.059	0.078	0.110	—	—
	汽车式起重机 16t	台班	—	—	—	0.176	0.224
	液压断管机 直径 500mm	台班	0.040	0.050	0.071	0.108	0.132

4. 铸铁管碰头 (带介质)

工作内容：原管道清理、机械式连接器安装、连接、开孔、检查、清理现场等。　　　　　　计量单位：处

编　号			10-4-138	10-4-139	10-4-140	10-4-141	10-4-142
项　目			公称直径（mm 以内）				
			100	150	200	300	400
名　称		单位	消　耗　量				
人工	合计工日	工日	2.976	4.399	5.240	6.546	8.349
	其中 普工	工日	0.745	1.099	1.310	1.636	2.087
	一般技工	工日	1.934	2.860	3.406	4.255	5.427
	高级技工	工日	0.297	0.440	0.524	0.655	0.835
材料	机械式连接器	个	（1.000）	（1.000）	（1.000）	（1.000）	（1.000）
	氟丁腈橡胶垫片	片	1.010	1.010	1.010	1.010	1.010
	黄干油	kg	0.155	0.163	0.208	0.333	0.360
	钢丝刷子	把	0.016	0.024	0.033	0.049	0.064
	碎布	kg	0.016	0.024	0.033	0.049	0.064
	铁砂布 0#~2#	张	0.122	0.180	0.248	0.367	0.482
	其他材料费	%	1.00	1.00	1.00	1.00	1.00
机械	载货汽车 – 普通货车 5t	台班	0.598	0.739	0.962	1.193	1.272
	汽车式起重机 8t	台班	0.039	0.052	0.073	—	—
	汽车式起重机 16t	台班	—	—	—	0.117	0.149
	开孔机 200mm（安装用）	台班	0.237	0.350	0.450	—	—
	开孔机 400mm（安装用）	台班	—	—	—	0.473	0.495

5. 塑料管碰头（不带介质）

工作内容：关阀门、停气、原管道切割、短管、三通安装，组对、焊接，检查、清理现场等。 **计量单位：**处

编　号			10-4-143	10-4-144	10-4-145	10-4-146	10-4-147	10-4-148	10-4-149
项　目			公称外径（mm 以内）						
			90	110	160	200	250	315	400
名　称		单位	消　耗　量						
人工	合计工日	工日	2.071	2.210	3.267	3.894	4.193	4.862	6.203
	其中 普工	工日	0.518	0.552	0.817	0.973	1.049	1.215	1.550
	一般技工	工日	1.346	1.437	2.123	2.531	2.725	3.161	4.033
	高级技工	工日	0.207	0.221	0.327	0.390	0.419	0.486	0.620
材料	电熔套筒	个	(2.000)	(2.000)	(2.000)	(2.000)	(2.000)	(2.000)	(2.000)
	热熔三通	个	(1.000)	(1.000)	(1.000)	(1.000)	(1.000)	(1.000)	(1.000)
	三氯乙烯	kg	0.002	0.002	0.002	0.002	0.003	0.003	0.003
	其他材料费	%	1.00	1.00	1.00	1.00	1.00	1.00	1.00
机械	载货汽车－普通货车 5t	台班	0.471	0.554	0.685	0.891	0.996	1.105	1.179
	电熔焊接机 3.5kW	台班	0.254	0.308	0.428	0.546	0.713	0.727	0.911
	热熔对接焊机 160mm	台班	0.120	0.135	0.180	—	—	—	—
	热熔对接焊机 250mm	台班	—	—	—	0.225	0.263	—	—
	热熔对接焊机 630mm	台班	—	—	—	—	—	0.300	0.375
	木工圆锯机 500mm	台班	0.038	0.046	0.081	0.092	0.115	0.129	0.184

6. 塑料管碰头(带介质)

工作内容: 外观检查、清理,管件安装、固定、电熔焊接,开孔,清理现场等。　　　　　　　　　计量单位:处

编　号			10-4-150	10-4-151	10-4-152
项　目			支管公称外径(mm 以内)		
			50	63	90
名　称		单位	消　耗　量		
人工	合计工日	工日	1.670	1.764	1.859
	其中 普工	工日	0.418	0.441	0.465
	一般技工	工日	1.086	1.146	1.208
	高级技工	工日	0.166	0.177	0.186
材料	电熔鞍型带压接头	个	(1.000)	(1.000)	(1.000)
	电熔套筒	个	(1.000)	(1.000)	(1.000)
	其他材料费	%	1.00	1.00	1.00
机械	电熔焊接机 3.5kW	台班	0.121	0.148	0.191
	载货汽车 – 普通货车 5t	台班	0.235	0.285	0.333

九、氮气置换

工作内容：准备工具材料、装拆临时管线仪表、制堵盲板、充放检测氮气等。　　　　　　　　计量单位：100m

编　　号				10-4-153	10-4-154	10-4-155	10-4-156	10-4-157
项　　目				公称直径（mm 以内）				
				50	65	80	100	150
名　　称			单位	消　耗　量				
人工	合计工日		工日	1.474	1.559	1.643	1.756	1.992
	其中	普工	工日	0.369	0.390	0.410	0.439	0.498
		一般技工	工日	0.958	1.013	1.069	1.141	1.294
		高级技工	工日	0.147	0.156	0.164	0.176	0.200
材料	氮气		m³	0.295	0.498	0.754	1.178	2.651
	氧气		m³	0.030	0.030	0.030	0.030	0.036
	乙炔气		m³	0.012	0.012	0.012	0.012	0.014
	低碳钢焊条 J427（综合）		kg	0.014	0.014	0.016	0.016	0.018
	热轧厚钢板 $\delta 8.0\sim15.0$		kg	0.208	0.222	0.234	0.246	0.552
	橡胶板		kg	0.052	0.054	0.058	0.060	0.080
	螺纹阀门 DN20		个	0.014	0.014	0.016	0.016	0.018
	焊接钢管 DN20		m	0.082	0.082	0.098	0.098	0.114
	弹簧压力表 Y-100 0~1.6MPa		块	0.014	0.014	0.016	0.016	0.018
	压力表弯管 DN15		个	0.014	0.014	0.016	0.016	0.018
	其他材料费		%	1.00	1.00	1.00	1.00	1.00
机械	载货汽车 - 普通货车 5t		台班	0.179	0.202	0.227	0.251	0.298
	电焊机（综合）		台班	0.008	0.008	0.010	0.010	0.012

计量单位:100m

编　号			10-4-158	10-4-159	10-4-160	10-4-161	10-4-162
项　目			公称直径(mm以内)				
			200	250	300	350	400
名　称		单位	消　耗　量				
人工	合计工日	工日	2.165	2.368	2.602	2.901	3.339
	其中 普工	工日	0.541	0.592	0.651	0.726	0.834
	一般技工	工日	1.407	1.539	1.691	1.885	2.171
	高级技工	工日	0.217	0.237	0.260	0.290	0.334
材料	氮气	m³	4.712	7.363	10.603	14.432	18.850
	氧气	m³	0.036	0.042	0.048	0.054	0.060
	乙炔气	m³	0.014	0.016	0.018	0.021	0.023
	低碳钢焊条 J427(综合)	kg	0.018	0.018	0.020	0.020	0.020
	热轧厚钢板 δ8.0~15.0	kg	0.738	1.154	1.664	1.898	2.132
	橡胶板	kg	0.090	0.106	0.120	0.166	0.210
	螺纹阀门 DN20	个	0.018	0.018	0.020	0.020	0.020
	焊接钢管 DN20	m	0.114	0.114	0.130	0.130	0.130
	弹簧压力表 Y-100 0~1.6MPa	块	0.018	0.018	0.020	0.020	0.020
	压力表弯管 DN15	个	0.018	0.018	0.020	0.020	0.020
	其他材料费	%	1.00	1.00	1.00	1.00	1.00
机械	载货汽车 - 普通货车 5t	台班	0.358	0.391	0.429	0.476	0.548
	电焊机(综合)	台班	0.012	0.012	0.014	0.014	0.014

十、警示带、示踪线、地面警示标志桩安装

工作内容: 警示带敷设,示踪线敷设、捆扎、锡焊连接、示踪线连接,警示标志桩定位、开挖、回填、安装等。

编　号			10-4-163	10-4-164	10-4-165
项　目			警示带敷设	示踪线安装	地面警示标志桩安装
			100m		10个
名　称		单位	消　耗　量		
人工	合计工日	工日	0.238	0.476	2.860
	其中 普工	工日	0.059	0.119	0.715
	一般技工	工日	0.155	0.309	1.859
	高级技工	工日	0.024	0.048	0.286
材料	警示带	m	(105.000)	—	—
	示踪线	m	—	(105.000)	—
	地面警示标志桩	个	—	—	(10.100)
	塑料粘胶带	盘	—	1.200	—
	铁砂布 0#~2#	张	—	1.000	—
	焊锡丝(综合)	kg	—	0.040	—
	焊锡膏	kg	—	0.020	—
	水泥 P·O 42.5	kg	—	—	12.000
	砂子(中砂)	m³	—	—	0.020
	碎石 20~40	m³	—	—	0.033
	水	m³	—	—	0.010
	其他材料费	%	1.00	1.00	1.00
机械	载货汽车－普通货车 5t	台班	—	—	0.200

第五章　管　道　附　件

说　明

一、本章包括螺纹阀门、法兰阀门、塑料阀门、沟槽阀门、法兰、减压器、疏水器、除污器、水表、热量表、倒流防止器、水锤消除器、补偿器、软接头（软管）、浮标液面计、浮标水位标尺等安装。

二、阀门安装均综合考虑了标准规范要求的壳体压力试验和密封试验工作内容。若采用气压试验时，除人工外，其他相关消耗量可进行调整。

三、安全阀安装后进行压力调整的，其人工乘以系数2.00。螺纹三通阀安装按螺纹阀门安装项目乘以系数1.30。

四、电磁阀、温控阀安装项目均包括了配合调试工作内容，不再重复计算。

五、浮球阀安装已包括了联杆及浮球的安装。

六、与螺纹阀门配套的连接件，如设计与项目中材质不同时，可按设计进行调整。

七、法兰阀门、法兰式附件安装项目均不包括法兰安装，应另行套用相应法兰安装项目。

八、每副法兰和法兰式附件安装项目中，均包括一个垫片的材料用量。各种法兰连接用垫片均按石棉橡胶板考虑，如工程要求采用其他材质时，可按实调整。

九、减压器、疏水器安装均按组成安装考虑。疏水器组成安装未包括止回阀安装，若安装止回阀，执行阀门安装相应项目。单独安装减压器、疏水器时执行阀门安装相应项目。

十、除污器组成安装适用于立式、卧式和旋流式除污器组成安装。单个过滤器安装执行阀门安装相应项目，人工乘以系数1.20。

十一、螺纹水表安装不包括水表前的阀门安装。水表安装是按与钢管连接编制的，如与塑料管连接时，其人工乘以系数0.60，材料、机械消耗量可按实调整。

十二、法兰水表（带旁通管）组成安装中三通、弯头均按成品管件考虑。

十三、热水采暖入口成套热量表包括热量表、差压控制阀、压力传感器、温度传感器、积分仪。户用成套热量表包括热量表、温度传感器、积分仪。

十四、本章成组安装项目已包括标准设计图集中的旁通管安装，旁通连接管所占长度不再另计管道工程量。

十五、本章器具组成安装均分别依据现行相关标准图集编制，其中连接管、管件均按钢制管道、管件及附件考虑。如实际采用其他材质组成安装的，则按相应项目分别计算。

器具附件组成如实际与项目不同时，可按法兰、阀门等附件安装相应项目分别计算或调整。

十六、补偿器项目包括方形补偿器制作与安装和焊接式、法兰式成品补偿器安装，成品补偿器包括球形、填料式、波纹式补偿器。补偿器安装项目中包括就位前进行预拉（压）工作。

十七、法兰式软接头安装适用于法兰式橡胶及金属挠性接头安装。

十八、本章所有安装项目均不包括支架的制作与安装，发生时执行第十章"支架及其他"相应项目。

工程量计算规则

一、各种阀门、补偿器、软接头、螺纹水表、水锤消除器均按照不同连接方式、公称直径以"个"为计量单位。

二、减压器、疏水器、除污器、水表、倒流防止器、热量表成组安装按照不同组成结构、连接方式、公称直径以"组"为计量单位。减压器安装按高压侧的直径计算。

三、卡紧式软管按照不同管径以"根"为计量单位。

四、法兰均区分不同公称直径以"副"为计量单位。

五、浮标液面计、浮漂水位标尺区分不同的型号以"组"为计量单位。

六、阀门安装中螺栓材料量按施工图设计量加规定的损耗量。

一、螺 纹 阀 门

1. 螺纹阀门安装

工作内容: 切管、套丝、阀门连接、水压试验等。

计量单位:个

编　号	10-5-1	10-5-2	10-5-3	10-5-4	10-5-5	10-5-6
项　目	公称直径(mm以内)					
	15	20	25	32	40	50
名　称　单位	消　耗　量					
人工　合计工日　工日	0.077	0.085	0.099	0.126	0.198	0.257
其中　普工　工日	0.019	0.021	0.025	0.032	0.050	0.064
一般技工　工日	0.050	0.055	0.064	0.081	0.128	0.167
高级技工　工日	0.008	0.009	0.010	0.013	0.020	0.026
螺纹阀门　个	(1.010)	(1.010)	(1.010)	(1.010)	(1.010)	(1.010)
黑玛钢活接头 DN15　个	1.010	—	—	—	—	—
黑玛钢活接头 DN20　个	—	1.010	—	—	—	—
黑玛钢活接头 DN25　个	—	—	1.010	—	—	—
黑玛钢活接头 DN32　个	—	—	—	1.010	—	—
黑玛钢活接头 DN40　个	—	—	—	—	1.010	—
黑玛钢活接头 DN50　个	—	—	—	—	—	1.010
黑玛钢六角内接头 DN15　个	0.808	—	—	—	—	—
黑玛钢六角内接头 DN20　个	—	0.808	—	—	—	—
黑玛钢六角内接头 DN25　个	—	—	0.808	—	—	—
黑玛钢六角内接头 DN32　个	—	—	—	0.808	—	—
黑玛钢六角内接头 DN40　个	—	—	—	—	0.808	—
黑玛钢六角内接头 DN50　个	—	—	—	—	—	0.808
橡胶板　kg	0.002	0.003	0.004	0.006	0.008	0.010
聚四氟乙烯生料带 宽20　m	1.130	1.507	1.884	2.412	3.014	3.768
尼龙砂轮片 ϕ400　片	0.008	0.008	0.010	0.015	0.019	0.026
机油　kg	0.007	0.009	0.010	0.013	0.017	0.021
水　m^3	0.001	0.001	0.001	0.001	0.001	0.001
氧气　m^3	0.033	0.042	0.048	0.060	0.084	0.099
乙炔气　kg	0.013	0.016	0.018	0.023	0.032	0.038
低碳钢焊条 J427 ϕ3.2　kg	0.041	0.050	0.059	0.065	0.089	0.122
热轧厚钢板 δ12~20　kg	0.021	0.026	0.031	0.043	0.065	0.105
无缝钢管 D22×2　m	0.003	0.003	0.003	0.003	0.003	0.008
输水软管 ϕ25　m	0.006	0.006	0.006	0.006	0.006	0.016
螺纹阀门 DN15　个	0.006	0.006	0.006	0.006	0.006	0.016
压力表弯管 DN15　个	0.006	0.006	0.006	0.006	0.006	0.016
弹簧压力表 Y-100 0~1.6MPa　块	0.006	0.006	0.006	0.006	0.006	0.016
其他材料费　%	1.00	1.00	1.00	1.00	1.00	1.00
机械　砂轮切割机 ϕ400　台班	0.002	0.002	0.003	0.005	0.005	0.006
管子切断套丝机 159mm　台班	0.012	0.016	0.020	0.026	0.033	0.038
电焊机(综合)　台班	0.007	0.008	0.009	0.012	0.014	0.017
试压泵 3MPa　台班	0.006	0.006	0.006	0.006	0.006	0.016

计量单位：个

编　　号			10-5-7	10-5-8	10-5-9
项　　目			公称直径（mm 以内）		
			65	80	100
名　　称		单位	消　耗　量		
人工	合计工日	工日	0.340	0.500	0.940
	其中 普工	工日	0.085	0.125	0.235
	一般技工	工日	0.221	0.325	0.611
	高级技工	工日	0.034	0.050	0.094
材料	螺纹阀门	个	（1.010）	（1.010）	（1.010）
	黑玛钢活接头 DN65	个	1.010	—	—
	黑玛钢活接头 DN80	个	—	1.010	—
	黑玛钢活接头 DN100	个	—	—	1.010
	黑玛钢六角内接头 DN65	个	0.808	—	—
	黑玛钢六角内接头 DN80	个	—	0.808	—
	黑玛钢六角内接头 DN100	个	—	—	0.808
	橡胶板	kg	0.016	0.022	0.026
	聚四氟乙烯生料带 宽20	m	4.898	6.029	7.536
	尼龙砂轮片 ϕ400	片	0.034	0.045	0.057
	机油	kg	0.029	0.032	0.040
	水	m³	0.001	0.001	0.001
	氧气	m³	0.114	0.126	0.195
	乙炔气	kg	0.043	0.049	0.075
	低碳钢焊条 J427 ϕ3.2	kg	0.132	0.140	0.157
	热轧厚钢板 δ12~20	kg	0.190	0.238	0.313
	无缝钢管 D22×2	m	0.008	0.008	0.010
	输水软管 ϕ25	m	0.016	0.016	0.019
	螺纹阀门 DN15	个	0.016	0.016	0.019
	压力表弯管 DN15	个	0.016	0.016	0.019
	弹簧压力表 Y-100 0~1.6MPa	块	0.016	0.016	0.019
	其他材料费	%	1.00	1.00	1.00
机械	吊装机械（综合）	台班	—	—	0.013
	砂轮切割机 ϕ400	台班	0.007	0.010	0.013
	管子切断套丝机 159mm	台班	0.050	0.064	0.079
	电焊机（综合）	台班	0.020	0.024	0.029
	试压泵 3MPa	台班	0.024	0.024	0.029

2. 螺纹电磁阀安装

工作内容: 切管、套丝、阀门连接、试压检查、配合调试等。　　　　　　　　　　计量单位: 个

编　号			10-5-10	10-5-11	10-5-12	10-5-13	10-5-14	10-5-15
项　目			公称直径（mm 以内）					
			15	20	25	32	40	50
名　称		单位	消　耗　量					
人工	合计工日	工日	0.085	0.094	0.108	0.144	0.225	0.276
	其中 普工	工日	0.021	0.024	0.027	0.036	0.056	0.069
	一般技工	工日	0.055	0.061	0.070	0.094	0.146	0.179
	高级技工	工日	0.009	0.009	0.011	0.014	0.023	0.028
材料	螺纹电磁阀门	个	（1.000）	（1.000）	（1.000）	（1.000）	（1.000）	（1.000）
	聚四氟乙烯生料带 宽20	m	0.568	0.752	0.944	1.208	1.504	1.888
	尼龙砂轮片 φ400	片	0.008	0.010	0.010	0.015	0.019	0.026
	机油	kg	0.007	0.009	0.010	0.013	0.017	0.021
	其他材料费	%	1.00	1.00	1.00	1.00	1.00	1.00
机械	砂轮切割机 φ400	台班	0.002	0.004	0.004	0.005	0.006	0.008
	管子切断套丝机 159mm	台班	0.012	0.016	0.020	0.026	0.033	0.041

计量单位: 个

编　号			10-5-16	10-5-17	10-5-18
项　目			公称直径（mm 以内）		
			65	80	100
名　称		单位	消　耗　量		
人工	合计工日	工日	0.380	0.540	1.030
	其中 普工	工日	0.095	0.135	0.257
	一般技工	工日	0.247	0.351	0.670
	高级技工	工日	0.038	0.054	0.103
材料	螺纹电磁阀门	个	（1.000）	（1.000）	（1.000）
	聚四氟乙烯生料带 宽20	m	2.448	3.016	3.768
	尼龙砂轮片 φ400	片	0.034	0.045	0.057
	机油	kg	0.029	0.032	0.040
	其他材料费	%	1.00	1.00	1.00
机械	吊装机械（综合）	台班	—	—	0.013
	砂轮切割机 φ400	台班	0.007	0.010	0.013
	管子切断套丝机 159mm	台班	0.052	0.064	0.079

3. 螺纹浮球阀安装

工作内容: 切管、套丝、阀门连接、试压检查等。　　　　　　　　　　　　　　　　　　计量单位:个

编　号			10-5-19	10-5-20	10-5-21	10-5-22	10-5-23	10-5-24
项　目			公称直径(mm 以内)					
			15	20	25	32	40	50
名　称		单位	消　耗　量					
人工	合计工日	工日	0.077	0.085	0.099	0.126	0.171	0.228
	其中 普工	工日	0.019	0.021	0.025	0.032	0.043	0.057
	一般技工	工日	0.050	0.055	0.064	0.081	0.111	0.148
	高级技工	工日	0.008	0.009	0.010	0.013	0.017	0.023
材料	螺纹浮球阀	个	(1.010)	(1.010)	(1.010)	(1.010)	(1.010)	(1.010)
	黑玛钢管箍 DN15	个	1.010	—	—	—	—	—
	黑玛钢管箍 DN20	个	—	1.010	—	—	—	—
	黑玛钢管箍 DN25	个	—	—	1.010	—	—	—
	黑玛钢管箍 DN32	个	—	—	—	1.010	—	—
	黑玛钢管箍 DN40	个	—	—	—	—	1.010	—
	黑玛钢管箍 DN50	个	—	—	—	—	—	1.010
	聚四氟乙烯生料带 宽20	m	0.568	0.752	0.944	1.208	1.504	1.888
	尼龙砂轮片 ϕ400	片	0.008	0.010	0.010	0.015	0.019	0.026
	机油	kg	0.003	0.004	0.005	0.007	0.008	0.021
	其他材料费	%	1.00	1.00	1.00	1.00	1.00	1.00
机械	砂轮切割机 ϕ400	台班	0.002	0.004	0.004	0.005	0.006	0.008
	管子切断套丝机 159mm	台班	0.006	0.008	0.010	0.013	0.016	0.041

计量单位：个

编　号			10-5-25	10-5-26	10-5-27
项　目			公称直径（mm 以内）		
			65	80	100
名　称		单位	消　耗　量		
人工	合计工日	工日	0.330	0.450	0.720
	其中 普工	工日	0.082	0.112	0.180
	一般技工	工日	0.215	0.293	0.468
	高级技工	工日	0.033	0.045	0.072
材料	螺纹浮球阀	个	（1.010）	（1.010）	（1.010）
	黑玛钢管箍 DN65	个	1.010	—	—
	黑玛钢管箍 DN80	个	—	1.010	—
	黑玛钢管箍 DN100	个	—	—	1.010
	聚四氟乙烯生料带 宽 20	m	2.448	3.016	3.768
	尼龙砂轮片 $\phi400$	片	0.034	0.045	0.057
	机油	kg	0.014	0.016	0.020
	其他材料费	%	1.00	1.00	1.00
机械	吊装机械（综合）	台班	—	—	0.007
	砂轮切割机 $\phi400$	台班	0.007	0.010	0.013
	管子切断套丝机 159mm	台班	0.026	0.032	0.040

4. 自动排气阀安装

工作内容：切管、套丝、排气阀安装、试压检查等。　　　　　　　　　　　**计量单位：**个

编　号			10-5-28	10-5-29	10-5-30
项　目			公称直径（mm 以内）		
			15	20	25
名　称		单位	消　耗　量		
人工	合计工日	工日	0.102	0.110	0.128
	其中　普工	工日	0.026	0.028	0.032
	其中　一般技工	工日	0.066	0.071	0.083
	其中　高级技工	工日	0.010	0.011	0.013
材料	自动排气阀	个	（1.000）	（1.000）	（1.000）
	黑玛钢管箍 DN15	个	1.010	—	—
	黑玛钢管箍 DN20	个	—	1.010	—
	黑玛钢管箍 DN25	个	—	—	1.010
	黑玛钢六角内接头 DN15	个	1.010	—	—
	黑玛钢六角内接头 DN20	个	—	1.010	—
	黑玛钢六角内接头 DN25	个	—	—	1.010
	黑玛钢弯头 DN15	个	1.010	—	—
	黑玛钢弯头 DN20	个	—	1.010	—
	黑玛钢弯头 DN25	个	—	—	1.010
	聚四氟乙烯生料带 宽20	m	0.836	1.056	1.328
	尼龙砂轮片 ϕ400	片	0.008	0.012	0.012
	机油	kg	0.006	0.007	0.008
	氧气	m³	—	—	0.012
	乙炔气	kg	—	—	0.004
	其他材料费	%	1.00	1.00	1.00
机械	砂轮切割机 ϕ400	台班	0.002	0.002	0.003
	管子切断套丝机 159mm	台班	0.004	0.005	0.005

5. 散热器温控阀安装

工作内容: 切管、套丝、阀门连接、试压检查等。

计量单位: 个

编　号			10-5-31	10-5-32	10-5-33
项　目			公称直径（mm 以内）		
			15	20	25
名　　称		单位	消　耗　量		
人工	合计工日	工日	0.085	0.094	0.108
	其中　普工	工日	0.021	0.024	0.027
	其中　一般技工	工日	0.055	0.061	0.070
	其中　高级技工	工日	0.009	0.009	0.011
材料	散热器温控阀	个	（1.000）	（1.000）	（1.000）
	聚四氟乙烯生料带 宽20	m	0.568	0.752	0.944
	尼龙砂轮片 $\phi400$	片	0.008	0.010	0.012
	机油	kg	0.007	0.009	0.010
	其他材料费	%	1.00	1.00	1.00
机械	砂轮切割机 $\phi400$	台班	0.002	0.002	0.003
	管子切断套丝机 159mm	台班	0.012	0.016	0.016

二、法 兰 阀 门

1. 法兰阀门安装

工作内容：制垫、加垫、阀门连接、紧螺栓、水压试验等。　　　　　　　　　　　　　计量单位：个

编　号			10-5-34	10-5-35	10-5-36	10-5-37	10-5-38	10-5-39
项　目			公称直径（mm 以内）					
			20	25	32	40	50	65
名　称		单位	消　耗　量					
人工	合计工日	工日	0.180	0.190	0.210	0.230	0.250	0.320
	其中 普工	工日	0.045	0.047	0.052	0.057	0.062	0.080
	一般技工	工日	0.117	0.124	0.137	0.150	0.163	0.208
	高级技工	工日	0.018	0.019	0.021	0.023	0.025	0.032
材料	法兰阀门	个	（1.000）	（1.000）	（1.000）	（1.000）	（1.000）	（1.000）
	橡胶板	kg	0.024	0.034	0.044	0.064	0.080	0.114
	白铅油	kg	0.025	0.028	0.030	0.035	0.040	0.050
	机油	kg	0.002	0.002	0.004	0.004	0.004	0.004
	水	m³	0.001	0.001	0.001	0.001	0.001	0.001
	碎布	kg	0.004	0.004	0.004	0.004	0.004	0.004
	砂纸	张	0.004	0.004	0.004	0.004	0.004	0.004
	氧气	m³	0.042	0.048	0.060	0.084	0.099	0.114
	乙炔气	kg	0.016	0.018	0.023	0.032	0.038	0.043
	低碳钢焊条 J427 ϕ3.2	kg	0.050	0.059	0.065	0.089	0.122	0.132
	热轧厚钢板 δ12~20	kg	0.026	0.031	0.043	0.049	0.160	0.202
	无缝钢管 D22×2	m	0.003	0.003	0.003	0.003	0.008	0.008
	输水软管 ϕ25	m	0.006	0.006	0.006	0.006	0.016	0.016
	螺纹阀门 DN15	个	0.006	0.006	0.006	0.006	0.016	0.016
	压力表弯管 DN15	个	0.006	0.006	0.006	0.006	0.016	0.016
	弹簧压力表 Y-100 0~1.6MPa	块	0.006	0.006	0.006	0.006	0.016	0.016
	其他材料费	%	1.00	1.00	1.00	1.00	1.00	1.00
机械	电焊机（综合）	台班	0.008	0.009	0.012	0.014	0.017	0.020
	试压泵 3MPa	台班	0.006	0.006	0.006	0.006	0.016	0.024

计量单位: 个

编 号			10-5-40	10-5-41	10-5-42	10-5-43	10-5-44	10-5-45
项 目			公称直径 (mm 以内)					
			80	100	125	150	200	250
名 称		单位	消 耗 量					
人工	合计工日	工日	0.440	0.600	0.740	0.830	0.856	0.968
	其中 普工	工日	0.110	0.150	0.185	0.207	0.213	0.241
	一般技工	工日	0.286	0.390	0.481	0.540	0.557	0.630
	高级技工	工日	0.044	0.060	0.074	0.083	0.086	0.097
材料	法兰阀门	个	(1.000)	(1.000)	(1.000)	(1.000)	(1.000)	(1.000)
	橡胶板	kg	0.154	0.199	0.276	0.326	0.376	0.425
	白铅油	kg	0.070	0.100	0.120	0.140	0.170	0.200
	机油	kg	0.007	0.007	0.007	0.010	0.016	0.018
	水	m³	0.001	0.001	0.003	0.003	0.003	0.006
	碎布	kg	0.008	0.008	0.008	0.016	0.024	0.024
	砂纸	张	0.008	0.008	0.008	0.016	0.024	0.024
	氧气	m³	0.126	0.195	0.258	0.297	0.426	0.597
	乙炔气	kg	0.049	0.075	0.100	0.114	0.163	0.229
	低碳钢焊条 J427 φ3.2	kg	0.140	0.157	0.175	0.196	0.224	0.252
	热轧厚钢板 δ12~20	kg	0.238	0.343	0.445	0.581	0.831	1.216
	无缝钢管 D22×2	m	0.008	0.010	0.010	0.010	0.010	0.010
	输水软管 φ25	m	0.016	0.019	0.019	0.019	0.019	0.019
	螺纹阀门 DN15	个	0.016	0.019	0.019	0.019	0.019	0.019
	压力表弯管 DN15	个	0.016	0.019	0.019	0.019	0.019	0.019
	弹簧压力表 Y-100 0~1.6MPa	块	0.016	0.019	0.019	0.019	0.019	0.019
	其他材料费	%	1.00	1.00	1.00	1.00	1.00	1.00
机械	载货汽车-普通货车 5t	台班	—	—	0.003	0.003	0.005	0.015
	吊装机械 (综合)	台班	—	—	0.026	0.026	0.031	0.103
	电焊机 (综合)	台班	0.024	0.029	0.032	0.036	0.038	0.041
	试压泵 3MPa	台班	0.024	0.029	0.076	0.076	0.076	0.076

计量单位：个

编　号			10-5-46	10-5-47	10-5-48	10-5-49	10-5-50
项　目			公称直径（mm 以内）				
			300	350	400	450	500
名　称		单位	消　耗　量				
人工	合计工日	工日	1.106	1.372	1.568	1.974	2.079
	其中 普工	工日	0.276	0.343	0.392	0.494	0.519
	一般技工	工日	0.719	0.892	1.019	1.283	1.352
	高级技工	工日	0.111	0.137	0.157	0.197	0.208
材料	法兰阀门	个	（1.000）	（1.000）	（1.000）	（1.000）	（1.000）
	橡胶板	kg	0.466	0.654	0.804	0.943	0.963
	白铅油	kg	0.240	0.280	0.300	0.320	0.350
	机油	kg	0.018	0.024	0.037	0.046	0.056
	水	m³	0.020	0.034	0.034	0.052	0.052
	碎布	kg	0.024	0.032	0.032	0.040	0.040
	砂纸	张	0.024	0.032	0.032	0.040	0.040
	氧气	m³	0.714	0.771	0.855	1.026	1.083
	乙炔气	kg	0.274	0.296	0.329	0.395	0.417
	低碳钢焊条 J427 ϕ3.2	kg	0.279	0.298	0.325	0.347	0.368
	热轧厚钢板 δ12~20	kg	1.568	2.004	2.493	4.551	5.524
	无缝钢管 D22×2	m	0.010	0.010	0.010	0.010	0.010
	输水软管 ϕ25	m	0.019	0.019	0.019	0.019	0.019
	螺纹阀门 DN15	个	0.019	0.019	0.019	0.019	0.019
	压力表弯管 DN15	个	0.019	0.019	0.019	0.019	0.019
	弹簧压力表 Y-100 0~1.6MPa	块	0.019	0.019	0.019	0.019	0.019
	其他材料费	%	1.00	1.00	1.00	1.00	1.00
机械	载货汽车－普通货车 5t	台班	0.019	0.024	0.039	0.052	0.069
	吊装机械（综合）	台班	0.126	0.156	0.176	0.208	0.223
	电焊机（综合）	台班	0.043	0.046	0.049	0.052	0.056
	试压泵 3MPa	台班	0.076	0.095	0.095	0.114	0.114

2. 法兰电磁阀安装

工作内容: 制垫、加垫、阀门连接、紧螺栓、试压检查、配合调试等。　　　　　　　计量单位: 个

编　号			10-5-51	10-5-52	10-5-53	10-5-54	10-5-55	10-5-56
项　目			公称直径（mm 以内）					
			32	40	50	65	80	100
名　称		单位	消　耗　量					
人工	合计工日	工日	0.230	0.260	0.290	0.370	0.490	0.670
	其中 普工	工日	0.057	0.065	0.072	0.092	0.122	0.167
	其中 一般技工	工日	0.150	0.169	0.189	0.241	0.319	0.436
	其中 高级技工	工日	0.023	0.026	0.029	0.037	0.049	0.067
材料	法兰电磁阀	个	（1.000）	（1.000）	（1.000）	（1.000）	（1.000）	（1.000）
	橡胶板	kg	0.040	0.060	0.070	0.090	0.130	0.170
	白铅油	kg	0.030	0.035	0.040	0.050	0.070	0.100
	机油	kg	0.004	0.004	0.004	0.004	0.007	0.007
	碎布	kg	0.004	0.004	0.004	0.004	0.008	0.008
	砂纸	张	0.004	0.004	0.004	0.004	0.008	0.008
	其他材料费	%	1.00	1.00	1.00	1.00	1.00	1.00

计量单位：个

编　号			10-5-57	10-5-58	10-5-59	10-5-60	10-5-61	10-5-62
项　目			公称直径（mm 以内）					
			125	150	200	250	300	350
名　称		单位	消　耗　量					
人工	合计工日	工日	0.810	0.940	1.010	1.064	1.225	1.512
	其中	普工	工日	0.202	0.235	0.252	0.266	0.305	0.378
		一般技工	工日	0.527	0.611	0.657	0.692	0.797	0.983
		高级技工	工日	0.081	0.094	0.101	0.106	0.123	0.151
材料	法兰电磁阀	个	（1.000）	（1.000）	（1.000）	（1.000）	（1.000）	（1.000）
	橡胶板	kg	0.230	0.280	0.330	0.370	0.400	0.540
	白铅油	kg	0.120	0.140	0.170	0.200	0.250	0.280
	机油	kg	0.007	0.010	0.016	0.018	0.018	0.024
	碎布	kg	0.008	0.016	0.024	0.024	0.024	0.032
	砂纸	张	0.008	0.016	0.024	0.024	0.024	0.032
	其他材料费	%	1.00	1.00	1.00	1.00	1.00	1.00
机械	载货汽车 – 普通货车 5t	台班	0.003	0.004	0.006	0.016	0.021	0.026
	吊装机械（综合）	台班	0.026	0.026	0.031	0.103	0.103	0.120

计量单位：个

编　　号			10-5-63	10-5-64	10-5-65
项　　目			公称直径（mm 以内）		
			400	450	500
名　　称		单位	消　耗　量		
人工	合计工日	工日	1.743	2.065	2.366
	其中　普工	工日	0.436	0.515	0.591
	一般技工	工日	1.133	1.343	1.538
	高级技工	工日	0.174	0.207	0.237
材料	法兰电磁阀	个	（1.000）	（1.000）	（1.000）
	橡胶板	kg	0.690	0.810	0.830
	白铅油	kg	0.300	0.320	0.350
	机油	kg	0.037	0.037	0.056
	碎布	kg	0.032	0.032	0.040
	砂纸	张	0.032	0.032	0.040
	其他材料费	%	1.00	1.00	1.00
机械	载货汽车 – 普通货车 5t	台班	0.042	0.056	0.080
	吊装机械（综合）	台班	0.140	0.160	0.175

3. 对夹式蝶阀安装

工作内容：制垫、加垫、阀门连接、紧螺栓、水压试验等。　　　　　　　　　　计量单位：个

编　号			10-5-66	10-5-67	10-5-68	10-5-69	10-5-70	10-5-71
项　目			公称直径（mm 以内）					
			50	65	80	100	125	150
名　称		单位	消　耗　量					
人工	合计工日		工日	0.210	0.260	0.440	0.550	0.650	0.730
	其中	普工	工日	0.052	0.065	0.110	0.137	0.162	0.182
		一般技工	工日	0.137	0.169	0.286	0.358	0.423	0.475
		高级技工	工日	0.021	0.026	0.044	0.055	0.065	0.073
材料	对夹式蝶阀		个	(1.000)	(1.000)	(1.000)	(1.000)	(1.000)	(1.000)
	橡胶板		kg	0.066	0.096	0.128	0.165	0.230	0.270
	白铅油		kg	0.040	0.050	0.070	0.100	0.120	0.140
	机油		kg	0.004	0.004	0.007	0.007	0.007	0.010
	水		m³	0.001	0.001	0.001	0.001	0.003	0.003
	碎布		kg	0.004	0.004	0.008	0.008	0.008	0.016
	砂纸		张	0.004	0.004	0.008	0.008	0.008	0.016
	氧气		m³	0.099	0.112	0.128	0.195	0.258	0.297
	乙炔气		kg	0.038	0.043	0.049	0.075	0.100	0.114
	低碳钢焊条 J427 ϕ3.2		kg	0.122	0.132	0.140	0.157	0.175	0.196
	热轧厚钢板 δ12~20		kg	0.160	0.202	0.238	0.343	0.445	0.581
	无缝钢管 $D22 \times 2$		m	0.008	0.008	0.008	0.010	0.010	0.010
	输水软管 ϕ25		m	0.016	0.016	0.016	0.019	0.019	0.019
	螺纹阀门 DN15		个	0.016	0.016	0.016	0.019	0.019	0.019
	压力表弯管 DN15		个	0.016	0.016	0.016	0.019	0.019	0.019
	弹簧压力表 Y-100 0~1.6MPa		块	0.016	0.016	0.016	0.019	0.019	0.019
	其他材料费		%	1.00	1.00	1.00	1.00	1.00	1.00
机械	载货汽车 - 普通货车 5t		台班	—	—	—	—	0.001	0.001
	吊装机械（综合）		台班	—	—	—	—	0.024	0.026
	电焊机（综合）		台班	0.017	0.020	0.024	0.029	0.032	0.036
	试压泵 3MPa		台班	0.016	0.024	0.024	0.029	0.076	0.076

计量单位：个

编　　号			10-5-72	10-5-73	10-5-74	10-5-75
项　　目			公称直径（mm 以内）			
			200	250	300	350
名　　称		单位	消　耗　量			
人工	合计工日		工日	0.747	0.780	0.980	1.232
	其中	普工	工日	0.186	0.195	0.245	0.308
		一般技工	工日	0.486	0.507	0.637	0.801
		高级技工	工日	0.075	0.078	0.098	0.123
材料	对夹式蝶阀		个	（1.000）	（1.000）	（1.000）	（1.000）
	橡胶板		kg	0.310	0.351	0.386	0.546
	白铅油		kg	0.170	0.200	0.250	0.280
	机油		kg	0.010	0.018	0.018	0.018
	水		m³	0.003	0.006	0.020	0.034
	碎布		kg	0.016	0.024	0.024	0.024
	砂纸		张	0.016	0.024	0.024	0.024
	氧气		m³	0.426	0.597	0.714	0.771
	乙炔气		kg	0.163	0.229	0.274	0.296
	低碳钢焊条 J427 ϕ3.2		kg	0.242	0.252	0.279	0.298
	热轧厚钢板 δ12~20		kg	0.831	1.216	1.568	2.004
	无缝钢管 D22×2		m	0.010	0.010	0.010	0.010
	输水软管 ϕ25		m	0.019	0.019	0.019	0.019
	螺纹阀门 DN15		个	0.019	0.019	0.019	0.019
	压力表弯管 DN15		个	0.019	0.019	0.019	0.019
	弹簧压力表 Y-100 0~1.6MPa		块	0.019	0.019	0.019	0.019
	其他材料费		%	1.00	1.00	1.00	1.00
机械	载货汽车 – 普通货车 5t		台班	0.032	0.101	0.101	0.119
	吊装机械（综合）		台班	—	—	0.023	0.036
	电焊机（综合）		台班	0.038	0.041	0.043	0.046
	试压泵 3MPa		台班	0.076	0.076	0.076	0.095

计量单位：个

编　号			10-5-76	10-5-77	10-5-78
项　目			公称直径（mm 以内）		
			400	450	500
名　称		单位	消 耗 量		
人工	合计工日	工日	1.428	1.764	1.988
	其中 普工	工日	0.357	0.441	0.497
	一般技工	工日	0.928	1.147	1.292
	高级技工	工日	0.143	0.176	0.199
材料	对夹式蝶阀	个	（1.000）	（1.000）	（1.000）
	橡胶板	kg	0.666	0.781	0.797
	白铅油	kg	0.300	0.320	0.350
	机油	kg	0.037	0.037	0.056
	水	m³	0.034	0.052	0.052
	碎布	kg	0.032	0.032	0.040
	砂纸	张	0.032	0.032	0.040
	氧气	m³	0.855	1.026	1.083
	乙炔气	kg	0.329	0.395	0.417
	低碳钢焊条 J427 ϕ3.2	kg	0.325	0.347	0.368
	热轧厚钢板 δ12~20	kg	2.493	4.551	5.524
	无缝钢管 $D22 \times 2$	m	0.010	0.010	0.010
	输水软管 ϕ25	m	0.019	0.019	0.019
	螺纹阀门 DN15	个	0.019	0.019	0.019
	压力表弯管 DN15	个	0.019	0.019	0.019
	弹簧压力表 Y-100 0~1.6MPa	块	0.019	0.019	0.019
	其他材料费	%	1.00	1.00	1.00
机械	载货汽车 - 普通货车 5t	台班	0.139	0.160	0.179
	吊装机械（综合）	台班	0.036	0.048	0.048
	电焊机（综合）	台班	0.049	0.052	0.056
	试压泵 3MPa	台班	0.095	0.114	0.114

4. 法兰浮球阀安装

工作内容: 制垫、加垫、阀门连接、紧螺栓、试压检查等。　　　　　　　　　　计量单位:个

编　号				10-5-79	10-5-80	10-5-81	10-5-82	10-5-83	10-5-84
项　目				公称直径（mm 以内）					
				32	50	80	100	125	150
名　称			单位	消　耗　量					
人工	合计工日		工日	0.150	0.190	0.340	0.450	0.500	0.590
	其中	普工	工日	0.037	0.047	0.085	0.112	0.125	0.147
		一般技工	工日	0.098	0.124	0.221	0.293	0.325	0.384
		高级技工	工日	0.015	0.019	0.034	0.045	0.050	0.059
材料	法兰浮球阀		个	（1.000）	（1.000）	（1.000）	（1.000）	（1.000）	（1.000）
	橡胶板		kg	0.032	0.056	0.104	0.136	0.184	0.224
	白铅油		kg	0.030	0.040	0.070	0.100	0.120	0.140
	机油		kg	0.004	0.004	0.004	0.007	0.007	0.010
	碎布		kg	0.004	0.004	0.004	0.008	0.008	0.016
	砂纸		张	0.004	0.004	0.004	0.008	0.008	0.016
	其他材料费		%	1.00	1.00	1.00	1.00	1.00	1.00
机械	载货汽车 – 普通货车 5t		台班	—	—	—	—	0.001	0.002
	吊装机械（综合）		台班	—	—	—	—	0.024	0.026

5.法兰液压式水位控制阀安装

工作内容：制垫、加垫、阀门连接、紧螺栓、试压检查等。　　　　　　　　　　　　计量单位：个

编　号				10-5-85	10-5-86	10-5-87	10-5-88	10-5-89	10-5-90
项　目				公称直径（mm 以内）					
				50	80	100	125	150	200
名　称			单位	消　耗　量					
人工	合计工日		工日	0.220	0.400	0.530	0.620	0.710	0.880
	其中	普工	工日	0.055	0.100	0.132	0.155	0.177	0.220
		一般技工	工日	0.143	0.260	0.345	0.403	0.462	0.572
		高级技工	工日	0.022	0.040	0.053	0.062	0.071	0.088
材料	法兰控制阀　液压式		个	（1.000）	（1.000）	（1.000）	（1.000）	（1.000）	（1.000）
	橡胶板		kg	0.070	0.130	0.170	0.230	0.280	0.330
	白铅油		kg	0.040	0.070	0.100	0.120	0.140	0.170
	机油		kg	0.004	0.007	0.007	0.007	0.010	0.016
	碎布		kg	0.004	0.008	0.008	0.008	0.016	0.024
	砂纸		张	0.004	0.008	0.008	0.008	0.016	0.024
	其他材料费		%	1.00	1.00	1.00	1.00	1.00	1.00
机械	载货汽车 – 普通货车 5t		台班	—	—	—	0.003	0.004	0.007
	吊装机械（综合）		台班	—	—	—	0.026	0.026	0.031

三、塑 料 阀 门

1. 塑料阀门安装（熔接）

工作内容：切管、清理、阀门熔接、试压检查等。　　　　　　　　　　　　　　　　计量单位：个

编　号			10-5-91	10-5-92	10-5-93	10-5-94	10-5-95	10-5-96
项　目			公称直径（mm 以内）					
			15	20	25	32	40	50
名　称		单位	消　耗　量					
人工	合计工日		工日	0.040	0.050	0.060	0.080	0.110	0.140
	其中	普工	工日	0.010	0.012	0.015	0.020	0.027	0.035
		一般技工	工日	0.026	0.033	0.039	0.052	0.072	0.091
		高级技工	工日	0.004	0.005	0.006	0.008	0.011	0.014
材料	塑料阀门		个	（1.010）	（1.010）	（1.010）	（1.010）	（1.010）	（1.010）
	碎布		kg	0.002	0.003	0.004	0.005	0.007	0.010
	铁砂布		张	0.007	0.008	0.009	0.015	0.019	0.033
	其他材料费		%	1.00	1.00	1.00	1.00	1.00	1.00

计量单位：个

编　号			10-5-97	10-5-98	10-5-99
项　目			公称直径（mm 以内）		
			65	80	100
名　称		单位	消　耗　量		
人工	合计工日		工日	0.160	0.200	0.240
	其中	普工	工日	0.040	0.050	0.060
		一般技工	工日	0.104	0.130	0.156
		高级技工	工日	0.016	0.020	0.024
材料	塑料阀门		个	（1.010）	（1.010）	（1.010）
	碎布		kg	0.010	0.012	0.014
	铁砂布		张	0.033	0.033	0.042
	其他材料费		%	1.00	1.00	1.00

2.塑料阀门安装(粘接)

工作内容:切管、清理、阀门粘接、试压检查等。　　　　　　　　　　　　　　计量单位:个

编　号			10-5-100	10-5-101	10-5-102	10-5-103	10-5-104	10-5-105
项　目			公称直径(mm 以内)					
			15	20	25	32	40	50
名　称		单位	消　耗　量					
人工	合计工日	工日	0.040	0.050	0.060	0.080	0.100	0.120
	其中 普工	工日	0.010	0.012	0.015	0.020	0.025	0.030
	一般技工	工日	0.026	0.033	0.039	0.052	0.065	0.078
	高级技工	工日	0.004	0.005	0.006	0.008	0.010	0.012
材料	塑料阀门	个	(1.010)	(1.010)	(1.010)	(1.010)	(1.010)	(1.010)
	粘接剂	kg	0.003	0.003	0.004	0.006	0.007	0.009
	丙酮	kg	0.006	0.007	0.010	0.012	0.013	0.018
	碎布	kg	0.002	0.003	0.003	0.004	0.005	0.007
	铁砂布	张	0.007	0.008	0.009	0.015	0.019	0.026
	其他材料费	%	1.00	1.00	1.00	1.00	1.00	1.00

计量单位:个

编　号			10-5-106	10-5-107	10-5-108
项　目			公称直径(mm 以内)		
			65	80	100
名　称		单位	消　耗　量		
人工	合计工日	工日	0.140	0.170	0.210
	其中 普工	工日	0.035	0.042	0.052
	一般技工	工日	0.091	0.111	0.137
	高级技工	工日	0.014	0.017	0.021
材料	塑料阀门	个	(1.010)	(1.010)	(1.010)
	粘接剂	kg	0.010	0.015	0.025
	丙酮	kg	0.015	0.022	0.038
	碎布	kg	0.009	0.012	0.013
	铁砂布	张	0.029	0.033	0.042
	其他材料费	%	1.00	1.00	1.00

四、沟 槽 阀 门

工作内容：切管、沟槽滚压、阀门安装、水压试验等。　　　　　　　　　　　　　　计量单位：个

编　号				10-5-109	10-5-110	10-5-111	10-5-112	10-5-113
项　目				公称直径（mm 以内）				
				20	25	32	40	50
名　称			单位	消　耗　量				
人工	合计工日		工日	0.090	0.110	0.140	0.170	0.240
	其中	普工	工日	0.022	0.027	0.035	0.042	0.060
		一般技工	工日	0.059	0.072	0.091	0.111	0.156
		高级技工	工日	0.009	0.011	0.014	0.017	0.024
材料	沟槽阀门		个	（1.000）	（1.000）	（1.000）	（1.000）	（1.000）
	卡箍连接件（含胶圈）		套	（2.000）	（2.000）	（2.000）	（2.000）	（2.000）
	水		m³	0.001	0.001	0.001	0.001	0.001
	润滑剂		kg	0.004	0.005	0.006	0.007	0.008
	氧气		m³	0.042	0.048	0.060	0.084	0.099
	乙炔气		kg	0.016	0.018	0.023	0.032	0.038
	低碳钢焊条 J427 ϕ3.2		kg	0.050	0.059	0.065	0.089	0.122
	橡胶板		kg	0.003	0.004	0.005	0.007	0.012
	热轧厚钢板 δ12~20		kg	0.026	0.031	0.043	0.049	0.160
	无缝钢管 D22×2		m	0.003	0.003	0.003	0.003	0.008
	输水软管 ϕ25		m	0.006	0.006	0.006	0.006	0.016
	螺纹阀门 DN15		个	0.006	0.006	0.006	0.006	0.016
	压力表弯管 DN15		个	0.006	0.006	0.006	0.006	0.016
	弹簧压力表 Y-100 0~1.6MPa		块	0.006	0.006	0.006	0.006	0.016
	其他材料费		%	1.00	1.00	1.00	1.00	1.00
机械	吊装机械（综合）		台班	—	—	—	—	0.002
	管子切断机 60mm		台班	0.005	0.005	0.005	0.006	0.007
	滚槽机		台班	0.008	0.010	0.013	0.016	0.020
	电焊机（综合）		台班	0.008	0.009	0.012	0.014	0.017
	试压泵 3MPa		台班	0.006	0.006	0.006	0.006	0.016

计量单位:个

编　号			10-5-114	10-5-115	10-5-116	10-5-117	10-5-118
项　目			公称直径(mm 以内)				
			65	80	100	125	150
名　称		单位	消　耗　量				
人工	合计工日	工日	0.350	0.470	0.610	0.770	0.930
	其中 普工	工日	0.087	0.117	0.152	0.192	0.232
	一般技工	工日	0.228	0.306	0.397	0.501	0.605
	高级技工	工日	0.035	0.047	0.061	0.077	0.093
材料	沟槽阀门	个	(1.000)	(1.000)	(1.000)	(1.000)	(1.000)
	卡箍连接件(含胶圈)	套	(2.000)	(2.000)	(2.000)	(2.000)	(2.000)
	水	m³	0.001	0.001	0.001	0.003	0.003
	润滑剂	kg	0.009	0.010	0.012	0.014	0.016
	氧气	m³	0.114	0.128	0.195	0.258	0.297
	乙炔气	kg	0.043	0.049	0.075	0.100	0.114
	低碳钢焊条 J427 ϕ3.2	kg	0.132	0.140	0.157	0.175	0.196
	橡胶板	kg	0.017	0.024	0.029	0.036	0.046
	热轧厚钢板 δ12~20	kg	0.202	0.238	0.343	0.445	0.581
	无缝钢管 D22×2	m	0.008	0.008	0.010	0.010	0.010
	输水软管 ϕ25	m	0.016	0.016	0.019	0.019	0.019
	螺纹阀门 DN15	个	0.016	0.016	0.019	0.019	0.019
	压力表弯管 DN15	个	0.016	0.016	0.019	0.019	0.019
	弹簧压力表 Y-100 0~1.6MPa	块	0.016	0.016	0.019	0.019	0.019
	其他材料费	%	1.00	1.00	1.00	1.00	1.00
机械	载货汽车－普通货车 5t	台班	—	—	—	0.002	0.003
	吊装机械(综合)	台班	0.003	0.003	0.010	0.038	0.039
	管子切断机 150mm	台班	0.008	0.008	0.009	0.012	0.015
	滚槽机	台班	0.026	0.032	0.040	0.049	0.058
	电焊机(综合)	台班	0.020	0.024	0.029	0.032	0.036
	试压泵 3MPa	台班	0.024	0.024	0.029	0.076	0.076

计量单位：个

编　号			10-5-119	10-5-120	10-5-121	10-5-122	10-5-123
项　目			公称直径（mm 以内）				
			200	250	300	350	400
名　称		单位	消　耗　量				
人工	合计工日	工日	1.130	1.430	1.810	2.240	2.560
	其中 普工	工日	0.282	0.358	0.452	0.559	0.639
	一般技工	工日	0.735	0.929	1.177	1.457	1.665
	高级技工	工日	0.113	0.143	0.181	0.224	0.256
材料	沟槽阀门	个	（1.000）	（1.000）	（1.000）	（1.000）	（1.000）
	卡箍连接件（含胶圈）	套	（2.000）	（2.000）	（2.000）	（2.000）	（2.000）
	水	m³	0.003	0.006	0.020	0.034	0.036
	润滑剂	kg	0.020	0.026	0.028	0.030	0.032
	氧气	m³	0.426	0.597	0.714	0.779	0.865
	乙炔气	kg	0.163	0.229	0.274	0.297	0.329
	低碳钢焊条 J427 ϕ3.2	kg	0.224	0.252	0.279	0.298	0.325
	橡胶板	kg	0.049	0.055	0.066	0.089	0.114
	热轧厚钢板 δ12~20	kg	0.831	1.216	1.568	2.004	2.493
	无缝钢管 D22×2	m	0.010	0.010	0.010	0.010	0.010
	输水软管 ϕ25	m	0.019	0.019	0.019	0.019	0.019
	螺纹阀门 DN15	个	0.019	0.019	0.019	0.019	0.019
	压力表弯管 DN15	个	0.019	0.019	0.019	0.019	0.019
	弹簧压力表 Y-100 0~1.6MPa	块	0.019	0.019	0.019	0.019	0.019
	其他材料费	%	1.00	1.00	1.00	1.00	1.00
机械	载货汽车－普通货车 5t	台班	0.005	0.009	0.012	0.016	0.024
	吊装机械（综合）	台班	0.047	0.081	0.106	0.135	0.137
	管子切断机 250mm	台班	0.016	—	—	—	—
	管道切割坡口机 ISD-300	台班	—	0.017	0.017	—	—
	管道切割坡口机 ISD-450	台班	—	—	—	0.020	0.022
	滚槽机	台班	0.076	0.095	0.114	0.133	0.144
	电焊机（综合）	台班	0.038	0.041	0.043	0.046	0.049
	试压泵 3MPa	台班	0.076	0.076	0.076	0.090	0.102

五、法 兰

1. 螺纹法兰安装

工作内容：切管、套丝、制垫、加垫、上法兰、组对、紧螺栓、试压检查等。 计量单位：副

编 号			10-5-124	10-5-125	10-5-126	10-5-127	10-5-128	10-5-129
项 目			公称直径（mm 以内）					
			20	25	32	40	50	65
名 称		单位	消 耗 量					
人工	合计工日	工日	0.094	0.117	0.135	0.180	0.247	0.320
	其中 普工	工日	0.024	0.029	0.034	0.045	0.062	0.080
	一般技工	工日	0.061	0.076	0.087	0.117	0.160	0.208
	高级技工	工日	0.009	0.012	0.014	0.018	0.025	0.032
材料	螺纹法兰	片	（2.000）	（2.000）	（2.000）	（2.000）	（2.000）	（2.000）
	橡胶板	kg	0.020	0.040	0.050	0.070	0.075	0.090
	聚四氟乙烯生料带 宽20	m	0.754	0.942	1.206	1.507	1.884	2.449
	尼龙砂轮片 φ400	片	0.010	0.014	0.015	0.021	0.026	0.038
	白铅油	kg	0.025	0.028	0.030	0.035	0.040	0.050
	清油 C01-1	kg	0.005	0.007	0.009	0.010	0.013	0.015
	机油	kg	0.009	0.010	0.013	0.017	0.021	0.029
	碎布	kg	0.010	0.010	0.010	0.020	0.020	0.020
	砂纸	张	0.150	0.200	0.200	0.250	0.250	0.300
	其他材料费	%	1.00	1.00	1.00	1.00	1.00	1.00
机械	砂轮切割机 φ400	台班	0.002	0.005	0.006	0.006	0.006	0.009
	管子切断套丝机 159mm	台班	0.016	0.020	0.026	0.033	0.041	0.052

计量单位：副

编　号			10-5-130	10-5-131	10-5-132	10-5-133
项　目			公称直径（mm 以内）			
			80	100	125	150
名　称		单位	消　耗　量			
人工	合计工日	工日	0.390	0.420	0.460	0.530
	其中 普工	工日	0.097	0.105	0.115	0.132
	一般技工	工日	0.254	0.273	0.299	0.345
	高级技工	工日	0.039	0.042	0.046	0.053
材料	螺纹法兰	片	（2.000）	（2.000）	（2.000）	（2.000）
	橡胶板	kg	0.120	0.140	0.160	0.180
	聚四氟乙烯生料带 宽20	m	3.014	3.768	4.710	5.652
	氧气	m³	—	—	—	0.114
	乙炔气	kg	—	—	—	0.044
	尼龙砂轮片 φ400	片	0.045	0.059	0.071	—
	白铅油	kg	0.070	0.100	0.120	0.140
	清油 C01-1	kg	0.020	0.030	0.030	0.030
	机油	kg	0.032	0.040	0.049	0.058
	碎布	kg	0.020	0.025	0.028	0.030
	砂纸	张	0.035	0.038	0.040	0.043
	其他材料费	%	1.00	1.00	1.00	1.00
机械	载货汽车 – 普通货车 5t	台班	—	—	0.001	0.001
	吊装机械（综合）	台班	—	—	0.041	0.042
	砂轮切割机 φ400	台班	0.010	0.013	0.017	—
	管子切断套丝机 159mm	台班	0.064	0.079	0.098	0.117

2. 碳钢平焊法兰安装

工作内容：切管、焊接、制垫、加垫、安装组对、紧螺栓、试压检查等。 计量单位：副

编　号				10-5-134	10-5-135	10-5-136	10-5-137	10-5-138	10-5-139
项　目				公称直径（mm 以内）					
				20	25	32	40	50	65
名　称			单位	消　耗　量					
人工	合计工日		工日	0.150	0.170	0.200	0.220	0.290	0.380
	其中	普工	工日	0.037	0.042	0.050	0.055	0.072	0.095
		一般技工	工日	0.098	0.111	0.130	0.143	0.189	0.247
		高级技工	工日	0.015	0.017	0.020	0.022	0.029	0.038
材料	碳钢平焊法兰		片	(2.000)	(2.000)	(2.000)	(2.000)	(2.000)	(2.000)
	橡胶板		kg	0.020	0.040	0.051	0.060	0.070	0.090
	氧气		m³	—	—	—	—	—	0.015
	乙炔气		kg	—	—	—	—	—	0.006
	低碳钢焊条 J427 ϕ3.2		kg	0.057	0.069	0.080	0.092	0.114	0.211
	锯条（各种规格）		根	0.063	0.071	0.078	0.089	0.106	—
	尼龙砂轮片 ϕ100		片	0.036	0.043	0.047	0.054	0.068	0.089
	尼龙砂轮片 ϕ400		片	0.005	0.011	0.014	0.017	0.021	0.027
	白铅油		kg	0.025	0.028	0.030	0.035	0.040	0.050
	清油 C01-1		kg	0.005	0.007	0.009	0.010	0.013	0.015
	机油		kg	0.045	0.048	0.050	0.063	0.068	0.070
	碎布		kg	0.008	0.010	0.012	0.017	0.020	0.023
	其他材料费		%	1.00	1.00	1.00	1.00	1.00	1.00
机械	砂轮切割机 ϕ400		台班	0.001	0.004	0.005	0.005	0.005	0.006
	电焊机（综合）		台班	0.036	0.044	0.050	0.058	0.071	0.089
	电焊条烘干箱 60×50×75（cm³）		台班	0.004	0.004	0.005	0.006	0.007	0.009
	电焊条恒温箱		台班	0.004	0.004	0.005	0.006	0.007	0.009

计量单位：副

编 号			10-5-140	10-5-141	10-5-142	10-5-143	10-5-144	10-5-145
项 目			公称直径（mm 以内）					
			80	100	125	150	200	250
名 称		单位	消 耗 量					
人工	合计工日	工日	0.410	0.500	0.610	0.720	0.890	1.110
	其中 普工	工日	0.102	0.125	0.152	0.180	0.222	0.277
	一般技工	工日	0.267	0.325	0.397	0.468	0.579	0.722
	高级技工	工日	0.041	0.050	0.061	0.072	0.089	0.111
材料	碳钢平焊法兰	片	(2.000)	(2.000)	(2.000)	(2.000)	(2.000)	(2.000)
	橡胶板	kg	0.130	0.170	0.230	0.280	0.330	0.370
	尼龙砂轮片 $\phi100$	片	0.104	0.126	0.174	0.220	0.299	0.394
	尼龙砂轮片 $\phi400$	片	0.032	0.041	0.049	—	—	—
	氧气	m³	0.018	0.021	0.033	0.114	0.165	0.216
	乙炔气	kg	0.007	0.008	0.012	0.044	0.063	0.083
	低碳钢焊条 J427 $\phi3.2$	kg	0.246	0.313	0.379	0.494	1.111	2.300
	白铅油	kg	0.070	0.100	0.120	0.140	0.170	0.200
	清油 C01-1	kg	0.020	0.023	0.027	0.030	0.035	0.040
	机油	kg	0.081	0.098	0.102	0.125	0.132	0.148
	碎布	kg	0.026	0.028	0.030	0.034	0.036	0.040
	其他材料费	%	1.00	1.00	1.00	1.00	1.00	1.00
机械	载货汽车－普通货车 5t	台班	—	—	0.001	0.001	0.001	0.002
	吊装机械（综合）	台班	—	—	0.026	0.026	0.031	0.063
	砂轮切割机 $\phi400$	台班	0.007	0.009	0.012	—	—	—
	电焊机（综合）	台班	0.104	0.133	0.145	0.189	0.426	0.606
	电焊条烘干箱 60×50×75（cm³）	台班	0.010	0.013	0.015	0.019	0.043	0.061
	电焊条恒温箱	台班	0.010	0.013	0.015	0.019	0.043	0.061

计量单位：副

编 号			10-5-146	10-5-147	10-5-148	10-5-149	10-5-150
项 目			公称直径（mm 以内）				
			300	350	400	450	500
名 称		单位	消 耗 量				
人工	合计工日	工日	1.320	1.450	1.620	1.880	2.060
	其中 普工	工日	0.330	0.362	0.405	0.470	0.515
	一般技工	工日	0.858	0.943	1.053	1.222	1.339
	高级技工	工日	0.132	0.145	0.162	0.188	0.206
材料	碳钢平焊法兰	片	（2.000）	（2.000）	（2.000）	（2.000）	（2.000）
	橡胶板	kg	0.400	0.540	0.690	0.810	0.830
	氧气	m³	0.276	0.285	0.402	0.408	0.537
	乙炔气	kg	0.106	0.110	0.155	0.156	0.207
	低碳钢焊条 J427 ϕ3.2	kg	2.855	4.262	4.814	5.423	5.986
	尼龙砂轮片 ϕ100	片	0.465	0.569	0.639	0.717	0.790
	白铅油	kg	0.250	0.280	0.300	0.320	0.350
	清油 C01-1	kg	0.047	0.050	0.053	0.056	0.060
	机油	kg	0.160	0.180	0.200	0.220	0.250
	碎布	kg	0.050	0.054	0.060	0.065	0.070
	其他材料费	%	1.00	1.00	1.00	1.00	1.00
机械	载货汽车－普通货车 5t	台班	0.003	0.003	0.004	0.006	0.008
	吊装机械（综合）	台班	0.063	0.075	0.075	0.090	0.090
	电焊机（综合）	台班	0.754	0.791	0.894	1.006	1.111
	电焊条烘干箱 60×50×75（cm³）	台班	0.075	0.079	0.089	0.101	0.111
	电焊条恒温箱	台班	0.075	0.079	0.089	0.101	0.111

3. 塑料法兰（带短管）安装（热熔连接）

工作内容: 切管、熔接、制垫、加垫、安装组对、紧螺栓、试压检查等。　　　　　　计量单位: 副

编　号			10-5-151	10-5-152	10-5-153	10-5-154	10-5-155
项　目			公称直径（mm 以内）				
			15	20	25	32	40
名　称		单位	消　耗　量				
人工	合计工日	工日	0.120	0.130	0.150	0.180	0.210
	其中 普工	工日	0.030	0.032	0.037	0.045	0.052
	一般技工	工日	0.078	0.085	0.098	0.117	0.137
	高级技工	工日	0.012	0.013	0.015	0.018	0.021
材料	塑料法兰（带短管）	片	（2.000）	（2.000）	（2.000）	（2.000）	（2.000）
	橡胶板	kg	0.010	0.020	0.040	0.050	0.060
	锯条（各种规格）	根	0.015	0.019	0.022	0.026	0.031
	白铅油	kg	0.020	0.025	0.028	0.030	0.035
	清油 C01-1	kg	0.004	0.005	0.007	0.009	0.010
	机油	kg	0.043	0.048	0.050	0.055	0.062
	碎布	kg	0.008	0.008	0.010	0.012	0.017
	铁砂布	张	0.007	0.008	0.009	0.015	0.019
	其他材料费	%	1.00	1.00	1.00	1.00	1.00

计量单位：副

编 号			10-5-156	10-5-157	10-5-158	10-5-159	10-5-160
项 目			公称直径（mm 以内）				
			50	65	80	100	125
名 称		单位	消 耗 量				
人工	合计工日	工日	0.250	0.290	0.350	0.390	0.440
	其中 普工	工日	0.062	0.072	0.087	0.097	0.110
	一般技工	工日	0.163	0.189	0.228	0.254	0.286
	高级技工	工日	0.025	0.029	0.035	0.039	0.044
材料	塑料法兰（带短管）	片	（2.000）	（2.000）	（2.000）	（2.000）	（2.000）
	橡胶板	kg	0.070	0.090	0.130	0.170	0.230
	锯条（各种规格）	根	0.064	0.076	0.114	0.153	—
	白铅油	kg	0.040	0.050	0.070	0.100	0.120
	清油 C01–1	kg	0.013	0.015	0.020	0.023	0.027
	机油	kg	0.068	0.070	0.081	0.098	0.102
	碎布	kg	0.020	0.023	0.026	0.028	0.030
	铁砂布	张	0.033	0.033	0.033	0.042	0.048
	其他材料费	%	1.00	1.00	1.00	1.00	1.00
机械	木工圆锯机 500mm	台班	—	—	—	—	0.004
	热熔对接焊机 160mm	台班	—	—	—	—	0.066

计量单位:副

编 号			10-5-161	10-5-162	10-5-163	10-5-164
项 目			公称直径（mm 以内）			
			150	200	250	300
名 称		单位	消 耗 量			
人工	合计工日	工日	0.500	0.610	0.690	0.780
	其中 普工	工日	0.125	0.152	0.173	0.195
	一般技工	工日	0.325	0.397	0.448	0.507
	高级技工	工日	0.050	0.061	0.069	0.078
材料	塑料法兰（带短管）	片	（2.000）	（2.000）	（2.000）	（2.000）
	橡胶板	kg	0.280	0.330	0.370	0.400
	白铅油	kg	0.140	0.170	0.200	0.250
	清油 C01-1	kg	0.030	0.035	0.040	0.047
	机油	kg	0.125	0.132	0.148	0.160
	碎布	kg	0.034	0.036	0.040	0.046
	铁砂布	张	0.064	0.094	0.108	0.124
	其他材料费	%	1.00	1.00	1.00	1.00
机械	热熔对接焊机 160mm	台班	0.076	—	—	—
	热熔对接焊机 250mm	台班	—	0.121	0.121	—
	热熔对接焊机 630mm	台班	—	—	—	0.160
	木工圆锯机 500mm	台班	0.005	0.006	0.008	0.009

4. 塑料法兰（带短管）安装（电熔连接）

工作内容: 切管、熔接、制垫、加垫、安装组对、紧螺栓、试压检查等。　　　　　　　　　　　　　　计量单位: 副

编　号				10-5-165	10-5-166	10-5-167	10-5-168	10-5-169
项　目				公称直径（mm 以内）				
				15	20	25	32	40
名　称			单位	消　耗　量				
人工	合计工日		工日	0.120	0.130	0.150	0.180	0.210
	其中	普工	工日	0.030	0.032	0.037	0.045	0.052
		一般技工	工日	0.078	0.085	0.098	0.117	0.137
		高级技工	工日	0.012	0.013	0.015	0.018	0.021
材料	塑料法兰（带短管）		片	（2.000）	（2.000）	（2.000）	（2.000）	（2.000）
	橡胶板		kg	0.010	0.020	0.040	0.040	0.060
	锯条（各种规格）		根	0.015	0.019	0.024	0.026	0.031
	白铅油		kg	0.020	0.025	0.028	0.030	0.035
	清油 C01-1		kg	0.004	0.005	0.007	0.009	0.010
	机油		kg	0.043	0.048	0.050	0.055	0.062
	碎布		kg	0.008	0.008	0.010	0.012	0.017
	铁砂布		张	0.007	0.008	0.009	0.015	0.019
	其他材料费		%	1.00	1.00	1.00	1.00	1.00
机械	电熔焊接机 3.5kW		台班	0.014	0.017	0.022	0.029	0.034

计量单位:副

编　号			10-5-170	10-5-171	10-5-172	10-5-173	10-5-174
项　目			公称直径(mm以内)				
			50	65	80	100	125
名　称		单位	消　耗　量				
人工	合计工日	工日	0.250	0.300	0.350	0.400	0.450
	其中 普工	工日	0.062	0.075	0.087	0.100	0.112
	一般技工	工日	0.163	0.195	0.228	0.260	0.293
	高级技工	工日	0.025	0.030	0.035	0.040	0.045
材料	塑料法兰(带短管)	片	(2.000)	(2.000)	(2.000)	(2.000)	(2.000)
	橡胶板	kg	0.070	0.090	0.130	0.170	0.230
	锯条(各种规格)	根	0.064	0.076	0.114	0.153	—
	白铅油	kg	0.040	0.050	0.070	0.100	0.120
	清油 C01-1	kg	0.013	0.015	0.020	0.023	0.027
	机油	kg	0.068	0.070	0.081	0.098	0.102
	碎布	kg	0.020	0.023	0.026	0.028	0.030
	铁砂布	张	0.033	0.033	0.042	0.048	0.056
	其他材料费	%	1.00	1.00	1.00	1.00	1.00
机械	木工圆锯机 500mm	台班	—	—	—	—	0.004
	电熔焊接机 3.5kW	台班	0.042	0.051	0.062	0.068	0.072

计量单位:副

编　号			10-5-175	10-5-176	10-5-177	10-5-178
项　目			公称直径（mm 以内）			
			150	200	250	300
名　称		单位	消　耗　量			
人工	合计工日	工日	0.530	0.610	0.690	0.780
	其中 普工	工日	0.132	0.152	0.173	0.195
	一般技工	工日	0.345	0.397	0.448	0.507
	高级技工	工日	0.053	0.061	0.069	0.078
材料	塑料法兰（带短管）	片	（2.000）	（2.000）	（2.000）	（2.000）
	橡胶板	kg	0.280	0.330	0.370	0.400
	白铅油	kg	0.140	0.170	0.200	0.250
	清油 C01-1	kg	0.030	0.035	0.040	0.047
	机油	kg	0.125	0.132	0.140	0.160
	碎布	kg	0.034	0.036	0.040	0.046
	铁砂布	张	0.064	0.082	0.094	0.108
	其他材料费	%	1.00	1.00	1.00	1.00
机械	木工圆锯机 500mm	台班	0.005	0.006	0.008	0.009
	电熔焊接机 3.5kW	台班	0.076	0.091	0.105	0.120

5. 塑料法兰（带短管）安装（粘接）

工作内容：切管、粘接、制垫、加垫、安装组对、紧螺栓、试压检查等。 计量单位：副

	编 号		10-5-179	10-5-180	10-5-181	10-5-182	10-5-183
	项 目		公称直径（mm 以内）				
			15	20	25	32	40
	名 称	单位	消 耗 量				
人工	合计工日	工日	0.110	0.120	0.140	0.170	0.210
	其中 普工	工日	0.027	0.030	0.035	0.042	0.052
	一般技工	工日	0.072	0.078	0.091	0.111	0.137
	高级技工	工日	0.011	0.012	0.014	0.017	0.021
材料	塑料法兰（带短管）	片	(2.000)	(2.000)	(2.000)	(2.000)	(2.000)
	橡胶板	kg	0.010	0.020	0.040	0.040	0.060
	粘接剂	kg	0.003	0.003	0.004	0.006	0.007
	丙酮	kg	0.006	0.007	0.010	0.012	0.013
	白铅油	kg	0.020	0.025	0.028	0.030	0.035
	清油 C01-1	kg	0.004	0.005	0.007	0.009	0.010
	机油	kg	0.043	0.048	0.050	0.055	0.062
	碎布	kg	0.012	0.013	0.014	0.015	0.025
	铁砂布	张	0.007	0.008	0.009	0.015	0.019
	其他材料费	%	1.00	1.00	1.00	1.00	1.00

计量单位:副

编　号			10-5-184	10-5-185	10-5-186	10-5-187	10-5-188
项　目			公称直径(mm 以内)				
			50	65	80	100	125
名　称		单位	消　耗　量				
人工	合计工日	工日	0.240	0.280	0.330	0.380	0.430
	其中 普工	工日	0.060	0.070	0.082	0.095	0.107
	一般技工	工日	0.156	0.182	0.215	0.247	0.280
	高级技工	工日	0.024	0.028	0.033	0.038	0.043
材料	塑料法兰(带短管)	片	(2.000)	(2.000)	(2.000)	(2.000)	(2.000)
	橡胶板	kg	0.070	0.090	0.130	0.170	0.230
	粘接剂	kg	0.009	0.010	0.015	0.025	0.027
	丙酮	kg	0.018	0.015	0.022	0.038	0.041
	锯条(各种规格)	根	0.064	0.076	0.114	0.153	—
	白铅油	kg	0.040	0.050	0.070	0.100	0.120
	清油 C01-1	kg	0.013	0.015	0.020	0.023	0.027
	机油	kg	0.068	0.070	0.081	0.098	0.102
	碎布	kg	0.027	0.029	0.032	0.043	0.044
	铁砂布	张	0.026	0.033	0.033	0.042	0.048
	其他材料费	%	1.00	1.00	1.00	1.00	1.00
机械	木工圆锯机 500mm	台班	—	—	—	—	0.004

计量单位：副

编　号			10-5-189	10-5-190	10-5-191	10-5-192
项　目			公称直径（mm 以内）			
			150	200	250	300
名　称		单位	消　耗　量			
人工	合计工日	工日	0.490	0.570	0.660	0.750
	其中　普工	工日	0.122	0.142	0.165	0.188
	其中　一般技工	工日	0.319	0.371	0.429	0.487
	其中　高级技工	工日	0.049	0.057	0.066	0.075
材料	塑料法兰（带短管）	片	（2.000）	（2.000）	（2.000）	（2.000）
	橡胶板	kg	0.280	0.330	0.370	0.400
	粘接剂	kg	0.029	0.045	0.052	0.060
	丙酮	kg	0.044	0.068	0.078	0.090
	白铅油	kg	0.140	0.170	0.200	0.250
	清油 C01-1	kg	0.030	0.035	0.040	0.047
	机油	kg	0.125	0.132	0.148	0.160
	碎布	kg	0.045	0.054	0.058	0.062
	铁砂布	张	0.064	0.094	0.108	0.124
	其他材料费	%	1.00	1.00	1.00	1.00
机械	木工圆锯机 500mm	台班	0.005	0.006	0.008	0.009

6. 沟槽法兰安装

工作内容：切管、滚槽、制垫、加垫、安装组对、紧螺栓、试压检查等。　　　　　　　　　　　计量单位：副

编　号			10-5-193	10-5-194	10-5-195	10-5-196	10-5-197
项　目			公称直径（mm 以内）				
			20	25	32	40	50
名　称		单位	消　耗　量				
人工	合计工日	工日	0.090	0.100	0.120	0.150	0.190
	其中　普工	工日	0.022	0.025	0.030	0.037	0.047
	其中　一般技工	工日	0.059	0.065	0.078	0.098	0.124
	其中　高级技工	工日	0.009	0.010	0.012	0.015	0.019
材料	沟槽法兰	片	（2.000）	（2.000）	（2.000）	（2.000）	（2.000）
	卡箍连接件（含胶圈）	套	（2.000）	（2.000）	（2.000）	（2.000）	（2.000）
	橡胶板	kg	0.020	0.040	0.055	0.065	0.078
	润滑剂	kg	0.004	0.005	0.006	0.007	0.008
	白铅油	kg	0.040	0.040	0.040	0.060	0.060
	清油 C01-1	kg	0.005	0.007	0.009	0.010	0.013
	机油	kg	0.045	0.048	0.050	0.063	0.068
	碎布	kg	0.010	0.012	0.014	0.016	0.018
	其他材料费	%	1.00	1.00	1.00	1.00	1.00
机械	吊装机械（综合）	台班	—	—	—	—	0.002
	管子切断机 60mm	台班	0.005	0.005	0.005	0.006	0.007
	滚槽机	台班	0.008	0.010	0.013	0.016	0.020

计量单位：副

编　号			10-5-198	10-5-199	10-5-200	10-5-201	10-5-202
项　目			公称直径（mm 以内）				
			65	80	100	125	150
名　称		单位	消　耗　量				
人工	合计工日	工日	0.250	0.310	0.370	0.440	0.520
	其中 普工	工日	0.062	0.077	0.092	0.110	0.130
	一般技工	工日	0.163	0.202	0.241	0.286	0.338
	高级技工	工日	0.025	0.031	0.037	0.044	0.052
材料	沟槽法兰	片	（2.000）	（2.000）	（2.000）	（2.000）	（2.000）
	卡箍连接件（含胶圈）	套	（2.000）	（2.000）	（2.000）	（2.000）	（2.000）
	橡胶板	kg	0.090	0.130	0.160	0.180	0.204
	润滑剂	kg	0.009	0.010	0.012	0.014	0.016
	白铅油	kg	0.080	0.070	0.110	0.130	0.146
	清油 C01-1	kg	0.015	0.020	0.030	0.033	0.036
	机油	kg	0.070	0.070	0.090	0.110	0.130
	碎布	kg	0.020	0.025	0.030	0.033	0.036
	其他材料费	%	1.00	1.00	1.00	1.00	1.00
机械	载货汽车 - 普通货车 5t	台班	—	—	—	0.001	0.001
	吊装机械（综合）	台班	0.003	0.003	0.010	0.038	0.039
	管子切断机 150mm	台班	0.008	0.008	0.009	0.012	0.015
	滚槽机	台班	0.026	0.032	0.040	0.049	0.058

计量单位：副

编　号			10-5-203	10-5-204	10-5-205	10-5-206	10-5-207
项　目			公称直径（mm 以内）				
			200	250	300	350	400
名　称		单位	消　耗　量				
人工	合计工日	工日	0.650	0.800	0.920	1.140	1.290
	其中 普工	工日	0.162	0.200	0.230	0.285	0.323
	一般技工	工日	0.423	0.520	0.598	0.741	0.838
	高级技工	工日	0.065	0.080	0.092	0.114	0.129
材料	沟槽法兰	片	（2.000）	（2.000）	（2.000）	（2.000）	（2.000）
	卡箍连接件（含胶圈）	套	（2.000）	（2.000）	（2.000）	（2.000）	（2.000）
	橡胶板	kg	0.224	0.245	0.260	0.285	0.298
	润滑剂	kg	0.020	0.026	0.028	0.030	0.032
	白铅油	kg	0.156	0.182	0.195	0.215	0.228
	清油 C01-1	kg	0.040	0.045	0.050	0.050	0.050
	机油	kg	0.150	0.160	0.170	0.180	0.200
	碎布	kg	0.040	0.045	0.051	0.055	0.060
	其他材料费	%	1.00	1.00	1.00	1.00	1.00
机械	载货汽车 - 普通货车 5t	台班	0.001	0.002	0.003	0.004	0.005
	吊装机械（综合）	台班	0.047	0.081	0.084	0.098	0.101
	管子切断机 250mm	台班	0.016	—	—	—	—
	管道切割坡口机 ISD-300	台班	—	0.017	0.017	—	—
	管道切割坡口机 ISD-450	台班	—	—	—	0.020	0.022
	滚槽机	台班	0.076	0.095	0.114	0.133	0.144

六、减　压　器

1. 减压器组成安装（螺纹连接）

工作内容：切管、套丝、组对、安装，旁通管安装，水压试验等。　　　　　　　　　　　计量单位：组

编　号			10-5-208	10-5-209	10-5-210	10-5-211
项　目			公称直径（mm 以内）			
			20	25	32	40
名　称		单位	消　耗　量			
人工	合计工日	工日	1.980	2.350	2.790	3.300
	其中 普工	工日	0.495	0.587	0.698	0.825
	一般技工	工日	1.287	1.528	1.813	2.145
	高级技工	工日	0.198	0.235	0.279	0.330
材料	螺纹减压阀	个	（1.000）	（1.000）	（1.000）	（1.000）
	螺纹 Y 型过滤器	个	（1.000）	（1.000）	（1.000）	（1.000）
	螺纹阀门	个	（3.030）	（3.030）	（3.030）	（3.030）
	螺纹挠性接头	个	（1.010）	（1.010）	（1.010）	（1.010）
	焊接钢管 DN20	m	1.300	—	—	—
	焊接钢管 DN25	m	—	1.488	—	—
	焊接钢管 DN32	m	—	—	1.756	—
	焊接钢管 DN40	m	—	—	—	1.911
	黑玛钢弯头 DN20	个	2.020	—	—	—
	黑玛钢弯头 DN25	个	—	2.020	—	—
	黑玛钢弯头 DN32	个	—	—	2.020	—
	黑玛钢弯头 DN40	个	—	—	—	2.020
	黑玛钢活接头 DN20	个	2.020	—	—	—
	黑玛钢活接头 DN25	个	—	2.020	—	—
	黑玛钢活接头 DN32	个	—	—	2.020	—
	黑玛钢活接头 DN40	个	—	—	—	2.020
	黑玛钢六角内接头 DN20	个	10.100	—	—	—
	黑玛钢六角内接头 DN25	个	—	10.100	—	—
	黑玛钢六角内接头 DN32	个	—	—	10.100	—
	黑玛钢六角内接头 DN40	个	—	—	—	10.100
	黑玛钢三通 DN20	个	4.040	—	—	—
	黑玛钢三通 DN25	个	—	4.040	—	—
	黑玛钢三通 DN32	个	—	—	4.040	—
	黑玛钢三通 DN40	个	—	—	—	4.040
	螺纹截止阀 J11T-16 DN15	个	2.050	2.050	2.050	2.050
	弹簧压力表 Y-100 0~1.6MPa	块	2.030	2.030	2.030	2.030
	黑玛钢六角内接头 DN15	个	2.020	2.020	2.020	2.020
	黑玛钢管箍 DN15	个	2.020	2.020	2.020	2.020
	橡胶板	kg	0.018	0.021	0.025	0.029
	聚四氟乙烯生料带 宽20	m	23.704	28.680	34.472	39.160
	尼龙砂轮片 ϕ400	片	0.025	0.057	0.072	0.084
	机油	kg	0.136	0.145	0.160	0.202
	水	m³	0.001	0.001	0.001	0.001
	碎布	kg	0.005	0.006	0.011	0.012
	氧气	m³	0.213	0.474	0.588	0.648
	乙炔气	kg	0.081	0.182	0.226	0.249
	低碳钢焊条 J427 ϕ3.2	kg	0.228	0.248	0.306	0.352
	热轧厚钢板 δ12~20	kg	0.120	0.135	0.170	0.190
	无缝钢管 D22×2	m	0.015	0.015	0.015	0.015
	输水软管 ϕ25	m	0.030	0.030	0.030	0.030
	压力表弯管 DN15	个	2.030	2.030	2.030	2.030
	其他材料费	%	1.00	1.00	1.00	1.00
机械	砂轮切割机 ϕ400	台班	0.007	0.018	0.024	0.026
	管子切断套丝机 159mm	台班	0.041	0.082	0.105	0.130
	电焊机（综合）	台班	0.041	0.045	0.050	0.057
	试压泵 3MPa	台班	0.030	0.030	0.030	0.030

计量单位: 组

编　号			10-5-212	10-5-213	10-5-214	10-5-215
项　目			公称直径（mm 以内）			
			50	65	80	100
名　称		单位	消　耗　量			
人工	合计工日	工日	3.960	5.250	6.700	8.780
	其中 普工	工日	0.990	1.312	1.675	2.195
	一般技工	工日	2.574	3.413	4.355	5.707
	高级技工	工日	0.396	0.525	0.670	0.878
材料	螺纹减压阀	个	（1.000）	（1.000）	（1.000）	（1.000）
	螺纹 Y 型过滤器	个	（1.000）	（1.000）	（1.000）	（1.000）
	螺纹阀门	个	（3.030）	（3.030）	（3.030）	（3.030）
	螺纹挠性接头	个	（1.010）	（1.010）	（1.010）	（1.010）
	焊接钢管 DN50	m	1.995	—	—	—
	焊接钢管 DN65	m	—	2.441	—	—
	焊接钢管 DN80	m	—	—	2.663	—
	焊接钢管 DN100	m	—	—	—	3.033
	黑玛钢弯头 DN50	个	2.020	—	—	—
	黑玛钢弯头 DN65	个	—	2.020	—	—
	黑玛钢弯头 DN80	个	—	—	2.020	—
	黑玛钢弯头 DN100	个	—	—	—	2.020
	黑玛钢活接头 DN50	个	2.020	—	—	—
	黑玛钢活接头 DN65	个	—	2.020	—	—
	黑玛钢活接头 DN80	个	—	—	2.020	—
	黑玛钢活接头 DN100	个	—	—	—	2.020
	黑玛钢六角内接头 DN50	个	10.100	—	—	—
	黑玛钢六角内接头 DN65	个	—	10.100	—	—
	黑玛钢六角内接头 DN80	个	—	—	10.100	—
	黑玛钢六角内接头 DN100	个	—	—	—	10.100
	黑玛钢三通 DN50	个	4.040	—	—	—
	黑玛钢三通 DN65	个	—	4.040	—	—
	黑玛钢三通 DN80	个	—	—	4.040	—
	黑玛钢三通 DN100	个	—	—	—	4.040
	螺纹截止阀 J11T–16 DN15	个	2.080	2.080	2.080	2.089
	弹簧压力表 Y-100 0~1.6MPa	块	2.060	2.060	2.060	2.069
	压力表弯管 DN15	个	2.060	2.060	2.060	2.069
	黑玛钢六角内接头 DN15	个	2.020	2.020	2.020	2.020
	黑玛钢管箍 DN15	个	2.020	2.020	2.020	2.020
	橡胶板	kg	0.036	0.079	0.083	0.093
	聚四氟乙烯生料带 宽 20	m	47.712	59.592	69.496	87.352
	锯条（各种规格）	根	0.557	—	—	—
	尼龙砂轮片 ϕ400	片	0.118	0.190	0.225	0.295
	机油	kg	0.222	0.286	0.303	0.367
	水	m³	0.002	0.002	0.002	0.002
	碎布	kg	0.016	0.025	0.033	0.044
	氧气	m³	0.942	1.203	1.359	1.821
	乙炔气	kg	0.362	0.458	0.523	0.696
	低碳钢焊条 J427 ϕ3.2	kg	0.395	0.445	0.498	0.549
	热轧厚钢板 δ12~20	kg	0.523	0.650	0.755	1.071
	无缝钢管 D22×2	m	0.030	0.030	0.030	0.035
	输水软管 ϕ25	m	0.060	0.060	0.060	0.069
	其他材料费	%	1.00	1.00	1.00	1.00
机械	吊装机械（综合）	台班	—	—	—	0.084
	砂轮切割机 ϕ400	台班	0.030	0.043	0.050	0.064
	管子切断套丝机 159mm	台班	0.203	0.262	0.320	0.397
	电焊机（综合）	台班	0.065	0.078	0.085	0.094
	试压泵 3MPa	台班	0.060	0.067	0.079	0.091

2. 减压器组成安装（法兰连接）

工作内容：切管、套丝、组对、焊接、制垫、加垫、紧螺栓、安装，旁通管安装，水压试验等。

计量单位：组

编　号		10-5-216	10-5-217	10-5-218	10-5-219	10-5-220
项　目		公称直径（mm 以内）				
		20	25	32	40	50
名　称	单位	消　耗　量				
人工 合计工日	工日	2.100	2.250	2.500	2.980	3.630
其中　普工	工日	0.525	0.562	0.625	0.745	0.907
一般技工	工日	1.365	1.463	1.625	1.937	2.360
高级技工	工日	0.210	0.225	0.250	0.298	0.363
法兰减压阀	个	(1.000)	(1.000)	(1.000)	(1.000)	(1.000)
法兰式 Y 型过滤器	个	(1.000)	(1.000)	(1.000)	(1.000)	(1.000)
法兰阀门	个	(3.000)	(3.000)	(3.000)	(3.000)	(3.000)
法兰挠性接头	个	(1.000)	(1.000)	(1.000)	(1.000)	(1.000)
碳钢平焊法兰	片	(4.000)	(4.000)	(4.000)	(4.000)	(4.000)
焊接钢管 DN20	m	1.300	—	—	—	—
焊接钢管 DN25	m	—	1.488	—	—	—
焊接钢管 DN32	m	—	—	1.756	—	—
焊接钢管 DN40	m	—	—	—	1.911	—
焊接钢管 DN50	m	—	—	—	—	1.995
压制弯头 DN20	个	2.000	—	—	—	—
压制弯头 DN25	个	—	2.000	—	—	—
压制弯头 DN32	个	—	—	2.000	—	—
压制弯头 DN40	个	—	—	—	2.000	—
压制弯头 DN50	个	—	—	—	—	2.000
螺纹截止阀 J11T-16 DN15	个	2.050	2.050	2.050	2.050	2.110
弹簧压力表 Y-100 0~1.6MPa	块	2.030	2.030	2.030	2.030	2.090
黑玛钢管箍 DN15	个	2.020	2.020	2.020	2.020	2.020
橡胶板	kg	0.178	0.338	0.338	0.498	0.614
聚四氟乙烯生料带 宽20	m	3.344	3.344	3.344	3.344	3.344
尼龙砂轮片 φ100	片	0.193	0.237	0.278	0.344	0.412
尼龙砂轮片 φ400	片	0.034	0.051	0.062	0.075	0.091
白铅油	kg	0.060	0.070	0.073	0.075	0.080
清油 C01-1	kg	0.015	0.018	0.020	0.022	0.050
机油	kg	0.132	0.138	0.147	0.165	0.187
水	m³	0.001	0.001	0.001	0.001	0.001
碎布	kg	0.072	0.089	0.105	0.128	0.139
砂纸	张	0.032	0.032	0.032	0.032	0.032
钢丝 φ4.0	kg	0.008	0.010	0.011	0.012	0.013
氧气	m³	0.525	0.576	0.702	0.909	1.101
乙炔气	kg	0.202	0.222	0.270	0.350	0.423
低碳钢焊条 J427 φ3.2	kg	0.428	0.468	0.496	0.525	1.205
碳钢气焊条 φ2 以内	kg	0.080	0.092	0.108	0.128	0.142
热轧厚钢板 δ12~20	kg	0.120	0.135	0.170	0.190	0.823
输水软管 φ25	m	0.030	0.030	0.030	0.030	0.090
无缝钢管 D22×2	m	0.015	0.015	0.015	0.015	0.045
压力表弯管 DN15	个	2.030	2.030	2.030	2.030	2.090
其他材料费	%	1.00	1.00	1.00	1.00	1.00
机械 砂轮切割机 φ400	台班	0.009	0.015	0.020	0.023	0.025
管子切断套丝机 159mm	台班	0.006	0.006	0.006	0.006	0.006
电焊机（综合）	台班	0.155	0.180	0.196	0.218	0.424
电焊条烘干箱 60×50×75（cm³）	台班	0.011	0.013	0.015	0.018	0.029
电焊条恒温箱	台班	0.011	0.013	0.015	0.018	0.029
试压泵 3MPa	台班	0.030	0.030	0.030	0.030	0.090

计量单位：组

编　号			10-5-221	10-5-222	10-5-223
项　目			公称直径（mm 以内）		
			65	80	100
名　称		单位	消　耗　量		
人工	合计工日	工日	4.450	5.150	6.450
	其中　普工	工日	1.112	1.287	1.612
	一般技工	工日	2.893	3.348	4.193
	高级技工	工日	0.445	0.515	0.645
材料	法兰减压阀	个	（1.000）	（1.000）	（1.000）
	法兰式 Y 型过滤器	个	（1.000）	（1.000）	（1.000）
	法兰阀门	个	（3.000）	（3.000）	（3.000）
	法兰挠性接头	个	（1.000）	（1.000）	（1.000）
	碳钢平焊法兰	片	（4.000）	（4.000）	（4.000）
	压制弯头 DN65	个	2.000	—	—
	压制弯头 DN80	个	—	2.000	—
	压制弯头 DN100	个	—	—	2.000
	焊接钢管 DN65	m	2.440	—	—
	焊接钢管 DN80	m	—	2.660	—
	焊接钢管 DN100	m	—	—	3.030
	螺纹截止阀 J11T-16 DN15	个	2.080	2.080	2.089
	弹簧压力表 Y-100 0~1.6MPa	块	2.060	2.060	2.069
	黑玛钢管箍 DN15	个	2.020	2.020	2.020
	压力表弯管 DN15	个	2.060	2.060	2.069
	橡胶板	kg	0.799	1.119	1.453
	聚四氟乙烯生料带 宽20	m	3.344	3.344	3.344
	锯条（各种规格）	根	0.194	0.194	0.194
	尼龙砂轮片 ϕ100	片	0.705	0.771	0.942
	尼龙砂轮片 ϕ400	片	0.115	0.134	0.171
	白铅油	kg	0.100	0.140	0.200
	清油 C01-1	kg	0.030	0.036	0.040
	机油	kg	0.187	0.216	0.276
	水	m^3	0.002	0.002	0.002
	碎布	kg	0.163	0.212	0.262
	砂纸	张	0.032	0.058	0.064
	钢丝 ϕ4.0	kg	0.016	0.017	0.020
	氧气	m^3	1.113	1.512	2.055
	乙炔气	kg	0.428	0.582	0.790
	低碳钢焊条 J427 ϕ3.2	kg	1.504	1.675	2.414
	碳钢气焊条 ϕ2 以内	kg	0.156	0.178	0.193
	热轧厚钢板 δ12~20	kg	0.650	0.755	1.071
	无缝钢管 D22×2	m	0.030	0.030	0.035
	输水软管 ϕ25	m	0.060	0.060	0.069
	其他材料费	%	1.00	1.00	1.00
机械	吊装机械（综合）	台班	—	—	0.019
	砂轮切割机 ϕ400	台班	0.026	0.030	0.038
	管子切断套丝机 159mm	台班	0.006	0.006	0.006
	电焊机（综合）	台班	0.613	0.703	0.949
	电焊条烘干箱 60×50×75（cm³）	台班	0.052	0.062	0.085
	电焊条恒温箱	台班	0.052	0.062	0.085
	试压泵 3MPa	台班	0.084	0.084	0.098

七、疏 水 器

1. 疏水器组成安装（螺纹连接）

工作内容：切管、套丝、组对、安装，旁通管安装，水压试验等。　　　　　　　　　　计量单位：组

编　号			10-5-224	10-5-225	10-5-226	10-5-227	10-5-228
项　目			公称直径（mm 以内）				
			20	25	32	40	50
名　称		单位	消　耗　量				
人工	合计工日	工日	1.420	1.640	1.900	2.270	2.770
	其中 普工	工日	0.355	0.410	0.475	0.567	0.692
	一般技工	工日	0.923	1.066	1.235	1.476	1.801
	高级技工	工日	0.142	0.164	0.190	0.227	0.277
材料	螺纹疏水器	个	（1.000）	（1.000）	（1.000）	（1.000）	（1.000）
	螺纹 Y 型过滤器	个	（1.000）	（1.000）	（1.000）	（1.000）	（1.000）
	螺纹截止阀 J11T–16 DN15	个	（3.030）	（2.020）	（1.010）	（1.010）	（1.010）
	螺纹截止阀 J11T–16 DN20	个	（2.020）	（1.010）	（1.010）	—	—
	螺纹截止阀 J11T–16 DN25	个	—	（2.020）	（1.010）	—	—
	螺纹截止阀 J11T–16 DN32	个	—	—	（2.020）	（2.020）	（1.010）
	螺纹截止阀 J11T–16 DN40	个	—	—	—	（2.020）	（1.010）
	螺纹截止阀 J11T–16 DN50	个	—	—	—	—	（2.020）
	焊接钢管 DN15	m	2.350	0.540	0.290	0.320	0.350
	焊接钢管 DN20	m	—	2.050	0.290	—	—
	焊接钢管 DN25	m	—	—	2.300	—	—
	焊接钢管 DN32	m	—	—	—	2.870	0.350
	焊接钢管 DN40	m	—	—	—	—	2.800
	黑玛钢三通 DN20	个	4.040	—	—	—	—
	黑玛钢三通 DN25	个	—	4.040	—	—	—
	黑玛钢三通 DN32	个	—	—	4.040	—	—
	黑玛钢三通 DN40	个	—	—	—	4.040	—
	黑玛钢三通 DN50	个	—	—	—	—	4.040
	黑玛钢六角内接头 DN15	个	3.030	2.020	1.010	1.010	1.010
	黑玛钢六角内接头 DN20	个	8.080	1.010	1.010	—	—
	黑玛钢六角内接头 DN25	个	—	8.080	1.010	—	—
	黑玛钢六角内接头 DN32	个	—	—	8.080	2.020	1.010
	黑玛钢六角内接头 DN40	个	—	—	—	8.080	1.010
	黑玛钢六角内接头 DN50	个	—	—	—	—	8.080

续前

编　号		10-5-224	10-5-225	10-5-226	10-5-227	10-5-228
项　目		公称直径（mm 以内）				
		20	25	32	40	50
名　称	单位	消　耗　量				
黑玛钢活接头 DN15	个	1.010	—	—	—	—
黑玛钢活接头 DN20	个	1.010	1.010	—	—	—
黑玛钢活接头 DN25	个	—	1.010	1.010	—	—
黑玛钢活接头 DN32	个	—	—	1.010	1.010	—
黑玛钢活接头 DN40	个	—	—	—	1.010	1.010
黑玛钢活接头 DN50	个	—	—	—	—	1.010
黑玛钢弯头 DN15	个	2.020	—	—	—	—
黑玛钢弯头 DN20	个	—	2.020	—	—	—
黑玛钢弯头 DN25	个	—	—	2.020	—	—
黑玛钢弯头 DN32	个	—	—	—	2.020	—
黑玛钢弯头 DN40	个	—	—	—	—	2.020
材料 橡胶板	kg	0.018	0.018	0.018	0.018	0.030
聚四氟乙烯生料带 宽20	m	19.052	23.144	28.500	34.132	40.560
尼龙砂轮片 ϕ400	片	0.030	0.039	0.069	0.093	0.109
机油	kg	0.123	0.132	0.144	0.175	0.202
水	m³	0.001	0.001	0.001	0.001	0.001
碎布	kg	0.005	0.010	0.011	0.018	0.020
氧气	m³	0.213	0.360	0.516	0.621	0.828
乙炔气	kg	0.081	0.138	0.198	0.239	0.319
低碳钢焊条 J427 ϕ3.2	kg	0.228	0.248	0.306	0.352	0.395
热轧厚钢板 δ12~20	kg	0.116	0.130	0.163	0.205	0.433
无缝钢管 D22×2	m	0.015	0.015	0.015	0.015	0.025
输水软管 ϕ25	m	0.030	0.030	0.030	0.030	0.050
螺纹阀门 DN15	个	0.030	0.030	0.030	0.030	0.050
压力表弯管 DN15	个	0.030	0.030	0.030	0.030	0.050
弹簧压力表 Y-100 0~1.6MPa	块	0.030	0.030	0.030	0.030	0.050
其他材料费	%	1.00	1.00	1.00	1.00	1.00
机械 砂轮切割机 ϕ400	台班	0.008	0.011	0.022	0.030	0.033
管子切断套丝机 159mm	台班	0.039	0.055	0.093	0.124	0.159
电焊机（综合）	台班	0.041	0.045	0.050	0.057	0.065
试压泵 3MPa	台班	0.030	0.030	0.030	0.030	0.050

2. 疏水器组成安装（法兰连接）

工作内容：切管、组对、焊接、制垫、加垫、安装、紧螺栓，旁通管安装，水压试验等。　　　　　　　计量单位：组

编　号		10-5-229	10-5-230	10-5-231	10-5-232	10-5-233
项　目		公称直径（mm 以内）				
		20	25	32	40	50
名　称	单位	消　耗　量				
人工 合计工日	工日	2.090	2.200	2.430	2.770	3.250
其中 普工	工日	0.522	0.550	0.607	0.692	0.812
一般技工	工日	1.359	1.430	1.580	1.801	2.113
高级技工	工日	0.209	0.220	0.243	0.277	0.325
法兰疏水器	个	（1.000）	（1.000）	（1.000）	（1.000）	（1.000）
法兰式 Y 型过滤器	个	（1.000）	（1.000）	（1.000）	（1.000）	（1.000）
法兰截止阀 J41T-16 DN15	个	（3.000）	—	—	—	—
法兰截止阀 J41T-16 DN20	个	（2.000）	（3.000）	（2.000）	（1.000）	（1.000）
法兰截止阀 J41T-16 DN25	个	—	（2.000）	（1.000）	（1.000）	—
法兰截止阀 J41T-16 DN32	个	—	—	（2.000）	（1.000）	（1.000）
法兰截止阀 J41T-16 DN40	个	—	—	—	（2.000）	（1.000）
法兰截止阀 J41T-16 DN50	个	—	—	—	—	（2.000）
碳钢平焊法兰 1.6MPa DN15	片	（6.000）	—	—	—	—
碳钢平焊法兰 1.6MPa DN20	片	（4.000）	（6.000）	（4.000）	（2.000）	（2.000）
碳钢平焊法兰 1.6MPa DN25	片	—	（4.000）	（2.000）	（2.000）	—
碳钢平焊法兰 1.6MPa DN32	片	—	—	（4.000）	（2.000）	（2.000）
碳钢平焊法兰 1.6MPa DN40	片	—	—	—	（4.000）	（2.000）
碳钢平焊法兰 1.6MPa DN50	片	—	—	—	—	（4.000）
焊接钢管 DN15	m	2.450	—	—	—	—
焊接钢管 DN20	m	—	2.580	0.660	0.350	0.380
焊接钢管 DN25	m	—	—	2.220	0.350	—
焊接钢管 DN32	m	—	—	—	2.310	0.380
焊接钢管 DN40	m	—	—	—	—	2.584
压制弯头 DN20	个	2.000	—	—	—	—
压制弯头 DN25	个	—	2.000	—	—	—
压制弯头 DN32	个	—	—	2.000	—	—
压制弯头 DN40	个	—	—	—	2.000	—
压制弯头 DN50	个	—	—	—	—	2.000
橡胶板	kg	0.258	0.378	0.418	0.578	0.702
锯条（各种规格）	根	0.708	0.612	0.502	0.444	0.429
尼龙砂轮片 φ100	片	0.413	0.485	0.562	0.684	0.749
尼龙砂轮片 φ400	片	0.041	0.058	0.075	0.098	0.119
白铅油	kg	0.120	0.150	0.170	0.200	0.220
清油 C01-1	kg	0.035	0.038	0.042	0.045	0.050
机油	kg	0.235	0.265	0.293	0.333	0.353
水	m³	0.001	0.001	0.001	0.001	0.001
碎布	kg	0.135	0.139	0.174	0.209	0.229
砂纸	张	0.041	0.043	0.045	0.048	0.051
钢丝 φ4.0	kg	0.019	0.019	0.021	0.023	0.025
氧气	m³	0.501	0.567	0.771	1.077	1.251
乙炔气	kg	0.193	0.218	0.297	0.414	0.481
低碳钢焊条 J427 φ3.2	kg	0.664	0.721	0.766	0.825	1.380
碳钢气焊条 φ2 以内	kg	0.060	0.072	0.088	0.128	—
热轧厚钢板 δ12~20	kg	0.129	0.139	0.168	0.198	0.638
无缝钢管 D22×2	m	0.015	0.015	0.015	0.015	0.035
输水软管 φ25	m	0.030	0.030	0.030	0.030	0.070
螺纹阀门 DN15	个	0.030	0.030	0.030	0.030	0.070
压力表弯管 DN15	个	0.030	0.030	0.030	0.030	0.060
弹簧压力表 Y-100 0~1.6MPa	块	0.030	0.030	0.030	0.030	0.070
其他材料费	%	1.00	1.00	1.00	1.00	1.00
机械 砂轮切割机 φ400	台班	0.011	0.017	0.024	0.031	0.033
电焊机（综合）	台班	0.301	0.335	0.360	0.406	0.606
电焊条烘干箱 60×50×75（cm³）	台班	0.026	0.028	0.032	0.036	0.050
电焊条恒温箱	台班	0.026	0.028	0.032	0.036	0.050
试压泵 3MPa	台班	0.030	0.030	0.030	0.030	0.070

计量单位:组

编　　号			10-5-234	10-5-235	10-5-236
项　　目			公称直径（mm 以内）		
			65	80	100
名　　称		单位	消　耗　量		
人工	合计工日	工日	3.850	4.580	5.510
	其中　普工	工日	0.962	1.145	1.377
	一般技工	工日	2.503	2.977	3.582
	高级技工	工日	0.385	0.458	0.551
材料	法兰疏水器	个	（1.000）	（1.000）	（1.000）
	法兰式 Y 型过滤器	个	（1.000）	（1.000）	（1.000）
	法兰截止阀 J41T-16 DN20	个	（1.000）	（1.000）	（1.000）
	法兰截止阀 J41T-16 DN32	个	（1.000）	—	—
	法兰截止阀 J41T-16 DN40	个	—	（1.000）	（1.000）
	法兰截止阀 J41T-16 DN50	个	（1.000）	—	—
	法兰截止阀 J41T-16 DN65	个	（2.000）	（1.000）	—
	法兰截止阀 J41T-16 DN80	个	—	（2.000）	（1.000）
	法兰截止阀 J41T-16 DN100	个	—	—	（2.000）
	碳钢平焊法兰 1.6MPa DN20	片	（2.000）	（2.000）	（2.000）
	碳钢平焊法兰 1.6MPa DN32	片	（2.000）	—	—
	碳钢平焊法兰 1.6MPa DN40	片	—	（2.000）	（2.000）
	碳钢平焊法兰 1.6MPa DN50	片	（2.000）	—	—
	碳钢平焊法兰 1.6MPa DN65	片	（4.000）	（2.000）	—
	碳钢平焊法兰 1.6MPa DN80	片	—	（4.000）	（2.000）
	碳钢平焊法兰 1.6MPa DN100	片	—	—	（4.000）
	焊接钢管 DN20	m	0.440	0.460	0.500
	焊接钢管 DN25	m	0.440	—	—
	焊接钢管 DN40	m	—	0.460	0.500
	焊接钢管 DN50	m	2.916	—	—
	焊接钢管 DN65	m	—	3.178	—
	焊接钢管 DN80	m	—	—	3.716
	压制弯头 DN65	个	2.000	—	—
	压制弯头 DN80	个	—	2.000	—
	压制弯头 DN100	个	—	—	2.000
	橡胶板	kg	0.865	1.199	1.528
	尼龙砂轮片 φ100	片	0.811	1.008	1.200
	尼龙砂轮片 φ400	片	0.130	0.165	0.199
	白铅油	kg	0.250	0.300	0.330
	清油 C01-1	kg	0.056	0.070	0.080
	机油	kg	0.353	0.395	0.455
	水	m³	0.001	0.002	0.002
	碎布	kg	0.252	0.316	0.361
	砂纸	张	0.055	0.065	0.072
	钢丝 φ4.0	kg	0.030	0.031	0.033
	氧气	m³	1.569	2.007	2.781
	乙炔气	kg	0.604	0.772	1.070
	低碳钢焊条 J427 φ3.2	kg	1.821	2.230	2.910
	热轧厚钢板 δ12~20	kg	0.633	0.753	0.999
	无缝钢管 D22×2	m	0.030	0.030	0.033
	输水软管 φ25	m	0.060	0.060	0.066
	螺纹阀门 DN15	个	0.060	0.060	0.066
	压力表弯管 DN15	个	0.060	0.060	0.066
	弹簧压力表 Y-100 0~1.6MPa	块	0.060	0.060	0.066
	其他材料费	%	1.00	1.00	1.00
机械	砂轮切割机 φ400	台班	0.029	0.032	0.038
	电焊机（综合）	台班	0.817	1.000	1.250
	电焊条烘干箱 60×50×75（.cm³）	台班	0.073	0.091	0.115
	电焊条恒温箱	台班	0.073	0.091	0.115
	试压泵 3MPa	台班	0.076	0.084	0.093

八、除 污 器

工作内容:切管、组对、焊接、制垫、加垫、安装、紧螺栓,旁通管安装,水压试验等。　　　　计量单位:组

编　号		10-5-237	10-5-238	10-5-239	10-5-240	10-5-241
项　目		除污器组成安装(法兰连接)公称直径(mm 以内)				
		50	65	80	100	125
名　称	单位	消　耗　量				
人工 合计工日	工日	3.630	4.230	4.930	5.770	6.550
其中 普工	工日	0.907	1.057	1.232	1.442	1.637
一般技工	工日	2.360	2.750	3.205	3.751	4.258
高级技工	工日	0.363	0.423	0.493	0.577	0.655
除污器	个	(1.000)	(1.000)	(1.000)	(1.000)	(1.000)
法兰阀门	个	(3.000)	(3.000)	(3.000)	(3.000)	(3.000)
碳钢平焊法兰	片	(4.000)	(4.000)	(4.000)	(4.000)	(4.000)
无缝钢管 D57×3.5	m	2.860	—	—	—	—
无缝钢管 D76×4	m	—	2.960	—	—	—
无缝钢管 D89×4	m	—	—	3.060	—	—
无缝钢管 D108×4.5	m	—	—	—	3.160	—
无缝钢管 D133×4	m	—	—	—	—	3.360
压制弯头 DN50	个	2.000	—	—	—	—
压制弯头 DN65	个	—	2.000	—	—	—
压制弯头 DN80	个	—	—	2.000	—	—
压制弯头 DN100	个	—	—	—	2.000	—
压制弯头 DN125	个	—	—	—	—	2.000
螺纹闸阀 DN20	个	1.010	1.010	1.010	1.010	1.010
螺纹截止阀 J11T-16 DN15	个	3.090	3.090	3.090	3.099	3.099
弹簧压力表 Y-100 0~1.6MPa	块	2.060	2.060	2.060	2.069	2.069
黑玛钢管箍 DN15	个	2.020	2.020	2.020	2.020	2.020
橡胶板	kg	0.596	0.799	1.119	1.453	1.984
聚四氟乙烯生料带 宽20	m	4.572	4.572	4.572	4.572	4.572
尼龙砂轮片 φ100	片	0.549	0.661	0.754	0.808	1.077
尼龙砂轮片 φ400	片	0.154	0.194	0.229	0.295	0.343
白铅油	kg	0.200	0.250	0.350	0.500	0.600
清油 C01-1	kg	0.050	0.050	0.100	0.100	0.100
机油	kg	0.250	0.261	0.272	0.345	0.362
水	m³	0.001	0.002	0.002	0.002	0.008
碎布	kg	0.213	0.229	0.265	0.331	0.368
砂纸	张	0.024	0.032	0.040	0.046	0.048
钢丝 φ4.0	kg	0.020	0.020	0.020	0.020	0.023
氧气	m³	0.888	1.158	1.563	2.118	2.679
乙炔气	kg	0.342	0.445	0.601	0.815	1.031
低碳钢焊条 J427 φ3.2	kg	1.235	1.820	2.044	2.883	3.409
碳钢气焊条 φ2 以内	kg	0.020	0.020	0.020	0.020	0.020
热轧厚钢板 δ12~20	kg	0.523	0.650	0.755	1.071	1.376
无缝钢管 D22×2	m	0.030	0.030	0.030	0.035	0.035
输水软管 φ25	m	0.060	0.060	0.060	0.069	0.069
压力表弯管 DN15	个	2.060	2.060	2.060	2.069	2.069
其他材料费	%	1.00	1.00	1.00	1.00	1.00
载货汽车-普通货车 5t	台班	0.001	0.002	0.004	0.006	0.019
吊装机械(综合)	台班	0.043	0.043	0.043	0.062	0.225
砂轮切割机 φ400	台班	0.040	0.044	0.051	0.064	0.082
管子切断套丝机 159mm	台班	0.006	0.006	0.006	0.006	0.006
电焊机(综合)	台班	0.531	0.720	0.828	1.108	1.282
电焊条烘干箱 60×50×75(cm³)	台班	0.044	0.063	0.074	0.101	0.118
电焊条恒温箱	台班	0.044	0.063	0.074	0.101	0.118
试压泵 3MPa	台班	0.060	0.084	0.084	0.098	0.240

计量单位：组

编　号			10-5-242	10-5-243	10-5-244	10-5-245
项　目			除污器组成安装（法兰连接）公称直径（mm 以内）			
			150	200	250	300
名　称		单位	消　耗　量			
人工	合计工日	工日	7.700	9.730	12.660	14.850
	其中　普工	工日	1.925	2.432	3.165	3.712
	一般技工	工日	5.005	6.325	8.229	9.653
	高级技工	工日	0.770	0.973	1.266	1.485
材料	除污器	个	（1.000）	（1.000）	（1.000）	（1.000）
	法兰阀门	个	（3.000）	（3.000）	（3.000）	（3.000）
	碳钢平焊法兰	片	（4.000）	（4.000）	（4.000）	（4.000）
	无缝钢管 $D22 \times 2$	m	0.035	0.035	0.035	0.035
	输水软管 $\phi25$	m	0.069	0.069	0.069	0.069
	无缝钢管 $D159 \times 4.5$	m	3.570	—	—	—
	无缝钢管 $D219 \times 6$	m	—	3.820	—	—
	无缝钢管 $D273 \times 7$	m	—	—	4.190	—
	无缝钢管 $D325 \times 8$	m	—	—	—	4.590
	压制弯头 $DN150$	个	2.000	—	—	—
	压制弯头 $DN200$	个	—	2.000	—	—
	压制弯头 $DN250$	个	—	—	2.000	—
	压制弯头 $DN300$	个	—	—	—	2.000
	螺纹闸阀 $DN25$	个	1.010	1.010	1.010	1.010
	螺纹截止阀 J11T-16 $DN15$	个	3.099	3.099	3.099	3.099
	弹簧压力表 Y-100 0~1.6MPa	块	2.069	2.069	2.069	2.069
	黑玛钢管箍 $DN15$	个	2.020	2.020	2.020	2.020
	型钢（综合）	kg	—	0.486	0.486	0.640
	橡胶板	kg	2.384	2.784	3.104	3.344
	聚四氟乙烯生料带 宽20	m	4.668	4.668	4.668	4.668
	尼龙砂轮片 $\phi100$	片	2.044	2.900	4.388	5.308
	尼龙砂轮片 $\phi400$	片	0.008	0.008	0.008	0.008
	白铅油	kg	0.700	0.850	1.000	1.250
	清油 C01-1	kg	0.150	0.180	0.200	0.250
	机油	kg	0.381	0.562	0.577	0.577
	水	m³	0.008	0.008	0.008	0.008
	碎布	kg	0.435	0.574	0.664	0.767
	砂纸	张	0.096	0.144	0.144	0.144
	钢丝 $\phi4.0$	kg	0.023	0.029	0.029	0.033
	氧气	m³	3.840	5.103	7.098	8.499
	乙炔气	kg	1.477	1.963	2.730	3.269
	低碳钢焊条 J427 $\phi3.2$	kg	4.632	7.686	14.723	18.137
	碳钢气焊条 $\phi2$ 以内	kg	0.020	0.020	0.020	0.020
	热轧厚钢板 $\delta12~20$	kg	1.787	2.536	3.691	4.748
	压力表弯管 $DN15$	个	2.069	2.069	2.069	2.069
	其他材料费	%	1.00	1.00	1.00	1.00
机械	载货汽车-普通货车 5t	台班	0.024	0.178	0.084	0.108
	吊装机械（综合）	台班	0.257	0.305	0.617	0.665
	砂轮切割机 $\phi400$	台班	0.002	0.002	0.002	0.002
	管子切断套丝机 159mm	台班	0.006	0.006	0.006	0.006
	电焊机（综合）	台班	1.606	2.707	3.741	4.619
	电焊条烘干箱 60×50×75（cm³）	台班	0.150	0.260	0.364	0.451
	电焊条恒温箱	台班	0.150	0.260	0.364	0.451
	试压泵 3MPa	台班	0.240	0.240	0.240	0.240

计量单位:组

编　号		10-5-246	10-5-247	10-5-248
项　目		除污器组成安装（法兰连接）公称直径（mm 以内）		
		350	400	450
名　称	单位	消　耗　量		
人工　合计工日	工日	16.570	20.620	24.890
其中　普工	工日	4.142	5.155	6.222
一般技工	工日	10.771	13.403	16.179
高级技工	工日	1.657	2.062	2.489
除污器	个	（1.000）	（1.000）	（1.000）
法兰阀门	个	（3.000）	（3.000）	（3.000）
碳钢平焊法兰	片	（4.000）	（4.000）	（4.000）
无缝钢管 $D22\times2$	m	0.035	0.035	0.035
无缝钢管 $D377\times10$	m	4.950	—	—
无缝钢管 $D426\times10$	m	—	5.360	—
无缝钢管 $D480\times10$	m	—	—	5.800
压制弯头 DN350	个	2.000	—	—
压制弯头 DN400	个	—	2.000	—
压制弯头 DN450	个	—	—	2.000
螺纹闸阀 DN25	个	1.010	1.010	1.010
螺纹截止阀 J11T-16 DN15	个	3.099	3.099	3.099
弹簧压力表 Y-100 0~1.6MPa	块	2.069	2.069	2.069
压力表表弯	个	2.000	2.000	2.000
黑玛钢管箍 DN15	个	2.020	2.020	2.020
型钢（综合）	kg	0.640	0.640	0.640
橡胶板	kg	4.464	5.869	6.886
聚四氟乙烯生料带 宽20	m	4.668	4.668	4.668
尼龙砂轮片 $\phi100$	片	7.055	8.024	8.913
尼龙砂轮片 $\phi400$	片	0.008	0.008	0.008
白铅油	kg	1.350	1.450	1.500
清油 C01-1	kg	0.270	0.300	0.320
机油	kg	0.763	0.839	0.895
水	m³	0.008	0.102	0.157
碎布	kg	0.855	0.961	1.060
砂纸	张	0.192	0.192	0.240
钢丝 $\phi4.0$	kg	0.033	0.036	0.036
氧气	m³	9.789	11.787	12.489
乙炔气	kg	3.765	4.534	4.804
低碳钢焊条 J427 $\phi3.2$	kg	24.289	29.677	32.899
碳钢气焊条 $\phi2$ 以内	kg	0.020	0.020	0.020
热轧厚钢板 $\delta12$~20	kg	6.053	7.521	13.694
输水软管 $\phi25$	m	0.069	0.069	0.069
其他材料费	%	1.00	1.00	1.00
载货汽车–普通货车 5t	台班	0.132	0.180	0.229
吊装机械（综合）	台班	0.723	1.058	1.283
砂轮切割机 $\phi400$	台班	0.002	0.002	0.002
管子切断套丝机 159mm	台班	0.006	0.006	0.006
电焊机（综合）	台班	5.080	5.852	6.450
电焊条烘干箱 $60\times50\times75$（cm³）	台班	0.497	0.574	0.636
电焊条恒温箱	台班	0.497	0.574	0.636
试压泵 3MPa	台班	0.240	0.297	0.354

九、水　　表

1. 螺纹水表安装

工作内容：切管、套丝、制垫、加垫、水表安装、试压检查等。 　　　　　　　　　　　　　　计量单位：个

编　号			10-5-249	10-5-250	10-5-251	10-5-252	10-5-253	10-5-254
项　目			公称直径（mm 以内）					
			15	20	25	32	40	50
名　称		单位	消　耗　量					
人工	合计工日	工日	0.136	0.153	0.189	0.234	0.288	0.380
	其中　普工	工日	0.034	0.039	0.047	0.059	0.072	0.095
	一般技工	工日	0.088	0.099	0.123	0.152	0.187	0.247
	高级技工	工日	0.014	0.015	0.019	0.023	0.029	0.038
材料	螺纹水表	个	（1.000）	（1.000）	（1.000）	（1.000）	（1.000）	（1.000）
	黑玛钢管箍 DN15	个	1.010	—	—	—	—	—
	黑玛钢管箍 DN20	个	—	1.010	—	—	—	—
	黑玛钢管箍 DN25	个	—	—	1.010	—	—	—
	黑玛钢管箍 DN32	个	—	—	—	1.010	—	—
	黑玛钢管箍 DN40	个	—	—	—	—	1.010	—
	黑玛钢管箍 DN50	个	—	—	—	—	—	1.010
	聚四氟乙烯生料带 宽20	m	1.388	1.736	2.184	2.716	3.168	3.952
	氧气	m³	—	—	0.018	0.026	0.030	0.036
	乙炔气	kg	—	—	0.008	0.012	0.013	0.016
	机油	kg	0.013	0.015	0.016	0.019	0.025	0.029
	其他材料费	%	1.00	1.00	1.00	1.00	1.00	1.00
机械	管子切断套丝机 159mm	台班	0.006	0.008	0.016	0.021	0.026	0.032

2. 螺纹水表组成安装

工作内容:切管、套丝、制垫、加垫,水表、挠性接头、止回阀、阀门安装,水压试验等。　　**计量单位:**组

编　号		10-5-255	10-5-256	10-5-257	10-5-258	10-5-259
项　目		公称直径(mm 以内)				
		15	20	25	32	40
名　称	单位	消　耗　量				
人工 合计工日	工日	0.470	0.550	0.640	0.760	1.110
其中 普工	工日	0.117	0.137	0.160	0.190	0.277
一般技工	工日	0.306	0.358	0.416	0.494	0.722
高级技工	工日	0.047	0.055	0.064	0.076	0.111
螺纹水表	个	(1.000)	(1.000)	(1.000)	(1.000)	(1.000)
螺纹闸阀	个	(2.020)	(2.020)	(2.020)	(2.020)	(2.020)
螺纹止回阀	个	(1.010)	(1.010)	(1.010)	(1.010)	(1.010)
螺纹挠性接头	个	(1.010)	(1.010)	(1.010)	(1.010)	(1.010)
黑玛钢活接头 DN15	个	1.010	—	—	—	—
黑玛钢活接头 DN20	个	—	1.010	—	—	—
黑玛钢活接头 DN25	个	—	—	1.010	—	—
黑玛钢活接头 DN32	个	—	—	—	1.010	—
黑玛钢活接头 DN40	个	—	—	—	—	1.010
黑玛钢六角内接头 DN15	个	2.020	—	—	—	—
黑玛钢六角内接头 DN20	个	—	2.020	—	—	—
黑玛钢六角内接头 DN25	个	—	—	2.020	—	—
黑玛钢六角内接头 DN32	个	—	—	—	2.020	—
黑玛钢六角内接头 DN40	个	—	—	—	—	2.020
橡胶板	kg	0.010	0.012	0.014	0.017	0.019
聚四氟乙烯生料带 宽20	m	2.261	3.014	3.768	4.823	6.023
尼龙砂轮片 φ400	片	0.008	0.010	0.023	0.029	0.034
机油	kg	0.007	0.009	0.010	0.013	0.017
水	m³	0.001	0.001	0.001	0.001	0.001
氧气	m³	0.153	0.162	0.168	0.177	0.183
乙炔气	kg	0.059	0.062	0.065	0.068	0.070
低碳钢焊条 J427 φ3.2	kg	0.153	0.175	0.198	0.265	0.356
热轧厚钢板 δ12~20	kg	0.085	0.103	0.124	0.170	0.197
无缝钢管 D22×2	m	0.012	0.012	0.012	0.012	0.012
输水软管 φ25	m	0.024	0.024	0.024	0.024	0.024
螺纹阀门 DN15	个	0.024	0.024	0.024	0.024	0.024
压力表弯管 DN15	个	0.024	0.024	0.024	0.024	0.024
弹簧压力表 Y-100 0~1.6MPa	块	0.024	0.024	0.024	0.024	0.024
其他材料费	%	1.00	1.00	1.00	1.00	1.00
砂轮切割机 φ400	台班	0.002	0.003	0.007	0.010	0.010
管子切断套丝机 159mm	台班	0.006	0.008	0.016	0.021	0.026
电焊机(综合)	台班	0.028	0.032	0.036	0.048	0.065
试压泵 3MPa	台班	0.024	0.024	0.024	0.024	0.024

3. 法兰水表组成安装（无旁通管）

工作内容： 切管、法兰焊接、制垫、加垫，水表、挠性接头、止回阀、阀门安装，管件安装、紧螺栓、水压试验等。　　　　　　　　　　　　　　　　计量单位：组

编　号			10-5-260	10-5-261	10-5-262	10-5-263
项　目			公称直径（mm 以内）			
			50	80	100	150
名　称		单位	消　耗　量			
人工	合计工日	工日	1.400	2.150	3.040	3.880
	其中　普工	工日	0.350	0.537	0.760	0.970
	一般技工	工日	0.910	1.398	1.976	2.522
	高级技工	工日	0.140	0.215	0.304	0.388
材料	法兰水表	个	(1.000)	(1.000)	(1.000)	(1.000)
	法兰闸阀	个	(2.000)	(2.000)	(2.000)	(2.000)
	法兰止回阀	个	(1.000)	(1.000)	(1.000)	(1.000)
	法兰挠性接头	个	(1.000)	(1.000)	(1.000)	(1.000)
	碳钢平焊法兰	片	(2.000)	(2.000)	(2.000)	(2.000)
	橡胶板	kg	0.449	0.852	1.106	1.817
	尼龙砂轮片 $\phi100$	片	0.068	0.104	0.126	0.220
	尼龙砂轮片 $\phi400$	片	0.021	0.032	0.041	—
	清油 C01-1	kg	0.010	0.016	0.020	0.030
	机油	kg	0.151	0.162	0.197	0.204
	水	m³	0.001	0.002	0.002	0.008
	碎布	kg	0.032	0.044	0.054	0.078
	砂纸	张	0.012	0.024	0.024	0.048
	氧气	m³	0.339	0.399	0.603	1.005
	乙炔气	kg	0.130	0.134	0.202	0.386
	低碳钢焊条 J427 $\phi3.2$	kg	0.510	0.642	0.783	0.965
	热轧厚钢板 $\delta12\sim20$	kg	0.480	0.713	1.029	1.744
	无缝钢管 $D22\times2$	m	0.024	0.024	0.029	0.029
	白铅油	kg	0.040	0.070	0.100	0.140
	输水软管 $\phi25$	m	0.048	0.048	0.057	0.057
	螺纹阀门 $DN15$	个	0.048	0.048	0.057	0.057
	压力表弯管 $DN15$	个	0.048	0.048	0.057	0.057
	弹簧压力表 Y-100 0~1.6MPa	块	0.048	0.048	0.057	0.057
	其他材料费	%	1.00	1.00	1.00	1.00
机械	载货汽车 - 普通货车 5t	台班	—	—	—	0.011
	吊装机械（综合）	台班	—	—	—	0.129
	砂轮切割机 $\phi400$	台班	0.005	0.007	0.009	—
	电焊机（综合）	台班	0.088	0.118	0.143	0.179
	电焊条烘干箱 $60\times50\times75$（cm³）	台班	0.008	0.011	0.013	0.019
	电焊条恒温箱	台班	0.008	0.011	0.013	0.019
	试压泵 3MPa	台班	0.048	0.072	0.086	0.228

计量单位：组

编　号			10-5-264	10-5-265	10-5-266
项　目			公称直径（mm 以内）		
			200	250	300
名　称		单位	消　耗　量		
人工	合计工日		工日	5.030	6.080	7.430
	其中	普工	工日	1.257	1.520	1.857
		一般技工	工日	3.270	3.952	4.830
		高级技工	工日	0.503	0.608	0.743
材料	法兰水表		个	（1.000）	（1.000）	（1.000）
	法兰闸阀		个	（2.000）	（2.000）	（2.000）
	法兰止回阀		个	（1.000）	（1.000）	（1.000）
	法兰挠性接头		个	（1.000）	（1.000）	（1.000）
	碳钢平焊法兰		片	（2.000）	（2.000）	（2.000）
	橡胶板		kg	2.117	2.384	2.598
	尼龙砂轮片 $\phi100$		片	0.299	0.394	0.465
	清油 C01-1		kg	0.030	0.040	0.050
	机油		kg	0.219	0.231	0.430
	水		m^3	0.008	0.018	0.060
	碎布		kg	0.102	0.112	0.122
	砂纸		张	0.072	0.072	0.072
	氧气		m^3	1.437	2.001	2.412
	乙炔气		kg	0.553	0.770	0.928
	低碳钢焊条 J427 $\phi3.2$		kg	1.581	2.771	3.325
	热轧厚钢板 $\delta12\sim20$		kg	2.494	3.648	4.705
	无缝钢管 $D22\times2$		m	0.029	0.029	0.029
	白铅油		kg	0.170	0.200	0.250
	输水软管 $\phi25$		m	0.057	0.057	0.057
	螺纹阀门 DN15		个	0.057	0.057	0.057
	压力表弯管 DN15		个	0.057	0.057	0.057
	弹簧压力表 Y-100 0~1.6MPa		块	0.057	0.057	0.057
	其他材料费		%	1.00	1.00	1.00
机械	载货汽车 – 普通货车 5t		台班	0.017	0.060	0.073
	吊装机械（综合）		台班	0.156	0.515	0.583
	电焊机（综合）		台班	0.511	0.693	0.839
	电焊条烘干箱 $60\times50\times75$（cm^3）		台班	0.043	0.061	0.075
	电焊条恒温箱		台班	0.043	0.061	0.075
	试压泵 3MPa		台班	0.228	0.228	0.228

4. 法兰水表组成安装（带旁通管）

工作内容：切管、法兰焊接、制垫、加垫，水表、挠性接头、止回阀、阀门安装，管件安
装、紧螺栓、水压试验等。

计量单位：组

	编　　号		10-5-267	10-5-268	10-5-269	10-5-270
	项　　目		公称直径（mm 以内）			
			50	80	100	150
	名　　称	单位	消　耗　量			
人工	合计工日	工日	3.340	5.170	6.570	8.050
	其中　普工	工日	0.835	1.292	1.642	2.012
	一般技工	工日	2.171	3.361	4.271	5.233
	高级技工	工日	0.334	0.517	0.657	0.805
材料	法兰水表	个	（2.000）	（2.000）	（2.000）	（2.000）
	法兰闸阀	个	（4.000）	（4.000）	（4.000）	（4.000）
	法兰止回阀	个	（2.000）	（2.000）	（2.000）	（2.000）
	法兰挠性接头	个	（2.000）	（2.000）	（2.000）	（2.000）
	碳钢平焊法兰	片	（12.000）	（12.000）	（12.000）	（12.000）
	焊接钢管 DN50	m	1.110	—	—	—
	焊接钢管 DN80	m	—	1.250	—	—
	焊接钢管 DN100	m	—	—	1.460	—
	焊接钢管 DN150	m	—	—	—	1.650
	碳钢三通 DN50	个	2.000	—	—	—
	碳钢三通 DN80	个	—	2.000	—	—
	碳钢三通 DN100	个	—	—	2.000	—
	碳钢三通 DN150	个	—	—	—	2.000
	压制弯头 DN50	个	2.000	—	—	—
	压制弯头 DN80	个	—	2.000	—	—
	压制弯头 DN100	个	—	—	2.000	—
	压制弯头 DN150	个	—	—	—	2.000
	橡胶板	kg	1.178	2.224	2.891	4.754
	尼龙砂轮片 ϕ100	片	0.409	0.623	0.758	1.318
	尼龙砂轮片 ϕ400	片	0.125	0.189	0.248	—
	白铅油	kg	0.240	0.420	0.600	0.840
	清油 C01-1	kg	0.060	0.120	0.160	0.180
	机油	kg	0.582	0.603	0.843	0.862
	水	m³	0.001	0.004	0.004	0.015
	碎布	kg	0.144	0.168	0.228	0.276
	砂纸	张	0.024	0.048	0.048	0.096
	氧气	m³	0.678	0.870	1.293	2.466
	乙炔气	kg	0.260	0.334	0.438	0.949
	低碳钢焊条 J427 ϕ3.2	kg	1.476	2.268	2.816	3.905
	热轧厚钢板 δ12~20	kg	0.960	1.426	2.058	3.488
	无缝钢管 D22×2	m	0.048	0.048	0.057	0.057
	输水软管 ϕ25	m	0.096	0.096	0.114	0.114
	螺纹阀门 DN15	个	0.096	0.096	0.114	0.114
	压力表弯管 DN15	个	0.096	0.096	0.114	0.114
	弹簧压力表 Y-100 0~1.6MPa	块	0.096	0.096	0.114	0.114
	其他材料费	%	1.00	1.00	1.00	1.00
机械	载货汽车-普通货车 5t	台班	—	—	—	0.025
	吊装机械（综合）	台班	—	—	—	0.361
	砂轮切割机 ϕ400	台班	0.032	0.042	0.054	—
	电焊机（综合）	台班	0.572	0.769	0.966	1.304
	电焊条烘干箱 60×50×75（cm³）	台班	0.043	0.063	0.079	0.114
	电焊条恒温箱	台班	0.043	0.063	0.079	0.114
	试压泵 3MPa	台班	0.096	0.144	0.171	0.456

计量单位：组

编 号			10-5-271	10-5-272	10-5-273
项 目			公称直径（mm 以内）		
			200	250	300
名 称		单位	消 耗 量		
人工	合计工日	工日	12.080	16.370	19.290
	其中 普工	工日	3.020	4.092	4.822
	一般技工	工日	7.852	10.641	12.539
	高级技工	工日	1.208	1.637	1.929
材料	法兰水表	个	（2.000）	（2.000）	（2.000）
	法兰闸阀	个	（4.000）	（4.000）	（4.000）
	法兰止回阀	个	（2.000）	（2.000）	（2.000）
	法兰挠性接头	个	（2.000）	（2.000）	（2.000）
	碳钢平焊法兰	片	（12.000）	（12.000）	（12.000）
	无缝钢管 $D22 \times 2$	m	0.057	0.057	0.057
	无缝钢管 $D219 \times 6$	m	1.700	—	—
	无缝钢管 $D273 \times 7$	m	—	1.730	—
	无缝钢管 $D325 \times 8$	m	—	—	1.820
	碳钢三通 $DN200$	个	2.000	—	—
	碳钢三通 $DN250$	个	—	2.000	—
	碳钢三通 $DN300$	个	—	—	2.000
	压制弯头 $DN200$	个	2.000	—	—
	压制弯头 $DN250$	个	—	2.000	—
	压制弯头 $DN300$	个	—	—	2.000
	橡胶板	kg	5.554	6.248	6.797
	尼龙砂轮片 $\phi100$	片	1.791	2.362	2.792
	白铅油	kg	1.020	1.200	1.500
	清油 C01-1	kg	0.210	0.240	0.300
	机油	kg	0.994	1.008	1.008
	水	m³	0.015	0.036	0.121
	碎布	kg	0.324	0.384	0.444
	砂纸	张	0.144	0.144	0.144
	氧气	m³	3.531	4.866	5.925
	乙炔气	kg	1.227	1.688	2.060
	低碳钢焊条 J427 $\phi3.2$	kg	7.604	14.743	18.068
	热轧厚钢板 $\delta12\sim20$	kg	4.988	7.296	9.411
	输水软管 $\phi25$	m	0.114	0.114	0.114
	螺纹阀门 $DN15$	个	0.114	0.114	0.114
	压力表弯管 $DN15$	个	0.114	0.114	0.114
	弹簧压力表 Y-100 0~1.6MPa	块	0.114	0.114	0.114
	其他材料费	%	1.00	1.00	1.00
机械	载货汽车 - 普通货车 5t	台班	0.038	0.127	0.156
	吊装机械（综合）	台班	0.437	1.282	1.419
	电焊机（综合）	台班	2.725	3.812	4.691
	电焊条烘干箱 $60 \times 50 \times 75$（cm³）	台班	0.255	0.364	0.452
	电焊条恒温箱	台班	0.255	0.364	0.452
	试压泵 3MPa	台班	0.456	0.456	0.456

十、热　量　表

1. 热水采暖入口热量表组成安装（螺纹连接）

工作内容：切管、套丝、组对、制垫、加垫，成套热量表、过滤器、阀门、压力表、温度
计等附件安装，循环管安装及其压力试验、水冲洗等。

计量单位：组

编　　号			10-5-274	10-5-275
项　　目			入口管道公称直径（mm）	
			32	40
名　　称		单位	消　耗　量	
人工	合计工日	工日	2.985	3.246
	其中 普工	工日	0.746	0.811
	一般技工	工日	1.940	2.110
	高级技工	工日	0.299	0.325
材料	螺纹热量表	套	（1.000）	（1.000）
	过滤器	个	（2.000）	（2.000）
	螺纹闸阀	个	（4.040）	（4.040）
	螺纹截止阀 DN15	个	（5.050）	（5.050）
	螺纹截止阀 J11T-16 DN25	个	（1.010）	（1.010）
	压力表 0~2.5MPa φ50（带表弯）	套	4.040	4.040
	温度计 0~120℃	块	2.020	2.020
	黑玛钢管箍 DN15	个	4.040	4.040
	黑玛钢管箍 DN32	个	2.020	—
	黑玛钢管箍 DN40	个	—	2.020
	黑玛钢弯头 DN25	个	2.020	2.020
	黑玛钢活接头 DN25	个	2.020	1.010
	黑玛钢活接头 DN32	个	1.010	1.010
	黑玛钢活接头 DN40	个	—	1.010
	黑玛钢六角内接头 DN25	个	1.010	1.010
	黑玛钢六角内接头 DN32	个	2.020	1.010
	黑玛钢六角内接头 DN40	个	—	2.020
	黑玛钢三通 DN32	个	2.020	—
	黑玛钢三通 DN40	个	—	2.020
	焊接钢管 DN15	m	0.900	0.900
	焊接钢管 DN25	m	1.250	1.270
	尼龙砂轮片 φ100	片	0.704	0.704
	尼龙砂轮片 φ400	片	0.128	0.147
	橡胶板	kg	0.025	0.029
	氧气	m³	0.545	0.573
	乙炔气	kg	0.221	0.233
	低碳钢焊条 J427 φ3.2	kg	0.412	0.412
	机油	kg	0.221	0.264
	铅油（厚漆）	kg	0.156	0.175
	线麻	kg	0.015	0.018
	热轧厚钢板 δ12~20	kg	0.170	0.197
	无缝钢管 D22×2	m	0.012	0.012
	输水软管 φ25	m	0.024	0.024
	螺纹阀门 DN15	个	0.024	0.024
	压力表弯管 DN15	个	0.024	0.024
	弹簧压力表 Y-100 0~1.6MPa	块	0.024	0.024
	其他材料费	%	1.00	1.00
机械	砂轮切割机 φ400	台班	0.039	0.044
	管子切断套丝机 159mm	台班	0.326	0.394
	电焊机（综合）	台班	0.242	0.242
	电焊条烘干箱 60×50×75（cm³）	台班	0.024	0.024
	电焊条恒温箱	台班	0.024	0.024
	试压泵 3MPa	台班	0.024	0.024

2. 热水采暖入口热量表组成安装（法兰连接）

工作内容: 切管、焊接、制垫、加垫、组对,成套热量表、过滤器、阀门、压力表、温度计
等附件安装,循环管安装及其压力试验、水冲洗等。

计量单位:组

编　号			10-5-276	10-5-277	10-5-278	10-5-279
项　目			入口管道公称直径（mm）			
			50	65	80	100
名　称		单位	消　耗　量			
人工	合计工日	工日	4.769	5.678	6.706	7.984
	其中 普工	工日	1.192	1.419	1.676	1.996
	一般技工	工日	3.100	3.691	4.359	5.190
	高级技工	工日	0.477	0.568	0.671	0.798
材料	法兰热量表	套	（1.000）	（1.000）	（1.000）	（1.000）
	过滤器	个	（2.000）	（2.000）	（2.000）	（2.000）
	法兰闸阀	个	（4.000）	（4.000）	（4.000）	（4.000）
	螺纹截止阀 DN15	个	（5.050）	（5.050）	（5.050）	（5.050）
	法兰截止阀 J41H-6 DN25	个	（1.000）	（1.000）	（1.000）	（1.000）
	碳钢平焊法兰 1.6MPa DN25	片	（2.000）	（2.000）	（2.000）	（2.000）
	碳钢平焊法兰 1.6MPa DN40	片	（4.000）	—	—	—
	碳钢平焊法兰 1.6MPa DN50	片	（12.000）	（4.000）	（4.000）	（4.000）
	碳钢平焊法兰 1.6MPa DN65	片	—	（12.000）	—	—
	碳钢平焊法兰 1.6MPa DN80	片	—	—	（12.000）	—
	碳钢平焊法兰 1.6MPa DN100	片	—	—	—	（12.000）
	压制异径管 DN50	个	2.000	—	—	—
	压制异径管 DN65	个	—	2.000	—	—
	压制异径管 DN80	个	—	—	2.000	—
	压制异径管 DN100	个	—	—	—	2.000
	压力表 0~2.5MPa φ50（带表弯）	套	4.040	4.040	4.040	4.040
	温度计 0~120℃	块	2.020	2.020	2.020	2.020
	焊接钢管 DN15	m	0.900	0.900	0.900	0.900
	焊接钢管 DN25	m	1.300	1.360	1.380	1.420
	黑玛钢管箍 DN15	个	4.040	4.040	4.040	4.040
	橡胶板	kg	0.886	1.195	1.674	2.177
	氧气	m³	1.233	1.371	2.337	2.631
	乙炔气	kg	0.474	0.527	0.899	1.012
	碳钢气焊条 φ2 以内	kg	0.252	0.252	0.252	0.252
	低碳钢焊条 J427 φ3.2	kg	0.937	1.705	2.906	3.304
	尼龙砂轮片 φ100	片	0.559	0.772	0.858	0.993
	尼龙砂轮片 φ400	片	0.248	0.252	0.282	0.341
	机油	kg	0.772	0.772	0.801	0.981
	碎布	kg	0.218	0.278	0.326	0.326
	砂纸	张	1.568	1.968	2.316	2.616
	锯条（各种规格）	根	0.715	0.715	0.715	0.715
	铅油（厚漆）	kg	0.112	0.112	0.112	0.112
	线麻	kg	0.091	0.091	0.091	0.091
	白铅油	kg	0.320	0.440	0.560	0.500
	清油 C01-1	kg	0.080	0.080	0.140	0.140
	热轧厚钢板 δ12~20	kg	0.640	0.810	0.950	1.372
	无缝钢管 D22×2	m	0.032	0.032	0.032	0.038
	输水软管 φ25	m	0.064	0.064	0.064	0.076
	螺纹阀门 DN15	个	0.064	0.064	0.064	0.076
	压力表弯管 DN15	个	0.064	0.064	0.064	0.076
	弹簧压力表 Y-100 0~1.6MPa	块	0.064	0.064	0.064	0.076
	其他材料费	%	1.00	1.00	1.00	1.00
机械	管子切断套丝机 159mm	台班	0.034	0.034	0.034	0.034
	电动弯管机 108mm	台班	0.031	0.031	0.031	0.031
	砂轮切割机 φ400	台班	0.042	0.058	0.064	0.076
	电焊机（综合）	台班	0.796	1.015	1.105	1.275
	电焊条烘干箱 60×50×75（cm³）	台班	0.079	0.102	0.111	0.127
	电焊条恒温箱	台班	0.079	0.102	0.111	0.127
	试压泵 3MPa	台班	0.064	0.096	0.096	0.114

3. 户用热量表组成安装（螺纹连接）

工作内容：切管、套丝、制垫、加垫，阀门、成套热量表安装，配合调试、水压试验等。　　计量单位：组

编　号			10-5-280	10-5-281	10-5-282	10-5-283	10-5-284
项　目			公称直径（mm 以内）				
			15	20	25	32	40
名　称		单位	消　耗　量				
人工	合计工日	工日	0.650	0.700	0.850	1.050	1.290
	其中 普工	工日	0.162	0.175	0.212	0.262	0.322
	一般技工	工日	0.423	0.455	0.553	0.683	0.839
	高级技工	工日	0.065	0.070	0.085	0.105	0.129
材料	螺纹热量表	套	（1.000）	（1.000）	（1.000）	（1.000）	（1.000）
	螺纹阀门	个	（3.030）	（3.030）	（3.030）	（3.030）	（3.030）
	Y 型过滤器	个	（1.000）	（1.000）	（1.000）	（1.000）	（1.000）
	黑玛钢活接头 DN15	个	2.020	—	—	—	—
	黑玛钢活接头 DN20	个	—	2.020	—	—	—
	黑玛钢活接头 DN25	个	—	—	2.020	—	—
	黑玛钢活接头 DN32	个	—	—	—	2.020	—
	黑玛钢活接头 DN40	个	—	—	—	—	2.020
	黑玛钢管箍 DN15	个	2.020	—	—	—	—
	黑玛钢管箍 DN20	个	—	2.020	—	—	—
	黑玛钢管箍 DN25	个	—	—	2.020	—	—
	黑玛钢管箍 DN32	个	—	—	—	2.020	—
	黑玛钢管箍 DN40	个	—	—	—	—	2.020
	黑玛钢三通 DN15	个	2.020	—	—	—	—
	黑玛钢三通 DN20	个	—	2.020	—	—	—
	黑玛钢三通 DN25	个	—	—	2.020	—	—
	黑玛钢三通 DN32	个	—	—	—	2.020	—
	黑玛钢三通 DN40	个	—	—	—	—	2.020
	黑玛钢六角内接头 DN15	个	5.050	—	—	—	—
	黑玛钢六角内接头 DN20	个	—	5.050	—	—	—
	黑玛钢六角内接头 DN25	个	—	—	5.050	—	—
	黑玛钢六角内接头 DN32	个	—	—	—	5.050	—
	黑玛钢六角内接头 DN40	个	—	—	—	—	5.050
	橡胶板	kg	0.008	0.010	0.012	0.015	0.018
	聚四氟乙烯生料带 宽 20	m	3.391	4.522	5.652	7.235	9.043
	尼龙砂轮片 ϕ400	片	0.021	0.025	0.057	0.072	0.084
	机油	kg	0.033	0.043	0.052	0.067	0.084
	氧气	m³	0.111	0.120	0.126	0.135	0.144
	乙炔气	kg	0.043	0.046	0.049	0.052	0.055
	低碳钢焊条 J427 ϕ3.2	kg	0.115	0.139	0.158	0.208	0.237
	热轧厚钢板 δ12~20	kg	0.064	0.077	0.093	0.128	0.148
	无缝钢管 D22×2	m	0.009	0.009	0.009	0.009	0.009
	输水软管 ϕ25	m	0.018	0.018	0.018	0.018	0.018
	螺纹阀门 DN15	个	0.018	0.018	0.018	0.018	0.018
	压力表弯管 DN15	个	0.018	0.018	0.018	0.018	0.018
	弹簧压力表 Y-100 0~1.6MPa	块	0.018	0.018	0.018	0.018	0.018
	其他材料费	%	1.00	1.00	1.00	1.00	1.00
机械	砂轮切割机 ϕ400	台班	0.005	0.007	0.018	0.024	0.026
	管子切断套丝机 159mm	台班	0.031	0.041	0.082	0.105	0.130
	电焊机（综合）	台班	0.021	0.025	0.028	0.035	0.042
	试压泵 3MPa	台班	0.018	0.018	0.018	0.018	0.018

十一、倒流防止器

1. 倒流防止器组成安装（螺纹连接不带水表）

工作内容：切管、套丝、制垫、加垫，倒流防止器及阀门安装，水压试验等。　　　　　　计量单位：组

编　号			10-5-285	10-5-286	10-5-287	10-5-288	10-5-289	10-5-290
项　目			公称直径（mm）					
			15	20	25	32	40	50
名　称		单位	消　耗　量					
人工	合计工日	工日	0.450	0.530	0.620	0.750	1.100	1.240
	其中 普工	工日	0.112	0.132	0.155	0.187	0.275	0.310
	一般技工	工日	0.293	0.345	0.403	0.488	0.715	0.806
	高级技工	工日	0.045	0.053	0.062	0.075	0.110	0.124
材料	倒流防止器	个	(1.000)	(1.000)	(1.000)	(1.000)	(1.000)	(1.000)
	螺纹阀门	个	(2.020)	(2.020)	(2.020)	(2.020)	(2.020)	(2.020)
	Y型过滤器	个	(1.000)	(1.000)	(1.000)	(1.000)	(1.000)	(1.000)
	黑玛钢活接头 DN15	个	1.010	—	—	—	—	—
	黑玛钢活接头 DN20	个	—	1.010	—	—	—	—
	黑玛钢活接头 DN25	个	—	—	1.010	—	—	—
	黑玛钢活接头 DN32	个	—	—	—	1.010	—	—
	黑玛钢活接头 DN40	个	—	—	—	—	1.010	—
	黑玛钢活接头 DN50	个	—	—	—	—	—	1.010
	黑玛钢六角内接头 DN15	个	4.040	—	—	—	—	—
	黑玛钢六角内接头 DN20	个	—	4.040	—	—	—	—
	黑玛钢六角内接头 DN25	个	—	—	4.040	—	—	—
	黑玛钢六角内接头 DN32	个	—	—	—	4.040	—	—
	黑玛钢六角内接头 DN40	个	—	—	—	—	4.040	—
	黑玛钢六角内接头 DN50	个	—	—	—	—	—	4.040
	焊接钢管 DN15	m	0.300	0.300	—	—	—	—
	焊接钢管 DN25	m	—	—	0.300	0.300	0.300	—
	焊接钢管 DN50	m	—	—	—	—	—	0.300
	橡胶板	kg	0.021	0.027	0.031	0.036	0.040	0.045
	聚四氟乙烯生料带 宽20	m	2.826	3.768	4.710	6.029	7.536	9.420
	尼龙砂轮片 φ400	片	0.004	0.004	0.005	0.008	0.009	0.021
	机油	kg	0.013	0.015	0.016	0.019	0.025	0.029
	水	m³	0.001	0.001	0.001	0.001	0.001	0.001
	氧气	m³	0.420	0.429	0.444	0.453	0.459	0.465
	乙炔气	kg	0.162	0.165	0.171	0.174	0.176	0.179
	低碳钢焊条 J427 φ3.2	kg	0.383	0.464	0.525	0.601	0.712	0.805
	热轧厚钢板 δ12~20	kg	0.213	0.258	0.309	0.426	0.492	0.600
	无缝钢管 D22×2	m	0.030	0.030	0.030	0.030	0.030	0.030
	输水软管 φ25	m	0.060	0.060	0.060	0.060	0.060	0.060
	螺纹阀门 DN15	个	0.060	0.060	0.060	0.060	0.060	0.060
	压力表弯管 DN15	个	0.060	0.060	0.060	0.060	0.060	0.060
	弹簧压力表 Y-100 0~1.6MPa	块	0.060	0.060	0.060	0.060	0.060	0.060
	其他材料费	%	1.00	1.00	1.00	1.00	1.00	1.00
机械	砂轮切割机 φ400	台班	0.001	0.001	0.001	0.003	0.003	0.005
	管子切断套丝机 159mm	台班	0.006	0.008	0.016	0.021	0.026	0.041
	电焊机（综合）	台班	0.063	0.071	0.078	0.086	0.094	0.101
	试压泵 3MPa	台班	0.060	0.060	0.060	0.060	0.060	0.060

2. 倒流防止器组成安装（螺纹连接带水表）

工作内容：切管、套丝、制垫、加垫，倒流防止器、阀门及水表安装，水压试验等。　　　　　　　　　计量单位：组

编　　号			10-5-291	10-5-292	10-5-293	10-5-294	10-5-295	10-5-296
项　　目			公称直径（mm）					
			15	20	25	32	40	50
名　　称		单位	消　耗　量					
人工	合计工日	工日	0.550	0.650	0.760	0.900	1.150	1.420
	其中 普工	工日	0.137	0.162	0.190	0.225	0.287	0.355
	一般技工	工日	0.358	0.423	0.494	0.585	0.748	0.923
	高级技工	工日	0.055	0.065	0.076	0.090	0.115	0.142
材料	倒流防止器	个	（1.000）	（1.000）	（1.000）	（1.000）	（1.000）	（1.000）
	螺纹阀门	个	（2.020）	（2.020）	（2.020）	（2.020）	（2.020）	（2.020）
	Y型过滤器	个	（1.000）	（1.000）	（1.000）	（1.000）	（1.000）	（1.000）
	螺纹水表	个	（1.000）	（1.000）	（1.000）	（1.000）	（1.000）	（1.000）
	黑玛钢活接头 DN15	个	1.010	—	—	—	—	—
	黑玛钢活接头 DN20	个	—	1.010	—	—	—	—
	黑玛钢活接头 DN25	个	—	—	1.010	—	—	—
	黑玛钢活接头 DN32	个	—	—	—	1.010	—	—
	黑玛钢活接头 DN40	个	—	—	—	—	1.010	—
	黑玛钢活接头 DN50	个	—	—	—	—	—	1.010
	黑玛钢六角内接头 DN15	个	5.050	—	—	—	—	—
	黑玛钢六角内接头 DN20	个	—	5.050	—	—	—	—
	黑玛钢六角内接头 DN25	个	—	—	5.050	—	—	—
	黑玛钢六角内接头 DN32	个	—	—	—	5.050	—	—
	黑玛钢六角内接头 DN40	个	—	—	—	—	5.050	—
	黑玛钢六角内接头 DN50	个	—	—	—	—	—	5.050
	焊接钢管 DN15	m	0.300	0.300	—	—	—	—
	焊接钢管 DN25	m	—	—	0.300	0.300	0.300	—
	焊接钢管 DN50	m	—	—	—	—	—	0.300
	橡胶板	kg	0.021	0.027	0.031	0.036	0.040	0.045
	聚四氟乙烯生料带 宽20	m	3.391	4.522	5.652	7.235	9.043	11.304
	尼龙砂轮片 φ400	片	0.004	0.004	0.005	0.008	0.009	0.021
	机油	kg	0.013	0.015	0.016	0.019	0.025	0.029
	水	m³	0.001	0.001	0.001	0.001	0.001	0.001
	氧气	m³	0.420	0.429	0.444	0.453	0.459	0.465
	乙炔气	kg	0.162	0.165	0.171	0.174	0.176	0.179
	低碳钢焊条 J427 φ3.2	kg	0.383	0.464	0.525	0.601	0.712	0.805
	热轧厚钢板 δ12~20	kg	0.213	0.258	0.309	0.426	0.492	0.600
	无缝钢管 D22×2	m	0.030	0.030	0.030	0.030	0.030	0.030
	输水软管 φ25	m	0.060	0.060	0.060	0.060	0.060	0.060
	螺纹阀门 DN15	个	0.060	0.060	0.060	0.060	0.060	0.060
	压力表弯管 DN15	个	0.060	0.060	0.060	0.060	0.060	0.060
	弹簧压力表 Y-100 0~1.6MPa	块	0.060	0.060	0.060	0.060	0.060	0.060
	其他材料费	%	1.00	1.00	1.00	1.00	1.00	1.00
机械	砂轮切割机 φ400	台班	0.001	0.001	0.001	0.003	0.003	0.005
	管子切断套丝机 159mm	台班	0.006	0.008	0.016	0.021	0.026	0.041
	电焊机（综合）	台班	0.063	0.071	0.078	0.086	0.094	0.101
	试压泵 3MPa	台班	0.060	0.060	0.060	0.060	0.060	0.060

3. 倒流防止器组成安装(法兰连接不带水表)

工作内容: 切管、制垫、加垫,倒流防止器及阀门安装,紧螺栓、水压试验等。　　　　　　　　　　　　计量单位:组

编　号			10-5-297	10-5-298	10-5-299	10-5-300	10-5-301
项　目			公称直径(mm)				
			50	65	80	100	150
名　称		单位	消　耗　量				
人工	合计工日	工日	1.540	1.920	2.530	3.280	4.110
	其中　普工	工日	0.385	0.480	0.632	0.820	1.027
	一般技工	工日	1.001	1.248	1.645	2.132	2.672
	高级技工	工日	0.154	0.192	0.253	0.328	0.411
材料	倒流防止器	个	(1.000)	(1.000)	(1.000)	(1.000)	(1.000)
	法兰闸阀	个	(2.000)	(2.000)	(2.000)	(2.000)	(2.000)
	Y 型过滤器	个	(1.000)	(1.000)	(1.000)	(1.000)	(1.000)
	法兰挠性接头	个	(1.000)	(1.000)	(1.000)	(1.000)	(1.000)
	碳钢平焊法兰 1.6MPa $DN50$	片	(2.000)	—	—	—	—
	碳钢平焊法兰 1.6MPa $DN65$	片	—	(2.000)	—	—	—
	碳钢平焊法兰 1.6MPa $DN80$	片	—	—	(2.000)	—	—
	碳钢平焊法兰 1.6MPa $DN100$	片	—	—	—	(2.000)	—
	碳钢平焊法兰 1.6MPa $DN150$	片	—	—	—	—	(2.000)
	焊接钢管 $DN50$	m	0.300	0.300	0.300	—	—
	焊接钢管 $DN80$	m	—	—	—	0.300	0.300
	橡胶板	kg	0.456	0.630	0.870	1.110	1.824
	尼龙砂轮片 $\phi100$	片	0.045	0.060	0.069	0.100	0.146
	尼龙砂轮片 $\phi400$	片	0.021	0.027	0.032	0.041	—
	白铅油	kg	0.040	0.050	0.070	0.100	0.140
	清油 C01-1	kg	0.010	0.015	0.020	0.025	0.030
	水	m^3	0.001	0.002	0.002	0.002	0.008
	碎布	kg	0.020	0.020	0.020	0.030	0.030
	氧气	m^3	0.423	0.438	0.495	0.633	1.050
	乙炔气	kg	0.163	0.147	0.190	0.243	0.404
	低碳钢焊条 J427 $\phi3.2$	kg	0.609	0.706	0.741	0.820	0.989
	热轧厚钢板 $\delta12\sim20$	kg	0.600	0.759	0.891	1.083	1.836
	无缝钢管 $D22\times2$	m	0.030	0.030	0.030	0.030	0.030
	输水软管 $\phi25$	m	0.060	0.060	0.060	0.060	0.060
	螺纹阀门 $DN15$	个	0.060	0.060	0.060	0.060	0.060
	压力表弯管 $DN15$	个	0.060	0.060	0.060	0.060	0.060
	弹簧压力表 Y-100 0~1.6MPa	块	0.060	0.060	0.060	0.060	0.060
	其他材料费	%	1.00	1.00	1.00	1.00	1.00
机械	载货汽车 - 普通货车 5t	台班	—	—	—	—	0.014
	吊装机械(综合)	台班	—	—	—	—	0.206
	砂轮切割机 $\phi400$	台班	0.005	0.006	0.007	0.009	—
	电焊机(综合)	台班	0.147	0.161	0.173	0.200	0.241
	电焊条烘干箱 $60\times50\times75$(cm³)	台班	0.006	0.007	0.008	0.011	0.015
	电焊条恒温箱	台班	0.006	0.007	0.008	0.011	0.015
	试压泵 3MPa	台班	0.060	0.090	0.090	0.090	0.240

计量单位：组

编 号			10-5-302	10-5-303	10-5-304	10-5-305	10-5-306
项 目			公称直径（mm）				
			200	250	300	350	400
名 称		单位	消 耗 量				
人工	合计工日	工日	5.160	6.800	8.100	9.650	11.150
	其中 普工	工日	1.290	1.700	2.025	2.412	2.787
	一般技工	工日	3.354	4.420	5.265	6.273	7.248
	高级技工	工日	0.516	0.680	0.810	0.965	1.115
材料	倒流防止器	个	（1.000）	（1.000）	（1.000）	（1.000）	（1.000）
	法兰闸阀	个	（2.000）	（2.000）	（2.000）	（2.000）	（2.000）
	Y 型过滤器	个	（1.000）	（1.000）	（1.000）	（1.000）	（1.000）
	法兰挠性接头	个	（1.000）	（1.000）	（1.000）	（1.000）	（1.000）
	碳钢平焊法兰 1.6MPa DN200	片	（2.000）	—	—	—	—
	碳钢平焊法兰 1.6MPa DN250	片	—	（2.000）	—	—	—
	碳钢平焊法兰 1.6MPa DN300	片	—	—	（2.000）	—	—
	碳钢平焊法兰 1.6MPa DN350	片	—	—	—	（2.000）	—
	碳钢平焊法兰 1.6MPa DN400	片	—	—	—	—	（2.000）
	焊接钢管 DN80	m	0.300	—	—	—	—
	焊接钢管 DN100	m	—	0.300	—	—	—
	焊接钢管 DN150	m	—	—	0.300	0.300	0.300
	橡胶板	kg	2.153	2.429	2.609	3.600	4.500
	尼龙砂轮片 φ100	片	0.199	0.262	0.310	0.379	0.426
	白铅油	kg	0.170	0.200	0.250	0.280	0.300
	清油 C01-1	kg	0.030	0.040	0.050	0.055	0.060
	水	m³	0.019	0.064	0.064	0.107	0.107
	碎布	kg	0.030	0.040	0.050	0.050	0.060
	氧气	m³	1.557	2.097	2.526	2.715	3.102
	乙炔气	kg	0.599	0.806	0.971	1.045	1.194
	低碳钢焊条 J427 φ3.2	kg	1.606	2.795	3.350	4.757	5.309
	热轧厚钢板 δ12~20	kg	2.625	3.840	4.953	6.327	7.872
	无缝钢管 D22×2	m	0.030	0.030	0.030	0.030	0.030
	输水软管 φ25	m	0.060	0.060	0.060	0.060	0.060
	螺纹阀门 DN15	个	0.060	0.060	0.060	0.060	0.060
	压力表弯管 DN15	个	0.060	0.060	0.060	0.060	0.060
	弹簧压力表 Y-100 0~1.6MPa	块	0.060	0.060	0.060	0.060	0.060
	其他材料费	%	1.00	1.00	1.00	1.00	1.00
机械	载货汽车-普通货车 5t	台班	0.023	0.081	0.097	0.120	0.193
	吊装机械（综合）	台班	0.312	0.650	0.650	0.789	0.889
	电焊机（综合）	台班	0.430	0.576	0.693	0.723	0.805
	电焊条烘干箱 60×50×75（cm³）	台班	0.034	0.049	0.060	0.063	0.071
	电焊条恒温箱	台班	0.034	0.049	0.060	0.063	0.071
	试压泵 3MPa	台班	0.240	0.240	0.240	0.300	0.300

4. 倒流防止器组成安装（法兰连接带水表）

工作内容：切管、制垫、加垫，倒流防止器、水表及阀门安装，紧螺栓、水压试验等。　　　　　　　　　　　　计量单位：组

编　号			10-5-307	10-5-308	10-5-309	10-5-310	10-5-311
项　目			公称直径（mm）				
			50	65	80	100	150
名　称		单位	消　耗　量				
人工	合计工日		工日	2.080	2.620	3.380	4.380	5.650
	其中	普工	工日	0.520	0.655	0.845	1.095	1.412
		一般技工	工日	1.352	1.703	2.197	2.847	3.673
		高级技工	工日	0.208	0.262	0.338	0.438	0.565
材料	倒流防止器		个	（1.000）	（1.000）	（1.000）	（1.000）	（1.000）
	法兰闸阀		个	（2.000）	（2.000）	（2.000）	（2.000）	（2.000）
	Y 型过滤器		个	（1.000）	（1.000）	（1.000）	（1.000）	（1.000）
	法兰挠性接头		个	（1.000）	（1.000）	（1.000）	（1.000）	（1.000）
	法兰水表		个	（1.000）	（1.000）	（1.000）	（1.000）	（1.000）
	碳钢平焊法兰 1.6MPa DN50		片	（4.000）	（4.000）	（4.000）	—	—
	碳钢平焊法兰 1.6MPa DN65		片	—	（4.000）	—	—	—
	碳钢平焊法兰 1.6MPa DN80		片	—	—	（4.000）	（4.000）	—
	碳钢平焊法兰 1.6MPa DN100		片	—	—	—	（4.000）	（4.000）
	碳钢平焊法兰 1.6MPa DN150		片	—	—	—	—	（4.000）
	异径管 DN65×50		个	—	2.000	—	—	—
	异径管 DN80×50		个	—	—	2.000	—	—
	异径管 DN100×80		个	—	—	—	2.000	—
	异径管 DN150×100		个	—	—	—	—	2.000
	焊接钢管 DN50		m	0.300	0.300	0.300	—	—
	焊接钢管 DN80		m	—	—	—	0.300	0.300
	橡胶板		kg	0.596	0.950	1.270	1.710	2.724
	尼龙砂轮片 φ100		片	0.091	0.210	0.229	0.338	0.493
	尼龙砂轮片 φ400		片	0.021	0.027	0.032	0.041	—
	白铅油		kg	0.080	0.180	0.220	0.340	0.480
	清油 C01-1		kg	0.020	0.040	0.060	0.080	0.100
	水		m³	0.001	0.002	0.002	0.002	0.008
	碎布		kg	0.040	0.080	0.080	0.100	0.120
	氧气		m³	0.423	0.438	0.495	0.633	1.050
	乙炔气		kg	0.163	0.147	0.190	0.243	0.404
	低碳钢焊条 J427 φ3.2		kg	0.724	1.145	1.216	1.637	2.132
	热轧厚钢板 δ12~20		kg	0.600	0.759	0.891	1.083	1.836
	无缝钢管 D22×2		m	0.030	0.030	0.030	0.030	0.030
	输水软管 φ25		m	0.060	0.060	0.060	0.060	0.060
	螺纹阀门 DN15		个	0.060	0.060	0.060	0.060	0.060
	压力表弯管 DN15		个	0.060	0.060	0.060	0.060	0.060
	弹簧压力表 Y-100 0~1.6MPa		块	0.060	0.060	0.060	0.060	0.060
	其他材料费		%	1.00	1.00	1.00	1.00	1.00
机械	载货汽车-普通货车 5t		台班	—	—	—	—	0.016
	吊装机械（综合）		台班	—	—	—	—	0.310
	砂轮切割机 φ400		台班	0.005	0.006	0.007	0.009	—
	电焊机（综合）		台班	0.204	0.347	0.371	0.477	0.613
	电焊条烘干箱 60×50×75（cm³）		台班	0.012	0.026	0.028	0.039	0.052
	电焊条恒温箱		台班	0.012	0.026	0.028	0.039	0.052
	试压泵 3MPa		台班	0.060	0.090	0.090	0.090	0.240

工作内容:切管、制垫、加垫,倒流防止器、水表及阀门安装,紧螺栓、水压试验等。　　　　　**计量单位:**组

编　号			10-5-312	10-5-313	10-5-314	10-5-315	10-5-316
项　目			公称直径(mm)				
			200	250	300	350	400
名　称		单位	消　耗　量				
人工	合计工日	工日	7.120	9.120	11.000	13.060	15.300
	其中 普工	工日	1.780	2.280	2.750	3.265	3.825
	一般技工	工日	4.628	5.928	7.150	8.489	9.945
	高级技工	工日	0.712	0.912	1.100	1.306	1.530
材料	倒流防止器	个	(1.000)	(1.000)	(1.000)	(1.000)	(1.000)
	法兰闸阀	个	(2.000)	(2.000)	(2.000)	(2.000)	(2.000)
	Y型过滤器	个	(1.000)	(1.000)	(1.000)	(1.000)	(1.000)
	法兰挠性接头	个	(1.000)	(1.000)	(1.000)	(1.000)	(1.000)
	法兰水表	个	(1.000)	(1.000)	(1.000)	(1.000)	(1.000)
	碳钢平焊法兰 1.6MPa DN150	片	(4.000)	—	—	—	—
	碳钢平焊法兰 1.6MPa DN200	片	(4.000)	(4.000)	—	—	—
	碳钢平焊法兰 1.6MPa DN250	片	—	(4.000)	(4.000)	—	—
	碳钢平焊法兰 1.6MPa DN300	片	—	—	(4.000)	(4.000)	(4.000)
	碳钢平焊法兰 1.6MPa DN350	片	—	—	—	(4.000)	—
	碳钢平焊法兰 1.6MPa DN400	片	—	—	—	—	(4.000)
	异径管 DN200×150	个	2.000	—	—	—	—
	异径管 DN250×200	个	—	2.000	—	—	—
	异径管 DN300×250	个	—	—	2.000	—	—
	异径管 DN350×300	个	—	—	—	2.000	—
	异径管 DN400×300	个	—	—	—	—	2.000
	焊接钢管 DN80	m	0.300	—	—	—	—
	焊接钢管 DN100	m	—	0.300	—	—	—
	焊接钢管 DN150	m	—	—	0.300	0.300	0.300
	橡胶板	kg	3.373	3.829	4.149	5.480	6.680
	白铅油	kg	0.620	0.740	0.900	1.000	1.100
	清油 C01-1	kg	0.120	0.140	0.180	0.200	0.220
	水	m³	0.019	0.064	0.064	0.107	0.107
	碎布	kg	0.120	0.140	0.180	0.200	0.220
	氧气	m³	1.557	2.097	2.526	2.715	3.102
	乙炔气	kg	0.599	0.806	0.971	1.045	1.194
	低碳钢焊条 J427 φ3.2	kg	3.704	7.317	10.805	14.729	15.834
	尼龙砂轮片 φ100	片	0.691	0.923	1.145	1.378	1.473
	热轧厚钢板 δ12~20	kg	2.625	3.840	4.953	6.327	7.872
	无缝钢管 D22×2	m	0.030	0.030	0.030	0.030	0.030
	输水软管 φ25	m	0.060	0.060	0.060	0.060	0.060
	螺纹阀门 DN15	个	0.060	0.060	0.060	0.060	0.060
	压力表弯管 DN15	个	0.060	0.060	0.060	0.060	0.060
	弹簧压力表 Y-100 0~1.6MPa	块	0.060	0.060	0.060	0.060	0.060
	其他材料费	%	1.00	1.00	1.00	1.00	1.00
机械	载货汽车-普通货车 5t	台班	0.025	0.092	0.109	0.147	0.222
	吊装机械(综合)	台班	0.597	1.035	1.035	1.248	1.368
	电焊机(综合)	台班	1.073	1.742	2.266	2.561	2.724
	电焊条烘干箱 60×50×75(cm³)	台班	0.098	0.165	0.218	0.247	0.263
	电焊条恒温箱	台班	0.098	0.165	0.218	0.247	0.263
	试压泵 3MPa	台班	0.240	0.240	0.240	0.300	0.300

十二、水锤消除器

1. 水锤消除器安装（螺纹连接）

工作内容：安装、试压检查等。　　　　　　　　　　　　　　　　　　　　计量单位：个

编　号			10-5-317	10-5-318	10-5-319	10-5-320	10-5-321	10-5-322
项　目			公称直径（mm）					
			15	20	25	32	40	50
名　称		单位	消　耗　量					
人工	合计工日	工日	0.060	0.070	0.090	0.110	0.150	0.190
	其中 普工	工日	0.015	0.018	0.022	0.027	0.037	0.047
	其中 一般技工	工日	0.039	0.045	0.059	0.072	0.098	0.124
	其中 高级技工	工日	0.006	0.007	0.009	0.011	0.015	0.019
材料	水锤消除器	个	（1.000）	（1.000）	（1.000）	（1.000）	（1.000）	（1.000）
	黑玛钢六角内接头 DN15	个	1.010	—	—	—	—	—
	黑玛钢六角内接头 DN20	个	—	1.010	—	—	—	—
	黑玛钢六角内接头 DN25	个	—	—	1.010	—	—	—
	黑玛钢六角内接头 DN32	个	—	—	—	1.010	—	—
	黑玛钢六角内接头 DN40	个	—	—	—	—	1.010	—
	黑玛钢六角内接头 DN50	个	—	—	—	—	—	1.010
	聚四氟乙烯生料带 宽20	m	0.568	0.752	0.944	1.208	1.504	1.888
	其他材料费	%	1.00	1.00	1.00	1.00	1.00	1.00

2. 水锤消除器安装（法兰连接）

工作内容：制垫、加垫、就位、紧螺栓、试压检查等。   计量单位：个

编 号			10-5-323	10-5-324	10-5-325	10-5-326	10-5-327	10-5-328
项 目			公称直径（mm）					
			50	65	80	100	125	150
名 称		单位	消 耗 量					
人工	合计工日	工日	0.190	0.270	0.300	0.390	0.450	0.500
	其中 普工	工日	0.047	0.067	0.075	0.097	0.112	0.125
	一般技工	工日	0.124	0.176	0.195	0.254	0.293	0.325
	高级技工	工日	0.019	0.027	0.030	0.039	0.045	0.050
材料	水锤消除器	个	（1.000）	（1.000）	（1.000）	（1.000）	（1.000）	（1.000）
	橡胶板	kg	0.035	0.045	0.065	0.085	0.115	0.140
	白铅油	kg	0.025	0.030	0.035	0.040	0.050	0.070
	清油 C01-1	kg	0.010	0.015	0.020	0.025	0.027	0.030
	机油	kg	0.004	0.004	0.007	0.007	0.007	0.010
	碎布	kg	0.004	0.005	0.006	0.007	0.008	0.016
	砂纸	张	0.004	0.005	0.006	0.007	0.008	0.016
	其他材料费	%	1.00	1.00	1.00	1.00	1.00	1.00
机械	载货汽车－普通货车 5t	台班	—	—	—	—	0.003	0.003
	吊装机械（综合）	台班	—	—	—	—	0.034	0.034

计量单位:个

编 号			10-5-329	10-5-330	10-5-331
项 目			公称直径(mm)		
			200	250	300
名 称		单位	消 耗 量		
人工	合计工日	工日	0.640	0.780	0.950
	其中 普工	工日	0.160	0.195	0.237
	一般技工	工日	0.416	0.507	0.618
	高级技工	工日	0.064	0.078	0.095
材料	水锤消除器	个	(1.000)	(1.000)	(1.000)
	橡胶板	kg	0.165	0.185	0.400
	白铅油	kg	0.080	0.100	0.200
	清油 C01-1	kg	0.035	0.040	0.050
	机油	kg	0.016	0.018	0.018
	碎布	kg	0.022	0.024	0.049
	砂纸	张	0.024	0.024	0.024
	其他材料费	%	1.00	1.00	1.00
机械	载货汽车-普通货车 5t	台班	0.003	0.009	0.009
	吊装机械(综合)	台班	0.052	0.083	0.083

十三、补 偿 器

1. 方形补偿器制作（弯头组成）

工作内容：切口、坡口、组成、焊接等。

计量单位：个

编　号			10-5-332	10-5-333	10-5-334	10-5-335	10-5-336
项　目			公称直径（mm 以内）				
			32	40	50	65	80
名　称		单位	消　耗　量				
人工	合计工日		工日	0.380	0.470	0.580	0.750	0.950
	其中	普工	工日	0.095	0.117	0.145	0.187	0.237
		一般技工	工日	0.247	0.306	0.377	0.488	0.618
		高级技工	工日	0.038	0.047	0.058	0.075	0.095
材料	压制弯头		个	（4.000）	（4.000）	（4.000）	（4.000）	（4.000）
	型钢（综合）		kg	3.710	4.240	5.300	6.360	8.480
	氧气		m³	0.408	0.423	0.504	0.552	0.654
	乙炔气		kg	0.157	0.163	0.194	0.212	0.252
	低碳钢焊条 J427 φ3.2		kg	0.133	0.152	0.509	0.778	0.948
	碳钢气焊条 φ2 以内		kg	0.120	0.150	—	—	—
	锯条（各种规格）		根	0.212	0.251	0.318	—	—
	尼龙砂轮片 φ100		片	0.020	0.032	0.400	0.628	0.648
	尼龙砂轮片 φ400		片	0.043	0.050	0.062	0.080	0.095
	碎布		kg	0.018	0.018	0.022	0.030	0.036
	其他材料费		%	1.00	1.00	1.00	1.00	1.00
机械	砂轮切割机 φ400		台班	0.023	0.026	0.029	0.033	0.041
	电焊机（综合）		台班	0.037	0.043	0.252	0.387	0.465
	电焊条烘干箱 60×50×75（cm³）		台班	0.004	0.004	0.025	0.039	0.046
	电焊条恒温箱		台班	0.004	0.004	0.025	0.039	0.046

计量单位：个

编　号			10-5-337	10-5-338	10-5-339	10-5-340	10-5-341
项　目			公称直径（mm 以内）				
			100	125	150	200	250
名　称		单位	消　耗　量				
人工	合计工日	工日	1.200	1.500	1.920	2.530	3.320
	其中 普工	工日	0.300	0.375	0.480	0.632	0.830
	一般技工	工日	0.780	0.975	1.248	1.645	2.158
	高级技工	工日	0.120	0.150	0.192	0.253	0.332
材料	压制弯头	个	（4.000）	（4.000）	（4.000）	（4.000）	（4.000）
	型钢（综合）	kg	13.144	13.144	17.278	22.716	28.016
	氧气	m³	0.828	1.062	1.662	2.163	3.030
	乙炔气	kg	0.318	0.408	0.639	0.832	1.165
	低碳钢焊条 J427 ϕ3.2	kg	1.614	1.861	2.806	3.824	6.939
	尼龙砂轮片 ϕ100	片	0.793	1.090	1.627	2.335	3.824
	尼龙砂轮片 ϕ400	片	0.120	0.132	—	—	—
	碎布	kg	0.042	0.050	0.062	0.084	0.102
	其他材料费	%	1.00	1.00	1.00	1.00	1.00
机械	砂轮切割机 ϕ400	台班	0.057	0.063	—	—	—
	电焊机（综合）	台班	0.676	0.794	1.015	1.387	1.930
	电焊条烘干箱 60×50×75（cm³）	台班	0.068	0.079	0.101	0.139	0.193
	电焊条恒温箱	台班	0.068	0.079	0.101	0.139	0.193

计量单位：个

编　号			10-5-342	10-5-343	10-5-344
项　目			公称直径（mm 以内）		
			300	350	400
名　称		单位	消　耗　量		
人工	合计工日	工日	4.000	4.550	5.320
	其中 普工	工日	1.000	1.137	1.330
	一般技工	工日	2.600	2.958	3.458
	高级技工	工日	0.400	0.455	0.532
材料	压制弯头	个	（4.000）	（4.000）	（4.000）
	型钢（综合）	kg	34.520	34.520	38.760
	氧气	m³	3.585	4.290	4.943
	乙炔气	kg	1.379	1.650	1.917
	低碳钢焊条 J427 ϕ3.2	kg	8.316	9.465	14.151
	尼龙砂轮片 ϕ100	片	4.602	6.450	7.382
	碎布	kg	0.120	0.144	0.162
	其他材料费	%	1.00	1.00	1.00
机械	电焊机（综合）	台班	1.973	2.292	2.779
	电焊条烘干箱 $60 \times 50 \times 75$（cm³）	台班	0.197	0.229	0.278
	电焊条恒温箱	台班	0.197	0.229	0.278

2. 方形补偿器制作（机械煨制）

工作内容：下料、胎具拆安、弯管成型、焊接、检查等。　　　　　　　　　　　　　　　　计量单位：个

编　号			10-5-345	10-5-346	10-5-347	10-5-348	10-5-349	10-5-350
项　目			公称直径（mm 以内）					
			32	40	50	65	80	100
名　称		单位	消　耗　量					
人工	合计工日	工日	0.360	0.460	0.670	0.900	1.160	1.520
	其中　普工	工日	0.090	0.115	0.167	0.225	0.290	0.380
	一般技工	工日	0.234	0.299	0.436	0.585	0.754	0.988
	高级技工	工日	0.036	0.046	0.067	0.090	0.116	0.152
材料	型钢（综合）	kg	2.332	2.756	3.710	5.088	5.406	10.282
	氧气	m³	0.237	0.295	0.337	0.395	0.462	0.585
	乙炔气	kg	0.090	0.112	0.127	0.156	0.177	0.225
	低碳钢焊条 J427 φ3.2	kg	0.083	0.099	0.345	0.549	0.623	1.130
	碳钢气焊条 φ2 以内	kg	0.080	0.100	—	—	—	—
	尼龙砂轮片 φ100	片	0.014	0.021	0.267	0.419	0.432	0.529
	尼龙砂轮片 φ400	片	0.029	0.034	0.042	0.053	0.063	0.080
	碎布	kg	0.012	0.012	0.015	0.020	0.024	0.028
	其他材料费	%	1.00	1.00	1.00	1.00	1.00	1.00
机械	砂轮切割机 φ400	台班	0.015	0.017	0.019	0.024	0.027	0.042
	电焊机（综合）	台班	0.023	0.028	0.170	0.267	0.307	0.466
	电焊条烘干箱 60×50×75（cm³）	台班	0.002	0.003	0.017	0.027	0.031	0.047
	电焊条恒温箱	台班	0.002	0.003	0.017	0.027	0.031	0.047
	电动弯管机 108mm	台班	0.062	0.074	0.096	0.132	0.158	0.197

3. 方形补偿器安装

工作内容:组成、焊接、张拉、安装等。　　　　　　　　　　　　　　　　　计量单位:个

编　号			10-5-351	10-5-352	10-5-353	10-5-354	10-5-355
项　目			公称直径(mm以内)				
			32	40	50	65	80
名　称		单位	消　耗　量				
人工	合计工日	工日	0.130	0.160	0.230	0.280	0.330
	其中 普工	工日	0.032	0.040	0.057	0.070	0.082
	其中 一般技工	工日	0.085	0.104	0.150	0.182	0.215
	其中 高级技工	工日	0.013	0.016	0.023	0.028	0.033
材料	方形补偿器	个	(1.000)	(1.000)	(1.000)	(1.000)	(1.000)
	型钢(综合)	kg	0.742	0.848	1.060	1.696	2.332
	氧气	m³	0.110	0.136	0.156	0.181	0.204
	乙炔气	kg	0.042	0.051	0.060	0.070	0.078
	低碳钢焊条 J427 φ3.2	kg	0.102	0.121	0.144	0.244	0.298
	尼龙砂轮片 φ100	片	0.007	0.011	0.133	0.209	0.216
	尼龙砂轮片 φ400	片	0.014	0.017	0.021	0.027	0.032
	碎布	kg	0.006	0.006	0.007	0.010	0.012
	其他材料费	%	1.00	1.00	1.00	1.00	1.00
机械	砂轮切割机 φ400	台班	0.007	0.007	0.008	0.010	0.013
	电焊机(综合)	台班	0.051	0.060	0.077	0.125	0.150
	电焊条烘干箱 60×50×75(cm³)	台班	0.005	0.006	0.008	0.012	0.015
	电焊条恒温箱	台班	0.005	0.006	0.008	0.012	0.015
	立式油压千斤顶 100t	台班	0.018	0.024	0.032	0.086	0.110

计量单位:个

编　号			10-5-356	10-5-357	10-5-358	10-5-359	10-5-360
项　目			公称直径(mm 以内)				
			100	125	150	200	250
名　称		单位	消　耗　量				
人工	合计工日	工日	0.400	0.480	0.620	0.840	1.170
	其中 普工	工日	0.100	0.120	0.155	0.210	0.292
	一般技工	工日	0.260	0.312	0.403	0.546	0.761
	高级技工	工日	0.040	0.048	0.062	0.084	0.117
材料	方形补偿器	个	(1.000)	(1.000)	(1.000)	(1.000)	(1.000)
	型钢(综合)	kg	3.392	3.392	3.710	4.922	6.088
	氧气	m³	0.255	0.333	0.507	0.663	0.939
	乙炔气	kg	0.098	0.128	0.196	0.255	0.361
	低碳钢焊条 J427 ϕ3.2	kg	0.502	0.585	0.862	1.180	2.197
	尼龙砂轮片 ϕ100	片	0.264	0.363	0.542	0.778	1.275
	尼龙砂轮片 ϕ400	片	0.040	0.044	—	—	—
	碎布	kg	0.014	0.017	0.021	0.028	0.034
	其他材料费	%	1.00	1.00	1.00	1.00	1.00
机械	砂轮切割机 ϕ400	台班	0.017	0.019	—	—	—
	电焊机(综合)	台班	0.215	0.255	0.281	0.388	0.551
	电焊条烘干箱 60×50×75(cm³)	台班	0.022	0.025	0.028	0.039	0.055
	电焊条恒温箱	台班	0.022	0.025	0.028	0.039	0.055
	立式油压千斤顶 100t	台班	0.320	0.410	—	—	—
	立式油压千斤顶 200t	台班	—	—	0.480	0.670	0.840

计量单位: 个

编　号			10-5-361	10-5-362	10-5-363
项　目			公称直径（mm 以内）		
			300	350	400
名　称		单位	消　耗　量		
人工	合计工日	工日	1.330	1.510	1.770
	其中 普工	工日	0.332	0.377	0.442
	其中 一般技工	工日	0.865	0.982	1.151
	其中 高级技工	工日	0.133	0.151	0.177
材料	方形补偿器	个	（1.000）	（1.000）	（1.000）
	型钢（综合）	kg	7.408	8.256	9.210
	氧气	m³	1.104	1.359	1.578
	乙炔气	kg	0.425	0.523	0.607
	低碳钢焊条 J427 ϕ3.2	kg	2.625	3.039	4.584
	尼龙砂轮片 ϕ100	片	1.534	2.150	2.461
	碎布	kg	0.040	0.048	0.054
	其他材料费	%	1.00	1.00	1.00
机械	电焊机（综合）	台班	0.658	0.764	0.926
	电焊条烘干箱 60×50×75（cm³）	台班	0.066	0.076	0.093
	电焊条恒温箱	台班	0.066	0.076	0.093
	立式油压千斤顶 200t	台班	1.420	1.830	2.270

4.焊接式成品补偿器安装

工作内容:切口、坡口、焊接、试压检查等。　　　　　　　　　　　　　　　　　　**计量单位:**个

编　号			10-5-364	10-5-365	10-5-366	10-5-367	10-5-368
项　目			公称直径(mm 以内)				
			50	65	80	100	125
名　称		单位	消　耗　量				
人工	合计工日	工日	0.320	0.380	0.450	0.550	0.660
	其中 普工	工日	0.080	0.095	0.112	0.137	0.165
	一般技工	工日	0.208	0.247	0.293	0.358	0.429
	高级技工	工日	0.032	0.038	0.045	0.055	0.066
材料	焊接式补偿器	个	(1.000)	(1.000)	(1.000)	(1.000)	(1.000)
	氧气	m³	—	0.015	0.156	0.177	0.255
	乙炔气	kg	—	0.006	0.060	0.069	0.099
	低碳钢焊条 J427 φ3.2	kg	0.132	0.183	0.215	0.381	0.464
	尼龙砂轮片 φ100	片	0.133	0.209	0.216	0.264	0.363
	尼龙砂轮片 φ400	片	0.021	0.027	0.032	0.040	0.044
	碎布	kg	0.007	0.010	0.012	0.014	0.017
	其他材料费	%	1.00	1.00	1.00	1.00	1.00
机械	载货汽车 – 普通货车 5t	台班	—	—	—	—	0.003
	吊装机械(综合)	台班	—	—	—	—	0.026
	砂轮切割机 φ400	台班	0.005	0.006	0.007	0.009	0.011
	电焊机(综合)	台班	0.066	0.108	0.127	0.181	0.221
	电焊条烘干箱 60×50×75(cm³)	台班	0.007	0.011	0.013	0.018	0.022
	电焊条恒温箱	台班	0.007	0.011	0.013	0.018	0.022

计量单位：个

编　号				10-5-369	10-5-370	10-5-371	10-5-372	10-5-373
项　目				公称直径（mm 以内）				
				150	200	250	300	350
名　称			单位	消　耗　量				
人工	合计工日		工日	0.810	1.080	1.300	1.580	1.840
	其中	普工	工日	0.202	0.270	0.325	0.395	0.460
		一般技工	工日	0.527	0.702	0.845	1.027	1.196
		高级技工	工日	0.081	0.108	0.130	0.158	0.184
材料	焊接式补偿器		个	（1.000）	（1.000）	（1.000）	（1.000）	（1.000）
	型钢（综合）		kg	—	0.152	0.152	0.200	0.200
	氧气		m³	0.426	0.555	0.807	0.945	1.179
	乙炔气		kg	0.164	0.214	0.310	0.363	0.454
	低碳钢焊条 J427 φ3.2		kg	0.729	1.009	1.985	2.368	2.751
	尼龙砂轮片 φ100		片	0.542	0.778	1.275	1.534	2.150
	碎布		kg	0.021	0.028	0.034	0.040	0.048
	其他材料费		%	1.00	1.00	1.00	1.00	1.00
机械	载货汽车 - 普通货车 5t		台班	0.003	0.005	0.010	0.014	0.019
	吊装机械（综合）		台班	0.026	0.031	0.063	0.063	0.075
	电焊机（综合）		台班	0.281	0.388	0.551	0.658	0.764
	电焊条烘干箱 60×50×75（cm³）		台班	0.028	0.039	0.055	0.066	0.076
	电焊条恒温箱		台班	0.028	0.039	0.055	0.066	0.076

计量单位：个

编　号			10-5-374	10-5-375	10-5-376
项　目			公称直径（mm 以内）		
			400	450	500
名　称		单位	消　耗　量		
人工	合计工日	工日	2.110	2.450	2.700
	其中　普工	工日	0.527	0.612	0.675
	一般技工	工日	1.372	1.593	1.755
	高级技工	工日	0.211	0.245	0.270
材料	焊接式补偿器	个	（1.000）	（1.000）	（1.000）
	型钢（综合）	kg	0.200	0.200	0.200
	氧气	m³	1.380	1.464	1.767
	乙炔气	kg	0.530	0.509	0.680
	低碳钢焊条 J427 φ3.2	kg	4.262	4.808	5.315
	尼龙砂轮片 φ100	片	2.461	2.788	3.503
	碎布	kg	0.054	0.060	0.066
	其他材料费	%	1.00	1.00	1.00
机械	载货汽车 – 普通货车 5t	台班	0.029	0.042	0.054
	吊装机械（综合）	台班	0.075	0.090	0.090
	电焊机（综合）	台班	0.926	1.045	1.155
	电焊条烘干箱 60×50×75（cm³）	台班	0.093	0.105	0.116
	电焊条恒温箱	台班	0.093	0.105	0.116

5. 法兰式成品补偿器安装

工作内容: 制垫、加垫、安装、紧螺栓、试压检查等。 计量单位: 个

编 号			10-5-377	10-5-378	10-5-379	10-5-380	10-5-381	10-5-382
项 目			公称直径(mm 以内)					
			25	32	40	50	65	80
名 称		单位	消 耗 量					
人工	合计工日	工日	0.180	0.190	0.210	0.250	0.390	0.490
	其中 普工	工日	0.045	0.047	0.052	0.062	0.097	0.122
	一般技工	工日	0.117	0.124	0.137	0.163	0.254	0.319
	高级技工	工日	0.018	0.019	0.021	0.025	0.039	0.049
材料	法兰式补偿器	个	(1.000)	(1.000)	(1.000)	(1.000)	(1.000)	(1.000)
	橡胶板	kg	0.040	0.050	0.060	0.070	0.090	0.130
	白铅油	kg	0.028	0.030	0.035	0.040	0.050	0.070
	机油	kg	0.004	0.004	0.004	0.004	0.004	0.007
	碎布	kg	0.004	0.004	0.004	0.004	0.004	0.008
	砂纸	张	0.004	0.004	0.004	0.004	0.004	0.008
	其他材料费	%	1.00	1.00	1.00	1.00	1.00	1.00

计量单位：个

编　号			10-5-383	10-5-384	10-5-385	10-5-386	10-5-387	10-5-388
项　目			公称直径（mm以内）					
			100	125	150	200	250	300
名　称		单位	消　耗　量					
人工	合计工日	工日	0.590	0.620	0.660	0.860	1.100	1.200
	其中 普工	工日	0.147	0.155	0.165	0.215	0.275	0.300
	一般技工	工日	0.384	0.403	0.429	0.559	0.715	0.780
	高级技工	工日	0.059	0.062	0.066	0.086	0.110	0.120
材料	法兰式补偿器	个	（1.000）	（1.000）	（1.000）	（1.000）	（1.000）	（1.000）
	橡胶板	kg	0.170	0.230	0.280	0.330	0.370	0.400
	白铅油	kg	0.100	0.120	0.140	0.170	0.200	0.240
	机油	kg	0.007	0.007	0.010	0.016	0.018	0.018
	砂纸	张	0.008	0.008	0.016	0.024	0.024	0.024
	碎布	kg	0.008	0.008	0.016	0.024	0.024	0.024
	其他材料费	%	1.00	1.00	1.00	1.00	1.00	1.00
机械	载货汽车 - 普通货车 5t	台班	—	0.003	0.003	0.005	0.015	0.019
	吊装机械（综合）	台班	—	0.031	0.031	0.038	0.115	0.115

计量单位：个

编　号			10-5-389	10-5-390	10-5-391	10-5-392
项　目			公称直径（mm 以内）			
			350	400	450	500
名　称		单位	消　耗　量			
人工	合计工日	工日	1.340	1.600	1.850	2.030
	其中 普工	工日	0.335	0.400	0.462	0.507
	一般技工	工日	0.871	1.040	1.203	1.320
	高级技工	工日	0.134	0.160	0.185	0.203
材料	法兰式补偿器	个	（1.000）	（1.000）	（1.000）	（1.000）
	橡胶板	kg	0.540	0.690	0.810	0.830
	白铅油	kg	0.280	0.300	0.320	0.350
	机油	kg	0.024	0.037	0.046	0.056
	碎布	kg	0.032	0.032	0.040	0.040
	砂纸	张	0.032	0.032	0.040	0.040
	其他材料费	%	1.00	1.00	1.00	1.00
机械	载货汽车 - 普通货车 5t	台班	0.024	0.039	0.052	0.069
	吊装机械（综合）	台班	0.135	0.155	0.178	0.193

十四、软接头（软管）

1. 法兰式软接头安装

工作内容： 制垫、加垫、安装、紧螺栓、试压检查等。　　　　　　　　　　　　　　计量单位：个

编　号			10-5-393	10-5-394	10-5-395	10-5-396	10-5-397	10-5-398
项　目			公称直径（mm 以内）					
			50	65	80	100	125	150
名　称		单位	消　耗　量					
人工	合计工日	工日	0.220	0.350	0.380	0.510	0.580	0.600
	其中 普工	工日	0.055	0.087	0.095	0.127	0.145	0.150
	其中 一般技工	工日	0.143	0.228	0.247	0.332	0.377	0.390
	其中 高级技工	工日	0.022	0.035	0.038	0.051	0.058	0.060
材料	法兰式软接头	个	(1.000)	(1.000)	(1.000)	(1.000)	(1.000)	(1.000)
	橡胶板	kg	0.070	0.090	0.130	0.170	0.230	0.280
	白铅油	kg	0.040	0.050	0.070	0.100	0.120	0.140
	机油	kg	0.056	0.065	0.070	0.086	0.092	0.100
	碎布	kg	0.004	0.004	0.008	0.008	0.008	0.016
	砂纸	张	0.004	0.004	0.008	0.008	0.008	0.016
	其他材料费	%	1.00	1.00	1.00	1.00	1.00	1.00
机械	载货汽车－普通货车 5t	台班	—	—	—	—	0.001	0.001
	吊装机械（综合）	台班	—	—	—	—	0.024	0.026

计量单位：个

编　号				10-5-399	10-5-400	10-5-401	10-5-402	10-5-403
项　目				公称直径（mm 以内）				
				200	250	300	350	400
名　称			单位	消　耗　量				
人工	合计工日		工日	0.750	0.940	1.120	1.260	1.520
	其中	普工	工日	0.187	0.235	0.280	0.315	0.380
		一般技工	工日	0.488	0.611	0.728	0.819	0.988
		高级技工	工日	0.075	0.094	0.112	0.126	0.152
材料	法兰式软接头		个	（1.000）	（1.000）	（1.000）	（1.000）	（1.000）
	橡胶板		kg	0.330	0.370	0.400	0.540	0.690
	白铅油		kg	0.170	0.200	0.240	0.280	0.300
	机油		kg	0.135	0.143	0.150	0.200	0.230
	碎布		kg	0.024	0.024	0.024	0.032	0.032
	砂纸		张	0.024	0.024	0.024	0.032	0.032
	其他材料费		%	1.00	1.00	1.00	1.00	1.00
机械	载货汽车 – 普通货车 5t		台班	0.001	0.007	0.007	0.008	0.014
	吊装机械（综合）		台班	0.031	0.103	0.103	0.120	0.140

2. 螺纹式软接头安装

工作内容：切管、套丝、加垫、安装、试压检查等。　　　　　　　　　　　　　　　　计量单位：个

编　号			单位	10-5-404	10-5-405	10-5-406	10-5-407	10-5-408	10-5-409
项　目				公称直径（mm 以内）					
				15	20	25	32	40	50
名　称			单位	消　耗　量					
人工	合计工日		工日	0.130	0.150	0.170	0.190	0.240	0.290
	其中	普工	工日	0.032	0.037	0.042	0.047	0.060	0.072
		一般技工	工日	0.085	0.098	0.111	0.124	0.156	0.189
		高级技工	工日	0.013	0.015	0.017	0.019	0.024	0.029
材料	螺纹式软接头		个	（1.000）	（1.000）	（1.000）	（1.000）	（1.000）	（1.000）
	聚四氟乙烯生料带 宽20		m	0.568	0.752	0.944	1.208	1.504	1.888
	锯条（各种规格）		根	0.057	0.065	0.070	0.078	0.089	0.106
	尼龙砂轮片 ϕ400		片	0.004	0.005	0.011	0.014	0.017	0.021
	氧气		m³	—	—	0.021	0.030	0.036	0.042
	乙炔气		kg	—	—	0.007	0.010	0.012	0.014
	机油		kg	0.013	0.015	0.016	0.019	0.025	0.029
	其他材料费		%	1.00	1.00	1.00	1.00	1.00	1.00
机械	砂轮切割机 ϕ400		台班	0.001	0.001	0.004	0.005	0.005	0.005
	管子切断套丝机 159mm		台班	0.006	0.008	0.016	0.021	0.026	0.041

3. 卡紧式软管安装

工作内容: 切管、连接、紧固等。 计量单位:根

编 号			单位	10-5-410	10-5-411	10-5-412	10-5-413
项 目				公称直径(mm 以内)			
				10	15	20	25
名 称			单位	消 耗 量			
人工	合计工日		工日	0.020	0.030	0.040	0.050
	其中	普工	工日	0.005	0.007	0.010	0.012
		一般技工	工日	0.013	0.020	0.026	0.033
		高级技工	工日	0.002	0.003	0.004	0.005
材料	软管		根	(1.000)	(1.000)	(1.000)	(1.000)
	软管夹		个	2.020	2.020	2.020	2.020
	碎布		kg	0.004	0.005	0.005	0.006
	其他材料费		%	1.00	1.00	1.00	1.00

十五、浮标液面计

工作内容: 液面计安装、支架制作与安装、除锈刷漆等。 计量单位:组

编 号				10-5-414
项 目				浮标液面计
				FQ-Ⅱ型
名 称			单位	消 耗 量
人工	合计工日		工日	0.310
	其中	普工	工日	0.077
		一般技工	工日	0.202
		高级技工	工日	0.031
材料	浮标液面计 FQ-Ⅱ		组	(1.000)
	酚醛调和漆(各种颜色)		kg	0.012
	角钢 60		kg	0.800
	锯条(各种规格)		根	0.500
	低碳钢焊条 J427 φ3.2		kg	0.100
	酚醛防锈漆(各种颜色)		kg	0.017
	汽油 70#~90#		kg	0.006
	其他材料费		%	1.00
机械	电焊机(综合)		台班	0.050

十六、浮漂水位标尺

工作内容:预埋螺栓、下料、制作、安装、除锈刷漆、导杆升降调整等。 计量单位:组

编 号			10-5-415	10-5-416	10-5-417	10-5-418	10-5-419
项 目			水塔浮漂水位标尺		水池浮漂水位标尺		
			Ⅰ型	Ⅱ型	Ⅰ型	Ⅱ型	Ⅲ型
名 称		单位	消 耗 量				
人工	合计工日	工日	18.520	22.600	13.750	5.890	4.440
	其中 普工	工日	4.630	5.650	3.437	1.472	1.110
	一般技工	工日	12.038	14.690	8.938	3.829	2.886
	高级技工	工日	1.852	2.260	1.375	0.589	0.444
材料	焊接钢管 DN20	m	0.250	0.100	1.250	0.080	0.250
	焊接钢管 DN25	m	—	—	—	—	6.000
	焊接钢管 DN32	m	0.060	0.060	—	—	0.100
	焊接钢管 DN50	m	0.250	0.150	—	0.500	—
	焊接钢管 DN100	m	—	—	4.200	2.900	0.100
	焊接钢管 DN125	m	—	—	0.050	—	—
	热轧薄钢板 δ2.0~2.5	kg	—	—	—	11.600	—
	热轧薄钢板 δ2.6~3.2	kg	17.900	17.900	21.200	—	—
	热轧薄钢板 δ3.5~4.0	kg	—	—	1.000	—	—
	热轧厚钢板 δ4.5~7.0	kg	7.800	1.100	2.700	7.600	—
	热轧厚钢板 δ8.0~15.0	kg	50.300	50.300	6.600	—	0.100
	热轧厚钢板 δ36	kg	9.100	9.100	—	—	—
	扁钢 59 以内	kg	28.300	0.700	2.000	—	—
	扁钢 60 以外	kg	—	110.800	2.000	—	—
	角钢 60	kg	63.300	—	55.000	—	—
	角钢 63	kg	—	—	27.700	50.700	—
	圆钢 φ8~14	kg	48.000	41.400	6.200	0.700	—
	圆钢 φ15~24	kg	7.200	139.300	—	—	—
	槽钢 12#	kg	—	—	—	1.700	—
	六角螺母 M10	个	—	—	4.120	—	—
	垫圈 M12	个	—	—	—	4.120	—
	垫圈 M14	个	14.420	11.330	—	—	—
	垫圈 M16	个	—	—	20.600	—	—
	钢丝绳 φ6	m	—	—	12.000	11.000	—
	钢丝绳 φ8	m	7.500	7.500	—	—	—

续前

编　　号		10-5-415	10-5-416	10-5-417	10-5-418	10-5-419
项　　目		水塔浮漂水位标尺		水池浮漂水位标尺		
		Ⅰ型	Ⅱ型	Ⅰ型	Ⅱ型	Ⅲ型
名　　称	单位	消　耗　量				
材料	螺纹闸阀 Z15T-10 DN20	个	—	—	—	—	1.010
	螺纹旋塞阀（灰铸铁）X13T-10 DN15	个	—	—	—	—	1.010
	碳钢平焊法兰 1.6MPa DN100	片	—	—	1.000	—	—
	黑玛钢三通 DN20	个	—	—	—	—	1.010
	黑玛钢弯头 DN20	个	—	—	—	—	1.010
	镀锌异径管箍 DN25×20	个	—	—	—	—	1.010
	黑玛钢丝堵（堵头）DN20	个	—	—	—	1.010	—
	黑玛钢堵头 DN32	个	1.010	1.010	—	1.010	—
	硬聚氯乙烯管 φ25×3	m	0.060	0.060	—	—	—
	有机玻璃管	m	—	—	—	—	4.000
	油浸无石棉盘根　扭制 φ6~10（250℃）	kg	—	—	—	—	0.500
	低碳钢焊条 J427 φ3.2	kg	0.760	0.850	0.500		
	碳钢气焊条 φ2 以内	kg	1.270	1.270	0.850		
	氧气	m³	10.950	10.950	8.760		
	乙炔气	kg	4.212	4.212	3.370		
	酚醛防锈漆（各种颜色）	kg	4.915	7.834	3.576	2.491	0.844
	酚醛调和漆（各种颜色）	kg	5.994	8.069	2.439	1.610	0.439
	黄干油	kg	0.200	0.200	0.200	0.300	—
	机油	kg	0.250	0.250	0.250	0.100	0.100
	汽油 70#~90#	kg	1.950	2.960	1.258	0.733	0.164
	青铅（综合）	kg	—	—	25.000	—	—
	油麻	kg	—	—	—	1.250	
	锯条（各种规格）	根	5.000	7.000	3.000	2.000	1.000
	木材（一级红松）	m³	0.002	0.002	0.001	—	—
	水泥 P·O 42.5	kg				1.000	4.600
	乒乓球	个	—	—	—	—	1.000
	物流无石棉绒	kg	—	—	—	0.700	2.100
	棉丝	kg	0.500	0.700	0.400	0.300	0.100
	其他材料费	%	1.00	1.00	1.00	1.00	1.00
机械	电焊机（综合）	台班	0.280	0.330	0.240	—	—
	普通车床 400mm×1 000mm（安装用）	台班	0.240	0.240	0.240	0.240	—
	立式钻床 25mm	台班	0.100	0.100	0.100	0.100	—

第六章　卫 生 器 具

说　明

一、本章包括浴盆,净身盆,洗脸盆,洗涤盆,化验盆,大便器,小便器,拖布池,淋浴器,淋浴间,大、小便槽自动冲洗水箱,给排水附件,小便槽冲洗管制作与安装,蒸汽－水加热器,冷热水混合器,饮水器和隔油器等器具安装项目。

二、各类卫生器具安装项目除另有标注外,均适用于各种材质。

三、各类卫生器具安装项目包括卫生器具本体、配套附件、成品支托架安装。各类卫生器具配套附件是指给水附件(水嘴、金属软管、阀门、冲洗管、喷头等)和排水附件(下水口、排水栓、存水弯、与地面或墙面排水口间的排水连接管等)。

四、各类卫生器具所用附件已列出消耗量,如随设备或器具配套供应时,其消耗量不得重复计算。各类卫生器具支托架现场制作时,执行第十章"支架及其他"相应项目。

五、浴盆冷热水带喷头采用埋入式安装时,混合水管及管件消耗量应另行计算。按摩浴盆包括配套小型循环设备(过滤罐、水泵、按摩泵、气泵等)安装,其循环管路材料、配件等均按成套供货考虑。浴盆底部所需要填充的干砂材料消耗量另行计算。

六、液压脚踏卫生器具安装执行本章相应项目,人工乘以系数1.30,液压脚踏装置材料消耗量另行计算。如水嘴、喷头等配件随液压阀及控制器成套供应时,应扣除项目中的相应材料,不得重复计取。

卫生器具所用液压脚踏装置包括配套的控制器、液压脚踏开关及其液压连接软管等配套附件。

七、大、小便器冲洗(弯)管均按成品考虑。大便器安装已包括了柔性连接头或胶皮碗。

八、大、小便槽自动冲洗水箱安装中,已包括水箱和冲洗管的成品支托架、管卡安装,水箱支托架及管卡的制作及刷漆应按相应项目另行计算。

九、与卫生器具配套的电气安装应执行第四册《电气设备与线缆安装工程》相应项目。

十、本章所有项目安装不包括预留、堵孔洞,发生时执行第十章"支架及其他"相应项目。

工程量计算规则

一、各种卫生器具均按设计图示数量计算,以"10组"或"10套"为计量单位。

二、大、小便槽自动冲洗水箱安装分容积按设计图示数量,以"10套"为计量单位。大、小便槽自动冲洗水箱制作不分规格以"100kg"为计量单位。

三、小便槽冲洗管制作与安装按设计图示长度以"10m"为计量单位,不扣除管件的长度。

四、隔油器区分安装方式和进水管径以"套"为计量单位。

一、浴　盆

工作内容：打螺栓孔、浴盆及附件安装、与上下水管连接、试水等。　　　　　　　　计量单位：10组

编　号		10-6-1	10-6-2	10-6-3
项　目		浴盆		按摩浴盆
		冷热水	冷热水带喷头	
名　称	单位	消　耗　量		
人工 合计工日	工日	5.860	7.490	12.830
其中 普工	工日	1.465	1.872	3.207
其中 一般技工	工日	3.809	4.869	8.340
其中 高级技工	工日	0.586	0.749	1.283
材料 浴盆	个	（10.000）	（10.000）	—
材料 按摩浴盆	个	—	—	（10.000）
材料 浴盆排水附件	套	（10.100）	（10.100）	（10.100）
材料 混合冷热水龙头	个	（10.100）	—	—
材料 浴盆混合水嘴带喷头	套	—	（10.100）	（10.100）
材料 聚四氟乙烯生料带 宽20	m	37.200	41.200	37.200
材料 防水密封胶	支	3.900	3.900	4.500
材料 水	m³	0.800	0.800	0.800
材料 其他材料费	%	3.00	3.00	3.00

二、净　身　盆

工作内容: 打螺栓孔、金属框架安装、净身盆及附件安装、与上下水管连接、试水等。　计量单位: 10组

		编　号		10-6-4
		项　目		净身盆
		名　称	单位	消　耗　量
人工		合计工日	工日	3.430
	其中	普工	工日	0.857
		一般技工	工日	2.230
		高级技工	工日	0.343
材料		净身盆	个	（10.100）
		净身盆水嘴和排水附件	套	（10.100）
		角型阀（带铜活）DN15	个	（20.200）
		金属软管	根	（20.200）
		聚四氟乙烯生料带 宽20	m	37.200
		防水密封胶	支	1.300
		水	m³	0.200
		其他材料费	%	3.00

三、洗 脸 盆

工作内容: 打螺栓孔、托架安装、洗脸盆及附件安装、与上下水管连接、试水等。　　　　　计量单位:10组

	编　　号		10-6-5	10-6-6	10-6-7	10-6-8
	项　　目		挂墙式		立柱式	
			冷水	冷热水	冷水	冷热水
	名　　称	单位	消　耗　量			
人工	合计工日	工日	4.390	4.790	4.950	5.750
	其中　普工	工日	1.097	1.197	1.238	1.437
	一般技工	工日	2.854	3.114	3.217	3.738
	高级技工	工日	0.439	0.479	0.495	0.575
材料	洗脸盆	个	(10.100)	(10.100)	(10.100)	(10.100)
	洗脸盆托架	副	(10.100)	(10.100)	—	—
	洗脸盆排水附件	套	(10.100)	(10.100)	(10.100)	(10.100)
	立式水嘴 DN15	个	(10.100)	—	(10.100)	—
	混合冷热水龙头	个	—	(10.100)	—	(10.100)
	角型阀（带铜活）DN15	个	(10.100)	(20.200)	(10.100)	(20.200)
	金属软管	根	(10.100)	(20.200)	(10.100)	(20.200)
	橡胶板 δ1~3	kg	—	—	0.130	0.130
	聚四氟乙烯生料带 宽20	m	31.200	35.200	31.200	39.200
	白水泥砂浆 1:2	m³	—	—	0.009	0.009
	防水密封胶	支	1.500	1.500	2.500	2.500
	水	m³	0.200	0.200	0.200	0.200
	其他材料费	%	3.00	3.00	3.00	3.00

计量单位：10组

编　　号			10-6-9	10-6-10	10-6-11
项　　目			台上式	台下式	洗发盆
			冷热水		
名　　称		单位	消　耗　量		
人工	合计工日	工日	5.210	6.130	9.650
	其中 普工	工日	1.302	1.532	2.412
	一般技工	工日	3.387	3.985	6.273
	高级技工	工日	0.521	0.613	0.965
材料	洗脸盆	个	（10.100）	（10.100）	—
	洗发盆	套	—	—	（10.100）
	洗脸盆排水附件	套	（10.100）	（10.100）	—
	洗发盆水嘴和排水附件	套	—	—	（10.100）
	洗脸盆托架	副	—	（10.100）	—
	混合冷热水龙头	个	（10.100）	（10.100）	—
	角型阀（带铜活）DN15	个	（20.200）	（20.200）	（20.200）
	金属软管	根	（20.200）	（20.200）	（20.200）
	橡胶板 δ1~3	kg	0.130	0.130	0.130
	聚四氟乙烯生料带 宽20	m	31.200	39.200	43.200
	白水泥砂浆 1:2	m³	—	—	0.009
	防水密封胶	支	2.000	2.000	2.000
	水	m³	0.200	0.200	0.300
	其他材料费	%	3.00	3.00	3.00

四、洗 涤 盆

工作内容：打螺栓孔、托架安装、洗涤盆及附件安装、与上下水管连接、试水等。　　　**计量单位：**10组

编　号			10-6-12	10-6-13
项　目			冷水	冷热水
名　称		单位	消　耗　量	
人工	合计工日	工日	3.970	4.580
	其中 普工	工日	0.992	1.145
	一般技工	工日	2.581	2.977
	高级技工	工日	0.397	0.458
材料	洗涤盆	个	（10.100）	（10.100）
	洗涤盆排水附件	套	（10.100）	（10.100）
	洗涤盆托架 ━40×5	副	（10.100）	（10.100）
	立式水嘴 DN15	个	（10.100）	—
	混合冷热水龙头	个	—	（10.100）
	角型阀（带铜活）DN15	个	（10.100）	（20.200）
	金属软管	根	（10.100）	（20.200）
	聚四氟乙烯生料带 宽20	m	5.000	10.000
	防水密封胶	支	1.500	1.500
	水	m³	0.400	0.400
	其他材料费	%	3.00	3.00

五、化 验 盆

工作内容:支架安装、化验盆及附件安装、与上下水管连接、试水等。　　　　　计量单位:10组

编　号				10-6-14
项　目				化验盆
名　称			单位	消　耗　量
人工	合计工日		工日	3.650
	其中	普工	工日	0.912
		一般技工	工日	2.373
		高级技工	工日	0.365
材料	化验盆		个	(10.100)
	化验盆排水附件		套	(10.100)
	化验盆支架 DN15		个	(10.100)
	三联化验水嘴 DN15(铜)		套	(10.100)
	聚四氟乙烯生料带 宽20		m	28.000
	防水密封胶		支	1.000
	水		m³	0.300
	其他材料费		%	3.00

六、大　便　器

1. 蹲式大便器安装

工作内容: 大便器、水箱及附件安装,与上下水管连接,试水等。　　　　　　　　　　计量单位: 10套

编　　号			10-6-15	10-6-16
项　　目			水箱	冲洗阀
名　　称		单位	消　耗　量	
人工	合计工日	工日	7.950	4.870
	其中 普工	工日	1.987	1.217
	一般技工	工日	5.168	3.166
	高级技工	工日	0.795	0.487
材料	瓷蹲式大便器	个	(10.100)	(10.100)
	瓷蹲式大便器高水箱及配件	套	(10.100)	—
	金属软管	根	(10.100)	—
	角型阀(带铜活)DN15	个	(10.100)	—
	自闭式冲洗阀 DN25	个	—	(10.100)
	防污器 DN32	个	—	(10.100)
	冲洗管 DN32	根	(10.100)	(10.100)
	大便器存水弯 DN100	个	(10.100)	(10.100)
	大便器胶皮碗(配喉箍)	套	10.500	10.500
	大便器排水接头	个	10.100	10.100
	烧结粉煤灰砖 240×115×53	千块	0.160	0.160
	石灰膏	m³	0.185	0.185
	砂子	m³	0.090	0.090
	聚四氟乙烯生料带 宽20	m	16.000	16.000
	防水密封胶	支	5.000	5.000
	水	m³	0.120	0.120
	其他材料费	%	3.00	3.00

2. 坐式大便器安装

工作内容：大便器、水箱及附件安装，与上下水管连接，试水等。 计量单位：10套

编　　号			10-6-17	10-6-18
项　　目			水箱	冲洗阀
名　　称		单位	消　耗　量	
人工	合计工日		工日	5.880	6.340
	其中	普工	工日	1.470	1.585
		一般技工	工日	3.822	4.121
		高级技工	工日	0.588	0.634
材料	连体坐便器		个	（10.100）	—
	落地式坐便器		个	—	（10.100）
	连体坐便器进水阀配件		套	（10.100）	—
	自闭式冲洗阀 DN25		个	—	（10.100）
	冲水连接管（含防污器）DN32		套	—	（10.100）
	座便器桶盖		套	（10.100）	（10.100）
	角型阀（带铜活）DN15		个	（10.100）	—
	金属软管		根	（10.100）	—
	大便器存水弯 DN100		个	（10.100）	（10.100）
	大便器排水接头		个	10.100	10.100
	聚四氟乙烯生料带 宽20		m	16.000	12.000
	防水密封胶		支	5.000	5.000
	水		m³	0.120	0.120
	其他材料费		%	3.00	3.00

七、小　便　器

工作内容: 小便器及附件安装、与上下水管连接、试水等。　　　　　　　　　　**计量单位:** 10套

编　号			10-6-19	10-6-20
项　目			壁挂式	落地式
名　称		单位	消　耗　量	
人工	合计工日	工日	2.760	3.310
	其中 普工	工日	0.690	0.827
	一般技工	工日	1.794	2.152
	高级技工	工日	0.276	0.331
材料	挂式小便器	个	(10.100)	—
	立式小便器	个	—	(10.100)
	小便器排水附件	套	(10.100)	—
	小便器冲水连接管 DN15	根	(10.100)	(10.100)
	自闭式冲洗阀 DN15	个	(10.100)	(10.100)
	排水栓 DN50	套	—	(10.100)
	排水接头 DN50	个	—	10.100
	防水密封胶	支	0.700	1.000
	聚四氟乙烯生料带 宽20	m	14.000	34.000
	水	m³	0.100	0.100
	其他材料费	%	3.00	3.00

八、拖 布 池

工作内容:成品拖布池安装、与上下水管连接、试水等。 　　　　　　　　**计量单位:**10 套

编　号			10-6-21
项　目			成品拖布池安装
名　称		单位	消　耗　量
人工	合计工日	工日	3.200
	其中 普工	工日	0.800
	一般技工	工日	2.080
	高级技工	工日	0.320
材料	成品拖布池	套	(10.100)
	长颈水嘴 $DN15$	个	(10.100)
	排水栓带链堵	套	(10.100)
	排水接头 $DN50$	个	10.500
	聚四氟乙烯生料带 宽 20	m	5.000
	防水密封胶	支	1.500
	水	m³	0.300
	其他材料费	%	3.00

九、淋 浴 器

1. 组成淋浴器

工作内容：淋浴器组成与安装、接管、试水等。　　　　　　　　　　　　　　　计量单位：10套

编　号			10-6-22	10-6-23
项　目			单管	双管
名　称		单位	消　耗　量	
人工	合计工日	工日	2.150	5.340
	其中 普工	工日	0.537	1.335
	一般技工	工日	1.398	3.471
	高级技工	工日	0.215	0.534
材料	莲蓬喷头	个	（10.000）	（10.000）
	螺纹截止阀 DN15	个	（10.100）	（20.200）
	镀锌钢管 DN15	m	18.000	25.000
	镀锌弯头 DN15	个	10.100	30.300
	镀锌活接头 DN15	个	10.100	20.200
	镀锌三通 DN15	个	—	10.100
	镀锌钢管卡子 DN15	个	10.500	10.500
	聚四氟乙烯生料带 宽20	m	20.000	56.000
	水	m³	0.160	0.160
	其他材料费	%	3.00	3.00

2. 成套淋浴器

工作内容：成套淋浴器安装、接管、试水等。　　　　　　　　　　　　　　　　计量单位：10套

编　号			10-6-24	10-6-25
项　目			单管	双管
名　称		单位	消　耗　量	
人工	合计工日	工日	0.980	1.580
	其中　普工	工日	0.245	0.395
	一般技工	工日	0.637	1.027
	高级技工	工日	0.098	0.158
材料	单管成品淋浴器（含固定件）	套	（10.000）	—
	双管成品淋浴器（含固定件）	套	—	（10.000）
	聚四氟乙烯生料带 宽20	m	20.000	28.000
	水	m³	0.160	0.160
	其他材料费	%	3.00	3.00

十、淋 浴 间

工作内容：开箱检查、本体及附件安装、与上下水管连接、找平找正、试水等。　　　　计量单位：10套

编　号				10-6-26
项　目				整体淋浴室安装
名　称			单位	消 耗 量
人工	合计工日		工日	15.700
	其中	普工	工日	3.925
		一般技工	工日	10.205
		高级技工	工日	1.570
材料	整体淋浴室		套	（10.000）
	角型阀（带铜活）DN15		个	（20.200）
	金属软管		根	（20.200）
	存水弯 DN50		个	（10.100）
	排水接头 DN50		个	10.500
	聚四氟乙烯生料带 宽20		m	16.000
	防水密封胶		支	9.000
	白水泥砂浆 1:2		m³	0.020
	水		m³	0.160
	其他材料费		%	3.00
机械	载货汽车－普通货车 5t		台班	0.800
	吊装机械（综合）		台班	0.070

十一、大、小便槽自动冲洗水箱

1. 大、小便槽自动冲洗水箱安装

工作内容: 托架安装、水箱安装、接管、试水等。　　　　　　　　　　　　　　　　　计量单位: 10 套

编　号			10-6-27	10-6-28
项　目			大便槽自动冲洗水箱	小便槽自动冲洗水箱
名　称		单位	消　耗　量	
人工	合计工日	工日	4.650	3.600
	其中 普工	工日	1.162	0.900
	一般技工	工日	3.023	2.340
	高级技工	工日	0.465	0.360
材料	大便槽自动冲洗水箱	个	(10.000)	—
	小便槽自动冲洗水箱	个	—	(10.000)
	大便自动冲洗水箱托架	副	(10.000)	—
	小便自动冲洗水箱托架	副	—	(10.000)
	水箱进水嘴 $DN15$	个	(10.100)	(10.100)
	水箱自动冲洗阀 $DN20$	个	—	(10.100)
	水箱自动冲洗阀 $DN40$	个	(10.100)	—
	转换接头 $DN40$	个	(10.100)	—
	塑料管 $dn50$	m	(22.000)	—
	塑料弯头 45° $dn50$	个	(20.200)	—
	塑料管卡子 40	个	10.050	—
	聚四氟乙烯生料带 宽 20	m	8.000	13.000
	橡胶板 $\delta1\sim3$	kg	0.350	0.200
	粘接剂	kg	0.070	—
	水	m³	0.060	0.008
	其他材料费	%	3.00	3.00

2. 大、小便槽自动冲洗水箱制作

工作内容: 下料、坡口、平直、开孔、接管、组对、装配零件、焊接、注水试验等。　　　　　　　计量单位:100kg

编　　号				10-6-29
项　　目				大、小便槽自动冲洗水箱制作
名　　称			单位	消　耗　量
人工	合计工日		工日	3.690
	其中	普工	工日	0.922
		一般技工	工日	2.399
		高级技工	工日	0.369
材料	钢材		kg	(105.000)
	氧气		m³	5.450
	乙炔气		kg	2.112
	低碳钢焊条 J427 ϕ3.2		kg	3.220
	尼龙砂轮片 ϕ100		片	2.130
	尼龙砂轮片 ϕ400		片	0.170
	道木		m³	0.120
	水		t	0.260
	其他材料费		%	3.00
机械	电焊机(综合)		台班	0.594
	电焊条烘干箱 60×50×75(cm³)		台班	0.059
	电焊条恒温箱		台班	0.059

十二、给排水附件

1. 水龙头安装

工作内容：上水嘴、试水等。　　　　　　　　　　　　　　　　　　计量单位：10 个

编　号			10-6-30
项　目			水龙头安装
名　称		单位	消　耗　量
人工	合计工日	工日	0.260
	其中 普工	工日	0.065
	一般技工	工日	0.169
	高级技工	工日	0.026
材料	水嘴	个	（10.100）
	聚四氟乙烯生料带 宽20	m	4.000
	其他材料费	%	3.00

2. 排水栓安装

工作内容：上零件、安装、与下水管连接、试水等。　　　　　　　　计量单位：10 组

编　号			10-6-31	10-6-32
项　目			带存水弯	不带存水弯
名　称		单位	消　耗　量	
人工	合计工日	工日	1.780	1.250
	其中 普工	工日	0.445	0.312
	一般技工	工日	1.157	0.813
	高级技工	工日	0.178	0.125
材料	排水栓带链堵	套	（10.100）	（10.100）
	存水弯 塑料 S 型 dn63	个	10.100	—
	承插塑料排水管 dn63	m	4.000	5.000
	橡胶板 $\delta 1\sim 3$	kg	0.400	0.400
	聚四氟乙烯生料带 宽20	m	17.000	11.000
	粘接剂	kg	0.120	0.080
	防水密封胶	支	2.000	1.500
	其他材料费	%	3.00	3.00

3. 地 漏 安 装

工作内容: 安装、与下水管连接、试水等。

计量单位: 10 个

编　号				10-6-33	10-6-34	10-6-35	10-6-36
项　目				公称直径(mm 以内)			
				50	80	100	150
名　称			单位	消　耗　量			
人工	合计工日		工日	1.173	1.740	2.225	2.850
	其中	普工	工日	0.293	0.435	0.556	0.713
		一般技工	工日	0.763	1.131	1.446	1.852
		高级技工	工日	0.117	0.174	0.223	0.285
材料	地漏		个	(10.100)	(10.100)	(10.100)	(10.100)
	粘接剂		kg	0.110	0.190	0.200	0.360
	其他材料费		%	3.00	3.00	3.00	3.00

4. 地面扫除口安装

工作内容: 安装、与下水管连接、试水等。

计量单位: 10 个

编　号				10-6-37	10-6-38	10-6-39	10-6-40	10-6-41
项　目				公称直径(mm 以内)				
				50	80	100	125	150
名　称			单位	消　耗　量				
人工	合计工日		工日	0.690	0.870	0.890	1.100	1.140
	其中	普工	工日	0.172	0.217	0.222	0.275	0.285
		一般技工	工日	0.449	0.566	0.579	0.715	0.741
		高级技工	工日	0.069	0.087	0.089	0.110	0.114
材料	地面扫除口		个	(10.100)	(10.100)	(10.100)	(10.100)	(10.100)
	粘接剂		kg	0.110	0.190	0.200	0.280	0.360
	其他材料费		%	3.00	3.00	3.00	3.00	3.00

十三、小便槽冲洗管制作与安装

1. 镀锌钢管（螺纹连接）

工作内容：切管、套丝、钻眼、连接、管卡固定、试水等。　　　　　　　　　　　　　　计量单位：10m

编　号			10-6-42	10-6-43
项　目			公称直径（mm）	
			20	25
名　称		单位	消　耗　量	
人工	合计工日	工日	5.920	6.630
	其中	普工	工日	1.480	1.657
		一般技工	工日	3.848	4.310
		高级技工	工日	0.592	0.663
材料	镀锌钢管	m	（10.200）	（10.200）
	镀锌三通 DN20	个	3.030	—
	镀锌三通 DN25	个	—	3.030
	镀锌管箍 DN20	个	6.060	—
	镀锌管箍 DN25	个	—	6.060
	镀锌丝堵 DN20（堵头）	个	6.060	—
	镀锌丝堵 DN25（堵头）	个	—	6.060
	聚四氟乙烯生料带 宽20	m	9.000	11.400
	镀锌钢管卡子 DN20	个	6.300	—
	镀锌钢管卡子 DN25	个	—	6.300
	其他材料费	%	3.00	3.00
机械	立式钻床 25mm	台班	0.500	0.600

2. 塑料管（粘接）

工作内容: 切管、钻眼、连接、管卡固定、试水等。　　　　　　　　　　　　　　　　计量单位: 10m

编　　号				10-6-44	10-6-45
项　　目				外径（mm）	
				25	32
名　　称			单位	消　耗　量	
人工	合计工日		工日	3.930	4.530
	其中	普工	工日	0.983	1.132
		一般技工	工日	2.554	2.945
		高级技工	工日	0.393	0.453
材料	塑料管 dn25		m	（10.200）	—
	塑料管 dn32		m	—	（10.200）
	塑料内螺纹三通 dn25		个	3.030	—
	塑料内螺纹三通 dn32		个	—	3.030
	塑料内螺纹直接头 dn25		个	6.060	—
	塑料内螺纹直接头 dn32		个	—	6.060
	塑料丝堵 DN20		个	6.060	—
	塑料丝堵 DN25		个	—	6.060
	粘接剂		kg	0.040	0.060
	塑料管卡子 25		个	6.300	—
	塑料管卡子 32		个	—	6.300
	其他材料费		%	3.00	3.00
机械	立式钻床 25mm		台班	0.500	0.500

十四、蒸汽 - 水加热器

工作内容： 加热器安装、接水管、试水等。　　　　　　　　　　　　　　　　　　　计量单位：10 套

编　号				10-6-46
项　目				蒸汽 – 水加热器安装
				小型单管式
名　　称			单位	消　耗　量
人工	合计工日		工日	3.220
	其中	普工	工日	0.805
		一般技工	工日	2.093
		高级技工	工日	0.322
材料	蒸汽式水加热器		套	（10.000）
	聚四氟乙烯生料带 宽 20		m	9.000
	其他材料费		%	3.00

十五、冷热水混合器

工作内容： 切管、套丝、冷热水混合器安装、接管、试水等。　　　　　　　　　　　计量单位：10 套

编　号				10-6-47
项　目				冷热水混合器安装
名　　称			单位	消　耗　量
人工	合计工日		工日	2.550
	其中	普工	工日	0.637
		一般技工	工日	1.658
		高级技工	工日	0.255
材料	冷热水混合器		个	（10.000）
	聚四氟乙烯生料带 宽 20		m	15.400
	其他材料费		%	3.00

十六、饮 水 器

工作内容：饮水器和附件安装、接管、试水等。　　　　　　　　　　　　　　　　　　　　计量单位：10套

编　号			10-6-48
项　目			饮水器安装
名　称		单位	消耗量
人工	合计工日	工日	5.100
	其中 普工	工日	1.275
	一般技工	工日	3.315
	高级技工	工日	0.510
材料	饮水器	套	（10.000）
	聚四氟乙烯生料带 宽20	m	4.000
	橡胶板 δ1~3	kg	1.200
	其他材料费	%	3.00

十七、隔 油 器

工作内容：隔油器和附件安装、接管、试水等。　　　　　　　　　　　　　　　　　　　　计量单位：套

编　号			10-6-49	10-6-50	10-6-51	10-6-52	10-6-53	10-6-54
项　目			地上式			悬挂式		
			DN50	DN75	DN100	DN75	DN100	DN150
名　称		单位	消耗量					
人工	合计工日	工日	0.220	0.350	0.400	0.480	0.720	1.140
	其中 普工	工日	0.055	0.087	0.100	0.120	0.180	0.285
	一般技工	工日	0.143	0.228	0.260	0.312	0.468	0.741
	高级技工	工日	0.022	0.035	0.040	0.048	0.072	0.114
材料	隔油器	套	（1.000）	（1.000）	（1.000）	（1.000）	（1.000）	（1.000）
	卡箍件	套	（2.020）	（2.020）	（2.020）	（2.020）	（2.020）	（2.020）
	橡胶板 δ1~3	kg	—	—	—	1.300	1.300	1.440
	防水密封胶	支	—	—	—	0.600	0.700	0.900
	水	m³	0.960	1.320	1.840	0.430	0.850	1.320
	其他材料费	%	3.00	3.00	3.00	3.00	3.00	3.00
机械	载货汽车 – 普通货车 5t	台班	0.001	0.001	0.002	0.002	0.003	0.005
	吊装机械（综合）	台班	0.002	0.003	0.004	0.004	0.006	0.010

第七章　供暖器具

说 明

一、本章包括铸铁散热器、钢制散热器、光排管散热器制作与安装、辐射供暖供冷装置、分 / 集水器安装等项目。

二、散热器安装项目除另有说明外，各型散热器均包括散热器成品支托架（钩、卡）安装和安装前的水压试验以及系统水压试验。

三、各型散热器不分明装、暗装，均按材质、类型执行同一项目子目。

四、各型散热器的成品支托架（钩、卡）安装，是按采用膨胀螺栓固定编制的，如工程要求与项目不同时，可按照第十章"支架及其他"有关项目进行调整。

五、铸铁散热器按柱型（柱翼型）编制，区分带足、不带足两种安装方式。成组铸铁散热器、光排管散热器发生现场进行除锈刷漆时，执行第十二册《防腐蚀、绝热工程》相应项目。

六、金属复合柱式散热器执行钢制柱式散热器安装项目，其人工乘以系数 0.70。钢制卫浴散热器、钢制闭式散热器、艺术造型散热器执行钢制板式散热器安装项目，其人工乘以系数 0.70。

七、钢制翅片管散热器安装项目包括安装随散热器供应的成品对流罩，如工程不要求安装随散热器供应的成品对流罩时，每组扣减 0.03 工日。

八、钢制板式散热器的固定组件，按随散热器配套供应编制，如散热器未配套供应，应增加相应材料的消耗量。

九、光排管散热器安装不分 A 型、B 型执行同一项目子目。光排管散热器制作项目已包括联管、支撑管所用人工与材料。

十、一体化预制辐射供暖（冷）板安装不包括龙骨安装。

十一、辐射供暖供冷管敷设项目包括了固定管道的塑料卡钉（管卡）安装、局部套管敷设及地面浇筑的配合用工。如工程要求固定管道的方式与项目不同时，固定管道的材料可按设计要求进行调整，其他不变。

十二、辐射采暖的隔热板项目中的塑料薄膜是指在接触土壤或室外空气的楼板与绝热层之间所铺设的塑料薄膜防潮层。如隔热板带有保护层（铝箔），应扣除塑料薄膜材料消耗量。

辐射采暖管道在跨越建筑物的伸缩缝、沉降缝时所铺设的塑料板条，应按照边界保温带安装项目计算，塑料板条材料消耗量可按设计要求的厚度、宽度进行调整。

十三、成组热媒集配装置包括成品分集水器和配套供应的固定支架及与分支管连接的部件。固定支架如不随分集水器配套供应，需现场制作时，按照第十章"支架及其他"相应项目另行计算。

工程量计算规则

　　一、成组铸铁散热器安装分落地安装、挂式安装,按每组片数以"组"为计量单位。

　　二、钢制柱式散热器安装按每组片数以"组"为计量单位,钢制板式散热器按半周长以"组"为计量单位。

　　三、光排管散热器制作分 A 型、B 型,区分排管公称直径,按图示散热器长度计算排管长度以"10m"为计量单位,其中联管、支撑管不计入排管工程量;光排管散热器安装不分 A 型、B 型,区分排管公称直径,按光排管散热器长度以"组"为计量单位。

　　四、辐射供暖供冷装置中一体化预制辐射供暖(冷)板以"m²"为计量单位。预制沟槽保温板、毛细管席、保护层(铝箔)、隔热板、钢丝网按设计图示尺寸计算实际铺设面积,以"10m²"为计量单位。边界保温带按设计图示长度以"10m"为计量单位。辐射供暖(供冷)管道区分管道外径,按设计图示中心线长度计算,以"10m"为计量单位。加热电缆敷设按设计图示长度,以"100m"为计量单位。

　　五、分/集水器安装区分带箱、不带箱,按分支管环路数以"组"为计量单位。

一、铸铁散热器

1. 成组铸铁散热器挂式安装

工作内容：托钩（卡子）安装、散热器稳固、水压试验等。　　　　　　　　　　　　　　　　　计量单位：组

编　号			10-7-1	10-7-2	10-7-3	10-7-4	10-7-5
项　目			柱型（柱翼型）挂式安装				
			单组片数（片）				
			8 以内	12 以内	16 以内	20 以内	20 以上
名　称		单位	消　耗　量				
人工	合计工日		工日	0.235	0.346	0.457	0.581	0.692
	其中	普工	工日	0.058	0.086	0.114	0.145	0.173
		一般技工	工日	0.153	0.225	0.297	0.378	0.450
		高级技工	工日	0.024	0.035	0.046	0.058	0.069
材料	成组铸铁散热器（不带足）		组	（1.000）	（1.000）	（1.000）	（1.000）	（1.000）
	散热器卡子（带膨胀螺栓）		个	1.050	1.050	2.100	2.100	2.100
	散热器托钩（带膨胀螺栓）		个	2.100	3.150	4.200	5.250	6.300
	水		m³	0.020	0.032	0.043	0.055	0.066
	其他材料费		%	3.00	3.00	3.00	3.00	3.00
机械	试压泵 3MPa		台班	0.010	0.010	0.010	0.010	0.010

2. 成组铸铁散热器落地安装

工作内容:托钩(卡子)安装、散热器稳固、水压试验等。　　　　　　　　　　　　　　计量单位:组

编　号			10-7-6	10-7-7	10-7-8	10-7-9	10-7-10
项　目			柱型(柱翼型)落地安装				
			单组片数(片)				
			8以内	12以内	16以内	20以内	20以上
名　称		单位	消　耗　量				
人工	合计工日	工日	0.205	0.301	0.397	0.506	0.602
	其中 普工	工日	0.051	0.075	0.099	0.126	0.151
	一般技工	工日	0.133	0.196	0.258	0.329	0.391
	高级技工	工日	0.021	0.030	0.040	0.051	0.060
材料	成组铸铁散热器(带足)	组	(1.000)	(1.000)	(1.000)	(1.000)	(1.000)
	散热器卡子(带膨胀螺栓)	个	1.050	1.050	2.100	2.100	2.100
	水	m³	0.020	0.032	0.043	0.055	0.066
	其他材料费	%	3.00	3.00	3.00	3.00	3.00
机械	试压泵 3MPa	台班	0.010	0.010	0.010	0.010	0.010

二、钢制散热器

1. 柱式散热器安装

工作内容:托钩安装、散热器稳固、水压试验等。　　　　　　　　　　　　　　计量单位:组

编　号			10-7-11	10-7-12	10-7-13	10-7-14
项　目			散热器高度 600mm 以内			
			单组片数(片以内)			
			10	15	25	35
名　称		单位	消　耗　量			
人工	合计工日	工日	0.199	0.310	0.480	0.640
	其中 普工	工日	0.050	0.078	0.120	0.160
	一般技工	工日	0.129	0.201	0.312	0.416
	高级技工	工日	0.020	0.031	0.048	0.064
材料	钢制散热器(柱式)	组	(1.000)	(1.000)	(1.000)	(1.000)
	散热器托钩(带膨胀螺栓)	个	3.150	4.200	4.200	6.300
	水	m³	0.020	0.033	0.059	0.084
	其他材料费	%	3.00	3.00	3.00	3.00
机械	试压泵 3MPa	台班	0.010	0.010	0.010	0.010

计量单位:组

编　号			10-7-15	10-7-16	10-7-17	10-7-18
项　目			散热器高度 1 000mm 以内			
			单组片数（片以内）			
			10	15	25	35
名　称		单位	消　耗　量			
人工	合计工日		工日	0.223	0.346	0.540	0.709
	其中	普工	工日	0.056	0.087	0.135	0.177
		一般技工	工日	0.145	0.224	0.351	0.461
		高级技工	工日	0.022	0.035	0.054	0.071
材料	钢制散热器（柱式）		组	（1.000）	（1.000）	（1.000）	（1.000）
	散热器托钩（带膨胀螺栓）		个	3.150	4.200	4.200	6.300
	水		m³	0.031	0.051	0.090	0.129
	其他材料费		%	3.00	3.00	3.00	3.00
机械	试压泵 3MPa		台班	0.010	0.010	0.010	0.010

计量单位:组

编　号			10-7-19	10-7-20	10-7-21	10-7-22
项　目			散热器高度 1 500mm 以内		散热器高度 2 000mm 以内	
			单组片数（片以内）			
			10	15	10	15
名　称		单位	消　耗　量			
人工	合计工日		工日	0.318	0.498	0.386	0.602
	其中	普工	工日	0.079	0.125	0.096	0.151
		一般技工	工日	0.207	0.323	0.251	0.391
		高级技工	工日	0.032	0.050	0.039	0.060
材料	钢制散热器（柱式）		组	（1.000）	（1.000）	（1.000）	（1.000）
	散热器托钩（带膨胀螺栓）		个	4.200	4.200	4.200	4.200
	水		m³	0.043	0.070	0.056	0.092
	其他材料费		%	3.00	3.00	3.00	3.00
机械	试压泵 3MPa		台班	0.010	0.010	0.010	0.010

2. 板式散热器安装

工作内容: 固定组件安装、散热器稳固、水压试验等。 计量单位:组

编 号			单位	10-7-23	10-7-24	10-7-25	10-7-26
项 目				半周长(m以内)			
				1.5	2	2.5	3
名 称			单位	消 耗 量			
人工	合计工日		工日	0.254	0.316	0.359	0.443
	其中	普工	工日	0.064	0.079	0.090	0.111
		一般技工	工日	0.165	0.205	0.233	0.288
		高级技工	工日	0.025	0.032	0.036	0.044
材料	钢制散热器(板式)		组	(1.000)	(1.000)	(1.000)	(1.000)
	膨胀螺栓 M10		套	4.120	4.120	4.120	4.120
	冲击钻头 φ14		个	0.056	0.056	0.056	0.056
	水		m³	0.015	0.030	0.030	0.045
	其他材料费		%	3.00	3.00	3.00	3.00
机械	试压泵 3MPa		台班	0.010	0.010	0.010	0.010

3. 翅片管散热器安装

工作内容: 散热器稳固、水压试验等。 计量单位:组

编 号			单位	10-7-27	10-7-28	10-7-29
项 目				4根管以内		
				长度(mm以内)		
				1 000	1 500	2 000
名 称			单位	消 耗 量		
人工	合计工日		工日	0.235	0.287	0.338
	其中	普工	工日	0.058	0.071	0.084
		一般技工	工日	0.153	0.187	0.220
		高级技工	工日	0.024	0.029	0.034
材料	翅片管散热器		组	(1.000)	(1.000)	(1.000)
	膨胀螺栓 M10		套	4.120	4.120	4.120
	冲击钻头 φ14		个	0.056	0.056	0.056
	水		m³	0.005	0.006	0.007
	其他材料费		%	3.00	3.00	3.00
机械	试压泵 3MPa		台班	0.010	0.010	0.010

计量单位：组

编　号		10-7-30	10-7-31	10-7-32
项　目		6根管以内		
		长度（mm以内）		
		1 000	1 500	2 000
名　称	单位	消　耗　量		
人工 合计工日	工日	0.305	0.352	0.398
其中 普工	工日	0.076	0.088	0.099
一般技工	工日	0.198	0.229	0.259
高级技工	工日	0.031	0.035	0.040
材料 翅片管散热器	组	（1.000）	（1.000）	（1.000）
膨胀螺栓 M10	套	4.120	4.120	4.120
冲击钻头 ϕ14	个	0.056	0.056	0.056
水	m³	0.008	0.010	0.011
其他材料费	%	3.00	3.00	3.00
机械 试压泵 3MPa	台班	0.010	0.010	0.010

计量单位：组

编　号		10-7-33	10-7-34	10-7-35
项　目		8根管以内		
		长度（mm以内）		
		1 000	1 500	2 000
名　称	单位	消　耗　量		
人工 合计工日	工日	0.356	0.408	0.459
其中 普工	工日	0.089	0.102	0.115
一般技工	工日	0.231	0.265	0.298
高级技工	工日	0.036	0.041	0.046
材料 翅片管散热器	组	（1.000）	（1.000）	（1.000）
膨胀螺栓 M10	套	4.120	4.120	4.120
冲击钻头 ϕ14	个	0.056	0.056	0.056
水	m³	0.010	0.013	0.015
其他材料费	%	3.00	3.00	3.00
机械 试压泵 3MPa	台班	0.010	0.010	0.010

三、光排管散热器制作与安装

1. A 型光排管散热器制作

工作内容：切割、组对、焊接、冲洗及水压试验等。　　　　　　　　　　　　　　计量单位：10m

编　号				10-7-36	10-7-37	10-7-38	10-7-39	10-7-40	10-7-41
项　目				排管长度 $L \leqslant 2m$					
				公称直径（mm 以内）					
				50	65	80	100	125	150
名　称			单位	消　耗　量					
人工	合计工日		工日	2.282	2.829	3.622	4.685	6.193	7.288
	其中	普工	工日	0.571	0.707	0.906	1.171	1.549	1.822
		一般技工	工日	1.483	1.839	2.354	3.045	4.025	4.737
		高级技工	工日	0.228	0.283	0.362	0.469	0.619	0.729
材料	无缝钢管 $D57 \times 3.5$		m	（10.300）	—	—	—	—	—
	无缝钢管 $D76 \times 3.5$		m	—	（10.300）	—	—	—	—
	无缝钢管 $D89 \times 3.5$		m	—	—	（10.300）	—	—	—
	无缝钢管 $D108 \times 4$		m	（1.416）	—	—	（10.300）	—	—
	无缝钢管 $D133 \times 4$		m	—	（1.753）	—	—	（10.300）	—
	无缝钢管 $D159 \times 4.5$		m	—	—	（1.990）	—	—	（10.300）
	无缝钢管 $D219 \times 6$		m	—	—	—	（2.288）	—	—
	无缝钢管 $D245 \times 7$		m	—	—	—	—	（2.585）	—
	无缝钢管 $D273 \times 7$		m	—	—	—	—	—	（2.925）
	钢板 $\delta 4 \sim 10$		kg	4.471	6.428	8.883	16.278	23.385	28.644
	熟铁管箍 $DN15$		个	3.080	3.080	3.080	3.080	—	—
	熟铁管箍 $DN20$		个	—	—	—	—	3.080	3.080
	镀锌铁丝 $\phi 2.8 \sim 4.0$		kg	0.066	0.066	0.066	0.066	0.066	0.066
	碎布		kg	0.298	0.345	0.385	0.457	0.513	0.596
	氧气		m^3	1.494	1.944	2.505	3.303	4.374	5.448
	乙炔气		kg	0.575	0.748	0.964	1.271	1.683	2.096
	尼龙砂轮片 $\phi 100$		片	0.830	1.101	1.632	2.284	3.416	3.996
	低碳钢焊条 J427 $\phi 3.2$		kg	2.619	3.382	5.281	6.863	10.336	13.673
	水		m^3	0.090	0.174	0.261	0.459	0.684	0.978
	其他材料费		%	3.00	3.00	3.00	3.00	3.00	3.00
机械	电焊机（综合）		台班	1.246	1.611	2.032	2.638	3.051	3.797
	电焊条烘干箱 $60 \times 50 \times 75$（cm^3）		台班	0.125	0.161	0.203	0.264	0.305	0.380
	电焊条恒温箱		台班	0.125	0.161	0.203	0.264	0.305	0.380
	试压泵 3MPa		台班	0.012	0.012	0.013	0.015	0.017	0.021

计量单位:10m

编 号			10-7-42	10-7-43	10-7-44	10-7-45	10-7-46	10-7-47
项 目			排管长度 $L \leqslant 3m$					
			公称直径(mm以内)					
			50	65	80	100	125	150
名 称		单位	消 耗 量					
人工	合计工日	工日	1.474	1.815	2.308	2.948	3.885	4.566
	其中 普工	工日	0.369	0.453	0.577	0.737	0.971	1.141
	一般技工	工日	0.958	1.180	1.500	1.916	2.525	2.968
	高级技工	工日	0.147	0.182	0.231	0.295	0.389	0.457
材料	无缝钢管 $D57 \times 3.5$	m	(10.300)	—	—	—	—	—
	无缝钢管 $D76 \times 3.5$	m	—	(10.300)	—	—	—	—
	无缝钢管 $D89 \times 3.5$	m	—	—	(10.300)	—	—	—
	无缝钢管 $D108 \times 4$	m	(0.892)	—	—	(10.300)	—	—
	无缝钢管 $D133 \times 4$	m	—	(1.102)	—	—	(10.300)	—
	无缝钢管 $D159 \times 4.5$	m	—	—	(1.248)	—	—	(10.300)
	无缝钢管 $D219 \times 6$	m	—	—	—	(1.421)	—	—
	无缝钢管 $D245 \times 7$	m	—	—	—	—	(1.605)	—
	无缝钢管 $D273 \times 7$	m	—	—	—	—	—	(1.815)
	钢板 $\delta 4\sim10$	kg	2.815	4.041	5.568	10.110	14.520	17.777
	熟铁管箍 $DN15$	个	1.910	1.910	—	—	—	—
	熟铁管箍 $DN20$	个	—	—	1.910	1.910	1.910	1.910
	镀锌铁丝 $\phi 2.8\sim4.0$	kg	0.098	0.098	0.098	0.098	0.098	0.098
	碎布	kg	0.280	0.321	0.353	0.416	0.463	0.537
	氧气	m³	0.942	1.224	1.572	2.052	2.706	3.471
	乙炔气	kg	0.362	0.471	0.605	0.789	1.041	1.335
	尼龙砂轮片 $\phi 100$	片	0.522	0.692	1.023	1.419	2.120	2.480
	低碳钢焊条 J427 $\phi 3.2$	kg	1.698	2.191	3.414	4.395	6.788	8.753
	水	m³	0.078	0.150	0.222	0.375	0.564	0.807
	其他材料费	%	3.00	3.00	3.00	3.00	3.00	3.00
机械	电焊机(综合)	台班	0.785	1.012	1.274	1.690	1.894	2.356
	电焊条烘干箱 $60 \times 50 \times 75$(cm³)	台班	0.079	0.101	0.127	0.169	0.189	0.236
	电焊条恒温箱	台班	0.079	0.101	0.127	0.169	0.189	0.236
	试压泵 3MPa	台班	0.011	0.011	0.012	0.013	0.015	0.019

计量单位：10m

编　　　号			10-7-48	10-7-49	10-7-50	10-7-51	10-7-52	10-7-53
项　　　目			排管长度 $L \leqslant 4\text{m}$					
			公称直径（mm 以内）					
			50	65	80	100	125	150
名　　　称		单位	消　耗　量					
人工	合计工日		工日	1.102	1.351	1.707	2.166	2.845	3.339
	其中	普工	工日	0.276	0.338	0.426	0.541	0.711	0.835
		一般技工	工日	0.716	0.878	1.110	1.408	1.849	2.170
		高级技工	工日	0.110	0.135	0.171	0.217	0.285	0.334
材料	无缝钢管 $D57 \times 3.5$		m	（10.300）	—	—	—	—	—
	无缝钢管 $D76 \times 3.5$		m	—	（10.300）	—	—	—	—
	无缝钢管 $D89 \times 3.5$		m	—	—	（10.300）	—	—	—
	无缝钢管 $D108 \times 4$		m	（0.651）	—	—	（10.300）	—	—
	无缝钢管 $D133 \times 4$		m	—	（0.804）	—	—	（10.300）	—
	无缝钢管 $D159 \times 4.5$		m	—	—	（0.909）	—	—	（10.300）
	无缝钢管 $D219 \times 6$		m	—	—	—	（1.031）	—	—
	无缝钢管 $D245 \times 7$		m	—	—	—	—	（1.164）	—
	无缝钢管 $D273 \times 7$		m	—	—	—	—	—	（1.316）
	钢板 $\delta 4 \sim 10$		kg	2.054	2.947	4.055	7.331	10.529	12.888
	熟铁管箍 $DN20$		个	1.380	1.380	—	—	—	—
	熟铁管箍 $DN25$		个	—	—	1.380	1.380	1.380	1.380
	镀锌铁丝 $\phi 2.8 \sim 4.0$		kg	0.130	0.130	0.130	0.130	0.130	0.130
	碎布		kg	0.272	0.310	0.339	0.398	0.440	0.510
	氧气		m^3	0.684	0.891	1.143	1.488	1.962	2.517
	乙炔气		kg	0.263	0.343	0.440	0.572	0.755	0.968
	尼龙砂轮片 $\phi 100$		片	0.381	0.504	0.745	1.030	1.538	1.798
	低碳钢焊条 J427 $\phi 3.2$		kg	1.203	1.551	2.411	3.093	4.943	6.153
	水		m^3	0.075	0.141	0.204	0.336	0.510	0.732
	其他材料费		%	3.00	3.00	3.00	3.00	3.00	3.00
机械	电焊机（综合）		台班	0.572	0.739	0.927	1.189	1.454	1.709
	电焊条烘干箱 $60 \times 50 \times 75$（cm^3）		台班	0.057	0.074	0.093	0.119	0.145	0.171
	电焊条恒温箱		台班	0.057	0.074	0.093	0.119	0.145	0.171
	试压泵 3MPa		台班	0.011	0.011	0.011	0.012	0.015	0.018

2. B 型光排管散热器制作

工作内容: 切割、组对、焊接、水压试验等。　　　　　　　　　　　　　　　　　　计量单位:10m

编　号				单位	10-7-54	10-7-55	10-7-56	10-7-57	10-7-58	10-7-59
项　目					排管长度 $L \leqslant 2m$					
					公称直径(mm 以内)					
					50	65	80	100	125	150
名　称				单位	消　耗　量					
人工	合计工日			工日	1.877	2.075	2.191	2.425	2.925	3.531
	其中	普工		工日	0.469	0.518	0.548	0.606	0.731	0.883
		一般技工		工日	1.220	1.349	1.424	1.576	1.901	2.295
		高级技工		工日	0.188	0.208	0.219	0.243	0.293	0.353
材料	无缝钢管 $D45 \times 3$			m	(0.865)	(0.962)	(1.024)	(1.033)	(1.033)	(1.024)
	无缝钢管 $D57 \times 3.5$			m	(10.300)	—	—	—	—	—
	无缝钢管 $D76 \times 3.5$			m	—	(10.300)	—	—	—	—
	无缝钢管 $D89 \times 3.5$			m	—	—	(10.300)	—	—	—
	无缝钢管 $D108 \times 4$			m	—	—	—	(10.300)	—	—
	无缝钢管 $D133 \times 4$			m	—	—	—	—	(10.300)	—
	无缝钢管 $D159 \times 4.5$			m	—	—	—	—	—	(10.300)
	钢板 $\delta 4 \sim 10$			kg	3.109	4.858	6.279	8.682	12.437	17.055
	熟铁管箍 $DN15$			个	2.860	2.860	2.860	2.860	—	—
	熟铁管箍 $DN20$			个	—	—	—	—	2.860	2.860
	镀锌铁丝 $\phi 2.8 \sim 4.0$			kg	0.088	0.088	0.088	0.088	0.088	0.088
	碎布			kg	0.268	0.301	0.322	0.372	0.402	0.462
	氧气			m^3	1.311	1.413	1.611	1.779	2.055	2.469
	乙炔气			kg	0.504	0.544	0.620	0.684	0.790	0.950
	尼龙砂轮片 $\phi 100$			片	0.608	0.723	0.829	0.985	1.118	1.600
	低碳钢焊条 J427 $\phi 3.2$			kg	1.110	1.652	1.812	2.111	3.435	5.179
	水			m^3	0.062	0.116	0.162	0.239	0.372	0.533
	其他材料费			%	3.00	3.00	3.00	3.00	3.00	3.00
机械	电焊机(综合)			台班	0.693	0.971	1.067	1.240	1.636	1.992
	电焊条烘干箱 $60 \times 50 \times 75 (cm^3)$			台班	0.069	0.097	0.107	0.124	0.164	0.199
	电焊条恒温箱			台班	0.069	0.097	0.107	0.124	0.164	0.199
	试压泵 3MPa			台班	0.010	0.010	0.010	0.010	0.013	0.015

计量单位：10m

编　号			10-7-60	10-7-61	10-7-62	10-7-63	10-7-64	10-7-65
项　目			排管长度 $L \leqslant 3m$					
			公称直径（mm 以内）					
			50	65	80	100	125	150
名　称		单位	消　耗　量					
人工	合计工日		工日	1.231	1.357	1.431	1.580	1.849	2.282
	其中	普工	工日	0.308	0.339	0.358	0.395	0.462	0.571
		一般技工	工日	0.800	0.882	0.930	1.027	1.202	1.483
		高级技工	工日	0.123	0.136	0.143	0.158	0.185	0.228
材料	无缝钢管 $D45 \times 3$		m	(0.551)	(0.612)	(0.652)	(0.657)	(0.657)	(0.652)
	无缝钢管 $D57 \times 3.5$		m	(10.300)	—	—	—	—	—
	无缝钢管 $D76 \times 3.5$		m	—	(10.300)	—	—	—	—
	无缝钢管 $D89 \times 3.5$		m	—	—	(10.300)	—	—	—
	无缝钢管 $D108 \times 4$		m	—	—	—	(10.300)	—	—
	无缝钢管 $D133 \times 4$		m	—	—	—	—	(10.300)	—
	无缝钢管 $D159 \times 4.5$		m	—	—	—	—	—	(10.300)
	钢板 $\delta 4 \sim 10$		kg	1.979	3.091	3.995	5.525	7.914	10.853
	熟铁管箍 $DN15$		个	1.820	1.820	—	—	—	—
	熟铁管箍 $DN20$		个	—	—	1.820	1.820	1.820	1.820
	镀锌铁丝 $\phi 2.8 \sim 4.0$		kg	0.085	0.085	0.085	0.085	0.085	0.085
	碎布		kg	0.262	0.293	0.314	0.364	0.394	0.454
	氧气		m³	0.834	0.900	1.023	1.134	1.308	1.572
	乙炔气		kg	0.321	0.346	0.394	0.436	0.503	0.605
	尼龙砂轮片 $\phi 100$		片	0.387	0.460	0.527	0.626	0.711	1.017
	低碳钢焊条 J427 $\phi 3.2$		kg	0.706	1.051	1.153	1.344	2.186	3.293
	水		m³	0.061	0.114	0.161	0.238	0.370	0.532
	其他材料费		%	3.00	3.00	3.00	3.00	3.00	3.00
机械	电焊机（综合）		台班	0.441	0.618	0.679	0.790	1.041	1.515
	电焊条烘干箱 $60 \times 50 \times 75$（cm³）		台班	0.044	0.062	0.068	0.079	0.104	0.151
	电焊条恒温箱		台班	0.044	0.062	0.068	0.079	0.104	0.151
	试压泵 3MPa		台班	0.010	0.010	0.010	0.010	0.013	0.015

计量单位:10m

编　　号			10-7-66	10-7-67	10-7-68	10-7-69	10-7-70	10-7-71
项　　目			排管长度 $L \leqslant 4$m					
			公称直径（mm 以内）					
			50	65	80	100	125	150
名　　称		单位	消　耗　量					
人工	合计工日		工日	0.929	1.021	1.076	1.185	1.384	1.702
	其中	普工	工日	0.232	0.255	0.269	0.296	0.346	0.426
		一般技工	工日	0.604	0.664	0.699	0.770	0.900	1.106
		高级技工	工日	0.093	0.102	0.108	0.119	0.138	0.170
材料	无缝钢管 $D45 \times 3$		m	（0.404）	（0.449）	（0.478）	（0.482）	（0.482）	（0.478）
	无缝钢管 $D57 \times 3.5$		m	（10.300）	—	—	—	—	—
	无缝钢管 $D76 \times 3.5$		m	—	（10.300）	—	—	—	—
	无缝钢管 $D89 \times 3.5$		m	—	—	（10.300）	—	—	—
	无缝钢管 $D108 \times 4$		m	—	—	—	（10.300）	—	—
	无缝钢管 $D133 \times 4$		m	—	—	—	—	（10.300）	—
	无缝钢管 $D159 \times 4.5$		m	—	—	—	—	—	（10.300）
	钢板 $\delta 4\sim10$		kg	1.451	2.267	2.930	4.052	5.804	7.959
	熟铁管箍 $DN20$		个	1.340	1.340	—	—	—	—
	熟铁管箍 $DN25$		个	—	—	1.340	1.340	1.340	1.340
	镀锌铁丝 $\phi 2.8\sim4.0$		kg	0.084	0.084	0.084	0.084	0.084	0.084
	碎布		kg	0.259	0.290	0.310	0.361	0.391	0.450
	氧气		m³	0.612	0.657	0.753	0.831	0.960	1.152
	乙炔气		kg	0.235	0.253	0.290	0.320	0.369	0.443
	尼龙砂轮片 $\phi 100$		片	0.284	0.337	0.387	0.460	0.522	0.747
	低碳钢焊条 J427 $\phi 3.2$		kg	0.518	0.770	0.846	0.986	1.604	2.418
	水		m³	0.060	0.114	0.160	0.237	0.370	0.532
	其他材料费		%	3.00	3.00	3.00	3.00	3.00	3.00
机械	电焊机（综合）		台班	0.323	0.453	0.498	0.579	0.764	0.930
	电焊条烘干箱 $60 \times 50 \times 75$（cm³）		台班	0.032	0.045	0.050	0.058	0.076	0.093
	电焊条恒温箱		台班	0.032	0.045	0.050	0.058	0.076	0.093
	试压泵 3MPa		台班	0.010	0.010	0.010	0.010	0.013	0.015

3. 光排管散热器安装

工作内容：打墙眼、托钩安装、散热器稳固、水压试验等。　　　　　　　　　　　　　计量单位：10m

编　号			10-7-72	10-7-73	10-7-74	10-7-75	10-7-76	10-7-77
项　目			排管长度 $L \leqslant 2m$					
			公称直径（mm 以内）					
			50	65	80	100	125	150
名　称		单位	消　耗　量					
人工	合计工日	工日	0.375	0.457	0.511	0.641	0.648	0.791
	其中 普工	工日	0.094	0.114	0.128	0.160	0.162	0.198
	一般技工	工日	0.243	0.297	0.332	0.417	0.421	0.514
	高级技工	工日	0.038	0.046	0.051	0.064	0.065	0.079
材料	光排管散热器	组	(1.000)	(1.000)	(1.000)	(1.000)	(1.000)	(1.000)
	散热器托钩（带膨胀螺栓）	个	4.200	4.200	4.200	4.200	4.200	4.200
	水	m³	0.090	0.174	0.261	0.459	0.684	0.978
	道木	m³	—	—	—	—	0.006	0.006
	其他材料费	%	3.00	3.00	3.00	3.00	3.00	3.00
机械	载货汽车－普通货车 5t	台班	—	—	—	—	0.011	0.014
	吊装机械（综合）	台班	—	—	—	—	0.144	0.192
	试压泵 3MPa	台班	0.012	0.012	0.013	0.015	0.017	0.021

计量单位：10m

编　号			10-7-78	10-7-79	10-7-80	10-7-81	10-7-82	10-7-83
项　目			排管长度 $L \leqslant 3$m					
			公称直径（mm 以内）					
			50	65	80	100	125	150
名　称		单位	消　耗　量					
人工	合计工日	工日	0.517	0.627	0.690	0.835	0.974	1.032
	其中　普工	工日	0.129	0.157	0.173	0.209	0.244	0.258
	一般技工	工日	0.336	0.407	0.448	0.542	0.633	0.671
	高级技工	工日	0.052	0.063	0.069	0.084	0.097	0.103
材料	光排管散热器	组	（1.000）	（1.000）	（1.000）	（1.000）	（1.000）	（1.000）
	散热器托钩（带膨胀螺栓）	个	6.300	6.300	6.300	6.300	6.300	6.300
	水	m^3	0.078	0.150	0.222	0.375	0.564	0.807
	道木	m^3	—	—	—	—	—	0.006
	其他材料费	%	3.00	3.00	3.00	3.00	3.00	3.00
机械	载货汽车 - 普通货车 5t	台班	—	—	—	—	—	0.011
	吊装机械（综合）	台班	—	—	—	—	—	0.144
	试压泵 3MPa	台班	0.011	0.011	0.012	0.013	0.015	0.019

计量单位：10m

编　号			10-7-84	10-7-85	10-7-86	10-7-87	10-7-88	10-7-89
项　目			排管长度 $L \leqslant 4m$					
			公称直径（mm 以内）					
			50	65	80	100	125	150
名　称		单位	消　耗　量					
人工	合计工日		工日	0.611	0.735	0.806	0.932	1.090	1.208
	其中	普工	工日	0.153	0.184	0.202	0.233	0.273	0.302
		一般技工	工日	0.397	0.477	0.523	0.606	0.708	0.785
		高级技工	工日	0.061	0.074	0.081	0.093	0.109	0.121
材料	光排管散热器		组	（1.000）	（1.000）	（1.000）	（1.000）	（1.000）	（1.000）
	散热器托钩（带膨胀螺栓）		个	11.200	8.400	8.400	8.400	8.400	8.400
	水		m^3	0.075	0.141	0.204	0.336	0.510	0.732
	道木		m^3	—	—	—	—	—	0.006
	其他材料费		%	3.00	3.00	3.00	3.00	3.00	3.00
机械	载货汽车－普通货车 5t		台班	—	—	—	—	—	0.011
	吊装机械（综合）		台班	—	—	—	—	—	0.144
	试压泵 3MPa		台班	0.011	0.011	0.011	0.012	0.015	0.018

四、辐射供暖供冷装置

1. 一体化预制辐射供暖（冷）板

工作内容：基层清理、找平、就位安装、固定连接、试验等。

计量单位：m^2

编　号			10-7-90	10-7-91	10-7-92
项　目			地面安装	墙面安装	顶棚安装
名　称		单位	消　耗　量		
人工	合计工日		工日	0.128	0.140	0.250
	其中	普工	工日	0.032	0.035	0.050
		一般技工	工日	0.083	0.091	0.125
		高级技工	工日	0.013	0.014	0.075
材料	供暖板		m^2	（1.000）	（1.000）	（1.000）
	辐射供暖供冷专用接头		个	（2.500）	（2.500）	（2.500）
	橡塑保温管 DN15		m	0.400	0.400	0.400
	其他材料费		%	3.00	3.00	3.00
机械	试压泵 3MPa		台班	0.005	0.005	0.005

2. 毛 细 管 席

工作内容: 施工准备、开箱检查、挂装就位、集管熔接、黏结固定、冲洗试压等。　　　　　　计量单位:10m²

编　　号				10-7-93
项　　目				毛细管席
名　　称			单位	消　耗　量
人工	合计工日		工日	1.657
	其中	普工	工日	0.725
		一般技工	工日	0.534
		高级技工	工日	0.398
材料	毛细管网		m²	（10.000）
	毛细管专用管卡		个	50.000
	万能胶		kg	2.500
	弹簧压力表 Y-100 0~1.6MPa		块	0.002
	压力表表弯 DN15		个	0.002
	其他材料费		%	3.00
机械	热板焊机		台班	0.443
	试压泵 2.5MPa		台班	0.005

3. 预制沟槽保温板

工作内容: 基层清理、找平、就位安装、固定等。　　　　　　计量单位:10m²

编　　号				10-7-94	10-7-95
项　　目				地面安装	墙面安装
名　　称			单位	消　耗　量	
人工	合计工日		工日	0.288	0.316
	其中	普工	工日	0.071	0.078
		一般技工	工日	0.188	0.206
		高级技工	工日	0.029	0.032
材料	预制沟槽保温板		m²	（10.300）	（10.300）
	其他材料费		%	3.00	3.00

4. 保温隔热层敷设

工作内容：基层清理、下料切割、铺装、边缝填补等。

编 号			10-7-96	10-7-97	10-7-98	10-7-99
项 目			保护层（铝箔）	隔热板	边界保温带	钢丝网
			10m²		10m	10m²
名 称		单位	消 耗 量			
人工	合计工日	工日	0.140	0.230	0.050	0.250
	其中	普工	工日	0.035	0.057	0.012	0.062
		一般技工	工日	0.091	0.150	0.033	0.163
		高级技工	工日	0.014	0.023	0.005	0.025
材料	铝箔	m²	（10.300）	—	—	—
	聚苯乙烯泡沫板 δ30	m²	—	（10.300）	—	—
	聚苯乙烯条 10×180	m	—	—	（10.500）	—
	镀锌钢丝网 φ3×50×50	m²	—	—	—	（10.300）
	粘接剂	kg	1.500	—	—	—
	塑料薄膜	m²	—	1.093	—	—
	密封膏	kg	—	—	0.015	—
	其他材料费	%	3.00	3.00	3.00	3.00

5. 辐射供暖供冷管

工作内容:划线定位、切管、调直、撼弯、管道固定、隐蔽充压、冲洗及水压试验等。　　　　计量单位:10m

编 号			10-7-100	10-7-101	10-7-102
项 目			塑料管		
			公称外径（mm 以内）		
			16	20	25
名 称		单位	消 耗 量		
人工	合计工日	工日	0.185	0.191	0.201
	其中 普工	工日	0.046	0.048	0.050
	一般技工	工日	0.120	0.124	0.131
	高级技工	工日	0.019	0.019	0.020
材料	地板辐射采暖塑料管	m	（10.200）	（10.200）	（10.200）
	柔性塑料套管 $\phi20$	m	0.204	—	—
	柔性塑料套管 $\phi25$	m	—	0.204	—
	柔性塑料套管 $\phi32$	m	—	—	0.204
	塑料卡钉 $\phi16$	个	26.250	—	—
	塑料卡钉 $\phi20$	个	—	26.250	—
	塑料卡钉 $\phi25$	个	—	—	25.250
	水	m³	0.005	0.006	0.008
	其他材料费	%	3.00	3.00	3.00
机械	试压泵 3MPa	台班	0.002	0.002	0.002

工作内容:划线定位、切管、调直、搣弯、管道固定、隐蔽充压、冲洗及水压试验等。 计量单位:10m

编 号				10-7-103	10-7-104	10-7-105
项 目				铝塑复合管		
				公称外径(mm 以内)		
				16	20	25
名 称			单位	消 耗 量		
人工	合计工日		工日	0.337	0.372	0.412
	其中	普工	工日	0.084	0.093	0.103
		一般技工	工日	0.219	0.242	0.268
		高级技工	工日	0.034	0.037	0.041
材料	铝塑复合管		m	(10.160)	(10.160)	(10.160)
	锯条(各种规格)		根	0.110	0.132	0.158
	铁砂布		张	0.043	0.053	0.066
	电		kW·h	1.203	1.245	1.289
	水		m³	0.005	0.008	0.014
	其他材料费		%	3.00	3.00	3.00
机械	试压泵 3MPa		台班	0.002	0.002	0.002

工作内容: 调直、切管、坡口、焊接、管道及管件安装、水压试验及水冲洗。 计量单位:10m

编 号				10-7-106	10-7-107	10-7-108	10-7-109
项 目				铜管			
				公称外径(mm以内)			
				15	18	22	28
名 称			单位	消 耗 量			
人工	合计工日		工日	0.577	0.611	0.648	0.672
	其中	普工	工日	0.144	0.153	0.162	0.168
		一般技工	工日	0.375	0.397	0.421	0.437
		高级技工	工日	0.058	0.061	0.065	0.067
材料	铜管		m	(10.160)	(10.160)	(10.160)	(10.160)
	锯条(各种规格)		根	0.053	0.053	0.126	0.145
	尼龙砂轮片 ϕ100		片	0.015	0.019	0.024	0.024
	尼龙砂轮片 ϕ400		片	0.017	0.020	0.023	0.023
	铜焊粉		kg	0.023	0.030	0.040	0.050
	铜气焊丝		kg	0.158	0.174	0.192	0.226
	镀锌铁丝 ϕ2.8~4.0		kg	0.036	0.040	0.045	0.068
	碎布		kg	0.071	0.080	0.090	0.150
	氧气		m³	0.396	0.464	0.544	0.684
	乙炔气		kg	0.155	0.172	0.191	0.243
	水		m³	0.005	0.008	0.014	0.023
	其他材料费		%	3.00	3.00	3.00	3.00
机械	砂轮切割机 ϕ400		台班	0.004	0.004	0.004	0.008
	试压泵 3MPa		台班	0.002	0.002	0.002	0.002
	电动弯管机 50mm		台班	0.220	0.220	0.220	0.220

6. 加热电缆敷设

工作内容: 基层清理、电缆检查、标称电阻及绝缘电阻测试、就位安装、与金属网固定、冷热线连接等。

计量单位: 100m

编　　号				10-7-110
项　　目				加热电缆敷设
名　　称			单位	消　耗　量
人工	合计工日		工日	1.244
	其中	普工	工日	0.311
		一般技工	工日	0.746
		高级技工	工日	0.187
材料	加热电缆		m	（101.000）
	其他材料费		%	3.00
机械	电缆电阻测试仪		台班	0.180

五、分/集水器安装

1. 不带箱分/集水器安装

工作内容: 外观检查,固定支架、分/集水器安装,与分支管连接,水压试验等。

计量单位: 组

编　　号				10-7-111	10-7-112	10-7-113	10-7-114
项　　目				分支管（环路以内）			
				2	4	6	8
名　　称			单位	消　耗　量			
人工	合计工日		工日	0.228	0.352	0.434	0.532
	其中	普工	工日	0.057	0.088	0.109	0.133
		一般技工	工日	0.148	0.229	0.282	0.346
		高级技工	工日	0.023	0.035	0.043	0.053
材料	分集水器（不带箱）		组	（1.000）	（1.000）	（1.000）	（1.000）
	锯条（各种规格）		根	0.060	0.104	0.164	0.224
	铁砂布 0#~2#		张	0.007	0.012	0.019	0.026
	水		m³	0.002	0.003	0.004	0.005
	其他材料费		%	3.00	3.00	3.00	3.00

2. 带箱分 / 集水器安装

工作内容：外观检查,箱体、固定支架、分 / 集水器安装,箱体周边缝隙填堵,与分支
管连接,水压试验等。　　　　　　　　　　　　　　　　　　　　　　　计量单位:组

编　　号				10-7-115	10-7-116	10-7-117	10-7-118
项　　目				分支管（环路以内）			
				2	4	6	8
名　　称			单位	消　耗　量			
人工	合计工日		工日	0.252	0.399	0.476	0.592
	其中	普工	工日	0.063	0.100	0.119	0.148
		一般技工	工日	0.164	0.259	0.309	0.385
		高级技工	工日	0.025	0.040	0.048	0.059
材料	分集水器（带箱）		组	（1.000）	（1.000）	（1.000）	（1.000）
	水泥砂浆 1:2.5		m³	0.030	0.040	0.050	0.060
	铁砂布 0#~2#		张	0.007	0.012	0.019	0.026
	水		m³	0.002	0.003	0.004	0.005
	其他材料费		%	3.00	3.00	3.00	3.00

第八章　燃气器具及其他

说　　明

一、本章包括燃气开水炉安装,燃气采暖炉安装,燃气沸水器、消毒器,燃气快速热水器安装,燃气表,燃气灶具,气嘴,调压器安装,调压箱、调压装置,燃气管道调长器安装,引入口保护罩安装等项目。

二、各种燃气炉(器)具安装项目均包括本体及随炉(器)具配套附件的安装。

三、膜式燃气表安装项目适用于螺纹连接的民用或公用膜式燃气表,IC卡膜式燃气表安装按膜式燃气表安装项目,其人工乘以系数1.10。

膜式燃气表安装项目中列有2个表接头,如随燃气表配套表接头时,应扣除所列表接头。膜式燃气表安装项目中不包括表托架制作与安装,发生时根据工程要求另行计算。

四、燃气流量计适用于法兰连接的腰轮(罗茨)燃气流量计、涡轮燃气流量计。

五、法兰式燃气流量计、流量计控制器、调压器、燃气管道调长器安装项目均包括与法兰连接一侧所用的螺栓、垫片。

六、燃气管道调长器安装项目适用于法兰式波纹补偿器和套筒式补偿器的安装。

七、燃气调压箱安装按壁挂式和落地式分别列项。调压箱安装不包括与进、出口管道连接及支架制作与安装、保护台、底座的砌筑,发生时执行其他相应项目。

八、户内家用可燃气体检测报警器与电磁阀成套安装的,执行第五章"管道附件"中螺纹电磁阀项目,人工乘以系数1.30。

工程量计算规则

一、燃气开水炉、采暖炉、沸水器、消毒器、热水器以"台"为计量单位。

二、膜式燃气表安装按不同规格型号以"块"为计量单位,燃气流量计安装区分不同管径以"台"为计量单位,流量计控制器区分不同管径以"个"为计量单位。

三、燃气灶具区分民用灶具和公用灶具以"台"为计量单位。

四、气嘴安装以"个"为计量单位。

五、调压器、调压箱(柜)区分不同进口管径以"台"为计量单位。

六、燃气管道调长器区分不同管径以"个"为计量单位。

七、引入口保护罩安装以"个"为计量单位。

一、燃气开水炉安装

工作内容:炉体及附件安装、通气、通水、试火、调试风门等。 　　　　　　　**计量单位:**台

编　号				10-8-1
项　目				燃气开水炉
名　　称			单位	消　耗　量
人工	合计工日		工日	1.100
	其中	普工	工日	0.275
		一般技工	工日	0.715
		高级技工	工日	0.110
材料	燃气开水炉		台	（1.000）
	橡胶板		kg	0.010
	其他材料费		%	3.00

二、燃气采暖炉安装

工作内容:炉体及附件安装、通气、通水、试火、调试风门等。 　　　　　　　**计量单位:**台

编　号				10-8-2
项　目				燃气采暖炉
名　　称			单位	消　耗　量
人工	合计工日		工日	0.750
	其中	普工	工日	0.187
		一般技工	工日	0.488
		高级技工	工日	0.075
材料	燃气采暖炉		台	（1.000）
	聚四氟乙烯生料带 宽20		m	1.200
	其他材料费		%	3.00

三、燃气沸水器、消毒器

工作内容: 器具及附件安装、通气、通水、试火、调试风门等。　　　　　　　　　　　　　　　计量单位:台

编　号			10-8-3
项　目			燃气沸水器、消毒器
名　称		单位	消　耗　量
人工	合计工日	工日	0.560
	其中 普工	工日	0.140
	一般技工	工日	0.364
	高级技工	工日	0.056
材料	容积式沸水器	台	(1.000)
	聚四氟乙烯生料带 宽20	m	1.200
	其他材料费	%	3.00

四、燃气快速热水器安装

工作内容: 热水器及附件安装、通气、通水、试火、调试风门等。　　　　　　　　　　　　计量单位:台

编　号			10-8-4
项　目			燃气快速热水器
名　称		单位	消　耗　量
人工	合计工日	工日	0.630
	其中 普工	工日	0.157
	一般技工	工日	0.410
	高级技工	工日	0.063
材料	燃气热水器	台	(1.000)
	聚四氟乙烯生料带 宽20	m	2.200
	其他材料费	%	3.00

五、燃　气　表

1. 膜式燃气表安装

工作内容: 燃气表就位、安装、试压检查等。　　　　　　　　　　　　　　　　　　**计量单位:** 块

编　号			10-8-5	10-8-6	10-8-7	10-8-8	10-8-9
项　目			型号（m³/h）				
			1.6、2.5、4	6	10、16	25、40	65、100
名　称		单位	消　耗　量				
人工	合计工日	工日	0.390	0.641	0.864	1.285	1.967
	其中 普工	工日	0.097	0.160	0.216	0.321	0.491
	其中 一般技工	工日	0.254	0.417	0.562	0.835	1.279
	其中 高级技工	工日	0.039	0.064	0.086	0.129	0.197
材料	膜式燃气表	块	（1.000）	（1.000）	（1.000）	（1.000）	（1.000）
	燃气表接头	个	（2.020）	（2.020）	（2.020）	（2.020）	（2.020）
	聚四氟乙烯生料带 宽20	m	0.500	1.000	1.000	1.500	2.143
	其他材料费	%	3.00	3.00	3.00	3.00	3.00

2. 燃气流量计安装

工作内容:流量计就位、安装、加垫、紧固螺栓、试压检查等。　　　　　　　　　　　　　**计量单位:**台

编　号			10-8-10	10-8-11	10-8-12	10-8-13	10-8-14
项　目			公称直径(mm 以内)				
			25	40	50	80	100
名　称		单位	消　耗　量				
人工	合计工日	工日	1.643	1.829	1.998	2.188	2.328
	其中 普工	工日	0.411	0.457	0.499	0.547	0.582
	一般技工	工日	1.068	1.189	1.299	1.422	1.513
	高级技工	工日	0.164	0.183	0.200	0.219	0.233
材料	燃气流量计	台	(1.000)	(1.000)	(1.000)	(1.000)	(1.000)
	氟丁腈橡胶垫 DN25	片	1.030	—	—	—	—
	氟丁腈橡胶垫 DN40	片	—	1.030	—	—	—
	氟丁腈橡胶垫 DN50	片	—	—	1.030	—	—
	氟丁腈橡胶垫 DN80	片	—	—	—	1.030	—
	氟丁腈橡胶垫 DN100	片	—	—	—	—	1.030
	铅油(厚漆)	kg	0.030	0.030	0.040	0.070	0.100
	清油 C01-1	kg	0.010	0.010	0.010	0.020	0.025
	碎布	kg	0.010	0.010	0.020	0.028	0.030
	其他材料费	%	3.00	3.00	3.00	3.00	3.00

计量单位:台

编　号			10-8-15	10-8-16	10-8-17
项　目			公称直径(mm 以内)		
			150	200	250
名　称		单位	消　耗　量		
人工	合计工日	工日	2.636	2.987	3.521
	其中 普工	工日	0.659	0.746	0.880
	其中 一般技工	工日	1.713	1.942	2.289
	其中 高级技工	工日	0.264	0.299	0.352
材料	燃气流量计	台	(1.000)	(1.000)	(1.000)
	氟丁腈橡胶垫 DN150	片	1.030	—	—
	氟丁腈橡胶垫 DN200	片	—	1.030	—
	氟丁腈橡胶垫 DN250	片	—	—	1.030
	铅油(厚漆)	kg	0.140	0.170	0.200
	清油 C01-1	kg	0.030	0.040	0.040
	碎布	kg	0.030	0.040	0.040
	其他材料费	%	3.00	3.00	3.00
机械	载货汽车-普通货车 5t	台班	0.003	0.005	0.006
	汽车式起重机 8t	台班	0.026	0.031	0.040

3.流量计控制器安装

工作内容:控制器就位、安装、加垫、紧固螺栓、试压检查等。　　　　　　　　　　　　　　　　　计量单位:个

编　号				10-8-18	10-8-19	10-8-20	10-8-21	10-8-22
项　目				公称直径（mm 以内）				
				25	40	50	80	100
名　称			单位	消　耗　量				
人工	合计工日		工日	0.230	0.281	0.366	0.596	0.780
	其中	普工	工日	0.057	0.070	0.091	0.149	0.195
		一般技工	工日	0.150	0.183	0.238	0.387	0.507
		高级技工	工日	0.023	0.028	0.037	0.060	0.078
材料	流量计控制器		个	（1.000）	（1.000）	（1.000）	（1.000）	（1.000）
	氯丁腈橡胶垫 DN25		片	1.030	—	—	—	—
	氯丁腈橡胶垫 DN40		片	—	1.030	—	—	—
	氯丁腈橡胶垫 DN50		片	—	—	1.030	—	—
	氯丁腈橡胶垫 DN80		片	—	—	—	1.030	—
	氯丁腈橡胶垫 DN100		片	—	—	—	—	1.030
	铅油（厚漆）		kg	0.030	0.030	0.040	0.070	0.100
	清油 C01-1		kg	0.010	0.010	0.010	0.020	0.025
	碎布		kg	0.010	0.010	0.020	0.028	0.030
	其他材料费		%	3.00	3.00	3.00	3.00	3.00

计量单位: 个

编　　号			10-8-23	10-8-24	10-8-25
项　　目			公称直径(mm以内)		
			150	200	250
名　　称		单位	消　耗　量		
人工	合计工日	工日	0.992	1.159	1.564
	其中 普工	工日	0.248	0.290	0.391
	一般技工	工日	0.645	0.753	1.017
	高级技工	工日	0.099	0.116	0.156
材料	流量计控制器	个	(1.000)	(1.000)	(1.000)
	氟丁腈橡胶垫 DN150	片	1.030	—	—
	氟丁腈橡胶垫 DN200	片	—	1.030	—
	氟丁腈橡胶垫 DN250	片	—	—	1.030
	铅油(厚漆)	kg	0.140	0.170	0.200
	清油 C01-1	kg	0.030	0.040	0.040
	碎布	kg	0.030	0.040	0.040
	其他材料费	%	3.00	3.00	3.00
机械	载货汽车-普通货车 5t	台班	0.003	0.005	0.006
	汽车式起重机 8t	台班	0.026	0.031	0.040

六、燃 气 灶 具

工作内容: 灶具就位、安装、通气、试火、调试风门等。　　　　　　　　　计量单位: 台

编　　号			10-8-26	10-8-27
项　　目			民用灶具	公用灶具
名　　称		单位	消　耗　量	
人工	合计工日	工日	0.180	0.463
	其中 普工	工日	0.045	0.116
	一般技工	工日	0.117	0.301
	高级技工	工日	0.018	0.046
材料	民用燃气灶具	台	(1.000)	—
	公用燃气灶具	台	—	(1.000)
	聚四氟乙烯生料带 宽20	m	—	0.377
	其他材料费	%	—	3.00

七、气　嘴

工作内容:气嘴安装。　　　　　　　　　　　　　　　　　　　　　　　　　计量单位:个

编　号			10-8-28
项　目			气嘴安装
名　称		单位	消　耗　量
人工	合计工日	工日	0.054
	其中 普工	工日	0.014
	其中 一般技工	工日	0.035
	其中 高级技工	工日	0.005
材料	燃气气嘴	个	(1.010)
	聚四氟乙烯生料带 宽20	m	0.283
	其他材料费	%	3.00

八、调压器安装

工作内容：调压器就位、安装、试压检查等。 计量单位：台

		编 号		10-8-29	10-8-30	10-8-31	10-8-32	10-8-33	10-8-34
		项 目		公称直径（mm 以内）					
				40	50	80	100	150	200
		名 称	单位	消 耗 量					
人工		合计工日	工日	0.320	0.422	0.820	1.182	1.609	2.221
	其中	普工	工日	0.080	0.106	0.205	0.296	0.402	0.555
		一般技工	工日	0.208	0.274	0.533	0.768	1.046	1.444
		高级技工	工日	0.032	0.042	0.082	0.118	0.161	0.222
材料		燃气调压器	台	（1.000）	（1.000）	（1.000）	（1.000）	（1.000）	（1.000）
		氟丁腈橡胶垫 *DN*40	片	1.030	—	—	—	—	—
		氟丁腈橡胶垫 *DN*50	片	—	1.030	—	—	—	—
		氟丁腈橡胶垫 *DN*80	片	—	—	1.030	—	—	—
		氟丁腈橡胶垫 *DN*100	片	—	—	—	1.030	—	—
		氟丁腈橡胶垫 *DN*150	片	—	—	—	—	1.030	—
		氟丁腈橡胶垫 *DN*200	片	—	—	—	—	—	1.030
		铅油（厚漆）	kg	0.030	0.040	0.070	0.100	0.140	0.170
		清油 C01-1	kg	0.010	0.010	0.020	0.020	0.030	0.030
		碎布	kg	0.010	0.020	0.020	0.030	0.030	0.030
		其他材料费	%	3.00	3.00	3.00	3.00	3.00	3.00

九、调压箱、调压装置

1. 壁挂式调压箱

工作内容:就位、固定、安装、试压检查等。　　　　　　　　　　　　　　　**计量单位:**台

编　　号				10-8-35	10-8-36
项　　目				进口管(公称直径 mm 以内)	
				25	40
名　　称			单位	消　耗　量	
人工	合计工日		工日	1.069	1.461
	其中	普工	工日	0.267	0.365
		一般技工	工日	0.695	0.950
		高级技工	工日	0.107	0.146
材料	壁挂式燃气调压箱		台	(1.000)	(1.000)

2. 落地式调压箱(柜)

工作内容:就位、固定、安装、试压检查等。　　　　　　　　　　　　　　　**计量单位:**台

编　　号				10-8-37	10-8-38	10-8-39	10-8-40	10-8-41
项　　目				进口管(公称直径 mm 以内)				
				50	80	100	150	200
名　　称			单位	消　耗　量				
人工	合计工日		工日	2.351	2.821	3.387	4.282	5.294
	其中	普工	工日	0.588	0.705	0.846	1.071	1.324
		一般技工	工日	1.528	1.834	2.202	2.783	3.441
		高级技工	工日	0.235	0.282	0.339	0.428	0.529
材料	落地式燃气调压箱(柜)		台	(1.000)	(1.000)	(1.000)	(1.000)	(1.000)
	道木		m³	0.006	0.006	0.006	0.013	0.013
	其他材料费		%	3.00	3.00	3.00	3.00	3.00
机械	载货汽车 – 普通货车 5t		台班	0.074	0.092	0.104	0.135	0.165
	汽车式起重机 8t		台班	0.147	0.183	0.208	0.269	0.330

十、燃气管道调长器安装

工作内容：调长器就位、加垫、紧固螺栓、试压检查等。　　　　　　　　　　　　　　计量单位：个

编　号			10-8-42	10-8-43	10-8-44	10-8-45
项　目			公称直径（mm 以内）			
			50	65	80	100
名　称		单位	消 耗 量			
人工	合计工日	工日	0.309	0.458	0.461	0.557
	其中 普工	工日	0.077	0.114	0.115	0.139
	一般技工	工日	0.201	0.298	0.300	0.362
	高级技工	工日	0.031	0.046	0.046	0.056
材料	燃气调长器	个	（1.000）	（1.000）	（1.000）	（1.000）
	氟丁腈橡胶垫 DN50	片	1.030	—	—	—
	氟丁腈橡胶垫 DN65	片	—	1.030	—	—
	氟丁腈橡胶垫 DN80	片	—	—	1.030	—
	氟丁腈橡胶垫 DN100	片	—	—	—	1.030
	铅油（厚漆）	kg	0.040	0.050	0.070	0.100
	清油 C01-1	kg	0.010	0.015	0.020	0.025
	碎布	kg	0.020	0.023	0.028	0.030
	其他材料费	%	3.00	3.00	3.00	3.00

计量单位：个

编　号			10-8-46	10-8-47	10-8-48	10-8-49
项　目			公称直径（mm 以内）			
			150	200	300	400
名　称		单位	消　耗　量			
人工	合计工日	工日	0.595	0.756	1.121	1.524
	其中 普工	工日	0.148	0.189	0.280	0.381
	一般技工	工日	0.387	0.491	0.729	0.991
	高级技工	工日	0.060	0.076	0.112	0.152
材料	燃气调长器	个	（1.000）	（1.000）	（1.000）	（1.000）
	氟丁腈橡胶垫 DN150	片	1.030	—	—	—
	氟丁腈橡胶垫 DN200	片	—	1.030	—	—
	氟丁腈橡胶垫 DN300	片	—	—	1.030	—
	氟丁腈橡胶垫 DN400	片	—	—	—	1.030
	铅油（厚漆）	kg	0.140	0.170	0.250	0.300
	清油 C01-1	kg	0.030	0.040	0.050	0.060
	碎布	kg	0.030	0.040	0.050	0.060
	其他材料费	%	3.00	3.00	3.00	3.00
机械	载货汽车-普通货车 5t	台班	0.003	0.005	0.006	0.007
	汽车式起重机 8t	台班	0.026	0.031	0.040	0.050

十一、引入口保护罩安装

工作内容：安装固定。　　　　　　　　　　　　　　　　　　　　　　计量单位：个

编　号			10-8-50
项　目			引入口保护罩
名　称		单位	消　耗　量
人工	合计工日	工日	0.380
	其中 普工	工日	0.095
	一般技工	工日	0.247
	高级技工	工日	0.038
材料	引入口保护罩	个	（1.000）

第九章 采暖、给排水设备

说　明

一、本章包括给水设备,气压罐,太阳能集热器,地源(水源、气源)热泵机组,除砂器,水处理器,水箱自洁器,水质净化器,紫外线杀菌设备,热水器,开水炉,消毒器,消毒锅,直饮水设备、组装水箱安装等项目。

二、本章设备安装项目中均包括设备本体以及与其配套的管道、附件、部件的安装和单机试运转或水压试验、通水调试等内容,均不包括与设备外接的第一片法兰或第一个连接口以外的安装工程量,发生时应另行计算。设备安装项目中包括与本体配套的压力表、温度计等附件的安装,如实际未随设备供应附件时,其材料另行计算。

三、给水设备、地源热泵机组均按整体组成安装编制。给水设备适用于变频给水设备、稳压给水设备、无负压给水设备。

四、地源热泵系统垂直地埋管成孔项目适用于有效深度100m内的垂直地埋管成孔,包括泥浆池及排浆沟槽开挖,但不包括施工中产生的污水、冲洗水及其他施工用水排入临时沉淀池的泥浆水沉淀处理和外运。入岩增加按实际入岩深度套用相应项目子目。

五、本章动力机械设备单机试运转所用的水、电耗用量应另行计算,静置设备水压试验、通水调试所用消耗量已列入相应项目中。

六、组装水箱的连接材料是按随水箱配套供应考虑的。现场制作与安装的水箱执行第三册《静置设备与工艺金属结构制作安装工程》相应项目。

七、本章设备安装项目中均未包括减震装置、机械设备的拆装检查、基础灌浆、地脚螺栓的埋设,若发生时执行第一册《机械设备安装工程》相应项目。

八、本章设备安装项目中均未包括设备支架或底座制作与安装,如采用型钢支架执行第十章"支架及其他"相应子目,混凝土及砖底座执行《房屋建筑与装饰工程消耗量》TY 01-31-2021相应项目。

九、随设备配备的各种控制箱(柜)、电气接线及电气调试等执行第四册《电气设备与线缆安装工程》相应项目。

十、太阳能集热器是按集中成批安装编制的,如发生4m²以下工程量时,人工、机械乘以系数1.10。

工程量计算规则

一、各种设备安装项目除另有说明外,按设计图示规格、型号、重量均以"台"为计量单位。

二、给水设备按同一底座重量计算,不分泵组出口管道公称直径,按设备重量列项,以"套"为计量单位。

三、太阳能集热装置区分平板、玻璃真空管形式以"m²"为计量单位。

四、地源热泵机组:

1. 地源热泵机组按设备重量以"组"为计量单位。

2. 地源热泵系统垂直地埋管成孔及回填按设计图示尺寸以有效成孔深度"10m"为计量单位。

3. 地埋塑料管热熔安装按设计图示尺寸以"10m"为计量单位。

4. 地源热泵用塑料集(分)水器按设计数量以"个"为计量单位。

五、电热水器分挂式、立式安装以"台"为计量单位。

六、水箱安装项目按水箱设计容量以"台"为计量单位。

一、给 水 设 备

工作内容: 基础定位,开箱检查,基础铲麻面,泵体及其配套的部件、附件安装,单机试运转等。

计量单位:套

编　号			10-9-1	10-9-2	10-9-3	10-9-4	10-9-5	10-9-6
项　目			设备重量(t以内)					
			0.4	0.6	0.8	1	1.2	1.5
名　称		单位	消　耗　量					
人工	合计工日		工日	13.388	18.078	20.475	23.031	27.036	32.325
	其中	普工	工日	3.347	4.519	5.118	5.757	6.759	8.081
		一般技工	工日	9.372	12.655	14.333	16.122	18.925	22.628
		高级技工	工日	0.669	0.904	1.024	1.152	1.352	1.616
材料	平垫铁(综合)		kg	3.450	4.060	5.080	5.080	7.500	7.500
	斜垫铁(综合)		kg	3.000	4.080	5.100	5.100	8.500	8.500
	热轧薄钢板 δ1.6~1.9		kg	0.240	0.280	0.480	0.576	0.800	0.960
	低碳钢焊条 J427 φ3.2		kg	0.300	0.330	0.410	0.410	0.630	0.630
	氧气		m³	0.200	0.240	0.360	0.390	0.660	0.690
	乙炔气		kg	0.077	0.092	0.138	0.150	0.254	0.265
	板枋材		m³	0.002	0.003	0.004	0.007	0.011	0.016
	丙酮清洗剂		kg	0.300	0.350	0.450	0.540	0.900	1.500
	煤油		kg	1.050	1.450	3.030	3.650	5.010	6.750
	机油		kg	0.630	0.870	1.818	2.190	3.006	4.050
	黄干油 钙基酯		kg	0.252	0.348	0.727	0.876	1.202	1.620
	铅油(厚漆)		kg	0.151	0.209	0.436	0.526	0.721	0.972
	无石棉橡胶板 δ3~6		kg	1.450	1.570	3.020	5.244	7.610	12.550
	道木 250×200×2 500		根	—	—	0.003	0.005	0.006	0.007
	镀锌铁丝 φ2.8~4.0		kg	0.560	1.860	3.600	5.040	5.800	6.800
	聚酯乙烯泡沫塑料板		kg	0.340	0.408	0.550	0.590	0.660	0.760
	其他材料费		%	3.00	3.00	3.00	3.00	3.00	3.00
机械	载货汽车-普通货车 5t		台班	0.370	0.381	0.643	0.768	1.165	1.366
	吊装机械(综合)		台班	0.250	0.430	1.110	1.850	2.960	3.700
	电焊机(综合)		台班	0.116	0.128	0.158	0.158	0.243	0.243

二、气 压 罐

工作内容：外观检查，罐体及其配套的部件、附件安装，就位，充水，试压，调试等。　　　　　计量单位：台

编　　号			10-9-7	10-9-8	10-9-9	10-9-10	10-9-11	10-9-12
项　　目			罐体直径（mm 以内）					
			400	600	800	1 000	1 200	1 400
名　　称		单位	消　耗　量					
人工	合计工日	工日	4.925	5.540	6.206	6.950	7.784	8.718
	其中 普工	工日	1.232	1.385	1.552	1.738	1.946	2.179
	一般技工	工日	3.447	3.878	4.344	4.865	5.449	6.103
	高级技工	工日	0.246	0.277	0.310	0.347	0.389	0.436
材料	平垫铁（综合）	kg	2.066	2.325	2.830	4.132	5.166	10.330
	斜垫铁（综合）	kg	1.079	1.214	1.349	2.158	2.698	5.396
	低碳钢焊条 J427 ϕ3.2	kg	0.167	0.188	0.208	0.330	0.417	0.833
	氧气	m³	0.183	0.207	0.228	0.366	0.459	0.915
	乙炔气	kg	0.070	0.080	0.088	0.141	0.177	0.352
	煤油	kg	0.970	1.120	1.280	1.455	1.685	1.905
	道木 250×200×2 500	根	0.049	0.052	0.056	0.061	0.065	0.075
	水	m³	0.690	1.554	2.760	4.320	6.220	8.460
	镀锌铁丝 ϕ2.8~4.0	kg	1.008	1.108	1.312	1.396	1.426	1.528
	聚酯乙烯泡沫塑料板	kg	0.990	1.062	1.116	1.344	1.380	1.464
	其他材料费	%	3.00	3.00	3.00	3.00	3.00	3.00
机械	吊装机械（综合）	台班	0.369	0.461	0.576	0.650	0.860	1.100
	载货汽车－普通货车 5t	台班	0.278	0.336	0.406	0.457	0.578	0.716
	电焊机（综合）	台班	0.064	0.072	0.080	0.127	0.161	0.321
	试压泵 30MPa	台班	0.008	0.010	0.012	0.015	0.018	0.024

三、太阳能集热器

工作内容：开箱检查、集热板稳固、安装、与进出水管连接、通水试验等。　　　　　　　计量单位：m²

编　　号			10-9-13	10-9-14
项　　目			平板式	全玻璃真空管
名　　称		单位	消　耗　量	
人工	合计工日		工日	1.215	1.722
	其中	普工	工日	0.303	0.431
		一般技工	工日	0.851	1.205
		高级技工	工日	0.061	0.086
材料	预埋铁件		kg	2.295	1.755
	低碳钢焊条 J427 ϕ3.2		kg	0.380	0.301
	氧气		m³	0.090	0.090
	乙炔气		kg	0.035	0.035
	预拌混凝土 C20		m³	0.017	0.017
	机油		kg	0.006	0.011
	水		m³	0.030	0.023
	镀锌活接头 DN32		个	0.147	0.295
	聚四氟乙烯生料带 宽20		m	0.148	0.296
	丙酮清洗剂		kg	1.189	1.189
	其他材料费		%	3.00	3.00
机械	载货汽车 - 普通货车 5t		台班	0.074	0.084
	吊装机械（综合）		台班	—	0.083
	电焊机（综合）		台班	0.146	0.116

四、地源（水源、气源）热泵机组

1. 地源（水源、气源）热泵机组

工作内容：基础验收、开箱检查、设备及附件就位、固定、垫铁焊接、单机试运转等。　　　　　**计量单位：**组

编　号			10-9-15	10-9-16	10-9-17	10-9-18	10-9-19	10-9-20
项　目			设备重量（t 以内）					
			1	3	5	8	10	15
名　称		单位	消　耗　量					
人工	合计工日	工日	9.500	18.380	29.190	42.530	48.030	60.010
	其中 普工	工日	2.375	4.595	7.297	10.632	12.007	15.002
	一般技工	工日	6.650	12.866	20.433	29.771	33.621	42.007
	高级技工	工日	0.475	0.919	1.460	2.127	2.402	3.001
材料	平垫铁（综合）	kg	5.080	8.130	12.260	15.490	31.500	47.250
	斜垫铁（综合）	kg	5.100	8.160	12.610	16.050	25.470	45.710
	低碳钢焊条 J427 ϕ3.2	kg	0.410	0.720	0.800	1.050	1.680	2.100
	板枋材	m³	0.009	0.016	0.030	0.035	0.038	0.044
	道木	m³	0.010	0.030	0.040	0.062	0.070	0.077
	煤油	kg	1.730	3.150	4.180	5.880	10.500	15.750
	机油	kg	0.980	1.480	1.970	2.803	3.030	3.540
	丙酮清洗剂	kg	0.153	0.408	0.550	0.920	3.060	4.570
	黄干油 钙基酯	kg	0.410	0.720	1.000	1.870	2.020	2.220
	氧气	m³	0.360	0.690	0.810	1.530	6.120	9.180
	乙炔气	kg	0.138	0.265	0.312	0.589	2.354	3.531
	无石棉橡胶板 δ3~6	kg	1.860	4.615	6.000	9.000	12.000	15.000
	镀锌铁丝 ϕ2.8~4.0	kg	1.600	2.000	2.500	4.800	7.500	9.800
	其他材料费	%	3.00	3.00	3.00	3.00	3.00	3.00
机械	载货汽车 – 普通货车 5t	台班	0.400	0.440	0.500	0.600	0.830	1.080
	吊装机械（综合）	台班	0.171	0.423	0.550	0.825	1.075	1.425
	弧焊机 32kV·A	台班	0.158	0.278	0.309	0.406	0.649	0.811

2. 地 埋 管

工作内容: 放线定位,竖立钻机,钻机定位,安装钻机头、钻机提升装置和钻头充水(泥浆)等附属装置,钻孔定位,钻孔,泥浆循环排渣,成孔,退出钻杆,清理废土和岩石,机位移动。

计量单位:10m

编 号				10-9-21	10-9-22	10-9-23	10-9-24
项 目				垂直地埋管成孔		入岩增加	
				公称外径(mm 以内)			
				160	200	160	200
				有效深度 100m 以内			
名 称			单位	消 耗 量			
人工	合计工日		工日	0.188	0.216	0.465	0.534
	其中	普工	工日	0.056	0.065	0.138	0.161
		一般技工	工日	0.113	0.129	0.280	0.319
		高级技工	工日	0.019	0.022	0.047	0.054
机械	地源热泵钻机(RP-150)		台班	0.375	0.500	2.047	2.729

工作内容: 回填料制作,机械回填。

计量单位:10m

编 号				10-9-25	10-9-26
项 目				垂直地埋管管孔回填	
				公称外径(mm 以内)	
				160	200
				有效深度 100m 以内	
名 称			单位	消 耗 量	
人工	合计工日		工日	0.016	0.016
	其中	普工	工日	0.005	0.005
		一般技工	工日	0.009	0.009
		高级技工	工日	0.002	0.002
材料	复合硅酸盐水泥		kg	20.000	30.000
	黄砂 毛砂		t	0.005	0.008
	膨润土 200 目		kg	5.000	7.500
机械	泥浆泵 50mm		台班	0.006	0.012

工作内容: 管道 U 形热熔弯焊,管道试压,管道稳压机械下井,安装就位,二次试压。　计量单位:10m

编　号			10-9-27	10-9-28
项　目			垂直地埋塑料管安装 热熔	
			公称外径(mm 以内)	
			32	25
			热熔 单 U 管	热熔 双 U 管
名　称		单位	消　耗　量	
人工	合计工日	工日	0.424	0.424
	其中 普工	工日	0.106	0.106
	一般技工	工日	0.275	0.275
	高级技工	工日	0.043	0.043
材料	塑料管 DN25 以内	m	—	(10.200)
	塑料管 DN32 以内	m	(10.200)	—
	塑料热熔 90° 弯头 DN32 以内	个	(0.126)	—
	塑料管热熔 U 形弯头 DN25 以内	个	—	(0.063)
	塑料管热熔 U 形弯头 DN32 以内	个	(0.063)	—
	塑料管卡 FCL32	个	2.100	—
	水	m³	0.023	0.023
	其他材料费	%	3.00	3.00
机械	地源热泵下管机	台班	0.002	0.001
	试压泵 3MPa	台班	0.005	0.004

工作内容:划线定位,定标高,热熔接管,水平管敷设,管道试压。 计量单位:10m

	编 号		10-9-29	10-9-30	10-9-31	10-9-32
	项 目		水平地埋塑料管安装 热熔			
			公称外径(mm以内)			
			32	40	50	63
	名 称	单位	消 耗 量			
人工	合计工日	工日	0.549	0.605	0.659	0.723
	其中 普工	工日	0.137	0.151	0.165	0.181
	一般技工	工日	0.357	0.393	0.428	0.470
	高级技工	工日	0.055	0.061	0.066	0.072
材料	塑料管	m	(10.200)	(10.200)	(10.200)	(10.200)
	塑料管热熔管件	个	(5.460)	(5.390)	(5.810)	(5.780)
	锯条(各种规格)	根	0.078	0.093	0.127	0.146
	铁砂布	张	0.027	0.038	0.050	0.057
	电	kW·h	0.563	0.675	0.788	1.122
	热轧厚钢板 $\delta 8.0 \sim 15.0$	kg	0.034	0.037	0.039	0.042
	氧气	m³	0.003	0.006	0.006	0.006
	乙炔气	kg	0.001	0.002	0.002	0.002
	低碳钢焊条 J427 ϕ3.2	kg	0.002	0.002	0.002	0.002
	水	m³	0.023	0.040	0.053	0.088
	橡胶板 $\delta 1 \sim 3$	kg	0.008	0.009	0.010	0.010
	螺纹阀门 DN20	个	0.004	0.005	0.005	0.005
	焊接钢管 DN20	m	0.015	0.016	0.016	0.017
	橡胶软管 DN20	m	0.007	0.007	0.007	0.008
	弹簧压力表 Y-100 0~1.6MPa	块	0.002	0.002	0.002	0.003
	压力表弯管 DN15	个	0.002	0.002	0.002	0.003
	其他材料费	%	1.00	1.00	1.00	1.00
机械	电焊机(综合)	台班	0.001	0.001	0.002	0.002
	试压泵 3MPa	台班	0.001	0.002	0.002	0.002
	电动单级离心清水泵 100mm	台班	0.001	0.001	0.001	0.001

工作内容:划线定位,定标高,热熔接管,水平管敷设,管道试压。 计量单位:10m

编　号			10-9-33	10-9-34	10-9-35	10-9-36
项　目			水平地埋塑料管安装 热熔			
			公称外径(mm 以内)			
			75	90	110	160
名　称		单位	消　耗　量			
人工	合计工日	工日	0.753	0.804	0.905	1.034
	其中　普工	工日	0.189	0.200	0.227	0.258
	一般技工	工日	0.489	0.523	0.588	0.672
	高级技工	工日	0.075	0.081	0.090	0.104
材料	塑料管	m	(10.150)	(10.150)	(10.150)	(10.150)
	塑料管热熔管件	个	(3.050)	(2.990)	(2.570)	(0.650)
	锯条(各种规格)	根	0.241	0.306	0.583	—
	铁砂布	张	0.070	0.075	0.076	0.081
	电	kW·h	1.254	1.670	1.902	—
	热轧厚钢板 δ8.0~15.0	kg	0.044	0.047	0.049	0.110
	氧气	m³	0.006	0.006	0.006	0.006
	乙炔气	kg	0.002	0.002	0.002	0.002
	低碳钢焊条 J427 φ3.2	kg	0.002	0.003	0.003	0.003
	水	m³	0.145	0.204	0.353	0.764
	橡胶板 δ1~3	kg	0.011	0.011	0.012	0.016
	螺纹阀门 DN20	个	0.005	0.006	0.006	0.006
	焊接钢管 DN20	m	0.019	0.020	0.021	0.023
	橡胶软管 DN20	m	0.008	0.008	0.009	0.010
	弹簧压力表 Y-100 0~1.6MPa	块	0.003	0.003	0.003	0.003
	压力表弯管 DN15	个	0.003	0.003	0.003	0.003
	其他材料费	%	1.00	1.00	1.00	1.00
机械	载货汽车-普通货车 5t	台班	—	—	—	0.005
	汽车式起重机 8t	台班	—	—	—	0.051
	热熔对接焊机 160mm	台班	—	—	—	0.150
	木工圆锯机 500mm	台班	—	—	—	0.011
	电焊机(综合)	台班	0.002	0.002	0.002	0.002
	试压泵 3MPa	台班	0.002	0.002	0.002	0.003
	电动单级离心清水泵 100mm	台班	0.002	0.002	0.002	0.005

3. 地源热泵用塑料集（分）水器

工作内容： 集分水器固定、安装等。 计量单位：个

编　号			10-9-37	10-9-38
项　目			DN200 以内	DN325 以内
名　称		单位	消　耗　量	
人工	合计工日	工日	0.390	0.527
	其中 普工	工日	0.078	0.105
	一般技工	工日	0.281	0.380
	高级技工	工日	0.031	0.042
塑料集分水器		个	（1.000）	（1.000）
试压泵 2.5MPa		台班	0.083	0.125

五、除 砂 器

工作内容：基础验收、开箱检查、设备及附件就位、固定、单机试运转等。　　　　　　计量单位：台

	编　号		10-9-39	10-9-40	10-9-41	10-9-42	10-9-43
	项　目		水处理量（m³/h 以内）				
			50	100	150	200	300
	名　称	单位	消　耗　量				
人工	合计工日	工日	3.699	4.062	4.608	4.995	5.688
	其中 普工	工日	0.925	1.016	1.152	1.248	1.422
	一般技工	工日	2.589	2.843	3.226	3.497	3.982
	高级技工	工日	0.185	0.203	0.230	0.250	0.284
材料	平垫铁（综合）	kg	0.268	0.536	0.805	1.073	1.341
	斜垫铁（综合）	kg	0.415	0.830	1.245	1.660	2.075
	热轧薄钢板 δ1.6~1.9	kg	0.132	0.264	0.396	0.528	0.660
	低碳钢焊条 J427 φ3.2	kg	0.220	0.360	0.440	0.660	0.780
	镀锌铁丝 φ2.8~4.0	kg	0.074	0.148	0.222	0.296	0.370
	木板	m³	0.001	0.003	0.004	0.006	0.007
	机油	kg	0.017	0.035	0.052	0.069	0.086
	煤油	kg	0.256	0.513	0.769	1.026	1.282
	黄油钙基脂	kg	0.011	0.021	0.032	0.043	0.053
	氧气	m³	0.009	0.012	0.018	0.060	0.090
	乙炔气	kg	0.003	0.005	0.007	0.023	0.035
	其他材料费	%	3.00	3.00	3.00	3.00	3.00
机械	载货汽车－普通货车 5t	台班	—	—	—	0.024	0.031
	吊装机械（综合）	台班	—	—	—	0.317	0.422
	电焊机（综合）	台班	0.085	0.139	0.169	0.254	0.300

六、水 处 理 器

1. 水处理器安装（螺纹连接）

工作内容: 外观检查、设备安装、接管、通水调试等。　　　　　　　　　　　　　　计量单位:台

编　号			10-9-44	10-9-45	10-9-46	10-9-47	10-9-48	10-9-49
项　目			进口管径（mm 以内）					
			15	20	25	32	40	50
名　称		单位	消　耗　量					
人工	合计工日	工日	0.282	0.310	0.404	0.494	0.527	0.739
	其中 普工	工日	0.071	0.078	0.101	0.123	0.132	0.185
	一般技工	工日	0.197	0.217	0.283	0.346	0.369	0.517
	高级技工	工日	0.014	0.015	0.020	0.025	0.026	0.037
材料	镀锌丝堵 DN15（堵头）	个	1.010	1.010	1.010	1.010	1.010	1.010
	镀锌活接头 DN15	个	1.010	—	—	—	—	—
	镀锌活接头 DN20	个	—	1.010	—	—	—	—
	镀锌活接头 DN25	个	—	—	1.010	—	—	—
	镀锌活接头 DN32	个	—	—	—	1.010	—	—
	镀锌活接头 DN40	个	—	—	—	—	1.010	—
	镀锌活接头 DN50	个	—	—	—	—	—	1.010
	聚四氟乙烯生料带 宽20	m	2.118	2.590	3.063	3.720	4.474	5.416
	水	m³	0.001	0.002	0.003	0.004	0.007	0.011
	机油	kg	0.072	0.079	0.092	0.109	0.139	0.166
	清油	kg	—	—	—	0.030	0.037	0.045
	丙酮清洗剂	kg	0.120	0.130	0.140	0.150	0.160	0.170
	煤油	kg	0.020	0.020	0.040	0.040	0.040	0.050
	其他材料费	%	3.00	3.00	3.00	3.00	3.00	3.00

2. 水处理器安装（法兰连接）

工作内容： 外观检查、设备安装、接管、通水调试等。 计量单位：台

编 号				10-9-50	10-9-51	10-9-52	10-9-53	10-9-54	10-9-55
项 目				进口管径（mm 以内）					
				50	70	80	100	125	150
名 称			单位	消 耗 量					
人工	合计工日		工日	0.928	1.732	2.343	2.933	3.459	3.779
	其中	普工	工日	0.232	0.433	0.586	0.733	0.865	0.944
		一般技工	工日	0.650	1.212	1.640	2.053	2.421	2.646
		高级技工	工日	0.046	0.087	0.117	0.147	0.173	0.189
材料	无石棉橡胶板 δ3~6		kg	0.140	0.180	0.260	0.350	0.460	0.550
	低碳钢焊条 J427 φ3.2		kg	0.133	0.237	0.271	0.363	0.423	0.474
	氧气		m³	0.009	0.072	0.090	0.117	0.135	0.174
	乙炔气		kg	0.003	0.028	0.035	0.045	0.052	0.067
	机油		kg	0.050	0.075	0.085	0.120	0.130	0.170
	丙酮清洗剂		kg	0.042	0.090	0.114	0.118	0.200	0.244
	水		m³	0.011	0.021	0.028	0.043	0.068	0.097
	其他材料费		%	3.00	3.00	3.00	3.00	3.00	3.00
机械	载货汽车 – 普通货车 5t		台班	0.200	0.230	0.260	0.300	0.340	0.380
	电焊机（综合）		台班	0.051	0.091	0.104	0.140	0.163	0.182

计量单位：台

编　　号			10-9-56	10-9-57	10-9-58	10-9-59	10-9-60
项　　目			进口管径（mm 以内）				
			200	300	400	500	600
名　　称		单位	消　耗　量				
人工	合计工日		工日	5.343	9.786	14.296	17.869	20.633
	其中	普工	工日	1.336	2.447	3.574	4.467	5.158
		一般技工	工日	3.740	6.850	10.007	12.509	14.443
		高级技工	工日	0.267	0.489	0.715	0.893	1.032
材料	无石棉橡胶板 δ3~6		kg	0.660	0.730	1.380	1.660	1.680
	低碳钢焊条 J427 φ3.2		kg	1.192	2.999	5.049	6.959	7.289
	氧气		m³	0.459	0.621	0.792	0.834	0.858
	乙炔气		kg	0.177	0.239	0.305	0.321	0.330
	机油		kg	0.241	0.357	0.456	0.565	0.684
	丙酮清洗剂		kg	0.110	0.208	0.334	0.460	0.506
	水		m³	0.173	0.389	0.691	1.079	1.554
	其他材料费		%	3.00	3.00	3.00	3.00	3.00
机械	载货汽车 – 普通货车 5t		台班	0.036	0.065	0.100	0.110	0.121
	吊装机械（综合）		台班	0.020	0.024	0.038	0.051	0.079
	电焊机（综合）		台班	0.459	1.155	1.944	2.679	2.806

七、水箱自洁器

工作内容：外观检查、设备就位、设备及附件安装、接管、调试等。　　　　　　　　　　计量单位：台

编　号			10-9-61
项　目			水箱自洁器
名　称		单位	消　耗　量
人工	合计工日	工日	1.150
	其中 普工	工日	0.287
	一般技工	工日	0.805
	高级技工	工日	0.058
材料	聚四氟乙烯生料带 宽20	m	1.884
	无石棉橡胶板 $\delta3{\sim}6$	kg	0.020
	铅油（厚漆）	kg	0.040
	清油	kg	0.010
	机油	kg	0.012
	其他材料费	%	3.00

八、水质净化器

工作内容: 外观检查、设备就位、设备及附件安装、接管、通水调试等。　　　　　　　　　计量单位:台

		编　号		10-9-62	10-9-63	10-9-64	10-9-65	10-9-66	10-9-67
		项　目		罐体直径（mm 以内）					
				400	500	600	800	1 000	1 200
		名　称	单位	消　耗　量					
人工		合计工日	工日	3.655	4.062	4.609	5.027	5.686	7.311
	其中	普工	工日	0.914	1.016	1.153	1.257	1.422	1.828
		一般技工	工日	2.558	2.843	3.226	3.519	3.980	5.117
		高级技工	工日	0.183	0.203	0.230	0.251	0.284	0.366
材料		热轧薄钢板 $\delta 3.5\sim4.0$	kg	0.500	0.700	0.950	1.200	1.500	1.850
		低碳钢焊条 J427 ϕ3.2	kg	0.220	0.360	0.440	0.660	0.780	1.600
		氧气	m³	0.009	0.012	0.018	0.060	0.090	0.120
		乙炔气	kg	0.003	0.005	0.007	0.023	0.035	0.046
		丙酮清洗剂	kg	0.050	0.070	0.100	0.120	0.150	0.200
		无石棉橡胶板 $\delta 3\sim6$	kg	0.120	0.135	0.160	0.200	0.250	0.350
		水	m³	0.691	1.079	1.554	2.763	4.318	6.217
		其他材料费	%	3.00	3.00	3.00	3.00	3.00	3.00
机械		载货汽车 – 普通货车 5t	台班	—	—	0.270	0.277	0.383	0.507
		吊装机械（综合）	台班	0.310	0.410	0.500	0.620	0.710	0.800
		电焊机（综合）	台班	0.085	0.139	0.169	0.254	0.300	0.616

九、紫外线杀菌设备

工作内容：外观检查、设备就位、设备及附件安装、接管、调试等。 计量单位：台

编　号			10-9-68	10-9-69	10-9-70	10-9-71	10-9-72
项　目			进口管径（mm 以内）				
			25	40	50	70	80
名　称		单位	消　耗　量				
人工	合计工日	工日	0.690	1.026	1.330	1.608	2.023
	其中 普工	工日	0.172	0.257	0.332	0.402	0.506
	一般技工	工日	0.483	0.718	0.931	1.126	1.416
	高级技工	工日	0.035	0.051	0.067	0.080	0.101
材料	热轧薄钢板 $\delta3.5$	kg	0.283	0.420	0.537	0.735	0.919
	聚四氟乙烯生料带 宽20	m	0.942	1.507	1.884	2.638	3.014
	机油	kg	0.082	0.133	0.160	0.170	0.180
	丙酮清洗剂	kg	0.010	0.016	0.020	0.023	0.036
	无石棉橡胶板 $\delta3{\sim}6$	kg	—	0.165	0.210	0.270	0.390
	低碳钢焊条 J427 $\phi3.2$	kg	—	—	—	0.140	0.175
	氧气	m³	—	—	—	0.039	0.069
	乙炔气	kg	—	—	—	0.015	0.027
	水	m³	1.391	1.905	2.305	2.381	2.981
	其他材料费	%	3.00	3.00	3.00	3.00	3.00
机械	吊装机械（综合）	台班	0.150	0.280	0.380	0.400	0.500
	电焊机（综合）	台班	—	—	—	0.056	0.070

计量单位: 台

编　号			10-9-73	10-9-74	10-9-75
项　目			进口管径(mm 以内)		
			100	125	150
名　称		单位	消　耗　量		
人工	合计工日	工日	2.289	3.035	3.171
	其中 普工	工日	0.573	0.758	0.792
	一般技工	工日	1.602	2.125	2.220
	高级技工	工日	0.114	0.152	0.159
材料	热轧薄钢板 $\delta 3.5$	kg	1.131	1.555	1.767
	低碳钢焊条 J427 $\phi 3.2$	kg	0.215	0.296	0.336
	氧气	m³	0.117	0.135	0.174
	乙炔气	kg	0.045	0.052	0.067
	无石棉橡胶板 $\delta 3\sim6$	kg	0.525	0.690	0.875
	机油	kg	0.192	0.210	0.258
	丙酮清洗剂	kg	0.044	0.060	0.068
	水	m³	2.981	3.381	3.481
	其他材料费	%	3.00	3.00	3.00
机械	吊装机械(综合)	台班	0.200	0.250	0.300
	电焊机(综合)	台班	0.086	0.118	0.134

十、热水器、开水炉

1. 蒸汽间断式开水炉安装

工作内容：就位、稳固、附件安装、水压试验等。　　　　　　　　　　　　　　　　　　　计量单位：台

编　号			10-9-76	10-9-77	10-9-78
项　目			型号/容积（L）		
			1#/60	2#/100	3#/160
名　称		单位	消　耗　量		
人工	合计工日	工日	1.598	1.632	1.870
	其中　普工	工日	0.399	0.408	0.467
	其中　一般技工	工日	1.119	1.142	1.309
	其中　高级技工	工日	0.080	0.082	0.094
材料	蒸汽间断式开水炉	台	（1.000）	（1.000）	（1.000）
	无石棉松绳 $\phi13\sim19$	kg	0.010	0.010	0.010
	铅油（厚漆）	kg	0.100	0.100	0.100
	机油	kg	0.020	0.020	0.020
	聚四氟乙烯生料带 宽20	m	0.757	0.757	0.757
	水	m³	0.090	0.150	0.180
	其他材料费	%	3.00	3.00	3.00

2. 电热水器安装

工作内容：就位、稳固、附件安装、水压试验等。 　　　　　　　　　　　计量单位：台

编　号			10-9-79	10-9-80	10-9-81	10-9-82	10-9-83	10-9-84
项　目			挂式			立式		
			RS15 型	RS30 型	RS50 型		RS100 型	RS300 型
名　称		单位	消　耗　量					
人工	合计工日	工日	0.527	0.621	1.003	1.062	1.476	2.421
	其中 普工	工日	0.132	0.156	0.251	0.266	0.369	0.605
	一般技工	工日	0.369	0.434	0.702	0.743	1.033	1.695
	高级技工	工日	0.026	0.031	0.050	0.053	0.074	0.121
材料	电热水器	台	(1.000)	(1.000)	(1.000)	(1.000)	(1.000)	(1.000)
	镀锌管箍 DN15	个	2.020	2.020	—	—	—	—
	镀锌管箍 DN25	个	—	—	2.020	2.020	2.020	—
	镀锌管箍 DN40	个	—	—	—	—	—	2.020
	水泥 P·O 32.5	kg	1.000	1.000	1.000	—	—	—
	砂子	m³	0.002	0.002	0.002	—	—	—
	铅油（厚漆）	kg	0.050	0.050	0.100	—	—	—
	聚四氟乙烯生料带 宽20	m	0.565	0.565	0.942	0.942	0.942	1.507
	水	m³	0.022	0.045	0.075	0.075	0.150	0.360
	其他材料费	%	3.00	3.00	3.00	3.00	3.00	3.00

3. 立式电开水炉安装

工作内容： 就位、稳固、附件安装、水压试验等。 计量单位：台

编 号			10-9-85
项 目			开水炉
名 称		单位	消 耗 量
人工	合计工日	工日	0.808
	其中	普工	工日	0.203
		一般技工	工日	0.565
		高级技工	工日	0.040
材料	电开水炉	台	（1.000）
	镀锌管箍 DN15	个	2.020
	铅油（厚漆）	kg	0.050
	聚四氟乙烯生料带 宽20	m	0.565
	水	m³	0.300
	其他材料费	%	3.00

4. 容积式热交换器安装

工作内容: 就位、稳固、附件安装、水压试验等。　　　　　　　　　　　　**计量单位:** 台

编　号			10-9-86	10-9-87	10-9-88
项　目			型号 / 容积（L）		
			1#/500	2#/720	3#/1 000
名　称		单位	消　耗　量		
人工	合计工日	工日	3.519	4.488	4.854
	其中　普工	工日	0.880	1.122	1.214
	一般技工	工日	2.463	3.142	3.397
	高级技工	工日	0.176	0.224	0.243
材料	容器式水加热器	台	（1.000）	（1.000）	（1.000）
	橡胶板	kg	1.620	1.620	1.620
	铅油（厚漆）	kg	0.160	0.160	0.160
	机油	kg	0.100	0.100	0.100
	聚四氟乙烯生料带 宽20	m	3.767	3.767	3.767
	水	m³	0.600	0.840	1.200
	其他材料费	%	3.00	3.00	3.00
机械	载货汽车 – 普通货车 5t	台班	0.040	0.045	0.051
	吊装机械（综合）	台班	0.080	0.122	0.155

计量单位：台

编　号			10-9-89	10-9-90	10-9-91	10-9-92
项　目			型号 / 容积（L）			
			4#/1 500	5#/2 000	6#/3 000	7#/5 000
名　称		单位	消　耗　量			
人工	合计工日	工日	6.188	6.188	8.874	11.505
	其中 普工	工日	1.547	1.547	2.218	2.876
	一般技工	工日	4.332	4.332	6.212	8.054
	高级技工	工日	0.309	0.309	0.444	0.575
材料	容器式水加热器	台	（1.000）	（1.000）	（1.000）	（1.000）
	橡胶板	kg	3.620	3.620	3.620	3.620
	铅油（厚漆）	kg	0.200	0.200	0.200	0.200
	机油	kg	0.100	0.100	0.100	0.100
	聚四氟乙烯生料带 宽20	m	3.767	3.767	3.767	3.767
	水	m³	1.800	2.400	3.600	6.000
	其他材料费	%	3.00	3.00	3.00	3.00
机械	载货汽车 – 普通货车 5t	台班	0.040	0.048	0.050	0.060
	吊装机械（综合）	台班	0.100	0.131	0.150	0.170

十一、消毒器、消毒锅

1. 消毒器安装

工作内容: 就位、找平找正、附件安装、调试等。　　　　　　　　　　　　　　　　计量单位:台

编　号			10-9-93	10-9-94	10-9-95
项　目			湿式		干式
			250×400	900×900	700×1 600
名　称		单位	消　耗　量		
人工	合计工日	工日	0.476	0.638	0.952
	其中 普工	工日	0.119	0.160	0.238
	一般技工	工日	0.333	0.446	0.666
	高级技工	工日	0.024	0.032	0.048
材料	湿式消毒器 250×400	台	(1.000)	—	—
	湿式消毒器 900×900	台	—	(1.000)	—
	干式消毒器 700×1 600	台	—	—	(1.000)
	橡胶板	kg	0.150	0.150	0.150
	油浸无石棉绳	kg	0.100	0.100	0.100
	铅油(厚漆)	kg	0.300	0.300	0.600
	机油	kg	0.100	0.100	0.100
	聚四氟乙烯生料带 宽20	m	0.565	0.565	0.565
	红丹粉	kg	0.010	0.010	0.010
	清油	kg	0.010	0.010	0.010
	其他材料费	%	3.00	3.00	3.00

2. 消毒锅安装

工作内容：就位、找平找正、附件安装、调试等。　　　　　　　　　　　　　　　计量单位：台

		编　号		10-9-96	10-9-97	10-9-98	10-9-99
		项　目		型号			
				1#	2#	3#	4#
		名　称	单位	消　耗　量			
人工		合计工日	工日	1.020	1.230	1.340	1.580
	其中	普工	工日	0.255	0.307	0.335	0.395
		一般技工	工日	0.714	0.861	0.938	1.106
		高级技工	工日	0.051	0.062	0.067	0.079
材料		消毒锅 1#	台	（1.000）	—	—	—
		消毒锅 2#	台	—	（1.000）	—	—
		消毒锅 3#	台	—	—	（1.000）	—
		消毒锅 4#	台	—	—	—	（1.000）
		油浸无石棉绳	kg	0.100	0.100	0.180	0.180
		铅油（厚漆）	kg	0.300	0.300	0.300	0.300
		机油	kg	0.100	0.100	0.100	0.100
		聚四氟乙烯生料带 宽20	m	0.565	0.565	0.565	0.565
		红丹粉	kg	0.010	0.010	0.010	0.010
		清油	kg	0.020	0.020	0.020	0.020
		其他材料费	%	3.00	3.00	3.00	3.00

十二、直饮水设备

工作内容：稳装、找平找正、附件安装、调试等。 **计量单位：**台

编 号			10-9-100	10-9-101	10-9-102	10-9-103
项 目			设备供水量（t/h 以内）			
			1	2	4	6
名 称		单位	消 耗 量			
人工	合计工日	工日	2.435	3.776	5.593	6.452
	其中 普工	工日	0.608	0.944	1.398	1.613
	一般技工	工日	1.705	2.643	3.915	4.516
	高级技工	工日	0.122	0.189	0.280	0.323
材料	聚四氟乙烯生料带 宽 20	m	1.420	1.770	2.520	2.980
	垫铁	kg	4.630	7.624	11.525	15.728
	低碳钢焊条 J427 ϕ3.2	kg	0.250	0.420	0.600	0.950
	氧气	m³	0.240	0.390	0.570	0.750
	乙炔气	kg	0.080	0.130	0.190	0.250
	其他材料费	%	3.00	3.00	3.00	3.00
机械	载货汽车－普通货车 5t	台班	0.090	0.090	0.100	0.100
	吊装机械（综合）	台班	0.160	0.230	0.260	0.310
	电焊机（综合）	台班	0.400	0.160	0.240	0.400

十三、组 装 水 箱

工作内容: 开箱检查、分片组装、消毒、清洗、满水试验等。　　　　　　　　　　　　　　　计量单位: 台

编　号			10-9-104	10-9-105	10-9-106	10-9-107	10-9-108
项　目			水箱总容量（m³ 以内）				
			20	40	60	80	100
名　称		单位	消　耗　量				
人工	合计工日		工日	9.143	10.279	14.450	19.276	24.091
	其中	普工	工日	2.286	2.570	3.612	4.819	6.022
		一般技工	工日	6.400	7.195	10.115	13.493	16.864
		高级技工	工日	0.457	0.514	0.723	0.964	1.205
材料	机油		kg	0.006	0.012	0.018	0.024	0.030
	板枋材		m³	0.080	0.080	0.080	0.080	0.080
	橡胶板 δ12		kg	16.500	25.400	38.700	57.600	81.100
	镀锌铁丝 φ2.8~4.0		kg	2.850	4.500	6.900	9.720	13.020
	其他材料费		%	3.00	3.00	3.00	3.00	3.00
机械	载货汽车－普通货车 5t		台班	0.100	0.150	0.200	0.240	0.280
	吊装机械（综合）		台班	0.950	1.500	2.100	2.440	2.770

工作内容: 开箱检查、分片组装、消毒、清洗、满水试验等。　　　　　　　　　　　　　　　计量单位: 台

编　号			10-9-109	10-9-110	10-9-111	10-9-112
项　目			水箱总容量（m³ 以内）			
			140	180	220	360
名　称		单位	消　耗　量			
人工	合计工日		工日	33.487	43.094	53.016	79.415
	其中	普工	工日	8.372	10.774	13.254	19.853
		一般技工	工日	23.441	30.165	37.111	55.591
		高级技工	工日	1.674	2.155	2.651	3.971
材料	机油		kg	0.040	0.049	0.055	0.083
	板枋材		m³	0.100	0.120	0.140	0.210
	橡胶板 δ12		kg	107.052	131.674	148.792	223.187
	镀锌铁丝 φ2.8~4.0		kg	17.186	21.139	23.887	35.831
	其他材料费		%	3.00	3.00	3.00	3.00
机械	载货汽车－普通货车 5t		台班	0.370	0.455	0.514	0.771
	吊装机械（综合）		台班	2.980	3.450	4.180	4.760

第十章　支架及其他

说　明

一、本章包括管道支架、设备支架、套管、管道水压试验、管道消毒、冲洗、其他等项目。

二、管道支架制作与安装项目适用于室内外管道的管架制作与安装。

三、管道支架采用木垫式、弹簧式管架时，均执行本章管道支架安装项目，支架中的弹簧减震器、滚珠、木垫等成品件重量应计入安装工程量，其材料数量按实计入。

四、成品管卡安装项目适用于与各类管道配套的立、支管成品管卡的安装。

五、装配式抗震支架依据国标图集18R417-2《装配式管道支吊架（含抗震支吊架）》编制，如槽钢立柱、通丝杆、槽钢斜撑为厂家定制尺寸，不需现场切割，应扣除机械及材料中尼龙砂轮片，人工乘以系数0.90。

六、刚性防水套管和柔性防水套管安装项目中包括了配合预留孔洞及浇筑混凝土工作内容。一般套管制作与安装项目均未包括预留孔洞工作，发生时按本章所列预留孔洞项目另行计算。

七、套管制作与安装项目已包含堵洞工作内容。本章所列堵洞项目适用于管道在穿墙、楼板不安装套管时的洞口封堵。

八、套管内填料按油麻编制如与设计不符时，可按工程要求调整换算填料。

九、保温管道穿墙、板采用套管时，按保温层外径规格执行套管相应项目。

十、管道保护管是指在管道系统中为避免外力（荷载）直接作用在介质管道外壁上，造成介质管道受损而影响正常使用，在介质管道外部设置的保护性管段。

十一、水压试验项目仅适用于因工程需要而发生且非正常情况的管道水压试验。管道安装项目中已经包括了规范要求的水压试验，不得重复计算。

十二、因工程需要再次发生管道冲洗时，执行本章消毒冲洗项目，同时扣减项目中漂白粉消耗量，其他消耗量乘以系数0.60。

十三、成品表箱安装适用于水表、热量表、燃气表箱的安装。

十四、机械钻孔项目是按混凝土墙体及混凝土楼板考虑的，厚度系综合取定。如实际墙体厚度超过300mm，楼板厚度超过220mm时，按相应项目乘以系数1.20。砖墙及砌体墙钻孔按机械钻孔项目乘以系数0.40。

工程量计算规则

一、管道、设备支架制作与安装按设计图示单件重量以"100kg"为计量单位。

二、成品管卡、阻火圈安装、成品防火套管、防水接漏器(止水节)安装按工作介质管道直径,区分不同规格以"个"为计量单位。

三、管道保护管制作与安装分为钢制和塑料两种材质,区分不同规格,按设计图示管道中心线长度以"10m"为计量单位。

四、预留孔洞、堵洞项目按工作介质管道直径,分规格以"10个"为计量单位。

五、管道水压试验、消毒冲洗按设计图示管道长度,分规格以"100m"为计量单位。

六、一般穿墙套管、柔性、刚性套管按介质管道的公称直径执行相应项目子目。

七、成品表箱安装按箱体半周长以"个"为计量单位。

八、机械钻孔项目区分混凝土楼板钻孔及混凝土墙体钻孔,按钻孔直径以"10个"为计量单位。

九、剔堵槽沟项目区分砖结构及混凝土结构,按截面尺寸以"10m"为计量单位。预留槽沟按工作介质管道直径以"10m"为计量单位。

一、管 道 支 架

1.管道支架制作

工作内容:切断、调直、煨制、钻孔、组对、焊接等。　　　　　　　　　　　　　计量单位:100kg

编　　号			10-10-1	10-10-2	10-10-3	10-10-4	10-10-5	10-10-6
项　　目			单件重量(kg)					
			5 以内	10 以内	30 以内	50 以内	100 以内	100 以上
名　　称		单位	消　耗　量					
人工	合计工日	工日	5.619	4.752	4.106	3.672	3.460	2.905
	其中 普工	工日	1.405	1.188	1.026	0.918	0.865	0.726
	一般技工	工日	3.652	3.089	2.669	2.387	2.249	1.888
	高级技工	工日	0.562	0.475	0.411	0.367	0.346	0.291
材料	型钢(综合)	kg	(105.000)	(105.000)	(105.000)	(105.000)	(105.000)	(105.000)
	氧气	m³	2.715	1.833	1.622	1.272	1.104	0.552
	乙炔气	kg	1.044	0.705	0.639	0.489	0.425	0.211
	低碳钢焊条 J427 ϕ3.2	kg	3.084	2.851	2.570	1.966	1.754	1.169
	尼龙砂轮片 ϕ100	片	0.092	0.064	0.056	0.048	0.044	0.044
	尼龙砂轮片 ϕ400	片	1.728	1.152	1.080	0.893	0.835	0.835
	其他材料费	%	2.00	2.00	2.00	2.00	2.00	2.00
机械	台式钻床 16mm	台班	1.067	0.225	0.173	0.107	—	—
	立式钻床 25mm	台班	0.464	0.958	0.972	0.844	0.707	0.584
	电焊机(综合)	台班	2.171	1.845	1.537	1.176	1.049	0.705
	砂轮切割机 ϕ400	台班	1.176	0.784	0.735	0.608	0.568	0.568

2. 管道支架安装

工作内容：打、堵洞眼，栽（埋）螺栓，安装等。　　　　　　　　　　　　　　计量单位：100kg

编　号				10-10-7	10-10-8	10-10-9	10-10-10	10-10-11	10-10-12
项　目				单件重量（kg）					
				5以内	10以内	30以内	50以内	100以内	100以上
名　称			单位	消　耗　量					
人工	合计工日		工日	3.026	2.559	2.210	1.979	1.862	1.564
	其中	普工	工日	0.757	0.640	0.553	0.495	0.465	0.391
		一般技工	工日	1.966	1.663	1.436	1.286	1.211	1.017
		高级技工	工日	0.303	0.256	0.221	0.198	0.186	0.156
材料	氧气		m^3	1.461	0.987	0.894	0.684	0.594	0.352
	乙炔气		kg	0.562	0.380	0.344	0.263	0.228	0.136
	低碳钢焊条 J427 ϕ3.2		kg	3.629	2.424	2.020	1.544	1.378	0.919
	机油		kg	0.603	0.482	0.459	0.360	0.270	0.216
	水泥砂浆 1:2.5		m^3	0.075	0.053	0.048	0.038	0.032	0.029
	其他材料费		%	2.00	2.00	2.00	2.00	2.00	2.00
机械	电焊机（综合）		台班	1.705	1.450	1.208	0.924	0.824	0.549

3. 装配式抗震支架安装

工作内容：定位、切割、组对、栽（埋）螺栓、安装、校正等。　　　　　　　　　　计量单位：副

编　号				10-10-13	10-10-14	10-10-15	10-10-16
项　目				单立柱（通丝杆）抗震支架		双立柱（通丝杆）抗震支架	
				单向	双向	单向	双向
名　称			单位	消　耗　量			
人工	合计工日		工日	0.570	0.660	0.840	1.030
	其中	普工	工日	0.143	0.165	0.210	0.257
		一般技工	工日	0.370	0.429	0.546	0.670
		高级技工	工日	0.057	0.066	0.084	0.103
材料	抗震支架		副	（1.000）	（1.000）	（1.000）	（1.000）
	尼龙砂轮片 ϕ400		片	0.030	0.031	0.035	0.037
	其他材料费		%	2.00	2.00	2.00	2.00
机械	砂轮切割机 ϕ400		台班	0.020	0.030	0.050	0.070

4. 成品管卡安装

工作内容: 定位、打眼、固定管卡等。

计量单位:个

编　号				10-10-17	10-10-18	10-10-19	10-10-20	10-10-21
项　目				公称直径(mm 以内)				
				20	32	40	50	80
名　称			单位	消　耗　量				
人工	合计工日		工日	0.011	0.012	0.013	0.015	0.017
	其中	普工	工日	0.003	0.003	0.004	0.003	0.004
		一般技工	工日	0.007	0.008	0.008	0.010	0.011
		高级技工	工日	0.001	0.001	0.001	0.002	0.002
材料	成品管卡		套	(1.050)	(1.050)	(1.050)	(1.050)	(1.050)

计量单位:个

编　号				10-10-22	10-10-23	10-10-24
项　目				公称直径(mm 以内)		
				100	125	150
名　称			单位	消　耗　量		
人工	合计工日		工日	0.019	0.021	0.024
	其中	普工	工日	0.005	0.005	0.006
		一般技工	工日	0.012	0.014	0.016
		高级技工	工日	0.002	0.002	0.002
材料	成品管卡		套	(1.050)	(1.050)	(1.050)

二、设 备 支 架

1. 设备支架制作

工作内容:切断、调直、煨制、钻孔、组对、焊接等。　　　　　　　　　　　　计量单位:100kg

	编　号		10-10-25	10-10-26	10-10-27
	项　目		单件重量(kg)		
			50 以内	100 以内	100 以上
	名　称	单位	消　耗　量		
人工	合计工日	工日	3.231	3.079	2.585
	其中 普工	工日	0.808	0.770	0.646
	一般技工	工日	2.100	2.001	1.681
	高级技工	工日	0.323	0.308	0.258
材料	型钢(综合)	kg	(105.000)	(105.000)	(105.000)
	氧气	m³	0.516	0.486	0.243
	乙炔气	kg	0.198	0.187	0.093
	低碳钢焊条 J427 φ3.2	kg	1.710	1.539	1.026
	尼龙砂轮片 φ400	片	0.500	0.500	0.500
	其他材料费	%	2.00	2.00	2.00
机械	立式钻床 25mm	台班	1.087	0.032	—
	立式钻床 50mm	台班	0.138	0.948	0.784
	电焊机(综合)	台班	1.023	0.920	0.614
	砂轮切割机 φ400	台班	0.500	0.500	0.500

2. 设备支架安装

工作内容: 就位、固定、安装等。　　　　　　　　　　　　　　　　　计量单位: 100kg

编　号			10-10-28	10-10-29	10-10-30
项　目			单件重量（kg）		
			50 以内	100 以内	100 以上
名　称		单位	消　耗　量		
人工	合计工日	工日	1.629	1.319	1.108
	其中 普工	工日	0.407	0.330	0.277
	其中 一般技工	工日	1.059	0.857	0.720
	其中 高级技工	工日	0.163	0.132	0.111
材料	氧气	m³	0.375	0.162	0.096
	乙炔气	kg	0.144	0.062	0.037
	低碳钢焊条 J427 ϕ3.2	kg	1.330	1.197	0.798
	机油	kg	0.401	0.321	0.257
	其他材料费	%	2.00	2.00	2.00
机械	电焊机（综合）	台班	0.795	0.716	0.477

三、套　管

1. 一般钢套管制作与安装

工作内容：切管、焊接、除锈刷漆、安装、填塞密封材料、堵洞等。　　　　　　　　　　　计量单位：个

编　号			10-10-31	10-10-32	10-10-33	10-10-34	10-10-35
项　目			介质管道公称直径（mm 以内）				
			20	32	50	65	80
名　称		单位	消　耗　量				
人工	合计工日	工日	0.085	0.097	0.138	0.186	0.246
	其中　普工	工日	0.021	0.024	0.034	0.046	0.061
	一般技工	工日	0.055	0.063	0.090	0.121	0.160
	高级技工	工日	0.009	0.010	0.014	0.019	0.025
材料	焊接钢管 DN32	m	（0.318）	—	—	—	—
	焊接钢管 DN50	m	—	（0.318）	—	—	—
	焊接钢管 DN80	m	—	—	（0.318）	—	—
	焊接钢管 DN100	m	—	—	—	（0.318）	—
	焊接钢管 DN125	m	—	—	—	—	（0.318）
	圆钢 ϕ10~14	kg	0.158	0.158	0.158	0.158	0.158
	氧气	m³	0.018	0.021	0.024	0.036	0.060
	乙炔气	kg	0.007	0.008	0.009	0.014	0.023
	低碳钢焊条 J427 ϕ3.2	kg	0.016	0.017	0.019	0.022	0.025
	酚醛防锈漆（各种颜色）	kg	0.014	0.017	0.020	0.026	0.035
	汽油 70#~90#	kg	0.003	0.004	0.005	0.007	0.009
	尼龙砂轮片 ϕ400	片	0.012	0.021	0.026	0.038	0.053
	钢丝刷子	把	0.002	0.002	0.003	0.006	0.006
	碎布	kg	0.002	0.002	0.003	0.006	0.006
	油麻	kg	0.090	0.158	0.623	0.957	2.115
	密封油膏	kg	0.107	0.153	0.163	0.202	0.254
	水泥 P·O 42.5	kg	0.129	0.186	0.245	0.332	0.381
	砂子	kg	0.386	0.558	0.734	0.997	1.142
	其他材料费	%	2.00	2.00	2.00	2.00	2.00
机械	电焊机（综合）	台班	0.008	0.009	0.009	0.009	0.011
	砂轮切割机 ϕ400	台班	0.004	0.005	0.007	0.009	0.011

计量单位：个

编　号				10-10-36	10-10-37	10-10-38	10-10-39	10-10-40
项　目				介质管道公称直径（mm 以内）				
				100	125	150	200	250
名　称			单位	消　耗　量				
人工	合计工日		工日	0.335	0.457	0.569	0.693	0.736
	其中	普工	工日	0.084	0.114	0.142	0.173	0.184
		一般技工	工日	0.217	0.297	0.370	0.451	0.478
		高级技工	工日	0.034	0.046	0.057	0.069	0.074
材料	焊接钢管 DN150		m	（0.318）	（0.318）	—	—	—
	无缝钢管 D219×6		m	—	—	（0.318）	—	—
	无缝钢管 D273×7		m	—	—	—	（0.318）	—
	无缝钢管 D325×8		m	—	—	—	—	（0.318）
	圆钢 ϕ10~14		kg	0.158	0.158	0.158	0.316	0.316
	氧气		m³	0.090	0.150	0.324	0.414	0.429
	乙炔气		kg	0.035	0.058	0.125	0.159	0.165
	低碳钢焊条 J427 ϕ3.2		kg	0.029	0.032	0.034	0.035	0.038
	酚醛防锈漆（各种颜色）		kg	0.037	0.051	0.051	0.063	0.075
	汽油 70#~90#		kg	0.009	0.013	0.013	0.016	0.019
	尼龙砂轮片 ϕ400		片	0.057	0.063	—	—	—
	钢丝刷子		把	0.006	0.008	0.008	0.010	0.012
	碎布		kg	0.006	0.008	0.008	0.010	0.012
	油麻		kg	2.194	2.849	3.152	3.236	3.443
	密封油膏		kg	0.258	0.273	0.612	0.635	0.661
	水泥 P·O 42.5		kg	0.440	0.462	0.800	0.953	1.087
	砂子		kg	1.319	1.387	2.399	2.859	3.262
	其他材料费		%	2.00	2.00	2.00	2.00	2.00
机械	电焊机（综合）		台班	0.013	0.014	0.019	0.022	0.024
	砂轮切割机 ϕ400		台班	0.013	0.015	—	—	—

计量单位：个

编　　号			10-10-41	10-10-42	10-10-43
项　　目			介质管道公称直径（mm 以内）		
			300	350	400
名　　称		单位	消　耗　量		
人工	合计工日		工日	0.821	0.947	1.124
	其中	普工	工日	0.205	0.237	0.281
		一般技工	工日	0.534	0.615	0.731
		高级技工	工日	0.082	0.095	0.112
材料	无缝钢管 $D377\times10$		m	（0.318）	—	—
	无缝钢管 $D426\times10$		m	—	（0.318）	—
	无缝钢管 $D480\times10$		m	—	—	（0.318）
	圆钢 $\phi10\sim14$		kg	0.316	0.316	0.474
	氧气		m³	0.486	0.619	0.825
	乙炔气		kg	0.187	0.246	0.317
	低碳钢焊条 J427 $\phi3.2$		kg	0.040	0.042	0.042
	酚醛防锈漆（各种颜色）		kg	0.087	0.099	0.122
	汽油 70#~90#		kg	0.022	0.025	0.031
	钢丝刷子		把	0.014	0.016	0.020
	碎布		kg	0.014	0.016	0.020
	油麻		kg	3.755	3.977	4.679
	密封油膏		kg	0.763	0.865	0.966
	水泥 P·O 42.5		kg	1.233	1.368	1.553
	砂子		kg	3.698	4.105	4.660
	其他材料费		%	2.00	2.00	2.00
机械	电焊机（综合）		台班	0.002	0.002	0.002

2. 一般塑料套管制作与安装

工作内容：切管、安装、填塞密封材料、堵洞等。 　　　　　　　　　　　计量单位：个

编　号			10-10-44	10-10-45	10-10-46	10-10-47
项　目			介质管道公称直径（mm 以内）			
			32	50	65	100
名　称		单位	消　耗　量			
人工	合计工日	工日	0.088	0.117	0.120	0.126
	其中 普工	工日	0.022	0.029	0.030	0.031
	一般技工	工日	0.057	0.076	0.078	0.082
	高级技工	工日	0.009	0.012	0.012	0.013
材料	塑料管 *dn*63	m	（0.318）	—	—	—
	塑料管 *dn*75	m	—	（0.318）	—	—
	塑料管 *dn*110	m	—	—	（0.318）	—
	塑料管 *dn*160	m	—	—	—	（0.318）
	油麻	kg	0.158	0.623	2.115	2.194
	密封油膏	kg	0.153	0.163	0.254	0.258
	水泥 P·O 42.5	kg	0.186	0.245	0.332	0.440
	砂子	kg	0.558	0.734	0.997	1.319
	其他材料费	%	2.00	2.00	2.00	2.00

工作内容：切管、安装、填塞密封材料、堵洞等。 计量单位：个

编　号			10-10-48	10-10-49	10-10-50
项　目			介质管道公称直径（mm 以内）		
			150	200	250
名　称		单位	消　耗　量		
人工	合计工日	工日	0.143	0.153	0.169
	其中 普工	工日	0.036	0.039	0.042
	一般技工	工日	0.093	0.099	0.110
	高级技工	工日	0.014	0.015	0.017
材料	塑料管 dn200	m	（0.318）	—	—
	塑料管 dn250	m	—	（0.318）	—
	塑料管 dn315	m	—	—	（0.318）
	锯条（各种规格）	根	0.705	1.009	1.411
	油麻	kg	3.152	3.236	3.443
	密封油膏	kg	0.612	0.635	0.661
	水泥 P·O 42.5	kg	0.800	0.953	1.087
	砂子	kg	2.399	2.859	3.262
	其他材料费	%	2.00	2.00	2.00

3. 柔性防水套管制作

工作内容：放样、下料、切割、组对、焊接、刷防锈漆等。　　　　　　　　　　　　　计量单位：个

编　号			10-10-51	10-10-52	10-10-53	10-10-54	10-10-55	10-10-56
项　目			介质管道公称直径（mm 以内）					
			50	80	100	125	150	200
名　称		单位	消　耗　量					
人工	合计工日	工日	1.259	1.502	1.964	2.012	2.488	2.837
	其中 普工	工日	0.315	0.376	0.491	0.503	0.622	0.709
	一般技工	工日	0.818	0.976	1.277	1.308	1.617	1.844
	高级技工	工日	0.126	0.150	0.196	0.201	0.249	0.284
材料	无缝钢管 $D89 \times 4$	m	（0.424）	—	—	—	—	—
	无缝钢管 $D133 \times 4$	m	—	（0.424）	—	—	—	—
	无缝钢管 $D159 \times 4.5$	m	—	—	（0.424）	（0.424）	—	—
	无缝钢管 $D219 \times 6$	m	—	—	—	—	（0.424）	—
	无缝钢管 $D273 \times 7$	m	—	—	—	—	—	（0.424）
	热轧厚钢板 $\delta10 \sim 20$	kg	15.400	22.860	25.760	30.860	35.120	43.980
	氧气	m³	2.124	2.958	3.750	3.999	4.083	4.815
	乙炔气	kg	0.817	1.138	1.443	1.538	1.571	1.852
	低碳钢焊条 J427 $\phi3.2$	kg	0.965	1.247	1.450	1.750	1.950	3.750
	酚醛防锈漆（各种颜色）	kg	0.252	0.380	0.425	0.500	0.581	0.727
	丙酮清洗剂	kg	0.075	0.113	0.126	0.148	0.172	0.215
	尼龙砂轮片 $\phi100$	片	0.050	0.084	0.100	0.125	0.150	0.206
	钢丝刷子	把	0.153	0.229	0.257	0.306	0.351	0.439
	碎布	kg	0.020	0.032	0.035	0.040	0.047	0.059
	其他材料费	%	2.00	2.00	2.00	2.00	2.00	2.00
机械	电焊机（综合）	台班	0.348	0.483	0.613	0.720	0.733	1.090
	立式钻床 25mm	台班	0.010	0.020	0.030	0.030	0.040	0.040
	普通车床 630×2 000（安装用）	台班	0.028	0.040	0.050	0.061	0.062	0.062

计量单位：个

编　号			10-10-57	10-10-58	10-10-59	10-10-60	10-10-61	10-10-62
项　目			介质管道公称直径（mm 以内）					
			250	300	350	400	450	500
名　称		单位	消　耗　量					
人工	合计工日	工日	3.214	3.430	3.920	4.256	4.794	5.193
	其中 普工	工日	0.804	0.858	0.980	1.064	1.199	1.298
	一般技工	工日	2.089	2.229	2.548	2.766	3.116	3.376
	高级技工	工日	0.321	0.343	0.392	0.426	0.479	0.519
材料	无缝钢管 $D325 \times 8$	m	（0.424）	—	—	—	—	—
	无缝钢管 $D377 \times 10$	m	—	（0.424）	—	—	—	—
	无缝钢管 $D426 \times 10$	m	—	—	（0.424）	—	—	—
	无缝钢管 $D480 \times 10$	m	—	—	—	（0.424）	—	—
	无缝钢管 $D530 \times 10$	m	—	—	—	—	（0.424）	—
	无缝钢管 $D630 \times 10$	m	—	—	—	—	—	（0.424）
	热轧厚钢板 $\delta 10 \sim 20$	kg	53.880	83.030	94.860	108.560	121.560	135.630
	氧气	m³	5.064	5.919	5.976	5.979	6.306	9.750
	乙炔气	kg	1.948	2.277	2.299	2.300	2.426	3.751
	低碳钢焊条 J427 $\phi 3.2$	kg	6.250	8.417	9.450	10.575	14.075	15.925
	酚醛防锈漆（各种颜色）	kg	0.887	1.329	1.517	1.749	1.932	2.175
	丙酮清洗剂	kg	0.263	0.392	0.448	0.517	0.572	0.642
	尼龙砂轮片 $\phi 100$	片	0.257	0.306	0.355	0.401	0.451	0.499
	钢丝刷子	把	0.538	0.821	0.937	1.075	1.200	1.342
	碎布	kg	0.072	0.103	0.118	0.137	0.149	0.170
	其他材料费	%	2.00	2.00	2.00	2.00	2.00	2.00
机械	电焊机（综合）	台班	1.298	1.557	1.747	1.990	2.195	2.292
	立式钻床 25mm	台班	0.050	0.060	0.070	0.070	0.080	0.090
	普通车床 630×2 000（安装用）	台班	0.116	0.120	0.161	0.182	0.218	0.220

4.柔性防水套管安装

工作内容:配合预留孔洞及混凝土浇筑、套管就位、安装、填塞密封材料、紧螺栓等。　　计量单位:个

		编　　号		10-10-63	10-10-64	10-10-65	10-10-66	10-10-67	10-10-68
		项　　目		介质管道公称直径(mm 以内)					
				50	80	100	125	150	200
		名　　称	单位	消　耗　量					
人工		合计工日	工日	0.282	0.326	0.349	0.358	0.391	0.562
	其中	普工	工日	0.071	0.082	0.087	0.089	0.098	0.141
		一般技工	工日	0.183	0.211	0.227	0.233	0.254	0.365
		高级技工	工日	0.028	0.033	0.035	0.036	0.039	0.056
材料		柔性防水套管	个	(1.000)	(1.000)	(1.000)	(1.000)	(1.000)	(1.000)
		橡胶密封圈 DN50	个	2.000	—	—	—	—	—
		橡胶密封圈 DN80	个	—	2.000	—	—	—	—
		橡胶密封圈 DN100	个	—	—	2.000	—	—	—
		橡胶密封圈 DN125	个	—	—	—	2.000	—	—
		橡胶密封圈 DN150	个	—	—	—	—	2.000	—
		橡胶密封圈 DN200	个	—	—	—	—	—	2.000
		机油	kg	0.010	0.040	0.040	0.070	0.070	0.070
		黄干油	kg	0.070	0.070	0.080	0.100	0.120	0.120
		密封油膏	kg	0.136	0.206	0.242	0.370	0.400	0.559
		油麻	kg	0.115	0.174	0.205	0.312	0.338	0.472
		其他材料费	%	2.00	2.00	2.00	2.00	2.00	2.00

计量单位:个

编　号			10-10-69	10-10-70	10-10-71	10-10-72	10-10-73	10-10-74
项　目			介质管道公称直径（mm 以内）					
			250	300	350	400	450	500
名　称		单位	消　耗　量					
人工	合计工日	工日	0.589	0.604	0.659	0.707	0.824	0.867
	其中 普工	工日	0.147	0.151	0.165	0.177	0.206	0.216
	一般技工	工日	0.383	0.393	0.428	0.459	0.536	0.564
	高级技工	工日	0.059	0.060	0.066	0.071	0.082	0.087
材料	柔性防水套管	个	（1.000）	（1.000）	（1.000）	（1.000）	（1.000）	（1.000）
	橡胶密封圈 DN250	个	2.000	—	—	—	—	—
	橡胶密封圈 DN300	个	—	2.000	—	—	—	—
	橡胶密封圈 DN350	个	—	—	2.000	—	—	—
	橡胶密封圈 DN400	个	—	—	—	2.000	—	—
	橡胶密封圈 DN450	个	—	—	—	—	2.000	—
	橡胶密封圈 DN500	个	—	—	—	—	—	2.000
	机油	kg	0.070	0.160	0.160	0.160	0.160	0.210
	黄干油	kg	0.140	0.160	0.170	0.200	0.220	0.230
	密封油膏	kg	0.781	0.917	0.988	1.229	1.269	1.540
	油麻	kg	0.659	0.774	0.834	1.037	1.070	1.300
	其他材料费	%	2.00	2.00	2.00	2.00	2.00	2.00

5. 刚性防水套管制作

工作内容: 放样、下料、切割、组对、焊接、刷防锈漆等。　　　　　　　　　　　　　　　　　计量单位:个

编　　号			10-10-75	10-10-76	10-10-77	10-10-78	10-10-79	10-10-80
项　　目			介质管道公称直径(mm 以内)					
			50	80	100	125	150	200
名　　称		单位	消　耗　量					
人工	合计工日	工日	0.578	0.697	0.896	1.109	1.156	1.424
	其中 普工	工日	0.144	0.174	0.224	0.277	0.289	0.356
	一般技工	工日	0.376	0.453	0.582	0.721	0.751	0.926
	高级技工	工日	0.058	0.070	0.090	0.111	0.116	0.142
材料	无缝钢管 $D89 \times 4$	m	(0.424)	—	—	—	—	—
	无缝钢管 $D133 \times 4$	m	—	(0.424)	—	—	—	—
	无缝钢管 $D159 \times 4.5$	m	—	—	(0.424)	(0.424)	—	—
	无缝钢管 $D219 \times 6$	m	—	—	—	—	(0.424)	—
	无缝钢管 $D273 \times 7$	m	—	—	—	—	—	(0.424)
	热轧厚钢板 $\delta 10 \sim 20$	kg	3.929	4.558	5.673	7.273	8.606	12.161
	扁钢 59 以内	kg	0.900	1.050	1.250	1.400	1.600	2.000
	氧气	m³	1.062	1.479	1.875	2.001	2.040	2.406
	乙炔气	kg	0.409	0.569	0.721	0.770	0.785	0.926
	低碳钢焊条 J427 $\phi 3.2$	kg	0.386	0.499	0.580	0.720	0.780	1.536
	酚醛防锈漆(各种颜色)	kg	0.047	0.059	0.064	0.080	0.085	0.114
	汽油 70#~90#	kg	0.020	0.027	0.032	0.038	0.047	0.063
	尼龙砂轮片 $\phi 100$	片	0.040	0.059	0.068	0.084	0.100	0.138
	钢丝刷子	把	0.593	1.005	1.054	1.069	1.459	1.832
	碎布	kg	0.559	0.966	1.005	1.006	1.384	1.727
	其他材料费	%	2.00	2.00	2.00	2.00	2.00	2.00
机械	电焊机(综合)	台班	0.139	0.193	0.245	0.288	0.293	0.437
	普通车床 630×2 000(安装用)	台班	0.014	0.020	0.025	0.030	0.030	0.031

计量单位：个

编　号			10-10-81	10-10-82	10-10-83	10-10-84	10-10-85	10-10-86
项　目			介质管道公称直径（mm 以内）					
			250	300	350	400	450	500
名　称		单位	消　耗　量					
人工	合计工日	工日	1.788	2.232	2.763	3.124	3.542	3.879
	其中 普工	工日	0.447	0.558	0.691	0.781	0.886	0.970
	一般技工	工日	1.162	1.451	1.796	2.031	2.302	2.521
	高级技工	工日	0.179	0.223	0.276	0.312	0.354	0.388
材料	无缝钢管 D325×8	m	（0.424）	—	—	—	—	—
	无缝钢管 D377×10	m	—	（0.424）	—	—	—	—
	无缝钢管 D426×10	m	—	—	（0.424）	—	—	—
	无缝钢管 D480×10	m	—	—	—	（0.424）	—	—
	无缝钢管 D530×10	m	—	—	—	—	（0.424）	—
	无缝钢管 D630×10	m	—	—	—	—	—	（0.424）
	热轧厚钢板 δ10~20	kg	17.084	26.892	30.104	44.391	48.756	67.906
	扁钢 59 以内	kg	2.400	2.700	3.100	3.400	3.800	4.100
	氧气	m³	2.532	2.958	2.988	2.994	3.153	4.320
	乙炔气	kg	0.974	1.138	1.149	1.152	1.213	1.662
	低碳钢焊条 J427 φ3.2	kg	2.500	3.367	3.780	4.230	5.630	6.370
	酚醛防锈漆（各种颜色）	kg	0.138	0.187	0.210	0.277	0.321	0.412
	汽油 70#~90#	kg	0.085	0.125	0.140	0.200	0.216	0.294
	尼龙砂轮片 φ100	片	0.172	0.204	0.237	0.268	0.300	0.333
	钢丝刷子	把	2.204	2.626	2.964	3.750	3.790	4.600
	碎布	kg	2.056	2.393	2.700	3.366	3.370	4.019
	其他材料费	%	2.00	2.00	2.00	2.00	2.00	2.00
机械	电焊机（综合）	台班	0.519	0.623	0.699	0.796	0.878	0.917
	普通车床 630×2 000（安装用）	台班	0.058	0.062	0.083	0.090	0.111	0.112

6. 刚性防水套管安装

工作内容: 配合预留孔洞及混凝土浇筑、套管就位、安装、填塞密封材料等。 计量单位:个

编　号			单位	10-10-87	10-10-88	10-10-89	10-10-90	10-10-91	10-10-92
项　目				介质管道公称直径（mm 以内）					
				50	80	100	125	150	200
名　称			单位	消　耗　量					
人工	合计工日		工日	0.465	0.484	0.516	0.589	0.677	0.756
	其中	普工	工日	0.116	0.121	0.129	0.147	0.169	0.189
		一般技工	工日	0.302	0.315	0.335	0.383	0.440	0.491
		高级技工	工日	0.047	0.048	0.052	0.059	0.068	0.076
材料	刚性防水套管		个	（1.000）	（1.000）	（1.000）	（1.000）	（1.000）	（1.000）
	密封油膏		kg	0.216	0.266	0.307	0.316	0.505	0.559
	油麻		kg	0.811	0.982	1.089	1.120	1.816	1.870
	物流无石棉绒		kg	0.388	0.469	0.520	0.535	0.868	0.894
	水泥 P·O 42.5		kg	0.905	1.095	1.214	1.249	2.025	2.085
	其他材料费		%	2.00	2.00	2.00	2.00	2.00	2.00

计量单位:个

编　号			单位	10-10-93	10-10-94	10-10-95	10-10-96	10-10-97	10-10-98
项　目				介质管道公称直径（mm 以内）					
				250	300	350	400	450	500
名　称			单位	消　耗　量					
人工	合计工日		工日	0.852	0.914	1.060	1.214	1.386	1.525
	其中	普工	工日	0.213	0.229	0.265	0.304	0.347	0.381
		一般技工	工日	0.554	0.594	0.689	0.789	0.900	0.991
		高级技工	工日	0.085	0.091	0.106	0.121	0.139	0.153
材料	刚性防水套管		个	（1.000）	（1.000）	（1.000）	（1.000）	（1.000）	（1.000）
	密封油膏		kg	0.652	0.730	0.777	0.990	1.005	1.394
	油麻		kg	2.166	2.256	2.347	3.070	3.114	4.548
	物流无石棉绒		kg	1.035	1.078	1.122	1.467	1.488	2.174
	水泥 P·O 42.5		kg	2.415	2.516	2.618	3.424	3.473	5.072
	其他材料费		%	2.00	2.00	2.00	2.00	2.00	2.00

7.成品防火套管安装

工作内容:就位、固定,堵洞等。　　　　　　　　　　　　　　　　　　　　　　计量单位:个

编　号			10-10-99	10-10-100	10-10-101	10-10-102	10-10-103	10-10-104
项　目			公称直径(mm 以内)					
			50	75	100	150	200	250
名　称		单位	消　耗　量					
	合计工日	工日	0.125	0.189	0.245	0.277	0.362	0.402
人工	其中 普工	工日	0.031	0.047	0.061	0.069	0.091	0.101
	一般技工	工日	0.081	0.123	0.159	0.180	0.235	0.261
	高级技工	工日	0.013	0.019	0.025	0.028	0.036	0.040
材料	成品防火套管	个	(1.000)	(1.000)	(1.000)	(1.000)	(1.000)	(1.000)
	水泥砂浆 1:2.5	m³	0.002	0.002	0.004	0.006	0.007	0.008
	预拌混凝土 C20	m³	0.006	0.007	0.009	0.013	0.016	0.018
	其他材料费	%	2.00	2.00	2.00	2.00	2.00	2.00

8.碳钢管道保护管制作与安装

工作内容:切管连接、除锈刷漆、就位固定、管端处理等。 计量单位:10m

	编 号		10-10-105	10-10-106	10-10-107	10-10-108
	项 目		公称直径(mm 以内)			
			50	80	100	150
	名 称	单位	消 耗 量			
人工	合计工日	工日	0.678	1.022	1.232	1.641
	其中 普工	工日	0.170	0.256	0.308	0.411
	一般技工	工日	0.440	0.664	0.801	1.066
	高级技工	工日	0.068	0.102	0.123	0.164
材料	碳钢管	m	(10.300)	(10.300)	(10.300)	(10.300)
	氧气	m³	0.069	0.096	0.120	0.252
	乙炔气	kg	0.027	0.037	0.046	0.097
	低碳钢焊条 J427 ϕ3.2	kg	0.011	0.022	0.038	0.073
	钢丝 ϕ4.0	kg	0.065	0.065	0.065	0.065
	酚醛防锈漆(各种颜色)	kg	0.440	0.685	0.879	1.228
	丙酮清洗剂	kg	0.128	0.199	0.256	0.357
	尼龙砂轮片 ϕ100	片	0.005	0.009	0.011	0.018
	尼龙砂轮片 ϕ400	片	0.028	0.041	0.047	—
	钢丝刷子	把	0.181	0.282	0.362	0.505
	铁砂布	张	0.269	0.419	0.537	0.750
	碎布	kg	0.249	0.311	0.370	0.440
	其他材料费	%	2.00	2.00	2.00	2.00
机械	载货汽车-普通货车 5t	台班	0.001	0.002	0.003	0.004
	载货汽车-普通货车 8t	台班	0.001	0.002	0.003	0.004
	电焊机(综合)	台班	0.007	0.012	0.052	0.063
	砂轮切割机 ϕ400	台班	0.007	0.008	0.024	—

计量单位：10m

编　号			10-10-109	10-10-110	10-10-111	10-10-112
项　目			公称直径（mm 以内）			
			200	300	400	500
名　称		单位	消　耗　量			
人工	合计工日	工日	1.987	2.672	3.563	4.453
	其中 普工	工日	0.497	0.668	0.891	1.114
	一般技工	工日	1.291	1.737	2.316	2.894
	高级技工	工日	0.199	0.267	0.356	0.445
材料	碳钢管	m	（10.300）	（10.300）	（10.300）	（10.300）
	氧气	m³	0.378	0.510	1.017	1.527
	乙炔气	kg	0.145	0.196	0.391	0.587
	低碳钢焊条 J427 φ3.2	kg	0.101	0.324	0.432	0.540
	钢丝 φ4.0	kg	0.065	0.065	0.087	0.108
	酚醛防锈漆（各种颜色）	kg	1.695	2.505	3.340	4.175
	丙酮清洗剂	kg	0.493	0.728	0.971	1.213
	尼龙砂轮片 φ100	片	0.025	0.041	0.055	0.068
	钢丝刷子	把	0.697	1.030	1.373	1.717
	铁砂布	张	1.035	1.530	2.040	2.550
	碎布	kg	0.546	0.672	0.896	1.120
	其他材料费	%	2.00	2.00	2.00	2.00
机械	载货汽车 – 普通货车 5t	台班	0.006	0.076	0.101	0.127
	载货汽车 – 普通货车 8t	台班	0.006	0.076	0.101	0.127
	电焊机（综合）	台班	0.065	0.070	0.093	0.117

9. 塑料管道保护管制作与安装

工作内容: 切管连接、就位固定、管端处理等。　　　　　　　　　　　　　　　计量单位: 10m

编　号			10-10-113	10-10-114	10-10-115	10-10-116	10-10-117	10-10-118
项　目			外径（mm 以内）					
			50	90	110	160	200	315
名　称		单位	消　耗　量					
人工	合计工日	工日	0.229	0.410	0.540	0.723	0.905	1.077
	其中　普工	工日	0.057	0.103	0.135	0.181	0.226	0.269
	一般技工	工日	0.149	0.266	0.351	0.470	0.588	0.700
	高级技工	工日	0.023	0.041	0.054	0.072	0.091	0.108
材料	塑料管 dn63	m	（10.300）	—	—	—	—	—
	塑料管 dn90	m	—	（10.300）	—	—	—	—
	塑料管 dn110	m	—	—	（10.300）	—	—	—
	塑料管 dn160	m	—	—	—	（10.300）	—	—
	塑料管 dn200	m	—	—	—	—	（10.300）	—
	塑料管 dn315	m	—	—	—	—	—	（10.300）
	锯条（各种规格）	根	0.131	0.209	0.313	0.413	0.814	2.481
	粘接剂	kg	0.001	0.002	0.003	0.003	0.005	0.006
	丙酮	kg	0.002	0.004	0.007	0.008	0.009	0.011
	其他材料费	%	2.00	2.00	2.00	2.00	2.00	2.00

10. 阻火圈安装

工作内容: 就位、固定等。　　　　　　　　　　　　　　　　　　　　　　　计量单位: 个

编　号			10-10-119	10-10-120	10-10-121	10-10-122	10-10-123
项　目			公称直径（mm 以内）				
			75	100	150	200	250
名　称		单位	消　耗　量				
人工	合计工日	工日	0.090	0.100	0.120	0.150	0.200
	其中　普工	工日	0.022	0.025	0.030	0.037	0.050
	一般技工	工日	0.059	0.065	0.078	0.098	0.130
	高级技工	工日	0.009	0.010	0.012	0.015	0.020
材料	阻火圈	个	（1.000）	（1.000）	（1.000）	（1.000）	（1.000）
	其他材料费	%	2.00	2.00	2.00	2.00	2.00

11.防水接漏器(止水节)安装

工作内容:检查、定位、安装等。 计量单位:个

编　号			10-10-124	10-10-125	10-10-126
项　目			公称直径(mm以内)		
			50	75	100
名　称		单位	消　耗　量		
人工	合计工日	工日	0.089	0.098	0.110
	其中 普工	工日	0.022	0.024	0.028
	一般技工	工日	0.058	0.064	0.071
	高级技工	工日	0.009	0.010	0.011
材料	止水节	个	(1.000)	(1.000)	(1.000)
	圆钉	kg	0.007	0.007	0.007
	胶带	卷	0.053	0.061	0.093
	尼龙砂轮片 $\phi100$	片	0.010	0.010	0.010
	其他材料费	%	2.00	2.00	2.00

四、管道水压试验

工作内容: 准备工作,制堵盲板,装拆临时泵、临时管线,灌水,加压,停压检查等。　　　　　计量单位:100m

	编　　号		10-10-127	10-10-128	10-10-129	10-10-130	10-10-131	10-10-132
	项　　目		公称直径(mm 以内)					
			15	20	25	32	40	50
	名　　称	单位	消　耗　量					
人工	合计工日	工日	1.491	1.610	1.736	1.862	1.988	2.107
	其中 普工	工日	0.373	0.402	0.434	0.466	0.497	0.527
	一般技工	工日	0.969	1.047	1.128	1.210	1.292	1.369
	高级技工	工日	0.149	0.161	0.174	0.186	0.199	0.211
材料	水	m³	(0.024)	(0.043)	(0.069)	(0.121)	(0.158)	(0.265)
	热轧厚钢板 δ8.0~15.0	kg	0.295	0.318	0.343	0.368	0.393	0.417
	焊接钢管 DN20	m	0.130	0.139	0.147	0.156	0.163	0.174
	低碳钢焊条 J427 ϕ3.2	kg	0.016	0.017	0.018	0.020	0.021	0.022
	氧气	m³	0.036	0.039	0.042	0.045	0.048	0.051
	乙炔气	kg	0.014	0.015	0.016	0.017	0.018	0.020
	橡胶板 δ1~3	kg	0.072	0.078	0.084	0.090	0.096	0.102
	螺纹阀门 DN20	个	0.040	0.042	0.044	0.046	0.048	0.050
	橡胶软管 DN20	m	0.061	0.064	0.067	0.070	0.073	0.076
	弹簧压力表 Y-100 0~1.6MPa	块	0.020	0.021	0.022	0.023	0.024	0.025
	压力表弯管 DN15	个	0.020	0.021	0.022	0.023	0.024	0.025
	其他材料费	%	2.00	2.00	2.00	2.00	2.00	2.00
机械	电焊机(综合)	台班	0.012	0.012	0.013	0.014	0.015	0.015
	试压泵 3MPa	台班	0.012	0.013	0.014	0.015	0.016	0.018
	电动单级离心清水泵 100mm	台班	0.003	0.003	0.004	0.004	0.004	0.005

计量单位：100m

编　号				10-10-133	10-10-134	10-10-135	10-10-136	10-10-137	10-10-138
项　目				公称直径（mm 以内）					
				65	80	100	125	150	200
名　称			单位	消　耗　量					
人工	合计工日		工日	2.233	2.352	2.478	2.618	2.758	3.031
	其中	普工	工日	0.559	0.588	0.619	0.654	0.689	0.758
		一般技工	工日	1.451	1.529	1.611	1.702	1.793	1.970
		高级技工	工日	0.223	0.235	0.248	0.262	0.276	0.303
材料	水		m³	（0.436）	（0.611）	（1.058）	（1.641）	（2.292）	（4.036）
	热轧厚钢板 δ8.0~15.0		kg	0.442	0.465	0.490	0.727	1.103	1.476
	焊接钢管 DN20		m	0.185	0.203	0.210	0.218	0.228	0.239
	低碳钢焊条 J427 φ3.2		kg	0.024	0.025	0.026	0.028	0.030	0.032
	氧气		m³	0.054	0.057	0.060	0.063	0.069	0.075
	乙炔气		kg	0.021	0.022	0.023	0.024	0.027	0.029
	橡胶板 δ1~3		kg	0.108	0.114	0.120	0.140	0.160	0.180
	螺纹阀门 DN20		个	0.052	0.055	0.057	0.060	0.063	0.066
	橡胶软管 DN20		m	0.080	0.084	0.087	0.091	0.096	0.100
	弹簧压力表 Y-100 0~1.6MPa		块	0.026	0.027	0.029	0.030	0.031	0.033
	压力表弯管 DN15		个	0.026	0.027	0.029	0.030	0.031	0.033
	其他材料费		%	2.00	2.00	2.00	2.00	2.00	2.00
机械	电焊机（综合）		台班	0.016	0.017	0.017	0.018	0.018	0.019
	试压泵 3MPa		台班	0.019	0.021	0.023	0.025	0.028	0.032
	电动单级离心清水泵 100mm		台班	0.006	0.008	0.010	0.016	0.025	0.034

计量单位: 100m

编　号			10-10-139	10-10-140	10-10-141	10-10-142	10-10-143	10-10-144
项　目			公称直径（mm 以内）					
			250	300	350	400	450	500
名　称		单位	消　耗　量					
人工	合计工日	工日	3.570	4.095	4.494	4.879	4.944	5.368
	其中 普工	工日	0.892	1.024	1.124	1.220	1.236	1.342
	一般技工	工日	2.321	2.661	2.921	3.171	3.214	3.489
	高级技工	工日	0.357	0.410	0.449	0.488	0.494	0.537
材料	水	m³	（6.417）	（9.111）	（12.141）	（15.681）	（19.933）	（24.023）
	热轧厚钢板 δ8.0~15.0	kg	2.306	3.328	3.796	4.264	4.403	4.946
	焊接钢管 DN20	m	0.250	0.261	0.272	0.282	0.289	0.297
	低碳钢焊条 J427 φ3.2	kg	0.035	0.037	0.040	0.042	0.044	0.047
	氧气	m³	0.084	0.090	0.108	0.120	0.138	0.156
	乙炔气	kg	0.032	0.035	0.042	0.046	0.053	0.060
	橡胶板 δ1~3	kg	0.210	0.240	0.330	0.420	0.508	0.535
	螺纹阀门 DN20	个	0.069	0.072	0.075	0.080	0.080	0.085
	橡胶软管 DN20	m	0.105	0.109	0.114	0.120	0.123	0.126
	弹簧压力表 Y-100 0~1.6MPa	块	0.034	0.036	0.038	0.040	0.040	0.043
	压力表弯管 DN15	个	0.034	0.036	0.038	0.040	0.040	0.043
	其他材料费	%	2.00	2.00	2.00	2.00	2.00	2.00
机械	电焊机（综合）	台班	0.019	0.019	0.020	0.020	0.020	0.021
	试压泵 3MPa	台班	0.036	0.040	0.048	0.060	0.063	0.075
	电动单级离心清水泵 100mm	台班	0.047	0.060	0.070	0.080	0.087	0.091

五、管道消毒、冲洗

工作内容：溶解漂白粉、灌水、消毒冲洗等。

计量单位：100m

编　号			10-10-145	10-10-146	10-10-147	10-10-148	10-10-149	10-10-150
项　目			公称直径（mm 以内）					
			15	20	25	32	40	50
名　称		单位	消　耗　量					
人工	合计工日	工日	0.368	0.397	0.428	0.460	0.491	0.520
	其中 普工	工日	0.092	0.099	0.107	0.115	0.123	0.130
	一般技工	工日	0.239	0.258	0.278	0.299	0.319	0.338
	高级技工	工日	0.037	0.040	0.043	0.046	0.049	0.052
材料	水	m³	（0.098）	（0.178）	（0.286）	（0.503）	（0.660）	（1.103）
	漂白粉（综合）	kg	0.014	0.023	0.035	0.059	0.081	0.090
	其他材料费	%	2.00	2.00	2.00	2.00	2.00	2.00

计量单位：100m

编　号			10-10-151	10-10-152	10-10-153	10-10-154	10-10-155	10-10-156
项　目			公称直径（mm 以内）					
			65	80	100	125	150	200
名　称		单位	消　耗　量					
人工	合计工日	工日	0.613	0.645	0.680	0.734	0.773	0.850
	其中 普工	工日	0.154	0.161	0.170	0.184	0.194	0.212
	一般技工	工日	0.398	0.419	0.442	0.477	0.502	0.553
	高级技工	工日	0.061	0.065	0.068	0.073	0.077	0.085
材料	水	m³	（1.815）	（2.547）	（4.410）	（6.839）	（9.552）	（16.818）
	漂白粉（综合）	kg	0.127	0.132	0.140	0.176	0.243	0.380
	其他材料费	%	2.00	2.00	2.00	2.00	2.00	2.00

计量单位：100m

编　号			10-10-157	10-10-158	10-10-159	10-10-160	10-10-161	10-10-162
项　目			公称直径（mm 以内）					
			250	300	350	400	450	500
名　称		单位	消　耗　量					
人工	合计工日	工日	0.910	0.970	1.020	1.070	1.152	1.210
	其中　普工	工日	0.227	0.242	0.255	0.267	0.288	0.302
	一般技工	工日	0.592	0.631	0.663	0.696	0.749	0.787
	高级技工	工日	0.091	0.097	0.102	0.107	0.115	0.121
材料	水	m³	(26.737)	(37.963)	(50.586)	(65.337)	(85.053)	(100.097)
	漂白粉（综合）	kg	0.573	0.730	1.138	1.300	1.597	2.020
	其他材料费	%	2.00	2.00	2.00	2.00	2.00	2.00

六、其　　他

1. 成品表箱安装

工作内容：就位、固定等。　　　　　　　　　　　　　　　　　　　　计量单位：个

编　号			10-10-163	10-10-164	10-10-165
项　目			半周长（mm 以内）		半周长（mm）
			500	1 000	1 000 以上
名　称		单位	消　耗　量		
人工	合计工日	工日	0.390	0.500	0.830
	其中　普工	工日	0.097	0.125	0.207
	一般技工	工日	0.254	0.325	0.540
	高级技工	工日	0.039	0.050	0.083
材料	计量表箱	台	(1.000)	(1.000)	(1.000)
	圆钢 φ10~14	kg	0.316	0.316	0.316
	氧气	m³	0.045	0.048	0.075
	乙炔气	kg	0.017	0.021	0.029
	低碳钢焊条 J427 φ3.2	kg	0.015	0.022	0.036
	水泥 P·O 42.5	kg	1.231	1.893	3.400
	砂子	kg	3.692	5.680	10.200
	其他材料费	%	2.00	2.00	2.00
机械	电焊机（综合）	台班	0.006	0.009	0.014

2. 剔堵、预留槽、沟

（1）砖结构剔堵槽、沟

工作内容： 划线、剔槽、堵抹、调运砂浆、清理等。   计量单位：10m

编　　号			10-10-166	10-10-167
项　　目			宽（mm）× 深（mm）	
			40×40	70×40
名　　称		单位	消　耗　量	
人工	合计工日	工日	0.320	0.400
	其中 普工	工日	0.256	0.320
	一般技工	工日	0.064	0.080
材料	水泥砂浆 1:2.5	m³	0.010	0.010
	水泥砂浆 1:3	m³	0.030	0.040
	水	m³	0.028	0.035
	合金钢切割片 φ300	片	0.370	0.370
	其他材料费	%	2.00	2.00

（2）混凝土结构剔堵槽、沟

工作内容： 划线、剔槽、堵抹、调运砂浆、清理等。   计量单位：10m

编　　号			10-10-168	10-10-169
项　　目			宽（mm）× 深（mm）	
			40×40	70×40
名　　称		单位	消　耗　量	
人工	合计工日	工日	0.920	1.200
	其中 普工	工日	0.736	0.960
	一般技工	工日	0.184	0.240
材料	水泥砂浆 1:2.5	m³	0.010	0.010
	水泥砂浆 1:3	m³	0.030	0.040
	水	m³	0.028	0.035
	合金钢切割片 φ300	片	0.550	0.550
	其他材料费	%	2.00	2.00

（3）预留槽、沟

工作内容：制作模具、定位、固定、配合浇筑、拆模、清理、堵抹、调匀砂浆、清理等。　　　　　　**计量单位：**10m

编　　号			10-10-170	10-10-171
项　　目			介质管道公称直径（mm 以内）	
			20	32
名　　称		单位	消　耗　量	
人工	合计工日	工日	0.238	0.260
	其中 普工	工日	0.190	0.208
	一般技工	工日	0.048	0.052
材料	水泥砂浆 1:2.5	m³	0.050	0.070
	水泥砂浆 1:3	m³	0.024	0.039
	水	m³	0.025	0.030
	聚苯乙烯泡沫板	m³	0.013	0.022
	塑料粘胶带 20mm×50m	卷	0.162	0.216
	镀锌铁丝 ϕ1.2~1.6	kg	0.279	0.279
	其他材料费	%	2.00	2.00

3. 机 械 钻 孔

（1）混凝土楼板钻孔

工作内容：定位、划线、固定设备、钻孔、检查、整理、清场等。　　　　　　**计量单位：**10 个

编　　号			10-10-172	10-10-173	10-10-174	10-10-175	10-10-176
项　　目			钻孔直径（mm 以内）				
			63	83	108	132	200
名　　称		单位	消　耗　量				
人工	合计工日	工日	1.377	1.926	2.520	2.898	3.510
	其中 普工	工日	1.102	1.541	2.016	2.318	2.808
	一般技工	工日	0.275	0.385	0.504	0.580	0.702
材料	水	m³	0.060	0.060	0.060	0.070	0.080
	机油 15#	kg	0.120	0.120	0.120	0.120	0.120
	其他材料费	%	2.00	2.00	2.00	2.00	2.00

（2）混凝土墙体钻孔

工作内容： 定位、划线、固定设备、钻孔、检查、整理、清场等。　　　　　　　　　　计量单位：10 个

编　号			10-10-177	10-10-178	10-10-179	10-10-180	10-10-181
项　目			钻孔直径（mm 以内）				
			63	83	108	132	200
名　称		单位	消　耗　量				
人工	合计工日	工日	2.110	2.860	3.420	4.140	4.780
	其中　普工	工日	1.688	2.288	2.736	3.312	3.824
	一般技工	工日	0.422	0.572	0.684	0.828	0.956
材料	水	m³	0.100	0.100	0.100	0.120	0.140
	机油 15#	kg	0.200	0.200	0.200	0.200	0.200
	其他材料费	%	2.00	2.00	2.00	2.00	2.00

4. 预 留 孔 洞

工作内容： 制作模具、定位、固定、配合浇筑、拆模、清理等。　　　　　　　　　　计量单位：10 个

编　号			10-10-182	10-10-183	10-10-184	10-10-185	10-10-186	10-10-187
项　目			混凝土楼板					
			公称直径（mm 以内）					
			50	65	80	100	125	150
名　称		单位	消　耗　量					
人工	合计工日	工日	0.430	0.510	0.550	0.590	0.630	0.670
	其中　普工	工日	0.344	0.408	0.440	0.472	0.504	0.536
	一般技工	工日	0.086	0.102	0.110	0.118	0.126	0.134
材料	焊接钢管（综合）	kg	1.221	1.792	1.800	2.432	2.884	5.267
	圆钢 φ10~14	kg	0.942	1.000	1.030	1.130	1.160	1.256
	氧气	m³	0.108	0.153	0.192	0.759	0.984	1.293
	乙炔气	kg	0.042	0.059	0.074	0.292	0.379	0.497
	低碳钢焊条 J427 φ3.2	kg	0.020	0.028	0.028	0.034	0.038	0.058
	隔离剂	kg	0.070	0.141	0.141	0.170	0.188	0.294
	其他材料费	%	2.00	2.00	2.00	2.00	2.00	2.00
机械	电焊机（综合）	台班	0.008	0.011	0.012	0.014	0.015	0.022

计量单位：10 个

编　　号			10-10-188	10-10-189	10-10-190	10-10-191	10-10-192
项　　目			混凝土楼板				
			公称直径（mm 以内）				
			200	250	300	350	400
名　　称		单位	消　耗　量				
人工	合计工日	工日	0.720	0.780	0.840	0.924	1.008
	其中 普工	工日	0.576	0.624	0.672	0.739	0.806
	一般技工	工日	0.144	0.156	0.168	0.185	0.202
材料	焊接钢管（综合）	kg	8.338	9.706	10.995	15.454	17.427
	圆钢 φ10~14	kg	1.896	1.896	1.896	1.896	2.844
	氧气	m³	1.653	1.716	1.944	2.475	3.291
	乙炔气	kg	0.636	0.660	0.748	0.952	1.266
	低碳钢焊条 J427 φ3.2	kg	0.059	0.069	0.070	0.077	0.084
	隔离剂	kg	0.353	0.396	0.400	0.440	0.480
	其他材料费	%	2.00	2.00	2.00	2.00	2.00
机械	电焊机（综合）	台班	0.023	0.027	0.027	0.030	0.032

工作内容： 制作模具、定位、固定、配合浇筑、拆模、清理等。　　　　　计量单位：10 个

编　　号			10-10-193	10-10-194	10-10-195	10-10-196	10-10-197	10-10-198
项　　目			混凝土墙体					
			公称直径（mm 以内）					
			50	65	80	100	125	150
名　　称		单位	消　耗　量					
人工	合计工日	工日	0.550	0.650	0.700	0.750	0.800	0.860
	其中 普工	工日	0.440	0.520	0.560	0.600	0.640	0.688
	一般技工	工日	0.110	0.130	0.140	0.150	0.160	0.172
材料	木模板	m³	0.014	0.018	0.020	0.022	0.024	0.037
	圆钉	kg	0.300	0.565	0.656	0.678	0.754	1.427
	隔离剂	kg	0.070	0.141	0.153	0.170	0.188	0.294
	其他材料费	%	2.00	2.00	2.00	2.00	2.00	2.00

计量单位:10个

编　号			10-10-199	10-10-200	10-10-201	10-10-202	10-10-203
项　目			混凝土墙体				
			公称直径(mm以内)				
			200	250	300	350	400
名　称		单位	消　耗　量				
人工	合计工日	工日	0.930	0.990	1.070	1.177	1.284
	其中　普工	工日	0.744	0.792	0.856	0.942	1.027
	一般技工	工日	0.186	0.198	0.214	0.235	0.257
材料	木模板	m³	0.038	0.054	0.056	0.059	0.065
	圆钉	kg	1.448	1.832	1.850	2.035	2.220
	隔离剂	kg	0.353	0.436	0.440	0.484	0.528
	其他材料费	%	2.00	2.00	2.00	2.00	2.00

5. 堵　洞

工作内容:制作模具、清理、调制、填塞砂浆、找平、养护等。　　　　　　　　计量单位:10个

编　号			10-10-204	10-10-205	10-10-206	10-10-207	10-10-208	10-10-209
项　目			公称直径(mm以内)					
			50	65	80	100	125	150
名　称		单位	消　耗　量					
人工	合计工日	工日	0.250	0.271	0.310	0.358	0.376	0.451
	其中　普工	工日	0.200	0.217	0.248	0.286	0.301	0.361
	一般技工	工日	0.050	0.054	0.062	0.072	0.075	0.090
材料	镀锌铁丝 φ4.0	kg	0.001	0.001	0.001	0.001	0.001	0.002
	水泥砂浆 1:2.5	m³	0.005	0.006	0.007	0.008	0.008	0.015
	预拌混凝土 C20	m³	0.010	0.014	0.016	0.019	0.020	0.034
	木模板	m³	0.040	0.054	0.062	0.072	0.076	0.131
	水	m³	0.009	0.012	0.014	0.016	0.017	0.029
	其他材料费	%	2.00	2.00	2.00	2.00	2.00	2.00

计量单位：10 个

编　号			10-10-210	10-10-211	10-10-212	10-10-213	10-10-214
项　目			公称直径（mm 以内）				
			200	250	300	350	400
名　称		单位	消　耗　量				
人工	合计工日	工日	0.575	0.685	0.803	0.913	1.064
	其中 普工	工日	0.460	0.548	0.642	0.730	0.851
	一般技工	工日	0.115	0.137	0.161	0.183	0.213
材料	镀锌铁丝 ϕ4.0	kg	0.002	0.002	0.003	0.003	0.003
	水泥砂浆 1：2.5	m³	0.017	0.020	0.022	0.025	0.028
	预拌混凝土 C20	m³	0.040	0.046	0.052	0.058	0.065
	木模板	m³	0.156	0.178	0.202	0.224	0.254
	水	m³	0.035	0.040	0.045	0.050	0.057
	其他材料费	%	2.00	2.00	2.00	2.00	2.00

附　录

一、主要材料损耗率表

主要材料损耗率表

序号	名　　称	损耗率（%）	序号	名　　称	损耗率（%）
1	室外各类管道	3	31	木螺钉、塑料胀塞	4
2	室内碳钢管（雨水管除外）、不锈钢管、铜管	3.6	32	地脚螺栓	5
			33	锁紧螺母	6
3	室内塑料管（除排水管、雨水管外）、复合管	3.6	34	脸盆架、存水弯	1
			35	小便槽冲洗管	2
4	室内铸铁管（雨水管除外）	4	36	冲洗管配件	1
5	室内塑料排水管	4	37	水箱进水嘴	1
6	室内雨水管（碳钢、铸铁、塑料）	3	38	胶皮碗	5
7	塑料管（用于套管）	6	39	锯条	5
8	钢管（用于套管）	6	40	氧气	10
9	钢管（用于光排管散热器制作）	3	41	乙炔气	10
10	各类管道管件	1	42	铅油	2.5
11	铸铁散热器	1	43	清油	2
12	卫生器具（搪瓷、陶瓷）	1	44	机油	3
13	卫生器具配件	1	45	粘接剂	4
14	螺纹阀门	1	46	橡胶石棉板	15
15	燃气表接头	1	47	橡胶板	15
16	燃气气嘴	1	48	组合聚醚	20
17	法兰压盖	1	49	异氰酸酯	20
18	支撑圈	1	50	丙酮	4.76
19	橡胶圈	1	51	氟丁腈橡胶垫	3
20	示踪线	5	52	石棉绳	4
21	警示带	5	53	石棉绒	4
22	医疗设备带	1	54	铜丝	1
23	型钢	5	55	焦炭	5
24	成品管卡	5	56	木柴	5
25	散热器卡子及托钩	5	57	青铅	8
26	散热器对丝、补芯、丝堵	4	58	油麻	5
27	散热器胶垫	10	59	线麻	5
28	反射膜	3	60	漂白粉	5
29	铁丝网	5	61	油灰	4
30	带帽螺栓、膨胀螺栓	3	62	镀锌铁丝	1

二、塑料管、铜管公称直径与外径对照表

塑料管、铜管公称直径与外径对照表

公称直径 DN（mm）	外径 dn（mm）	
	塑料管	铜管
15	20	15（18）
20	25	22
25	32	28
32	40	35
40	50	42
50	63	54
65	75	67（76）
80	90	89
100	110	108
125	125（140）	—
150	160	—
200	200	—
250	250	—
300	315	—
400	400	—

三、管道管件数量取定表

（一）给排水管道

给水室外镀锌钢管（螺纹连接）管件表　　计量单位：个 /10m

材料名称	公称直径（mm）										
	15	20	25	32	40	50	65	80	100	125	150
三通	—	0.14	0.14	0.20	0.20	0.18	0.18	0.14	0.14	0.14	0.14
弯头	1.35	1.35	1.30	0.75	0.75	0.75	0.75	0.72	0.70	0.70	0.70
管箍	1.45	1.43	1.35	1.15	1.13	1.08	1.06	1.03	0.95	0.95	0.95
异径管	—	0.04	0.04	0.04	0.04	0.04	0.04	0.03	0.03	0.03	0.03
合计	2.80	2.96	2.83	2.14	2.12	2.05	2.03	1.92	1.82	1.82	1.82

给水室内镀锌钢管（螺纹连接）管件表　　　计量单位：个 /10m

材料名称	公称直径（mm）										
	15	20	25	32	40	50	65	80	100	125	150
三通	0.69	4.45	3.73	3.02	2.55	1.86	1.48	1.36	1.35	0.97	0.93
四通	—	—	0.21	0.11	0.07	0.02	0.03	0.03	0.03	0.04	0.04
弯头	11.65	5.12	4.65	4.34	2.98	2.91	2.24	1.83	1.46	1.18	1.15
管箍	1.07	1.09	1.02	1.03	1.28	1.15	1.26	1.24	1.16	1.12	1.08
异径管	—	0.50	1.14	0.87	0.64	0.39	0.25	0.17	0.15	0.21	0.21
对丝	1.08	0.94	0.65	0.46	0.34	0.28	—	—	—	—	—
合计	14.49	12.10	11.40	9.83	7.86	6.61	5.26	4.63	4.15	3.52	3.41

给水室外钢管（焊接）管件表　　　计量单位：个 /10m

材料名称	公称直径（mm）														
	32	40	50	65	80	100	125	150	200	250	300	350	400	450	500
成品弯头	0.27	0.26	0.38	0.38	0.32	0.32	0.61	0.61	0.61	0.57	0.57	0.57	0.52	0.52	0.52
成品异径管	0.02	0.02	0.03	0.03	0.03	0.03	0.06	0.06	0.06	0.06	0.06	0.06	0.06	0.06	0.06
成品管件合计	0.29	0.28	0.41	0.41	0.35	0.35	0.67	0.67	0.67	0.63	0.63	0.63	0.58	0.58	0.58
煨制弯头	0.55	0.52	0.38	0.38	0.32	0.32	—	—	—	—	—	—	—	—	—
挖眼三通	0.22	0.22	0.21	0.21	0.21	0.20	0.20	0.19	0.19	0.19	0.18	0.18	0.17	0.16	0.16
制作异径管	0.05	0.05	0.03	0.03	0.03	0.03	—	—	—	—	—	—	—	—	—
制作管件合计	0.82	0.79	0.62	0.62	0.56	0.55	0.20	0.19	0.19	0.19	0.18	0.18	0.17	0.16	0.16

给水室内钢管（焊接）管件表　　　计量单位：个 /10m

材料名称	公称直径（mm）												
	32	40	50	65	80	100	125	150	200	250	300	350	400
成品弯头	0.62	0.62	1.23	0.88	0.85	0.83	1.22	0.96	0.88	0.85	0.85	0.84	0.84
成品异径管	0.43	0.45	0.33	0.29	0.26	0.19	0.19	0.16	0.15	0.15	0.15	0.13	0.13
成品管件合计	1.05	1.07	1.56	1.17	1.11	1.02	1.41	1.12	1.03	1.00	1.00	0.97	0.97
煨制弯头	1.23	1.25	1.23	0.88	0.85	0.83	—	—	—	—	—	—	—
挖眼三通	1.91	1.86	1.85	1.92	1.92	1.56	1.00	0.76	0.64	0.63	0.62	0.62	0.62
制作异径管	0.85	0.89	0.33	0.29	0.26	0.19	—	—	—	—	—	—	—
制作管件合计	3.99	4.00	3.41	3.09	3.03	2.58	1.00	0.76	0.64	0.63	0.62	0.62	0.62

给水室内钢管（沟槽连接）管件表

计量单位：个 /10m

材料名称	公称直径（mm）									
	65	80	100	125	150	200	250	300	350	400
沟槽三通	1.28	1.28	1.04	0.62	0.38	0.36	0.36	0.36	0.36	0.36
机械三通	0.64	0.64	0.52	0.31	0.19	0.18	0.18	0.18	0.18	0.18
弯头	1.76	1.70	1.66	1.22	1.06	0.88	0.82	0.82	0.82	0.82
异径管	0.58	0.52	0.38	0.25	0.25	0.25	0.25	0.25	0.25	0.25
合计	4.26	4.14	3.60	2.40	1.88	1.67	1.61	1.61	1.61	1.61

雨水室内钢管（焊接）管件表

计量单位：个 /10m

材料名称	公称直径（mm）						
	80	100	125	150	200	250	300
成品弯头	0.49	0.49	0.85	1.33	0.89	0.89	0.89
成品异径管	—	0.21	0.21	0.21	0.11	0.11	0.11
立检口	0.25	0.25	0.32	0.51	0.23	0.23	0.23
成品管件合计	0.74	0.95	1.38	2.05	1.23	1.23	1.23
煨制弯头	0.49	0.49	—	—	—	—	—
挖眼三通	—	0.16	0.68	0.60	1.38	1.30	1.30
制作管件合计	0.49	0.65	0.68	0.60	1.38	1.30	1.30

雨水室内钢管（沟槽连接）管件表

计量单位：个 /10m

材料名称	公称直径（mm）						
	80	100	125	150	200	250	300
沟槽三通	—	0.11	0.46	0.40	0.92	0.87	0.87
机械三通	—	0.05	0.22	0.20	0.46	0.43	0.43
弯头	0.98	0.98	0.85	1.33	0.89	0.89	0.89
异径管	—	0.21	0.21	0.21	0.11	0.11	0.11
立检口	0.25	0.25	0.32	0.51	0.23	0.23	0.23
合计	1.23	1.60	2.06	2.65	2.61	2.53	2.53

给水室内薄壁不锈钢管（卡压、卡套、承插氩弧焊）管件表　　计量单位：个/10m

材料名称	公称直径（mm）								
	15	20	25	32	40	50	65	80	100
三通	0.69	4.45	3.73	3.02	2.55	1.86	1.48	1.36	1.35
四通	—	—	0.21	0.11	0.07	0.02	0.03	0.03	0.03
弯头	11.65	5.12	4.65	4.34	2.98	2.91	2.24	1.83	1.46
等径直通	1.07	1.09	1.02	1.03	1.28	1.15	1.26	1.24	1.16
异径直通	—	0.50	1.14	0.87	0.64	0.39	0.25	0.17	0.15
合计	13.41	11.16	10.75	9.37	7.52	6.33	5.26	4.63	4.15

给水室内铜管（卡压、钎焊）管件表　　计量单位：个/10m

材料名称	外径（mm）								
	15（18）	22	28	35	42	54	67（76）	89	108
三通	0.69	4.45	3.73	3.02	2.55	1.86	1.48	1.36	1.35
四通	—	—	0.21	0.11	0.07	0.02	0.03	0.03	0.03
弯头	11.65	5.12	4.65	4.34	2.98	2.91	2.24	1.83	1.46
管箍	1.07	1.09	1.02	1.03	1.28	1.15	1.26	1.24	1.16
异径直通	—	0.50	1.14	0.87	0.64	0.39	0.25	0.17	0.15
合计	13.41	11.16	10.75	9.37	7.52	6.33	5.26	4.63	4.15

给水室内铜管（氧乙炔焊）管件表　　计量单位：个/10m

材料名称	外径（mm）								
	15（18）	22	28	35	42	54	67（76）	89	108
三通	0.69	4.45	3.73	3.02	2.55	1.86	1.48	1.36	1.35
四通	—	—	0.21	0.11	0.07	0.02	0.03	0.03	0.03
弯头	11.65	5.12	4.65	4.34	2.98	2.91	2.24	1.83	1.46
异径直通	—	0.50	1.14	0.87	0.64	0.39	0.25	0.17	0.15
合计	12.34	10.07	9.73	8.34	6.24	5.18	4.00	3.39	2.99

室外铸铁给水管（胶圈接口）管件表　计量单位：个/10m

材料名称	公称直径（mm）									
	75	100	150	200	250	300	350	400	450	500
三通	0.32	0.32	0.30	0.30	0.30	0.29	0.28	0.28	0.28	0.27
弯头	0.44	0.44	0.42	0.40	0.36	0.34	0.32	0.30	0.28	0.28
接轮	0.20	0.20	0.18	0.18	0.16	0.16	0.14	0.14	0.12	0.12
异径管	0.11	0.11	0.11	0.10	0.10	0.09	0.09	0.09	0.09	0.09
合计	1.07	1.07	1.01	0.98	0.92	0.88	0.83	0.81	0.77	0.76

室内铸铁排水管（机械接口）管件表　计量单位：个/10m

材料名称	公称直径（mm）					
	50	75	100	150	200	250
三通	1.09	2.85	4.27	2.36	2.04	0.50
四通	—	0.13	0.24	0.17	0.05	0.02
弯头	5.28	1.52	3.93	1.27	1.71	1.60
异径管	—	0.16	0.30	0.34	0.22	0.18
接轮（套袖）	0.07	0.16	0.13	0.11	0.08	0.05
立检口	0.20	1.96	0.77	0.21	0.09	—
合计	6.64	6.78	9.64	4.46	4.19	2.35

室内无承口柔性铸铁排水管（卡箍连接）管件表　计量单位：个/10m

材料名称	公称直径（mm）					
	50	75	100	150	200	250
三通	1.09	2.85	4.27	2.36	2.04	0.50
四通	—	0.13	0.24	0.17	0.05	0.02
弯头	5.28	1.52	3.93	1.27	1.71	1.60
异径管	—	0.16	0.30	0.34	0.22	0.18
立检口	0.20	1.96	0.77	0.21	0.09	—
合计	6.57	6.62	9.51	4.35	4.11	2.30

室内铸铁雨水管（机械接口）管件表　　　　计量单位：个/10m

材料名称	公称直径（mm）					
	75	100	150	200	250	300
三通	—	0.16	0.60	1.38	1.30	1.30
弯头	0.97	0.97	1.33	0.89	0.89	0.89
检查口	0.25	0.25	0.51	0.23	0.23	0.23
异径管	—	0.21	0.21	0.11	0.11	0.11
接轮（套袖）	0.08	0.08	0.08	0.08	0.08	0.08
合计	1.30	1.67	2.73	2.69	2.61	2.61

室外塑料给水管（热熔）管件表　　　　计量单位：个/10m

材料名称	外径（mm）											
	32	40	50	63	75	90	110	125	160	200	250	315
三通	—	0.20	0.20	0.18	0.18	0.16	0.16	0.15	0.14	0.13	0.12	0.12
弯头	1.05	0.85	0.75	0.71	0.71	0.68	0.68	0.59	0.59	0.55	0.55	0.55
直接头	1.73	1.77	1.77	1.80	1.80	1.80	1.80	—	—	—	—	—
异径直接	—	0.09	0.09	0.08	0.08	0.07	0.07	0.07	0.06	0.06	0.05	0.05
转换件	0.05	0.05	0.05	0.04	0.04	0.02	0.02	—	—	—	—	—
合计	2.83	2.96	2.86	2.81	2.81	2.73	2.73	0.81	0.79	0.74	0.72	0.72

室外塑料给水管（电熔、粘接）管件表　　　　计量单位：个/10m

材料名称	外径（mm）											
	32	40	50	63	75	90	110	125	160	200	250	315
三通	—	0.20	0.20	0.18	0.18	0.16	0.16	0.15	0.14	0.13	0.12	0.12
弯头	1.05	0.85	0.75	0.71	0.71	0.68	0.68	0.59	0.59	0.55	0.55	0.55
直接头	1.73	1.77	1.77	1.80	1.80	1.80	1.80	1.05	0.95	0.97	0.97	0.97
异径直接	—	0.09	0.09	0.08	0.08	0.07	0.07	0.07	0.06	0.06	0.05	0.05
转换件	0.05	0.05	0.05	0.04	0.04	0.02	0.02	—	—	—	—	—
合计	2.83	2.96	2.86	2.81	2.81	2.73	2.73	1.86	1.74	1.71	1.69	1.69

室内塑料给水管（热熔）管件表　　　　计量单位：个 /10m

材料名称	外径（mm）										
	20	25	32	40	50	63	75	90	110	125	160
三通	0.69	4.45	3.73	3.02	2.55	2.32	1.96	0.96	1.54	0.67	0.43
四通	—	—	0.01	0.01	0.02	0.02	0.02	0.03	0.03	0.04	0.04
弯头	8.69	2.14	2.87	2.9	2.31	2.37	2.61	1.43	0.6	0.75	0.75
直接头	2.07	3.99	2.72	2.13	1.60	1.07	1.05	1.36	0.76	—	—
异径直接	—	0.30	0.30	0.37	0.57	0.46	0.39	0.17	0.15	0.12	0.12
抱弯	0.49	—	—	—	—	—	—	—	—	—	—
转换件	3.26	1.37	1.18	0.44	0.37	0.35	—	—	—	—	—
合计	15.20	12.25	10.81	8.87	7.42	6.59	6.03	3.95	3.08	1.58	1.34

室内直埋塑料给水管（热熔）管件表　　　　计量单位：个 /10m

材料名称	外径（mm）		
	20	25	32
三通	0.34	3.38	2.45
弯头	5.06	3.87	3.61
直接头	2.07	1.32	1.04
异径直接	—	1.36	1.60
抱弯	0.95	0.49	—
转换件	2.47	1.34	1.12
合计	10.89	11.76	9.82

室内塑料给水管（电熔、粘接）管件表　　　　计量单位：个 /10m

材料名称	外径（mm）										
	20	25	32	40	50	63	75	90	110	125	160
三通	0.69	4.45	3.73	3.02	2.55	2.32	1.96	0.96	1.54	0.67	0.43
四通	—	—	0.01	0.01	0.02	0.02	0.02	0.03	0.03	0.04	0.04
弯头	8.69	2.14	2.87	2.9	2.31	2.37	2.61	1.43	0.60	0.75	0.75
直接头	2.07	3.99	2.72	2.13	1.60	1.07	1.05	1.36	0.76	1.10	0.98
异径直接	—	0.30	0.3	0.37	0.57	0.46	0.39	0.17	0.15	0.12	0.12
抱弯	0.49	—	—	—	—	—	—	—	—	—	—
转换件	3.26	1.37	1.18	0.44	0.37	0.35	—	—	—	—	—
合计	15.2	12.25	10.81	8.87	7.42	6.59	6.03	3.95	3.08	2.68	2.32

给水室内铝塑复合管（卡套连接）管件表　　计量单位：个 /10m

材料名称	公称直径（mm）					
	20	25	32	40	50	63
三通	0.69	4.45	3.73	3.02	2.55	2.32
四通	—	—	0.01	0.01	0.02	0.02
弯头	11.95	3.51	4.05	3.34	2.68	2.72
等径直通	2.07	3.99	2.72	2.13	1.6	1.07
异径直通	—	0.30	0.30	0.37	0.57	0.46
合计	14.71	12.25	10.81	8.87	7.42	6.59

室内塑料排水管（热熔连接）管件表　　计量单位：个 /10m

材料名称	外径（mm）					
	50	75	110	160	200	250
三通	1.09	2.85	4.27	2.36	2.04	0.50
四通	—	0.13	0.24	0.17	0.05	0.02
弯头	5.28	1.52	3.93	1.27	1.71	1.60
管箍	0.07	0.16	0.13	—	—	—
异径管	—	0.16	0.30	0.34	0.22	0.18
立检口	0.20	1.96	0.77	0.21	0.09	—
伸缩节	0.26	2.07	1.92	1.49	0.92	—
合计	6.90	8.85	11.56	5.84	5.03	2.30

室内塑料排水管（粘接、沟槽连接）管件表　　计量单位：个 /10m

材料名称	外径（mm）					
	50	75	110	160	200	250
三通	1.09	2.85	4.27	2.36	2.04	0.50
四通	—	0.13	0.24	0.17	0.05	0.02
弯头	5.28	1.52	3.93	1.27	1.71	1.60
管箍	0.07	0.16	0.13	0.11	0.08	0.05
异径管	—	0.16	0.30	0.34	0.22	0.18
立检口	0.20	1.96	0.77	0.21	0.09	—
伸缩节	0.26	2.07	1.92	1.49	0.92	—
合计	6.90	8.85	11.56	5.95	5.11	2.35

室内塑料排水管（法兰式连接、螺母密封圈）管件表   计量单位：个/10m

材料名称	外径（mm）					
	50	75	110	160	200	250
三通	1.09	2.85	4.27	2.36	2.04	0.50
四通	—	0.13	0.24	0.17	0.05	0.02
弯头	5.28	1.52	3.93	1.27	1.71	1.60
管箍	0.07	0.16	0.13	0.11	0.08	0.05
异径管	—	0.16	0.30	0.34	0.22	0.18
立检口	0.20	1.96	0.77	0.21	0.09	—
合计	6.64	6.78	9.64	4.46	4.19	2.35

室内塑料雨水管（粘接）管件表   计量单位：个/10m

材料名称	外径（mm）				
	75	110	160	200	250
三通	—	0.16	0.60	1.38	1.30
弯头	0.97	0.97	1.33	0.89	0.89
管箍	0.98	0.99	0.83	0.44	0.50
异径管	—	0.21	0.21	0.11	0.10
立检口	0.25	0.25	0.51	0.23	0.23
伸缩节	1.59	1.58	1.37	1.26	1.16
合计	3.79	4.16	4.85	4.31	4.18

室内塑料雨水管（热熔）管件表   计量单位：个/10m

材料名称	外径（mm）				
	75	110	160	200	250
三通	—	0.16	0.60	1.38	1.30
弯头	0.97	0.97	1.33	0.89	0.89
管箍	0.98	0.99	—	—	—
异径管	—	0.21	0.21	0.11	0.10
立检口	0.25	0.25	0.51	0.23	0.23
伸缩节	1.59	1.58	1.37	1.26	1.16
合计	3.79	4.16	4.02	3.87	3.68

给水室外塑铝稳态管（热熔）管件表

计量单位：个 /10m

材料名称	外径（mm）								
	32	40	50	63	75	90	110	125	160
三通	—	0.20	0.20	0.18	0.18	0.16	0.16	0.15	0.14
弯头	1.05	0.85	0.75	0.71	0.71	0.68	0.68	0.59	0.59
直接头	1.73	1.77	1.77	1.80	1.80	1.80	1.80	—	—
异径直接	—	0.09	0.09	0.08	0.08	0.07	0.07	0.07	0.06
转换件	0.05	0.05	0.05	0.04	0.04	0.02	0.02	—	—
合计	2.83	2.96	2.86	2.81	2.81	2.73	2.73	0.81	0.79

（二）采 暖 管 道

采暖室外镀锌钢管（螺纹连接）管件表

计量单位：个 /10m

材料名称	公称直径（mm）										
	15	20	25	32	40	50	65	80	100	125	150
三通	—	—	0.13	0.08	0.08	0.16	0.19	0.14	0.14	0.13	0.13
弯头	1.28	1.28	1.28	0.78	0.84	0.73	0.73	0.54	0.62	0.61	0.61
管箍	1.51	1.62	1.37	1.09	1.07	0.99	0.91	1.02	0.91	0.90	0.90
异径	—	—	—	0.03	0.06	0.06	0.10	0.05	0.05	0.04	0.04
对丝	—	—	—	0.03	0.03	0.04	0.04	0.03	0.03	0.02	0.02
合计	2.79	2.90	2.78	2.01	2.08	1.98	1.97	1.78	1.75	1.70	1.70

采暖室内镀锌钢管（螺纹连接）管件表

计量单位：个 /10m

材料名称	公称直径（mm）										
	15	20	25	32	40	50	65	80	100	125	150
三通	0.83	1.14	2.25	2.05	2.08	1.96	1.57	1.54	1.07	1.05	1.04
四通	—	0.03	0.51	0.73	—	—	—	—	—	—	—
弯头	8.54	5.31	3.68	2.91	2.77	1.87	1.51	1.21	1.19	1.17	1.15
管箍	1.51	2.04	1.84	1.28	0.76	1.07	1.37	1.21	0.95	0.94	0.93
异径管	—	0.43	1.14	1.77	0.46	0.45	0.44	0.41	0.36	0.35	0.32
补芯	—	0.02	0.10	0.10	0.08	0.02	—	—	—	—	—
对丝	1.83	1.72	0.91	0.68	0.32	0.23	0.04	—	—	—	—
活接	0.14	1.41	0.62	0.46	0.20	0.08	—	—	—	—	—
抱弯	—	0.38	1.19	0.92	—	—	—	—	—	—	—
管堵	0.03	0.06	0.07	0.03	—	—	—	—	—	—	—
合计	12.88	12.54	12.31	10.93	6.67	5.68	4.93	4.37	3.57	3.51	3.44

采暖室外钢管（焊接）管件表

计量单位：个/10m

材料名称	公称直径（mm）												
	32	40	50	65	80	100	125	150	200	250	300	350	400
成品弯头	0.26	0.28	0.37	0.36	0.27	0.31	0.53	0.52	0.49	0.47	0.43	0.41	0.39
成品异径管	0.01	0.02	0.03	0.04	0.03	0.03	0.08	0.08	0.09	0.1	0.08	0.08	0.08
成品管件合计	0.27	0.30	0.40	0.40	0.30	0.34	0.61	0.60	0.58	0.57	0.51	0.49	0.47
撖制弯头	0.52	0.56	0.37	0.36	0.27	0.31	—	—	—	—	—	—	—
挖眼三通	0.08	0.08	0.16	0.19	0.14	0.14	0.16	0.16	0.18	0.18	0.22	0.24	0.24
制作异径管	0.02	0.04	0.03	0.04	0.03	0.03	—	—	—	—	—	—	—
制作管件合计	0.62	0.68	0.56	0.59	0.44	0.48	0.16	0.16	0.18	0.18	0.22	0.24	0.24

采暖室内钢管（焊接）管件表

计量单位：个/10m

材料名称	公称直径（mm）										
	32	40	50	65	80	100	125	150	200	250	300
成品弯头	0.61	0.61	0.99	0.84	0.85	0.80	1.17	1.02	0.86	0.82	0.82
成品异径管	0.23	0.24	0.31	0.27	0.25	0.18	0.24	0.23	0.23	0.21	0.21
成品管件合计	0.84	0.85	1.30	1.11	1.10	0.98	1.41	1.25	1.09	1.03	1.03
撖制弯头	1.21	1.22	0.99	0.84	0.85	0.80	—	—	—	—	—
挖眼三通	1.73	1.90	2.02	2.05	1.80	1.32	0.96	0.54	0.54	0.52	0.52
制作异径管	0.45	0.48	0.31	0.27	0.25	0.18	—	—	—	—	—
制作管件合计	3.39	3.60	3.32	3.16	2.90	2.30	0.96	0.54	0.54	0.52	0.52

采暖室内塑料管道（热熔、电熔）管件表

计量单位：个/10m

材料名称	外径（mm）								
	20	25	32	40	50	63	75	90	110
三通	0.18	1.26	1.42	1.78	2.37	3.19	2.61	2.14	1.07
弯头	5.06	4.87	4.76	4.63	3.97	2.68	1.47	1.44	1.19
直接头	1.07	0.40	0.38	0.31	0.25	0.40	0.88	0.93	0.95
异径直接	—	0.10	0.12	0.35	0.46	0.57	0.41	0.33	0.36
抱弯	0.42	0.46	—	—	—	—	—	—	—
转换件	1.44	1.26	1.05	—	—	—	—	—	—
合计	8.17	8.35	7.73	7.07	7.05	6.84	5.37	4.84	3.57

采暖室内直埋塑料管道（热熔）管件表　　　　计量单位：个 /10m

材料名称	外径（mm）		
	20	25	32
三通	0.26	1.18	0.92
弯头	5.23	5.65	5.86
直接头	1.10	0.40	0.78
异径直接	—	0.12	0.15
抱弯	0.54	0.63	—
转换件	1.99	1.80	1.58
合计	9.12	9.78	9.29

室外采暖预制直埋保温管（焊接）管件表　　　　计量单位：个 /10m

材料名称	公称直径（mm）												
	32	40	50	65	80	100	125	150	200	250	300	350	400
弯头	0.78	0.84	0.74	0.72	0.54	0.62	0.53	0.52	0.49	0.47	0.43	0.41	0.39
三通	0.08	0.08	0.16	0.19	0.14	0.14	0.16	0.16	0.18	0.18	0.22	0.24	0.24
异径管	0.03	0.06	0.06	0.08	0.06	0.06	0.08	0.08	0.09	0.10	0.08	0.08	0.08
合计	0.89	0.98	0.96	0.99	0.74	0.82	0.77	0.76	0.76	0.75	0.73	0.73	0.71

（三）空调水管道

空调冷热水室内镀锌钢管（螺纹连接）管件表　　　　计量单位：个 /10m

材料名称	公称直径（mm）										
	15	20	25	32	40	50	65	80	100	125	150
三通	0.05	2.00	2.32	2.58	2.58	2.41	2.37	2.35	2.23	1.06	0.75
弯头	5.10	3.53	3.43	2.71	1.98	1.76	1.42	1.29	1.16	1.12	1.07
管箍	2.90	2.69	2.20	1.98	1.02	0.95	0.92	0.87	0.84	0.79	0.75
异径管	—	0.60	0.68	0.70	0.70	0.72	0.58	0.56	0.52	0.24	0.23
对丝	0.05	0.38	0.51	0.62	0.56	0.48	0.36	0.33	0.31	—	—
活接	—	0.16	0.23	0.28	0.25	0.20	—	—	—	—	—
管堵	0.03	0.03	0.22	0.22	0.07	—	—	—	—	—	—
合计	8.13	9.39	9.59	9.09	7.16	6.52	5.65	5.40	5.06	3.21	2.80

空调冷热水室内钢管（焊接）管件表　计量单位：个/10m

材料名称	公称直径（mm）												
	32	40	50	65	80	100	125	150	200	250	300	350	400
成品弯头	0.90	0.66	0.88	0.71	0.65	0.58	1.12	1.07	0.97	0.95	0.84	0.84	0.73
成品异径管	0.23	0.23	0.36	0.29	0.28	0.26	0.24	0.23	0.21	0.17	0.16	0.16	0.16
成品管件合计	1.13	0.89	1.24	1.00	0.93	0.84	1.36	1.30	1.18	1.12	1.00	1.00	0.89
摵制弯头	1.81	1.32	0.88	0.71	0.64	0.58	—	—	—	—	—	—	—
挖眼三通	2.58	2.58	2.41	2.37	2.35	2.23	1.06	0.75	0.64	0.50	0.34	0.34	0.34
摔制异径管	0.47	0.47	0.36	0.29	0.28	0.26	—	—	—	—	—	—	—
制作管件合计	4.86	4.37	3.65	3.37	3.27	3.07	1.06	0.75	0.64	0.50	0.34	0.34	0.34

空调凝结水室内镀锌钢管（螺纹连接）管件表　计量单位：个/10m

材料名称	公称直径（mm）					
	15	20	25	32	40	50
三通	1.20	1.35	2.42	2.58	1.97	1.56
弯头	4.42	3.27	3.15	1.84	1.45	1.16
管箍	0.90	0.95	0.89	0.78	1.02	0.95
异径	—	0.23	0.34	0.33	0.38	0.35
对丝	—	0.02	0.05	0.04	0.04	0.03
活接	—	0.08	0.26	0.23	0.22	0.19
合计	6.52	5.90	7.11	5.80	5.08	4.24

空调冷热水室内钢管（沟槽连接）管件表　计量单位：个/10m

材料名称	公称直径（mm）							
	65	80	100	125	150	200	250	300
沟槽三通	1.58	1.57	1.49	0.71	0.50	0.43	0.33	0.23
机械三通	0.79	0.78	0.74	0.35	0.25	0.21	0.17	0.11
弯头	1.42	1.29	1.16	1.12	1.07	0.97	0.95	0.84
异径管	0.58	0.56	0.52	0.24	0.23	0.21	0.17	0.16
合计	4.37	4.20	3.91	2.42	2.05	1.82	1.62	1.34

空调冷热水室内塑料管道（热熔、电熔）管件表　　计量单位：个/10m

材料名称	外径（mm）								
	20	25	32	40	50	63	75	90	110
三通	0.05	2.00	2.32	2.58	2.58	2.41	2.17	1.75	1.34
弯头	5.13	3.56	3.46	2.73	1.98	1.76	1.43	1.04	0.76
直接头	2.90	2.69	2.20	1.98	1.02	0.95	0.82	0.68	0.57
异径直接	—	0.60	0.68	0.70	0.70	0.72	0.65	0.53	0.51
转换件	1.44	1.26	1.05	0.38	0.35	0.32	—	—	—
合计	9.52	10.11	9.71	8.37	6.63	6.16	5.07	4.00	3.18

空调凝结水室内塑料管道（热熔、粘接）管件表　　计量单位：个/10m

材料名称	外径（mm）					
	20	25	32	40	50	63
三通	1.20	1.35	2.42	2.58	1.97	1.56
弯头	4.42	3.27	3.15	1.84	1.45	1.16
直接头	0.90	0.95	0.89	0.78	1.02	0.95
异径直接	—	0.23	0.34	0.33	0.38	0.35
合计	6.52	5.80	6.80	5.53	4.82	4.02

（四）燃气管道

燃气室外镀锌钢管（螺纹连接）管件表　　计量单位：个/10m

材料名称	公称直径（mm）			
	25	32	40	50
三通	0.42	0.42	0.45	0.48
弯头	2.47	2.02	1.42	1.07
管箍	1.12	1.12	0.89	0.89
补芯	0.21	0.21	0.15	0.15
活接	1.12	1.12	0.59	0.59
合计	5.34	4.89	3.50	3.18

燃气室内镀锌钢管（螺纹连接）管件表　　　　计量单位：个 /10m

材料名称	公称直径（mm）								
	15	20	25	32	40	50	65	80	100
三通	0.12	1.44	3.42	3.57	3.48	3.24	3.12	2.26	1.40
四通	—	—	—	0.26	0.26	0.26	0.26	0.18	0.18
弯头	10.50	6.32	2.88	1.80	1.68	2.49	2.07	2.07	2.07
管箍	0.99	0.80	0.30	0.30	0.30	0.30	0.09	0.09	0.09
补芯	—	—	0.45	1.03	1.09	0.81	0.02	0.02	0.02
对丝	1.26	0.80	0.60	0.60	0.59	0.39	0.30	0.30	0.30
活接	—	0.48	1.21	1.21	1.16	0.48	0.10	0.10	0.10
丝堵	0.12	0.22	0.60	0.60	0.42	0.40	0.38	0.38	0.38
合计	12.99	10.06	9.46	9.37	8.98	8.37	6.34	5.40	4.54

燃气室外钢管（焊接）管件表　　　　计量单位：个 /10m

材料名称	公称直径（mm）													
	25	32	40	50	65	80	100	125	150	200	250	300	350	400
三通	0.42	0.42	0.45	0.48	0.45	0.42	0.40	0.38	0.38	0.36	0.35	0.33	0.30	0.30
弯头	2.47	2.02	1.42	1.07	1.02	0.97	0.93	0.76	0.76	0.56	0.35	0.35	0.34	0.34
异径管	0.21	0.21	0.15	0.15	0.15	0.14	0.14	0.13	0.13	0.12	0.11	0.11	0.10	0.10
合计	3.10	2.65	2.02	1.70	1.62	1.53	1.47	1.27	1.27	1.04	0.81	0.79	0.74	0.74

燃气室内钢管（焊接）管件表　　　　计量单位：个 /10m

材料名称	公称直径（mm）											
	25	32	40	50	65	80	100	125	150	200	250	300
三通	2.25	2.09	1.94	1.85	1.83	1.43	0.97	0.82	0.60	0.60	0.50	0.50
弯头	1.64	1.76	2.07	2.39	2.39	1.77	1.24	1.06	0.85	0.85	0.67	0.67
异径管	0.72	0.69	0.65	0.62	0.45	0.36	0.29	0.25	0.21	0.15	0.13	0.13
合计	4.61	4.54	4.66	4.86	4.67	3.56	2.50	2.13	1.66	1.60	1.30	1.30

燃气室内不锈钢管（承插氩弧焊）管件表　　　计量单位：个 /10m

材料名称	公称直径（mm）						
	25	32	40	50	65	80	100
三通	2.84	2.83	2.71	1.85	1.83	1.43	0.97
四通	—	0.13	0.13	—	—	—	—
弯头	2.26	1.78	1.88	2.39	2.39	1.77	1.24
等径直通	0.30	0.30	0.30	0.30	0.09	0.09	0.09
异径直通	0.36	0.35	0.32	0.62	0.45	0.36	0.29
合计	5.76	5.39	5.34	5.16	4.76	3.65	2.59

燃气室内不锈钢管（卡套、卡压连接）管件表　　　计量单位：个 /10m

材料名称	公称直径（mm）					
	15	20	25	32	40	50
三通	0.12	1.44	3.42	3.83	3.74	3.50
弯头	10.50	6.32	2.88	1.80	1.68	2.49
直通	0.99	0.80	0.30	0.30	0.30	0.30
堵头	0.12	0.22	0.60	0.60	0.42	0.40
活接	—	0.48	1.21	1.21	1.16	0.48
合计	11.73	9.26	8.41	7.74	7.30	7.17

燃气室内铜管（钎焊）管件表　　　计量单位：个 /10m

材料名称	外径（mm）					
	18	22	28	35	42	54
三通	0.12	1.44	2.84	2.83	2.71	1.85
四通	—	—	—	0.13	0.13	—
弯头	10.50	6.32	2.26	1.78	1.88	2.39
等径直通	0.99	0.80	0.30	0.30	0.30	0.30
异径直通	—	—	0.36	0.35	0.32	0.62
合计	11.61	8.56	5.76	5.39	5.34	5.16

燃气室外铸铁管（柔性机械接口）管件表　　　计量单位：个 /10m

材料名称	公称直径（mm）				
	100	150	200	300	400
三通	0.40	0.38	0.36	0.33	0.30
弯头	0.93	0.76	0.56	0.35	0.34
接轮	0.20	0.20	0.20	0.20	0.20
异径管	0.14	0.13	0.12	0.11	0.10
合计	1.67	1.47	1.24	0.99	0.94

燃气室外塑料管（热熔）管件表　　　计量单位：个 /10m

材料名称	外径（mm）									
	50	63	75	90	110	160	200	250	315	400
三通	0.45	0.48	0.45	0.42	0.40	0.38	0.36	0.33	0.33	0.30
弯头	1.42	1.07	1.02	0.97	0.93	0.76	0.56	0.35	0.35	0.34
电熔套筒	0.12	0.12	0.11	0.11	0.10	0.10	0.07	0.05	0.03	0.03
异径管	0.15	0.15	0.15	0.14	0.14	0.13	0.12	0.11	0.11	0.10
堵头	0.14	0.12	0.10	0.08	0.08	0.06	0.06	0.05	0.04	0.03
转换件	1.64	1.36	1.10	1.00	0.80	0.60	0.50	0.50	0.40	0.30
合计	3.92	3.30	2.93	2.72	2.45	2.03	1.67	1.39	1.26	1.10

燃气室外塑料管（电熔）管件表　　　计量单位：个 /10m

材料名称	外径（mm）						
	32	40	50	63	75	90	110
三通	0.42	0.42	0.45	0.48	0.45	0.42	0.40
弯头	2.47	2.02	1.42	1.07	1.02	0.97	0.93
电熔套筒	1.21	1.05	0.96	0.77	0.71	0.63	0.63
异径管	0.21	0.21	0.15	0.15	0.15	0.14	0.14
堵头	0.03	0.05	0.10	0.12	0.10	0.08	0.08
转换件	1.64	1.64	0.80	0.75	0.64	0.50	0.50
合计	5.98	5.39	3.88	3.34	3.07	2.74	2.68

燃气室内铝塑复合管（卡套连接）管件表   计量单位：个 /10m

材料名称	外径（mm）					
	16	20	25	32	40	50
三通	0.12	1.44	3.42	3.83	3.74	3.50
弯头	10.50	6.32	2.88	1.80	1.68	2.79
等径直通	0.99	0.80	0.30	0.30	0.30	0.30
异径直通	—	—	0.45	1.03	1.09	0.81
合计	11.61	8.56	7.05	6.96	6.81	7.40

四、室内钢管、铸铁管道支架用量参考表

室内钢管、铸铁管道支架用量参考表   计量单位：kg/m

序号	公称直径（mm 以内）	钢管			铸铁管	
		给水、采暖、空调水		燃气		
		保温	不保温		给水、排水	雨水
1	15	0.58	0.34	0.34	—	—
2	20	0.47	0.30	0.30	—	—
3	25	0.50	0.27	0.27	—	—
4	32	0.53	0.24	0.24	—	—
5	40	0.47	0.22	0.22	—	—
6	50	0.60	0.41	0.41	0.47	—
7	65	0.59	0.42	0.42	—	—
8	80	0.62	0.45	0.45	0.65	0.32
9	100	0.75	0.54	0.50	0.81	0.62
10	125	0.75	0.58	0.54	—	—
11	150	1.06	0.64	0.59	1.29	0.86
12	200	1.66	1.33	1.22	1.41	0.97
13	250	1.76	1.42	1.30	1.60	1.09
14	300	1.81	1.48	1.35	2.03	1.20
15	350	2.96	2.22	2.03	3.12	—
16	400	3.07	2.36	2.16	3.15	—

五、成品管卡用量参考表

成品管卡用量参考表 計量单位：个/10m

序号	公称直径（mm以内）	给水、采暖、空调水管道									排水管道	
		钢管		铜管		不锈钢管		塑料管及复合管			塑料管	
		保温管	不保温管	垂直管	水平管	垂直管	水平管	立管	水平管		立管	横管
									冷水管	热水管		
1	15	5.00	4.00	5.56	8.33	6.67	10.00	11.11	16.67	33.33	—	—
2	20	4.00	3.33	4.17	5.56	5.00	6.67	10.00	14.29	28.57	—	—
3	25	4.00	2.86	4.17	5.56	5.00	6.67	9.09	12.50	25.00	—	—
4	32	4.00	2.50	3.33	4.17	4.00	5.00	7.69	11.11	20.00	—	—
5	40	3.33	2.22	3.33	4.17	4.00	5.00	6.25	10.00	16.67	8.33	25.00
6	50	3.33	2.00	3.33	4.17	3.33	4.00	5.56	9.09	14.29	8.33	20.00
7	65	2.50	1.67	2.86	3.33	3.33	4.00	5.00	8.33	12.50	6.67	13.33
8	80	2.50	1.67	2.86	3.33	2.86	3.33	4.55	7.41	—	5.88	11.11
9	100	2.22	1.54	2.86	3.33	2.86	3.33	4.17	6.45	—	5.00	9.09
10	125	1.67	1.43	2.86	3.33	2.86	3.33	—	—	—	5.00	7.69
11	150	1.43	1.25	2.50	2.86	2.50	2.86	—	—	—	5.00	6.25

序号	公称直径（mm以内）	燃气管道							
		钢管		铜管		不锈钢管		铝塑复合管	
		垂直管	水平管	垂直管	水平管	垂直管	水平管	垂直管	水平管
1	15	4.00	4.00	5.56	8.33	5.00	5.56	6.67	8.33
2	20	3.33	3.33	4.17	5.56	5.00	5.00	4.00	5.56
3	25	2.86	2.86	4.17	5.56	4.00	4.00	4.00	5.56
4	32	2.50	2.50	3.33	4.17	4.00	4.00	3.33	5.00
5	40	2.22	2.22	3.33	4.17	3.33	3.33	3.33	4.17
6	50	2.00	2.00	3.33	4.17	3.33	3.33	2.86	4.17
7	65	1.67	1.67	—	—	3.33	3.33	—	—
8	80	1.54	1.54	—	—	3.33	3.33	—	—
9	100	1.43	1.43	—	—	2.86	2.86	—	—
10	125	1.25	1.25	—	—	—	—	—	—
11	150	1.00	1.00	—	—	—	—	—	—

六、综合机械组成表

电焊机（综合）表

机械名称	交流弧焊机（容量 kV·A）		直流弧焊机（kW）	
	21	32	20	32
比例（%）	30	30	20	20

吊装机械（综合）表

机械名称	卷扬机 单筒快速 5kN	汽车式起重机　提升质量		施工电梯提升质量 1t、提升高度 75m
		8t	16t	
比例（%）	20	20	10	50

主编单位: 电力工程造价与定额管理总站

专业主编单位: 山东省工程建设标准造价中心

参编单位: 济南四建(集团)有限责任公司

　　　　　　山东仲泰建设项目管理有限公司

　　　　　　北京东方华太工程咨询有限公司威海分公司

　　　　　　青岛市建筑工程管理服务中心

计价依据编制审查委员会综合协商组: 胡传海　王海宏　吴佐民　王中和　董士波

　　　　　　　　　　　　　　　　　　冯志祥　褚得成　刘中强　龚桂林　薛长立

　　　　　　　　　　　　　　　　　　杨廷珍　汪亚峰　蒋玉翠　汪一江

计价依据编制审查委员会专业咨询组: 薛长立　蒋玉翠　杨　军　张　鑫　李　俊

　　　　　　　　　　　　　　　　　　余铁明　庞宗琨

编制人员: 李为民　王建华　由永业　张　明　鲍　慧

审查专家: 薛长立　蒋玉翠　张　鑫　杜泸阳　杨晓春　兰有东　周文国　汪　洋

　　　　　　刘和平

软件支持单位: 成都鹏业软件股份有限公司

软件操作人员: 杜　彬　赖勇军　孟　涛　可　伟